# AGRICULTURE

TOURS. — IMPRIMERIE DESLIS FRÈRES.

BIBLIOTHÈQUE DU CONDUCTEUR DE TRAVAUX PUBLICS

# AGRICULTURE

PAR

**F. PRADÈS**

ANCIEN CONDUCTEUR DES PONTS ET CHAUSSÉES
ET DE L'HYDRAULIQUE AGRICOLE
RÉDACTEUR AU MINISTÈRE DE L'AGRICULTURE
PROFESSEUR A L'ASSOCIATION PHILOTECHNIQUE

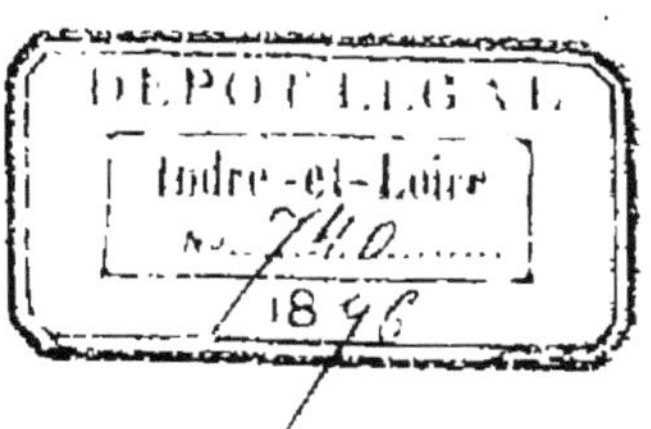

PARIS

V[VE] CH. DUNOD ET P. VICQ, ÉDITEURS

LIBRAIRES DES PONTS ET CHAUSSÉES, DES MINES
ET DES CHEMINS DE FER

**49 Quai des Grands-Augustins 49**

1896

BIBLIOTHÈQUE DU CONDUCTEUR DE TRAVAUX PUBLICS

PUBLIÉE SOUS LES AUSPICES

DE MESSIEURS LES MINISTRES DES TRAVAUX PUBLICS
DE L'AGRICULTURE
DE L'INSTRUCTION PUBLIQUE
DU COMMERCE ET DE L'INDUSTRIE
DES COLONIES

## Comité de patronage

| | |
|---|---|
| **HENRY (E.)** | Inspecteur général des Ponts et Chaussées. |
| **HUET** | Inspecteur général des Ponts et Chaussées, Directeur administratif des Travaux de la ville de Paris. |
| **HUMBLOT** | Inspecteur général des Ponts et Chaussées, Directeur du Service des Eaux de la ville de Paris. |
| **JOUBERT** | Ancien Président de la Société des Anciens Elèves des Ecoles nationales d'Arts et Métiers. |
| **LAUSSEDAT** (le Colonel) | Membre de l'Institut, Directeur du Conservatoire national des Arts et Métiers. |
| **Me LE BERQUIER** | Avocat à la Cour d'appel de Paris. |
| **MARTIN (J.)** | Inspecteur général des Ponts et Chaussées en retraite, Ancien professeur à l'École nationale des Ponts et Chaussées. |
| **MARTINIE** | Contrôleur général de l'Administration de l'Armée, Ancien président de la Société de Topographie de France. |
| **METZGER** | Inspecteur général des Ponts et Chaussées, Directeur des Chemins de fer de l'Etat. |
| **MICHEL (J.)** | Ingénieur en chef au Chemin de fer de Paris à Lyon et à la Méditerranée. |
| **NICOLAS** | Conseiller d'Etat, Directeur du Travail et de l'Industrie au Ministère du Commerce, de l'Industrie et des Postes et Télégraphes. |
| **PHILIPPE** | Inspecteur général des Ponts et Chaussées, Directeur de l'Hydraulique agricole au Ministère de l'Agriculture. |
| **PILLET** | Professeur au Conservatoire national des Arts et Métiers. |

Le **Président** de la Société des Ingénieurs civils de France.

| | |
|---|---|
| **RÉSAL** | Ingénieur en chef des Ponts et Chaussées, Professeur à l'Ecole Nationale des Ponts et Chaussées. |
| **ROUCHÉ** | Professeur au Conservatoire national des Arts et Métiers. |
| **SANGUET** | Président de la Société de Topographie parcellaire de France. |
| **TAVERNIER (de)** | Ingénieur en chef des Ponts et Chaussées, Directeur du secteur électrique de la rive gauche. |
| **TISSERAND** | Conseiller d'Etat. |
| **TRICOCHE** (le Général) | Président de la Société de Topographie de France. |

## BIBLIOTHÈQUE DU CONDUCTEUR DE TRAVAUX PUBLICS

# Comité de rédaction

SIÈGE : 46, QUAI DE L'HÔTEL-DE-VILLE

# AVANT-PROPOS

L'art de cultiver la terre offre des ressources immenses. Il est le premier comme le plus ancien, le plus utile comme le plus compliqué, le plus étendu et le plus indispensable de tous les arts. C'est lui en effet qui nourrit les peuples, leur fournit tous les éléments matériels de leur existence et, dans un ordre d'idées plus élevé, contribue à les moraliser en attirant leur attention sur les admirables phénomènes de la nature dont l'observation élève l'âme et occupe l'esprit qui en recherche les causes et leur origine.

On conçoit donc qu'un art qui a pour objet l'examen des éléments de la création terrestre appropriés aux besoins permanents et si variés de la vie humaine procure à celui qui l'exerce, c'est-à-dire à l'agriculteur, un vaste champ d'expériences à la fois théoriques et pratiques.

A ce sujet, l'agriculture est le rendez-vous général de toutes les connaissances humaines et il n'y a pas une seule science qui ne s'y rattache d'une manière plus ou moins directe. Elle est la principale source de richesses d'un pays, et, en France, plus que nos autres industries nationales, elle en fait la grandeur et la prospérité.

Or, comme il est de règle absolue que les développements de la puissance d'une nation sont toujours en raison directe de la part que le savoir spécial prend à les provoquer, avons-nous pensé que le Conducteur de Travaux publics pouvait, dans une large mesure, contribuer aux développements de notre puissance nationale en exerçant dans les campagnes l'heureuse influence du savoir mis au service d'une bonne cause.

En contact presque continuel avec les populations rurales, nul n'est mieux placé que le Conducteur de Travaux publics pour connaître leurs besoins. Mieux que tout autre, il peut les aider de ses conseils, modifier leurs opinions, combattre la routine et l'ignorance qui ne leur donnent le plus souvent que pauvreté et misère, malgré un travail digne d'un plus heureux résultat, l'instruction seule pouvant indiquer à ces populations les moyens de se procurer le bien-être.

Dans ce but, un ouvrage d'agriculture comportant des notions sommaires et générales de cette science devait trouver utilement place dans la Bibliothèque du Conducteur de Travaux publics. C'est l'ouvrage que nous présentons aujourd'hui au lecteur.

Empressons-nous de dire que dans l'étude qui va suivre nous n'avons pas eu la prétention d'innover et que les observations personnelles feront plutôt place à celles d'agronomes éminents auxquels il nous est doux de présenter ici notre respectueux hommage.

Nous avons en effet puisé à un grand nombre de sources et mis à contribution beaucoup d'ouvrages dont nous tenons à citer les auteurs : MM. Barral et Sagnier (*Dictionnaire d'Agriculture*), A. Boitel (*Agriculture générale*), L. Bussard et H. Corblin (*Agriculture*), Marié-Davy (*Météorologie et physiologie agricoles*), Nanot et Schribaux (*Botanique agricole*), Bechmann (dans son *Cours à l'École nationale des Ponts et Chaussées*), Garola

(*Les Céréales*), E. Tisserand, conseiller d'État, directeur de l'Agriculture (dans ses remarquables rapports), et Georges Marsais, ingénieur agronome, qui a bien voulu nous aider de ses précieux conseils et de son expérience.

Inspiré par de tels maîtres, que nous associons par avance au succès qui peut être réservé à cette œuvre, puisse notre modeste travail contribuer à la prospérité de l'agriculture française.

F. Pradès.

Paris, le 1er mars 1896.

---

# AGRICULTURE

## INTRODUCTION

### § 1. — Définitions. — Division de l'ouvrage

L'*agriculture* est l'art de tirer de la terre, de la manière la plus économique, la plus grande quantité possible de produits utiles à l'homme, et dans les conditions qui conviennent le mieux à la consommation.

L'agriculture d'un pays est l'ensemble des procédés appliqués à l'exploitation de sa surface entière pour en retirer les produits qu'on peut y obtenir.

L'agriculture française se distingue de celle des autres pays par la grande variété de ses productions, qui provient elle-même de la diversité des climats que présente notre patrie.

La production agricole dépend de trois agents : l'*atmosphère*, le *sol* et la *plante*.

Il y a donc lieu d'examiner successivement :

La *météorologie* et la *climatologie agricoles*, qui traitent de l'atmosphère et des climats dans leurs rapports avec l'agriculture (chap. I) ;

La *géologie agricole*, qui est l'étude des terres, de leur nature et de leurs propriétés (chap. II) ;

La *physiologie végétale*, ou l'étude de la plante et du jeu de ses organes (chap. III) ;

Les moyens de modifier les propriétés physiques et chimiques des terres, dans un sens favorable à la production agricole, qui conduisent d'abord à l'examen des *instruments* et *procédés d'agriculture* (chap. iv), employés pour la préparation du sol et son entretien, pour les semailles et les récoltes, et ensuite à l'étude des *amendements* et *engrais* (chap. v).

Une étude sommaire des principales plantes agricoles et de leur mode de culture complétera, sous le titre de *cultures diverses* (chap. vi), le cadre imposé de ce volume qui se terminera par des notions de *viticulture* et de *sylviculture*.

# CHAPITRE I

## MÉTÉOROLOGIE ET CLIMATOLOGIE AGRICOLES

---

### § 2. — CONDITIONS DES CULTURES

Le climat d'un lieu est constitué en agriculture par l'ensemble des circonstances météorologiques qui influent sur les végétaux qui poussent en ce lieu.

C'est lui qui exerce par conséquent une grande influence sur le choix des cultures et qui décide de la possibilité ou de l'impossibilité de cultiver telle ou telle plante.

Dans le climat il faut donc considérer les conditions de température: minima et maxima, le régime des pluies, la direction, l'intensité et la fréquence des vents, l'état hygrométrique de l'air, la nébulosité et les heures de soleil.

Obligé de subir le climat et n'ayant sur lui aucune influence réelle, il est indispensable pour l'agriculteur de connaître l'état climatologique de l'endroit où il doit se livrer à l'exploitation du sol, de manière à en tirer le meilleur parti.

Cette étude n'offre pas de difficulté s'il existe un observatoire où l'on note régulièrement les phénomènes météorologiques, mais malheureusement les observatoires sont souvent éloignés, et alors le meilleur système est de recueillir tous les renseignements utiles à cet effet auprès des personnes ayant une longue expérience de la localité. Ces renseignements doivent porter sur les pratiques locales et les cultures du pays: la dépaissance des animaux en toute saison le jour et la nuit, la maturité des artichauts et des choux-fleurs au cœur de l'hiver sont l'indice d'une température douce et de la rareté des gelées. La présence des palmiers, orangers, de l'eucalyptus, des violettes en fleur, des mimosas, camélias fleuris en hiver, dénote un climat où le thermomètre descend très rarement au-dessous de zéro.

## § 3. — Température

**Effets du froid et de la chaleur sur les cultures.** — Les plantes n'ont pas la faculté de produire la chaleur nécessaire à l'accomplissement de leurs fonctions, cependant la chaleur exerce sur la végétation la plus grande influence.

Le degré de chaleur nécessaire aux premiers développements du germe est variable d'une espèce à l'autre et n'est pas en rapport avec celle qu'exige l'accroissement de la plante, sa floraison, sa fructification.

La température minima à laquelle la plante commence à végéter est appelée *température initiale*. Au-dessous de cette température, la plante cesse d'accomplir ses fonctions et ne vit plus qu'à l'état latent; cette période de son existence est désignée sous le nom de *sommeil hivernal*. Quand, au contraire, la végétation cesse, par suite d'un excès de chaleur, le sommeil est dit *estival*.

D'après Marié-Davy, le plus grand nombre de plantes ne commencent à végéter que lorsque la température est de plusieurs degrés au-dessus de zéro, et elles cessent de vivre au-delà de 50° C.

Pour parvenir à son entier développement, chaque végétal demande une somme de degrés de température variant avec les climats. C'est ainsi que le blé exige en France, du jour de l'ensemencement jusqu'à sa parfaite maturité, 2.100° de chaleur environ, et le maïs 2.900. Une plante ne peut donc être cultivée en un lieu donné, que si elle y reçoit, durant la période comprise entre les saisons où la température s'abaisse au-dessous de la température initiale, la somme totale de chaleur qui lui est nécessaire pour parcourir le cycle annuel de sa végétation. On obtient cette somme en additionnant toutes les températures journalières supérieures à la température initiale de la plante, de l'époque de l'ensemencement à celui de la récolte.

La *température moyenne* d'un lieu s'obtient en additionnant les températures déduites des maxima et minima d'un certain nombre de jours et en divisant cette somme par le nombre de jours correspondant.

On appelle *lignes isothermes* les lignes imaginaires qui passent par les points de la surface du globe pour lesquels la température moyenne est la même.

Les *lignes isochimènes* réunissent les points qui ont même température moyenne de l'hiver, et les *lignes isothères* réunissent les points ayant même température moyenne de l'été.

Ces lignes déterminant les moyennes de température sont plus nuisibles qu'utiles à l'agriculture ; il serait imprudent d'en tenir compte dans le choix des cultures. En effet, deux localités situées sur la même ligne isochimène peuvent avoir des minima et des maxima de température très différents ; par exemple, les températures — 8° et + 15° donnent la même moyenne que les températures + 1° et + 6°, c'est-à-dire + 7°. Cependant quelle différence présenteraient les cultures hivernales : la première localité aurait de fortes gelées, funestes aux plantes délicates et sensibles, tandis que la seconde pourrait se livrer à la culture des plantes les plus frileuses.

Il importe donc pour l'agriculteur qui tient à mettre ses cultures dans les meilleures conditions de succès de se préoccuper avant tout de la connaissance des *minima* de température.

Les localités placées sous le même degré de latitude ne se comportent pas de la même façon, sous le rapport des minima et des maxima de température. L'altitude, le voisinage de la mer, les montagnes, les abris naturels, le régime des vents et l'exposition apportent de profondes modifications à ces diverses températures. Ainsi, sous l'action du froid de l'hiver, certains végétaux, qui périraient à Bayonne plus au midi que Nice, réussissent dans cette partie de la Provence, grâce aux abris naturels que constituent le rideau des Alpes maritimes et les montagnes de l'Esterel.

Montpellier, plus méridional que Nice, ne possède ni orangers, ni eucalyptus à cause des minima de température qui descendent à — 7° et — 8°, tandis que l'olivier, l'amandier et la vigne n'en souffrent pas sensiblement.

Les minima et les maxima de température assignent aux cultures des limites infranchissables que l'on a tracées sur certaines cartes de géographie au moyen de courbes qui indiquent les limites septentrionales du maïs, de la vigne, etc. Ces limites, d'après A. Boitel, sont loin d'être conformes à la réalité, tant sont variables dans une même région les conditions climatologiques de chaque localité.

Il existe, néanmoins, pour la culture de chaque espèce végétale des climats tempérés, une limite septentrionale et une limite méridionale au-delà desquelles les plantes ne se trouvent pas dans de bonnes conditions de succès et de durée et qu'il y a lieu de ne pas dépasser, à moins de gagner des hauteurs qui ramènent la température dans des conditions convenables.

C'est ainsi que l'olivier, par exemple, ne résistera pas dans une région où durant l'hiver la température descendra, au moins une fois, à 15° au-dessous de zéro, un froid semblable faisant inévitablement périr cet arbuste.

Les limites de la culture du dattier sont encore plus restreintes. Il poussera dans les parties les plus chaudes de France et d'Italie, mais il ne produira de fruits mangeables que dans les oasis du Sahara où des chaleurs de 35 à 40° sont nécessaires pour leur maturité. Cet arbre, si exigeant pour la chaleur, redoute moins le froid que les orangers, citronniers, cédratiers.

Le pommier et le poirier, si productifs sous le climat doux et humide du Nord et du Centre de la France, ne donnent de bons fruits qu'aux altitudes des montagnes où le climat affecte les caractères des régions du Nord.

Les céréales, si importantes pour l'alimentation des hommes et des animaux, sont des cultures dont les limites embrassent le plus grand espace du globe terrestre.

Quant à la vigne, elle redoute beaucoup les minima extrêmes, surtout au printemps au moment de la végétation. Une faible gelée suivie de soleil détruit avec les jeunes bourgeons toutes les espérances du vigneron.

Les températures maxima, correspondant aux plus fortes chaleurs de l'été, sont d'une moindre importance pour l'agriculture, dans nos climats la chaleur étant rarement nuisible par elle-même.

Les différentes phases de la végétation des plantes s'accomplissent en effet entre 5 et 30° au-dessus de zéro : entre 5 et 15° s'effectue la croissance des parties herbacées du végétal ; entre 20 et 25° ont lieu la floraison et la fructification et entre 25 et 30° se produit la maturation.

Dans les pays les plus chauds, c'est moins la chaleur que le manque d'eau qui entrave la végétation, et il en est de même des *coups de chaleur* observés quelquefois dans nos pays. Toutefois, un degré de chaleur que supporte accidentellement une plante pourra compromettre son existence ou modifier la nature de ses produits, s'il est trop prolongé ou trop répété.

Les coups de chaleur occasionnent aux végétaux des brûlures, surtout lorsque l'évaporation par les feuilles est devenue difficile, ainsi que cela se produit sous cloche ou en serre. On remédie à ces accidents par l'emploi de paillassons qui s'opposent au passage des rayons solaires et empêchent la chaleur de se concentrer sous les cloches ou sous les châssis.

Ce sont les excès de chaleur qui font dire que le blé est *échaudé*, lorsqu'il survient, après la floraison de cette céréale, quelques journées de vent sec et brûlant ; la croissance est alors brusquement interrompue et le blé reste petit et ridé.

Le meilleur moyen de prévenir les effets occasionnés par les chaleurs extrêmes dont souffrent les cultures, est l'arrosage, quand on dispose d'eaux fraîches et abondantes.

D'après les observations qui précèdent, on voit combien il importe de connaître exactement le tempérament de chaque plante, combien il est nécessaire, avant de tenter une culture, de savoir comment elle se comporte en présence du froid et de la chaleur, combien enfin il est utile de s'assurer qu'elle trouvera sur la surface qu'elle occupera, les conditions climatologiques favorables à sa végétation et à sa fructification. Dans un même domaine, certains points seront favorables à une culture, tandis que d'autres, moins bien exposés, plus bas ou plus humides, stériliseront cette culture.

Les observations sur les lieux, l'examen des végétaux spontanés et, au besoin, des observations thermométriques, guident sûrement à ce sujet l'homme désireux de placer ses cultures dans les meilleures conditions de végétation.

Si l'on doit tenir grand compte des minima normaux, il faut en tenir un plus grand des minima exceptionnels. Ces derniers sont plus redoutables par l'importance des ravages qu'ils exercent sur les végétaux herbacés et ligneux.

Les minima extrêmes que nous avons subis pendant les hivers de 1871 et de 1879 ont causé des pertes incalculables, dans le Centre, le Nord et l'Est de la France. Il faudra un grand nombre d'années pour réparer un tel dommage, qui a été évalué à une quarantaine de millions pour une région d'une surface égale à celle d'un département.

Les minima exceptionnels n'attaquent pas les plantes basses quand elles sont couvertes d'une bonne épaisseur de neige. C'est un manteau qui les défend contre les froids extrêmes.

Les *gelées printanières*, qui sont des minima de température du printemps, sont beaucoup nuisibles aux plantes cultivées, quand ces dernières végètent sous l'influence d'un temps doux et humide. Elles sont surtout néfastes aux céréales d'hiver, aux légumes, à la luzerne. Quant à la vigne, sa récolte est bien compromise quand la gelée vient à détruire les premiers bourgeons qui contiennent à l'état primitif les organes qui produisent le raisin.

Le sol, en gelant, augmente d'autant plus de volume apparent qu'il est plus compact et plus imprégné d'eau, soit par sa nature, comme les terres argileuses, soit par l'effet des pluies antérieures. La surface du sol est soulevée et les racines peu profondes peuvent en être rompues. Lors du dégel, la terre se pulvérise et les radicelles superficielles peuvent être mises à nu ou se trouver dans une terre trop poreuse et trop peu consistante ; il faut alors rouler le terrain aussitôt que l'état du sol le permet, afin de lui rendre la compacité nécessaire et faciliter le développement de nouvelles racines. On arrive ainsi à faire repousser des plantes qui, par la gelée, avaient perdu leurs premières feuilles.

Par contre, les alternatives de gel et de dégel favorisent la désagrégation des roches, des sables, des terres trop compactes, et elles contribuent à renouveler les matières solubles entraînées par les eaux ou fixées dans les récoltes précédentes.

## § 4. — Lumière

**Ses effets sur les cultures.** — Dès que les plantes cultivées sont sorties de leur période de germination, la lumière solaire est indispensable pour leur végétation. Néanmoins, un certain nombre de végétaux parasites n'exigent pour se développer qu'une chaleur plus ou moins élevée sans l'intervention de la lumière ; quelques-unes même seraient plutôt gênées par l'action de cet agent qu'elles n'en seraient aidées. Ces plantes ne produisent pas de matière organique ; elles assimilent, transforment et consomment la matière organique formée par le sujet sur lequel elles vivent.

Il en est de même des graines des plantes aériennes pendant leur période de germination ; mais, dès que les plantules sortent de terre, la lumière leur devient aussi indispensable que la chaleur.

Une plante verte n'augmente en poids utile qu'à la condition de fixer du carbone, de l'hydrogène et de l'azote pris à l'acide carbonique, à l'eau et aux produits azotés. Or, ce travail ne s'effectue que sous l'influence de la lumière favorisée par une température convenable. Malgré l'insuffisance de la lumière et même dans l'obscurité, les plantes peuvent croître et augmenter de volume, en utilisant la somme de matière organique élaborée sous l'action de la lumière et mise en réserve dans ses tissus. Une fois cette réserve épuisée, les plantes s'étiolent et meurent au bout de peu de temps. Bien plus, une portion de cette réserve de matière organique est consommée par la respiration, de sorte que les plantes augmentent de volume et diminuent de poids ; l'augmentation de volume est due à l'eau dont elles sont imprégnées.

On utilise cette propriété pour conserver tendres certaines salades, en les liant ou en les cultivant dans des caves.

Le soleil donne, en conséquence, du poids et de la qualité

aux grains ; il rend les fruits sucrés et savoureux ; il donne au foin sec et à l'herbe des pâturages plus de saveur et de valeur nutritive, à la betterave un développement plus grand de la matière sucrée ; enfin, en automne, au moment de la maturité du raisin, un beau soleil est indispensable pour donner aux vins français toutes leurs qualités.

Au contraire, les plantes qui se développent à l'ombre ont moins de saveur et sont moins nutritives: c'est ce qui explique que, par les années sombres et pluvieuses, les grains, le vin, le foin, les fruits et en général tous les produits du sol ne sont jamais de bonne qualité.

Dans les pays tropicaux, les plantes sont extrêmement vigoureuses, à saveur forte et à odeur pénétrante ; dans les pays brumeux, au contraire, elles restent faibles et n'ont que peu de goût et d'odeur.

Les plantes d'ornement de nos appartements réussissent mal si on ne les met pas très près des fenêtres et même au dehors : on dit qu'elles manquent d'air ; mais il faut voir surtout le défaut de lumière, si elles sont suffisamment arrosées.

C'est à l'influence de la lumière et à son inégale répartition sur les diverses régions, soit par l'effet de l'inégale durée des jours, soit par suite du degré variable de *nébulosité*, c'est-à-dire la présence plus ou moins fréquente sur l'horizon de nuages s'interposant entre le ciel et la terre, qu'il faut rattacher les faits caractéristiques de leur agriculture. Grâce à une nébulosité moindre, l'olivier, improductif à Agen avec 14° de température moyenne, est fertile en Dalmatie avec 13°. La vigne s'arrête à 12° sur les bords de la Loire et atteint 10°, sur les bords du Rhin. C'est à la même influence qu'est due la richesse de la végétation alpine comparée à celle des climats du Nord dans lesquels l'atmosphère a la même température moyenne ; c'est à elle aussi qu'est due la rapidité de cette végétation comparée à celle des vallées d'une température plus chaude.

Il importe donc, pour le choix des cultures, de tenir compte par des observations exactes des heures de soleil, de l'intensité de la lumière et de l'état nébuleux du ciel ; car, l'importance des récoltes qui en découle étant proportionnelle à la quantité de carbone qu'elles fixent par hectare, et cette quantité se trouvant, toutes choses égales d'ailleurs, en raison directe de la somme de lumière que reçoivent les plantes, on peut en conclure que la récolte sera, dans une certaine mesure, d'autant plus abondante que, durant l'année, l'éclairement aura été meilleur, c'est-à-dire la nébulosité moindre. La rapidité de croissance des végétaux dépend également de l'éclairement.

## § 5. — Électricité

**Ses effets sur les cultures.** — L'influence de l'électricité sur la végétation paraît peu marquée ; tandis que certains auteurs la reconnaissent, d'autres la nient ; le champ reste donc ouvert à toutes les expériences.

Des essais faits par M. Grandeau en 1878, il paraît résulter que l'électricité atmosphérique contribue à l'évolution et au développement des végétaux, et que l'action perturbatrice exercée par les arbres sur les plantes croissant à leur couvert serait due en partie à ce que ces arbres soutirent l'électricité à leur profit ; d'autre part, cette électricité jouerait un rôle dans la nitrification des terres arables.

Depuis 1860, l'influence que la lumière électrique peut exercer sur la végétation a été l'objet de plusieurs études. En 1861, M. Hervé-Mangon reconnut que la lumière électrique était capable de provoquer l'apparition de la matière verte dans les jeunes plantes élevées dans l'obscurité. En 1880, le Dr Williams Siemens fit connaître le résultat d'essais desquels il ressortait que la lumière électrique était capable de produire sur les plantes les mêmes effets que ceux de la lumière solaire, qu'elle faisait apparaître la chlorophylle et qu'avec son aide on pouvait produire des fleurs et des fruits riches en couleur et en arome ; mais, en même temps, il constatait que la lumière nue exerce une influence néfaste, qui disparaît quand on entoure le foyer d'un globe de verre transparent. De l'ensemble de ses essais il conclut que les plantes n'ont pas besoin de repos nocturne, et qu'en éclairant pendant la nuit à la lumière électrique une serre qui reçoit les rayons solaires pendant le jour, la végétation y prend une avance marquée.

Des expériences de même nature, entreprises par M. Dehérain en 1881, lui ont donné les résultats suivants : 1° la lumière électrique renferme des radiations nuisibles à la végétation ; 2° la plupart de ces radiations fâcheuses sont retenues par un verre transparent ; 3° la lumière électrique renferme assez de variations favorables pour que des plantes de pleine terre aient pu continuer à végéter sous leur seule influence pendant deux mois et demi ; 4° la quantité des radiations est trop faible pour que des semis aient pu prospérer ou que des plantes adultes aient pu arriver à maturité.

De tout ce qui précède il paraît donc résulter que l'utilité pratique que présenterait la lumière électrique pour la culture forcée ne paraît pas encore établie.

## § 6. — Pluies

**Leurs rapports avec les cultures.** — Les pluies proviennent de la condensation de la vapeur d'eau dont sont composés les nuages. En apportant aux plantes une partie de l'eau qui leur est nécessaire, on voit qu'elles exercent sur la végétation une influence considérable.

L'agriculteur ne saurait donc trop étudier le régime des pluies, c'est-à-dire la pluviosité du milieu où il doit développer ses spéculations culturales. Il sait que dans la saison chaude il a à bénéficier des pluies bienfaisantes qui viennent fournir aux plantes l'humidité dont elles ont besoin pour accomplir toutes les phases de la végétation. Il sait aussi qu'il est exposé à subir des pertes considérables par l'effet des longues sécheresses estivales ou des inondations quand ses champs sont situés sur la zone submersible d'un cours d'eau. D'autre part, les eaux de pluie ou de rivière peuvent lui être d'une grande ressource pour l'arrosage en hiver et en été des surfaces engazonnées.

Pour observer le régime des pluies dans les localités, on a

recours au *pluviomètre enregistreur* qui procure les observations les plus complètes et les plus précises. Cet instrument facile et peu coûteux doit faire partie du matériel de toute exploitation bien comprise.

A l'aide des observations pluviométriques on sait le nombre de jours de pluie dans le courant d'une année, leur répartition dans les mois et les saisons et la quantité d'eau totale tombée pendant l'année entière.

Les climats les plus humides ne sont pas ceux qui reçoivent la plus forte quantité d'eau, mais bien ceux qui pendant toute l'année ont un grand nombre de jours de pluie.

La répartition des pluies sur le territoire de la France est soumise aux mêmes influences que sur l'ensemble du globe. D'une manière générale, les pluies sont moins nombreuses, plus abondantes et moins disséminées dans le Midi que dans le Nord. La proximité des forêts et la direction des vents dominants exercent une grande influence sur leur répartition. Il pleut davantage et plus souvent dans le voisinage des côtes que dans l'intérieur des terres et, enfin, les montagnes sont une cause d'accroissement dans le total de l'eau versée annuellement, surtout sur leur versant exposé aux vents de la mer.

A mesure qu'on s'éloigne des côtes, la hauteur annuelle des eaux pluviales diminue ; mais elle commence à croître de nouveau quand on approche des massifs montagneux.

Le relief du sol exerce par conséquent une influence très marquée sur la totalité de la pluie recueillie ; elle augmente avec l'altitude, du moins jusqu'à une certaine hauteur au-delà de laquelle elle décroît ; mais cette influence de l'altitude ne s'exerce que là où les rampes obligent les vents pluvieux à s'élever dans le sens vertical ; elle s'y exerce en proportion de la hauteur franchie et de la quantité de vapeur restant dans l'air ascendant.

D'après Marié-Davy, la somme des quantités de pluie tombant sur la France, par année moyenne, est de 411.589.500.000 mètres cubes. Ce nombre divisé par la surface totale de la France donne $0^{m},77$ comme hauteur moyenne d'eau tombant annuellement sur la surface de notre pays.

D'après le même auteur, la hauteur moyenne de pluie est

ainsi répartie sur les principaux bassins :

| | |
|---|---|
| Bassin de la Seine | 0m,631 |
| Bassin de la Loire | 0 ,691 |
| Bassin du Rhin (partie française) | 0 ,720 |
| Bassin de la Garonne | 0 ,823 |
| Bassin du Rhône | 0 ,956 |

Le maximum des pluies, très variable suivant les années, se produit généralement en été ou en automne. La saison d'hiver est la moins pluvieuse. Au printemps les pluies sont nombreuses, mais moins abondantes qu'en été, saison des orages.

Les petites pluies persistantes humectent le sol et profitent aux plantes mieux que la même quantité d'eau provenant d'une forte pluie tombée dans un court espace de temps. Les fortes pluies de peu de durée procurent quelque bien accompagné souvent de graves inconvénients. Si le sol est perméable, l'eau passe immédiatement dans le sous-sol avec peu de profit pour les cultures et en emportant les parties solubles des engrais. Si la terre est imperméable et fortement inclinée, les surfaces sont ravinées et les eaux charrient dans les cours d'eaux les particules les plus fines et les plus riches en éléments fertilisants. Il en résulte souvent des inondations qui, en hiver, opèrent dans les vallées, sur les prairies, des colmatages fertilisants, tandis qu'en été elles rendent les pâturages vaseux et immangeables. En hiver, les cultures couvertes d'eau ne sont pas compromises, même après plusieurs jours de submersion ; en été, au contraire, les récoltes en pleine végétation sont perdues par une inondation de quelques heures.

On a observé que dans le Midi les pluies diurnes profitent davantage aux végétaux que les pluies nocturnes. Cela tient à ce que ces dernières sont généralement suivies d'un soleil ardent qui fatigue les plantes et dissipe trop vite l'humidité du sol, par l'évaporation. Les pluies du jour, survenant habituellement par un temps couvert, pénètrent le terrain dans la nuit qui suit et échappent à l'action du soleil qui succède.

Les pluies exercent donc une action bienfaisante sur la végétation en apportant au sol des matières fertilisantes. Elles tiennent en dissolution ou en suspension du carbonate d'ammoniaque, des nitrates, du chlorure de sodium ou sel marin, des poussières atmosphériques, etc... On compte que dans le Midi de la France elles ne fournissent pas moins de 2kg,7 d'azote nitrique par an et par hectare. Quant à la quantité d'ammoniaque, très variable selon les lieux, qu'elles déposent dans le même temps sur un hectare de terre, elle peut atteindre jusqu'à 30 et 40 kilogrammes.

Enfin, les pluies débarrassent les feuilles des végétaux des matières étrangères, dont le dépôt, formant enduit à leur surface, les empêche d'accomplir normalement leurs fonctions de respiration et de transpiration.

**Prévision de la pluie.** — La plupart des travaux d'une exploitation agricole sont subordonnés à l'état de la température. Certains, comme les façons aratoires, les labours, les ensemencements, la fenaison et la moisson, exigent impérieusement du beau temps. Si la pluie est imminente, on doit se hâter d'achever les opérations qui risqueraient d'être entravées par le mauvais temps. Le cultivateur est donc très intéressé à deviner, la veille, l'état de la température du lendemain.

En outre des renseignements fournis par les stations météorologiques, dans chaque région, il existe des pronostics qui sont basés sur une longue expérience et qui trompent rarement le praticien doué d'un bon esprit d'observation.

Dans le Nord et le Centre de la France, quand le vent se maintient à l'Ouest, au Sud-Ouest et au Sud, c'est signe de pluie. La lune cerclée, la couleur blanche du soleil, des nuages bas, foncés, grisâtres, sont des indices à peu près certains de pluie, surtout si en même temps on peut observer des baisses barométriques successives, les probabilités de pluie augmentant quand le baromètre baisse et diminuant au contraire quand le baromètre monte. La transparence de l'air qui fait voir nettement des objets qu'on aperçoit à peine en temps ordinaire, le son des cloches du côté du vent pluvieux, la gelée blanche du matin, la chaleur piquante du soleil, les lézards qui se cachent, les chats qui se fardent, les oiseaux lustrant leurs plumes, les hirondelles rasant la terre de leur vol, l'acharnement des taons sur les animaux, des mouches et cousins sur les personnes, le réveil des rhumatismes, toutes ces remarques appuyées et fortifiées par les observations du baromètre, de l'hygromètre et de la girouette, annoncent la pluie d'une manière à peu près certaine.

## § 7. — État hygrométrique de l'air

L'atmosphère contient des quantités variables de vapeur d'eau; l'air en est très rarement saturé, mais il n'en est jamais complètement dépourvu.

La quantité de vapeur d'eau contenue dans l'air est ce que l'on nomme *état* ou *degré hygrométrique*.

Le degré hygrométrique d'un lieu varie, en général, en sens inverse de la marche de la température. Il est maximum en hiver et minimum en été.

Le degré hygrométrique de l'air est assez uniforme à la surface des mers et il est, au contraire, très variable à la surface du sol où l'évaporation des plantes, comme celle de tous les autres corps, est en moyenne beaucoup moindre que sur l'eau.

L'état hygrométrique de l'air exerce donc une action directe sur la végétation, et ce qui est plus important encore, c'est qu'il intervient pour régler la quantité d'eau qui se résout ultérieurement en pluie ou neige, en brouillard ou rosée, et séjourne à la surface du sol.

L'état d'humidité de l'air se mesure au moyen des *hygromètres* et des *psychromètres*, et l'état hygrométrique d'un pays résultera de l'ensemble des observations météorologiques faites dans ce pays.

Les contrées les plus hygrométriques sont celles qui longent l'Océan Atlantique; ces contrées jouissent d'une atmosphère humide, d'un ciel nébuleux où le thermomètre descend rarement au-dessous de zéro et où les maxima de température ne sont jamais très élevés : telles sont la Bretagne et la Normandie, où ces conditions naturelles assurent, même pendant l'hiver, la permanence des herbages, et où, en été, la culture maraîchère en plein sable et fumée aux algues marines, est florissante, sans aucun arrosage, l'humidité de l'air suffisant aux besoins des plantes.

Ces conditions climatologiques conviennent moins aux céréales; la vigne n'aime pas un tel climat et le raisin y mûrit difficilement.

**Vapeurs.** — La vapeur d'eau est invisible et ne trouble pas la transparence de l'air tant qu'elle conserve son état gazeux; mais, si elle reprend l'état liquide, elle a l'aspect soit de globules très fins, creux ou pleins, soit de fines aiguilles de glace qu'à distance on confond souvent avec le premier état. La réunion de ces globules ou de ces aiguilles forme ce qu'on nomme en langage ordinaire les *vapeurs*.

Les vapeurs jettent un voile blanchâtre sur le ciel. Concentrées et plus accentuées, on a des *nuages*. Si on se trouve au milieu de ces nuages, ils apparaissent sous forme de *brouillards*.

Les brouillards et les nuages sont donc de même nature et ils ne diffèrent que par la distance d'où on les observe.

Si les globules de vapeur condensée se réunissent en gouttelettes plus volumineuses, on a de la *bruine* ou de la *pluie;* si les aiguilles de glace se soudent entre elles, on a de la *neige;* si les flocons de neige sont roulés par le vent, on a du *grésil;* si ces grains de grésil se forment dans une atmosphère chaude, brusquement refroidie et brassée par une tempête orageuse, il se forme alors de la *grêle*.

**Rosées.** — Si la condensation de la vapeur d'eau, au lieu de s'opérer dans l'atmosphère, s'effectue à la surface du sol et des objets terrestres, on a de la *rosée* par une température supérieure à 0°; par une température inférieure à 0° on a la *gelée blanche* ou du *givre*.

Les rosées se produisent, quand, une nuit sereine favorisant le rayonnement, le sol se refroidit rapidement; la température de la mince couche d'air qui se trouve à son contact s'abaisse alors au-dessous de son *point de rosée* et le dépôt des gouttelettes d'eau s'effectue. C'est un phénomène analogue à celui que l'on observe quand on introduit une carafe d'eau froide dans une atmosphère chaude et humide. Il est évident que plus l'air est chargé de vapeur d'eau, moins il est nécessaire que le corps soit froid pour que la rosée s'y dépose. D'autre part, plus le ciel est clair et l'horizon étendu, plus les objets terrestres se refroidissent par le rayonnement nocturne, et plus aussi le dépôt de rosée tend à devenir abondant, d'autant plus si l'air, sans être trop agité, n'est pas complètement en repos. Un peu d'agitation renouvelle autour des corps l'air qui y a déposé sa vapeur en excès ; une agitation trop vive empêche les corps de refroidir et même enlève la rosée.

Les dépôts de rosée sont surtout abondants en automne et au printemps.

Tout obstacle au rayonnement nocturne entrave le refroidissement des corps et retarde ou arrête le dépôt de rosée à leur surface. Les nuages, les abris naturels ou artificiels, cachant le ciel, produisent ces résultats.

La quantité d'eau fournie aux plantes, malgré l'abondance apparente de certaines rosées, est généralement très peu considérable ; aussi n'ont-elles sur la végétation, sous ce rapport, qu'une faible influence ; mais elles ont une grande importance en raison de la proportion d'ammoniaque et d'acide nitrique dont elles sont chargées et qu'elles abandonnent au sol.

Les localités douées en été de rosées fréquentes et abondantes souffrent moins de la rareté et de l'absence de pluie.

**Brouillards**. — La plupart des brouillards doivent être rangés dans la catégorie des météores aqueux. Ils sont dus au refroidissement de l'air d'abord, puis ensuite à ce que l'eau moins refroidie continue à donner des vapeurs que l'air ne peut conserver en cet état. Les brouillards ne sont, en réalité, comme on l'a vu, que des nuages situés à une faible hauteur dans l'atmosphère.

Les vallées arrosées, les bords des rivières et des étangs sont les plus sujets aux brouillards. Dans ces lieux naturellement humides, il peut s'en former toutes les nuits ; dans les endroits plus secs, les brouillards n'apparaîtront qu'aux époques où l'humidité est accrue par l'influence des vents ou de la saison; dans d'autres ils ne se montrent que d'une manière accidentelle.

Les vents humides du sud, du sud-ouest et de l'ouest, sont favorables, en France, à la production des brouillards.

Les vallées entourées de hauts plateaux sont plus fréquemment couvertes de brouillards que les vallées largement ouvertes, par la raison que le refroidissement nocturne est rapide sur les lieux élevés, et l'air devenu plus dense par le froid glisse le long des pentes vers les lieux les plus bas. Dans ces derniers la température de l'air descend promptement au-dessous de la température du sol, et cet air est déjà saturé de vapeur que le sol lui en fournit encore. L'effet est plus grand encore dans les vallées arrosées par des cours d'eau.

Il existe des brouillards sans humidité, dits *brouillards secs*, qui ont une autre origine. Ils ne sont autre chose que d'épaisses fumées et poussières provenant d'éruptions volcaniques, de l'écobuage, de l'incendie des tourbières ou des forêts, de la brume des jours très chauds ou de causes analogues. Ils se produisent pendant certains jours de calme, à baromètre haut; la masse d'air est alors animée d'un mouvement général de descente qui rabat sur le sol les fumées et les poussières.

L'influence qu'exercent les brouillards sur la végétation est surtout due à ce qu'ils fournissent aux plantes un contingent ammoniacal appréciable. Ils ont une action plus fâcheuse sur l'homme et les animaux. En dehors même de l'excès d'humidité qu'ils accusent, ils retiennent à la surface du sol une grande partie des miasmes que celui-ci laisse dégager, et, de plus, la direction des courants descendants qui accompagnent leur formation ramène en bas les miasmes qui, durant le jour, sont disséminés dans l'atmosphère.

**Nuages.** — Les nuages, en dehors des pluies qu'ils nous versent et dont l'action sur la végétation est si grande, ont un autre effet non moins important. Ils tempèrent le froid des nuits en ralentissant le rayonnement nocturne. Par contre, durant le jour, en interceptant les rayons solaires, ils font baisser la température et diminuent l'action de la lumière sur les plantes. Mais, quand le ciel n'est pas entièrement couvert, ce dernier effet n'est pas aussi grand qu'on pourrait le croire. En effet, dans l'ombre projetée par un nuage l'action directe du soleil est interceptée, mais ce nuage lui-même, s'il n'est pas très dense, laisse passer la lumière que nous envoient les nuages voisins, lumière qui, sans eux, ne nous parviendrait pas. Ils suppléent ainsi en partie à la perte que l'ombre occasionne. A l'ombre, sinon au soleil, les jours les plus lumineux ne sont pas ceux où le ciel est sans nuages. Les plus hauts degrés d'éclairement accusés par l'actinomètre correspondent à certains ciels nuageux. C'est aussi dans ces jours que l'évaporation des plantes est la plus active, que la température est la plus haute et la plus pénible à supporter et que l'on voit survenir les coups de chaleur.

**Neige.** — L'influence de la neige sur les plantes consiste à leur fournir de l'eau, en quantité, il est vrai, relativement faible, mais plus chargée d'éléments fertilisants que les eaux de pluie.

La neige protège les végétaux contre les rigueurs extrêmes de l'hiver ; elle forme en quelque sorte un manteau protecteur qui les met à l'abri des fortes gelées. La neige ne doit pas déplaire à l'agriculteur qui a toujours à redouter les hivers froids et sans neige.

Les céréales semées tardivement germent très régulièrement sous la neige, à l'abri des rongeurs et des oiseaux.

Les forts amas de neige, en outre qu'ils ont l'inconvénient d'encombrer les voies de communication et de gêner par suite le transport des cultures, ont aussi l'inconvénient pour les arbres rameux de s'accumuler sur leurs branches et par leur poids d'en déterminer la rupture.

La neige, accumulée en hiver sur les hautes montagnes et qui fond subitement au printemps, donne souvent naissance à des torrents qui viennent grossir les cours d'eau et occasionnent des inondations. Mais les rivières alimentées par des neiges dont la fonte est progressive jouissent de la propriété de n'être jamais à sec.

Quant aux glaciers, ce sont des réservoirs d'une grande ressource pour les irrigations d'été.

## § 8. — Vents

**Leurs effets sur les cultures.** — Les vents sont les grands modificateurs des saisons, tant au point de vue de la température qu'à celui de la pluviosité.

Il importe à l'agriculteur de se rendre compte du régime des vents de sa localité et d'en connaître la fréquence, l'intensité et la direction. Ces données sont fournies par les stations météorologiques.

Les vents modérés sont favorables à la végétation. En renouvelant les couches d'air au contact du sol et des plantes, ils mettent ainsi à la disposition de ces dernières une plus grande quantité de matières utiles : gaz ou poussières fertilisantes ; ils favorisent l'évaporation foliacée et la circulation de la sève ; ils semblent fortifier les fibres des végétaux ; ils contribuent à la fécondation des graminées par la dissémination du pollen.

Le vent modéré ressuie le terrain détrempé par les pluies et concourt aussi à la dessiccation du foin et des céréales.

Au contraire, les vents violents occasionnent toutes sortes de dommages : ils couchent et perdent les récoltes, ils font tomber les fruits avant leur maturité, ils brisent les jeunes bourgeons de la vigne qui étaient l'espoir de la vendange.

Quant aux ravages causés par les cyclones ou les ouragans, ils deviennent incalculables : il n'y a plus seulement des blés versés et des meules renversées, mais des arbres déracinés, des jardins dévastés et des toitures enlevées.

Le plus sûr indice de l'approche d'une tempête étant une baisse rapide de la pression barométrique, il y a lieu de prendre, dans ce cas, les précautions nécessaires pour en éviter les effets.

On désigne, sous le nom de vents *dominants*, d'une localité ou d'une région, ceux qui soufflent habituellement dans une même direction qui en est réglée d'habitude par la disposition des lieux par rapport aux abris : montagnes, forêts, etc.

Les vents *locaux* sont dus à des différences de température entre deux milieux dissemblables. Sur les côtes, il souffle, pendant le jour, de la mer, moins chaude, vers le sol, qui l'est davantage, une *brise de mer*, qui rafraîchit l'atmosphère. Durant la nuit, c'est le contraire qui se passe et à ce vent succède la *brise de terre*.

Dans les régions montagneuses, il s'élève pendant la journée une brise ascendante de la plaine vers la montagne, le contraire se passe pendant la nuit.

Les vents de mer nuisent aux cultures par leur violence et leur causticité, car beaucoup de plantes ne peuvent supporporter les vapeurs salines de la mer. A l'époque des tempêtes, le vent de mer souffle avec une telle violence que les végétaux en sont souvent meurtris et brisés. Les surfaces exposées directement à ces vents ne sont cultivables qu'autant qu'elles sont convenablement abritées.

Contre les vents marins, on fait usage, selon les pays, de plantations de *pins maritimes*, de *palmiers*, d'*eucalyptus*, etc. ; mais la liste des végétaux qui résistent à ces vents salés et caustiques est bien courte.

Les vents les plus redoutés des agriculteurs, à cause des dégâts qu'ils causent, sont le sirocco, le mistral, le vent d'autan, le libeccio en Corse.

Le *sirocco* est un vent du désert, venant du sud et apportant du Sahara une chaleur et une poussière suffocantes ; ce vent brûlant dessèche tout sur son passage, et ses effets, en outre qu'ils sont un fléau pour notre colonie africaine, se font sentir en Corse et sur les côtes de Provence. Le sirocco est plus supportable l'hiver que l'été, mais il est surtout à redouter à l'époque de la maturité des céréales et du raisin.

Le *mistral* est un vent du nord d'une grande violence ; il descend la vallée du Rhône et exerce ses ravages dans le bassin de la Méditerranée, en Provence, en Corse et même en Algérie. C'est un vent glacial, également desséchant, qui nuit aux cultures par sa violence et sa basse température. Ce serait peine perdue de cultiver l'oranger ou d'autres végétaux sensibles sur des surfaces battues par le mistral.

Pour mettre les cultures à l'abri de ce vent, on plante certains végétaux résistants à croissance rapide, perpendiculairement à la direction du vent. Ce sont des brise-vents en paillassons, en cyprès, ou en cannes de Provence. Plus au midi, en Provence et en Algérie, on oppose au mistral des plantations de pins maritimes, d'eucalyptus qui forment alors de véritables rideaux protecteurs. Quand il s'agit d'abriter un jardin, une orangerie ou une cédraterie, on élève des murs en maçonnerie.

Le *vent d'autan* sévit dans la vallée de la Garonne autant que le mistral dans la vallée du Rhône. C'est un vent du sud, venant de la Méditerranée, enfilant d'abord la vallée du Rhône pour s'engouffrer ensuite avec une grande violence dans une brèche située entre les Pyrénées et les montagnes noires. De là, il gagne Castres, Toulouse et Rodez. Ce vent, capable de faire dérailler les trains du chemin de fer du Midi, ne peut que ravager les cultures de la contrée. On a vu, aux environs de Castres, le vent d'autan dévaster des champs de maïs et en disperser au loin les tiges et les épis; pourtant le maïs est de toutes les céréales la plus robuste et la plus résistante à la verse.

On conçoit que, sous un tel climat, le choix des cultures soit bien limité.

D'une manière générale, dans les pays où règnent des vents violents, on doit prudemment préférer la culture des plantes basses et peu sujettes à s'égrener : la prairie naturelle au trèfle et à la luzerne, la vesce à la féverolle, le maïs fourrage au maïs à grains, la pomme de terre, la betterave, en un mot, les plantes laissant le moins de prise au vent.

Les plaines se défendent mal contre les vents nuisibles aux cultures ; les pays accidentés, au contraire, offrent des abris naturels qui sont la conséquence des reliefs du terrain.

**Orages.** — L'explication des orages par l'électricité remonte à la découverte même de cet agent. Quand les orages éclatent, la chute de la foudre produit sur les végétaux des effets mécaniques dont il n'y a pas lieu de tenir compte, à cause de leur caractère accidentel.

Les décharges électriques provoquent la combinaison de

l'azote et de l'oxygène de l'air sous forme d'acide nitrique, lequel, en présence de l'ammoniaque atmosphérique, donne naissance à des nitrates, qui sont des sels d'une haute valeur fertilisante. Ces derniers sont entraînés par la chute des pluies qui accompagnent les orages, pluies souvent violentes et, par conséquent, nuisibles, plutôt qu'utiles.

**Grêles.** — Le mode de formation du grésil ou de la grêle est encore fort obscur. La chute de la grêle accompagne le plus souvent un orage à son début, l'influence de l'électricité ne paraît donc pas étrangère à sa formation.

Ce phénomène météorologique est toujours funeste aux cultures. Les dégâts causés par la grêle sont souvent considérables : elle anéantit les récoltes herbacées, elle meurtrit la vigne, les arbres fruitiers, et les stérilise parfois pour plusieurs années. Elle peut, en outre, occasionner la destruction totale ou partielle des toitures de la ferme.

Certaines localités y sont particulièrement exposées, aussi est-il recommandé d'une façon générale de n'y cultiver que des plantes dont le produit consiste surtout en racines ou en fourrage, à l'exclusion de celles qui produisent des graines ou des fruits.

Il n'existe aucun moyen pratique de mettre les cultures à l'abri de la grêle. Il n'y a de remède à ce fléau que l'assurance, dont les frais sont en rapport avec les chances de grêle pour chaque localité; on évite par ce fait la perte totale de la valeur des récoltes.

## § 9. — Hydrographie agricole

L'eau est d'une nécessité absolue dans toute exploitation agricole : il faut de l'eau pour les divers besoins du ménage, il en faut en toute saison en grande quantité pour abreuver les animaux de la ferme ; il en faut encore pour l'arrosage des jardins et des prairies.

L'eau est d'autant plus importante que l'exploitation se trouve dans un pays plus sec et plus méridional. On dit, dans le Midi, que « l'eau vaut plus que la terre ». Un hectare arrosé copieusement donne plus de produits que 10 hectares privés d'eau. On sait aussi que par la submersion on a pu préserver un grand nombre de vignes du phylloxera; là, l'hectare de vigne submersible a obtenu une plus-value considérable.

Celui qui a donc en vue une grande entreprise agricole doit examiner avec le plus grand soin quelles sont toutes les eaux dont il pourra disposer. C'est une circonstance très heureuse que de posséder un cours d'eau intarissable et bien disposé pour l'arrosage des parties basses du domaine. Des sources abondantes rendent aussi de grands services : d'abord, pour l'eau potable qu'elles peuvent fournir, et ensuite pour l'arrosage si elles sont situées d'une manière favorable par rapport aux cultures à irriguer.

On peut utiliser pour l'arrosage des prairies et des cultures situées à un niveau inférieur les eaux pluviales à l'époque des orages et des grandes pluies venant des terrains supérieurs, en établissant de grands réservoirs pour les emmagasiner. Ces réserves d'eau, faites dans un moment où les cultures n'ont pas besoin d'être arrosées, sont précieuses plus tard quand les plantes souffrent de la chaleur et de la sécheresse.

Les eaux des toits, celles des terres cultivées et des cours de ferme, doivent toujours être utilisées. Ces dernières surtout sont chargées de principes fertilisants qui en rendent l'emploi très avantageux.

**Action de l'eau sur la végétation**. — L'eau est indispensable à toute plante vivante. Pour croître et mûrir, il lui faut une quantité déterminée de carbone, d'hydrogène, d'azote et de diverses autres substances minérales; l'air et le sol sont chargés de les lui fournir; les radiations solaires de leur côté lui apportent la somme de travail lumineux nécessaire pour mettre en œuvre ces divers matériaux. Mais alors même que tous ces éléments existeraient à la portée de la plante, en proportion supérieure à ses besoins, ils resteraient sans emploi s'il ne s'y joignait pas l'eau nécessaire soit à leur préparation dans la terre et à leur introduction dans l'organisme végétal, soit au transport des principes élaborés des feuilles où cette élaboration s'est effectuée, dans les organes destinés à leur donner leur forme définitive.

Les eaux n'agissent pas seulement par elles-mêmes ; elles contiennent en dissolution divers produits minéraux dont le rôle en agriculture est loin d'être négligeable, comme on l'a vu précédemment.

Quant à la quantité d'eau exigée par chaque plante, elle change avec les conditions extérieures de son habitat et avec sa phase de végétation. Il en est donc pour l'eau, comme pour la lumière et la chaleur.

## § 10. — Climats

L'étude de l'influence que le climat peut exercer sur les végétaux spontanés, les cultures et les productions animales est des plus intéressantes. Bien que toutes les localités d'un même climat soient influencées par des phénomènes météorologiques analogues, elles n'en ressentent pas les effets au même degré et avec la même intensité. Chaque localité offre, pour ainsi dire, un climat spécial déterminé par l'altitude et l'exposition des surfaces, la nature du sol, les abris naturels, les reliefs des terrains, le voisinage des cours d'eau, de la mer, des forêts, etc. ; toutes circonstances qui modifient le régime des pluies et des vents, les minima et les maxima de température.

Le climat d'une région résulte d'un ensemble de phénomènes météorologiques dus principalement au degré de latitude de la région (la France, située dans la zone tempérée du globe, est comprise entre les isothermes de 10 et 15°), à son altitude moyenne et au voisinage plus ou moins rapproché de la mer et des montagnes.

L'altitude est la circonstance qui fait varier l'influence de la latitude. A mesure qu'on s'élève dans les contrées méridionales, on se rapproche davantage des climats tempérés. La chaleur totale décroît en proportion de la hauteur des lieux au-dessus du niveau général des mers. D'après plusieurs auteurs, des plus compétents, on retrouve les mêmes conditions climatologiques, soit qu'on s'élève à une altitude de 180 mètres, ou que dans une plaine on s'avance vers le Nord de 220 kilomètres ; en nombre rond 82 mètres d'altitude reculent le climat d'un degré de latitude. La température moyenne de l'année s'abaisse d'un degré centigrade quand l'altitude augmente de 180 mètres, ou bien quand dans la plaine on s'avance de 220 kilomètres vers le Nord. On comprend dès lors comment il se fait que les montagnes élevées des contrées méridionales présentent successivement tous les climats depuis ceux des régions tempérées jusqu'à ceux des régions les plus froides et les plus septentrionales.

Le voisinage des grandes mers a pour effet d'uniformiser la température, en atténuant les chaleurs de l'été et les froids de l'hiver. C'est cette raison qui a fait comparer la mer au volant d'une machine : le volant, en effet, régularise le mouvement, et la mer la température. Les climats *marins* ont donc des extrêmes de température beaucoup moins prononcés que les climats *continentaux*. A Édimbourg, au voisinage de l'Atlantique, la différence entre les températures moyennes de l'hiver et de l'été est de 10°,8 ; à Moscou, sous la même latitude, mais en plein continent, elle s'élève à plus de 27° C. Quant à la sécheresse ou à l'humidité des lieux, elle est généralement en raison de leur distance aux grandes mers.

Les courants marins modifient la température dans un sens ou dans l'autre, suivant qu'ils sont chauds ou froids. Ainsi les côtes occidentales de France, baignées par les eaux chaudes du Gulf-Stream, ont habituellement des hivers très doux.

Les parties orientales des continents sont, à latitude égale, plus froides que les parties occidentales. A New-York, qui se trouve cependant sous la même latitude que Madrid, les hivers sont aussi rudes qu'à Saint-Pétersbourg, situé 20° plus au Nord. La cause de ce phénomène est expliquée par la rotation diurne de la terre d'occident en orient.

Tels sont les facteurs qui déterminent les *climats généraux*. Quant aux *climats locaux*, ils sont soumis à d'autres influences, parmi lesquelles il faut citer celle qu'exerce *l'orientation* ou *exposition*. Les localités situées sur le versant méridional d'une montagne possèdent toujours une température plus élevée que celles qui occupent le versant septentrional. Sous nos latitudes, la meilleure exposition est celle du Midi, qui, largement ouverte à l'action du soleil et défendue des vents froids, reçoit et garde la plus grande somme de chaleur. L'orientation du Nord est la plus froide; celle de l'Est est exposée aux dégels subits qui exercent, comme on l'a vu précédemment, une influence fâcheuse sur la végétation; enfin, celle de l'Ouest est humide et soumise à l'action des vents, parfois violents, venant de l'Océan.

Les abris naturels ou artificiels peuvent corriger en partie l'influence de l'orientation et des vents dominants. Les montagnes, les collines et les forêts jouent le rôle d'abris naturels. Quant aux abris artificiels, on les forme en élevant des murs ou en créant des plantations d'arbres serrés, tels que les cyprès et les ifs.

Enfin, le voisinage de lacs, de rivières, la nature même des cultures d'un pays, qui, selon l'espèce végétale, évaporent une plus ou moins grande quantité d'eau, sont autant de causes qui interviennent dans la détermination du climat.

On a divisé la France en sept climats distincts et caractérisés par les conditions naturelles qui les régissent. Ces climats, on le conçoit, ne sont pas absolument homogènes dans toute leur étendue, les influences météorologiques locales intervenant toujours pour leur faire subir des modifications ; néanmoins, chacun d'eux est assez uniforme pour qu'entre deux points quelconques de leur surface il n'existe que de légères variations dans les produits du sol et les procédés de culture.

Ces climats dont nous allons successivement étudier les circonscriptions, les conditions naturelles et les principales productions sont les suivants : Girondin, Armoricain, Séquanien, Vosgien, Rhodanien, du Plateau central et Méditerranéen.

**1° Climat Girondin.** — C'est celui du Sud-Ouest de la France. Il comprend les bassins de l'Adour, de la Garonne, de la Charente, de la Sèvre, et embrasse la totalité ou la plus grande partie des départements suivants : Vendée, Charente-Inférieure, Deux-Sèvres, Charente, Gironde, Dordogne, Lot-et-Garonne, Lot, Landes, Gers, Tarn-et-Garonne, Haute-

Garonne, Tarn, Basses-Pyrénées, Hautes-Pyrénées, Ariège.

Il est limité à l'Est par le plateau central, à l'Ouest par l'Océan et est soumis à l'influence de ce plateau, de l'Océan et des Pyrénés. Sa température moyenne s'élève à 12°. L'hiver n'y est pas rigoureux, les étés y sont chauds et les automnes longs. La vigne et le figuier y donnent d'excellents fruits, les aurantiacées (orangers, citronniers, cédratiers) et l'eucalyptus n'y viennent pourtant pas.

C'est sous ce climat qu'on trouve les grands crus de Bordeaux qu'on ne peut reproduire dans aucune autre partie du monde; on y récolte, dans le département de la Charente-Inférieure, les plus fines eaux-de-vie de France. Il est assez pluvieux: Bordeaux reçoit cent sept jours de pluie par an, donnant une couche d'eau de $0^{m},83$. Dans le nord de la région, cette hauteur d'eau est de 585 millimètres, tandis qu'elle atteint plus d'un mètre dans le voisinage des Pyrénées; Bayonne en reçoit $1^{m},40$. La région du sud-ouest est celle qui convient le mieux à la culture du maïs: cette céréale domine dans les départements des Landes, des Basses et Hautes-Pyrénées où elle réussit mieux et rend plus que le froment. Les prairies artificielles, le trèfle ordinaire, le trèfle incarnat, les choux et les navets s'accommodent bien de ce climat humide et doux pendant l'hiver. Le bassin de la Garonne produit à lui seul les 2/3 du tabac récolté sur notre territoire. Les forêts qui occupent les dunes et les sables des landes se composent principalement de pins maritimes soumis au résinage, associés à quelques chênes-liège.

Les vents d'ouest et du sud-ouest y soufflent souvent avec violence; ils viennent de l'Océan, apportant fréquemment la pluie et les tempêtes.

On y élève plusieurs bonnes races de bêtes à cornes, fortes et vigoureuses dans les fertiles vallées de l'Adour et de la Garonne, moins développées sur les maigres pâturages des landes. C'est sous ce climat que vivent les races garonnaise, bazadaise, basquaise et bretonne d'importation.

2° **Climat Armoricain.** — Le climat Armoricain ou des côtes de l'ouest comprend la région de l'ouest soumise à l'influence de l'Océan Atlantique, savoir: la Bretagne, la Normandie, la Picardie occidentale, l'Artois, la Flandre, la Touraine, l'Anjou et le Maine. Il embrasse par conséquent la totalité ou la plus grande partie des départements suivants : Seine-Inférieure, Manche, Calvados, Eure, Côtes-du-Nord, Orne, Finistère, Ille-et-Vilaine, Mayenne, Sarthe, Morbihan, Loire-Inférieure, Maine-et-Loire, Indre-et-Loire.

La température moyenne y est de 11° C. C'est un climat essentiellement marin et soumis à l'influence du Gulf-Stream. Les presqu'îles de la Bretagne et du Cotentin montrent le type complet du climat armoricain dans les basses altitudes ; les niveaux élevés apportent d'importantes modifications à ce type, les hivers y sont moins doux. Les montagnes Noires et d'Arrez, deux chaînes occupant un grand espace au centre de la basse Bretagne, offrent des plateaux et des sommets qui atteignent 200, 300 et près de 400 mètres d'altitude. Ces régions sont conséquemment plus froides que les zones basses qui longent l'Océan. En somme, c'est un climat doux en hiver, pluvieux, nébuleux, n'offrant jamais de grands écarts de température ni en hiver ni en été, pas de froids rigoureux, pas de chaleurs excessives, des pluies réparties régulièrement sur tous les mois de l'année, en moyenne cent cinquante-deux jours par an, à Brest deux cent vingt ; la hauteur d'eau moyenne est de 8 à 900 millimètres par an.

Ce n'est pas le pays du bon vin et des fruits savoureux, mais c'est par excellence la région des herbages, des vergers à cidre où l'élevage des animaux et les produits du laitage constituent les principales productions de la ferme. C'est aussi le climat par excellence de la cerise, de la fraise et de la framboise. La fraise qui aime l'atmosphère humide et sombre ne vient nulle part aussi bien qu'en Angleterre et dans le Finistère à Plougastel-Daoulas et dans l'anse de Lauberlach. Grâce à la douceur du climat de la Bretagne, le figuier y mûrit ses fruits et le camélia y donne en plein air de jolies fleurs, comparables à celles de la Provence.

La zone maritime de ce climat plaît aux pommes à cidre, à l'herbage, aux choux, aux navets, aux rutabagas, aux légumes et au sarrasin qui est la céréale caractéristique de cette contrée. En Bretagne, l'avoine réussit mieux que le froment. A mesure qu'on s'éloigne de la mer, les céréales et les prairies artificielles occupent une plus grande place dans les cultures, ainsi qu'on l'observe dans les plaines de Caen, de l'Artois et de la Picardie. La vigne cultivée seulement dans la presqu'île de Rhuis, sur un seul petit canton de Bretagne, prend de l'importance en Anjou et en Touraine où elle mûrit ses raisins et donne des vins estimés, tels que le Vouvray, Saumur, etc.

Les forêts, sous ce climat dépourvu de hautes montagnes, sont peuplées des essences propres aux régions tempérées.

On y observe, suivant les terrains, le chêne, le charme, le bouleau, le hêtre, le châtaignier et le pin maritime.

Le climat armoricain, combiné avec les aptitudes variables du sol, a donné lieu à plusieurs races d'animaux domestiques. D'abord la petite race bretonne, si précieuse par sa sobriété, les qualités de son lait et son entretien facile. Viennent ensuite la race choletaise, très recommandable pour les animaux de travail et de boucherie ; les races normande et flamande, les plus grandes laitières des vaches françaises. Les excellents chevaux bretons, les élégants chevaux normands, les beaux chevaux percherons et les gros chevaux boulonnais s'élèvent aussi sous ce climat. Aucune autre partie de la France ne produit des chevaux de travail qui soient comparables aux percherons sous le rapport de la force, de la taille et des allures.

3° **Climat Séquanien.** — Le climat Séquanien ou des plaines du nord, qui tire son nom de la Seine, embrasse le bassin géologique de Paris, c'est-à-dire celui de la Seine, moins le cours inférieur de cette rivière et une partie du bassin de la Loire. Les provinces qui jouissent de ce climat sont l'Ile-de-France, la Picardie orientale, la Brie, la Champagne, l'Orléanais, la Beauce, la Sologne, une partie du Berry et du Nivernais. Il comprend, par suite, la totalité ou la plus grande partie des départements suivants : Nord, Pas-de-Calais, Somme, Oise, Aisne, Seine-et-Oise, Seine, Marne, Eure-et-Loir, Seine-et-Marne, Loiret, Aube, Loir-et-Cher, Yonne, Indre, Cher, Nièvre.

La température moyenne y est de 10° C. Ce climat est plus froid que l'armoricain, moins nébuleux et moins humide, plus chaud et mieux ensoleillé en été. Sous l'influence des minima de température, la végétation est interrompue complètement pendant l'hiver. Les animaux domestiques sont, pendant cette saison, en stabulation permanente et alimentés avec les produits récoltés et mis en réserve pendant l'été. Les écarts de la température de la nuit à celle du jour sont faibles, ce qui est une bonne condition de salubrité.

L'hiver, les jours sont brumeux et sombres, les gelées sont fréquentes, et le thermomètre tombe quelquefois à plus de 15° au-dessous de zéro. La neige est souvent persistante, le sol est gelé, ce qui arrête les labours, mais, en revanche, facilite les transports. Les vents d'ouest, du sud et du sud-ouest amènent la pluie qui tombe en une couche moyenne de 550 millimètres d'eau par an.

La partie septentrionale souffre souvent en été et en automne du manque de chaleur et de l'abondance des pluies, notamment aux époques de la fenaison et de la moisson. C'est une région de vallées et de grandes plaines à sol généralement fertile. On y voit les plus belles et les plus riches exploitations de France confiées à de grands fermiers ou cultivées directement par les propriétaires du sol. Là, comme dans les bonnes terres de Flandre et de l'Artois, on s'adonne principalement à la culture des céréales, des fourrages, de la betterave fourragère et industrielle. Grâce à la fertilité du sol et aux soins dont il est l'objet, ces diverses cultures y atteignent des rendements très élevés : le froment rend 30 à 40 hectolitres de grain par hectare, la betterave 40 à 50.000 kilogrammes de racines. Beaucoup de fermes cultivent la betterave pour la fabrication du sucre et de l'alcool, notamment en Picardie, en Brie et en Beauce. D'autres, en petit nombre, cultivent la pomme de terre pour la fabrication de la fécule. Plus au midi, dans l'Orléanais et le Berry, les terres sont moins fertiles, les industries annexées à la ferme sont plus rares; on s'adonne principalement à la culture des céréales, des plantes fourragères et de la vigne.

La végétation forestière ne diffère pas de celle du climat armoricain; les essences dominantes sont le chêne, le charme et le bouleau. En Sologne, le pin maritime est l'essence la plus productive et la mieux appropriée au sol, tandis qu'en Champagne c'est le pin sylvestre et le pin noir d'Autriche qui peuvent seuls croître et végéter sur les terres sèches et crayeuses du pays.

Dans la partie nord du climat Séquanien, on se livre à l'engraissement des animaux, tandis que dans la partie méridionale on trouve plus avantageux d'élever des moutons et des bêtes à cornes.

Aux environs de Paris, beaucoup d'exploitations entretiennent des vaches normandes ou flamandes pour la vente du lait en nature ou pour la fabrication du beurre ou du fromage. En Sologne, en Berry et dans le Nivernais, on élève des moutons des races solognote, berrichonne, charmoise, southdown et dislhey, pures ou croisées. La Beauce préfère le métis-mérinos comme producteur de laine et de viande. En Nivernais, on élève la race charolaise, très appréciée pour le travail et la boucherie. De toutes les races françaises, elle est la mieux conformée, la plus précoce et la plus apte à prendre la graisse ; au point de vue du lait, elle se montre inférieure à la race normande et à la flamande qui occupent l'autre extrémité de ce climat. Les chevaux élevés dans le Nivernais dérivent de la race percheronne.

**4° Climat Vosgien.** — Le climat Vosgien ou des plateaux de l'Est s'étend sur les Ardennes, l'Alsace, la Lorraine, la partie montagneuse de la Champagne et de la haute Bourgogne. Il embrasse la totalité ou la plus grande partie des départements suivants : Ardennes, Meuse, Meurthe-et-Moselle, Alsace-Lorraine, Haute-Marne, Vosges, Côte-d'Or.

La température moyenne y est de 9° C. — La région de ce climat est essentiellement montagneuse, condition qui rend les hivers très froids, longs et rigoureux, et les étés courts et chauds. Ces circonstances sont nuisibles aux cultures. En hiver le thermomètre descend parfois à plus de 25° au-dessous de zéro et il monte en été à + 36° et + 37°. Les points culminants atteignent jusqu'à 1.250 mètres d'altitude comme le Ballon d'Alsace et 1.426 mètres comme le Ballon de Guebwiller. Il y tombe environ 670 millimètres d'eau par an, répartis sur cent quarante jours de pluie. Les rivières sont nombreuses et abondamment approvisionnées d'eau en toute saison. La prairie en vallée et en côté, fortement et intelligemment arrosée, occupe la place la plus importante parmi les cultures dans la région montagneuse de la Lorraine et de la Franche-Comté.

Les plaines basses, comme les environs de Nancy et les arrondissements de Neufchâteau et de Mirecourt (Vosges) montrent, très atténués, les caractères du climat vosgien. On en a la preuve dans l'existence de vignobles importants qui disparaissent sous le climat rigoureux des arrondissements d'Épinal, de Remiremont et de Saint-Dié. La vigne reparaît aux bonnes expositions et aux moyennes altitudes de cette région.

Les terres basses comme celles de Meurthe-et-Moselle offrent à peu près les productions végétales du climat Séquanien ; la vigne qui disparaît dans les cantons montagneux reprend une place assez importante sur les coteaux bien exposés de la Meuse, de Meurthe-et-Moselle et de la Haute-Saône.

Dans les Vosges, les sommets les plus élevés des montagnes sont couverts de bois et de pâturages. Les vallées offrent des cultures ou des prairies suivant qu'elles sont submersibles ou insubmersibles, arrosables ou non arrosables. Généralement le sol y est léger, perméable et siliceux, conditions qui imposent la culture du seigle et celle de la pomme de terre. Cette dernière trouve, dans cette partie des Vosges, le climat qu'elle affectionne ; elle y atteint de forts rendements, précieux pour l'alimentation des petites féculeries établies sur les nombreux cours d'eau de ces montagnes.

L'avoine est la céréale la plus importante de cette région qui a, en outre, au nombre de ses cultures industrielles, le chanvre et le houblon.

Les magnifiques forêts de sapins qui occupent les sommets et les parties abruptes des montagnes donnent à cette région des aspects très pittoresques. On y admire les superbes dimensions du sapin des Vosges, de l'épicéa et du hêtre.

Plus bas apparaissent le chêne, le charme, le bouleau et les autres essences de la région tempérée.

Cette contrée n'est pas le berceau de races très importantes si on en excepte la race femeline de la vallée de l'Ognon, la tourache ou franc-courtoise qui est la race des montagnes. On y voit surtout beaucoup de bêtes à cornes importées de la Suisse. La petite race vosgienne rappelle la bretonne par sa robe et sa taille ; elle est la bête de la lande et des terrains pauvres.

Les chevaux ardennais étaient appréciés pour leur sobriété et leur résistance à la fatigue. Des croisements irrationnels ont fait disparaître en grande partie cette race dont on tirait autrefois d'excellents chevaux pour le train des équipages militaires. Les chevaux franc-comtois, communs et de petite taille, se recommandent comme animaux de trait résistants et peu exigeants.

5° **Climat Rhodanien.** — Le climat Rhodanien ou du Sud-Est tire son nom du Rhône, dont il occupe toute la vallée supérieure et se prolonge jusqu'à Valence, Privas et Digne. Il embrasse la Bourgogne, la Franche-Comté (la Bresse, la Dombes), le Lyonnais, le Dauphiné et la Savoie et occupe par suite la totalité ou la plus grande partie des départements suivants : Haute-Saône, Belfort, Jura, Doubs, Saône-et-Loire, Ain, Rhône, Haute-Savoie, Loire, Isère, Savoie, Ardèche, Hautes-Alpes et Basses-Alpes.

Il se trouve compris entre le 47° et le 44° de latitude. La température moyenne y est de 11°. Il s'applique, dans les limites ci-dessus, aux vallées de la Saône, du Rhône et de Grésivaudan, ainsi qu'aux pentes d'altitude moyenne du Charolais, des Cévennes, du Jura et des Alpes. Les fortes altitudes de cette région ne peuvent évidemment pas se rattacher à ce climat. L'hiver, influencé par les montagnes du Jura et des Alpes, y est pluvieux et froid. Les pluies sont rares en été dans les plaines. Les vents dominants sont : le mistral, vent du Nord, toujours froid et violent, et le vent du Sud, brûlant et sec en été.

Ce climat est sujet à de brusques variations de température ; les orages y sont fréquents et souvent accompagnés de grêle ; la hauteur totale des pluies y atteint près de 950 millimètres et elles y sont assez bien réparties dans les différents mois de l'année.

Les principales productions de ce climat sont d'abord les vins de Bourgogne qui sont récoltés sur les coteaux est et sud des départements de la Côte-d'Or et de Saône-et-Loire. Dans les vallées et les plaines, se trouvent les prairies naturelles, les cultures de blé, d'avoine, de maïs, de fèves et de prairies artificielles. La vallée de Grésivaudan, de même que les parties basses de la Savoie, montre des vignes en hautains vigoureuses et d'un excellent rapport. Le noyer, le mûrier, les poiriers, les pommiers, les cerisiers, les pruniers et les châtaigniers en demi-montagne, donnent d'abondants produits dans la vallée de l'Isère et dans les deux départements de la Savoie. Dans la Drôme se trouvent des cultures de garance.

Les forêts occupent les points culminants des montagnes; le sapin en est l'essence dominante.

Sous ce climat, on trouve beaucoup de bêtes à cornes d'origine suisse. L'arrondissement de Charolles, en Saône-et-Loire, est le berceau de la belle race Charolaise. De là elle s'est répandue dans les départements voisins de l'Allier, de la Nièvre et du Cher. Aux environs de Chambéry on trouve la race tarentaise, de taille moyenne et très appréciée dans le Midi pour le lait et le travail. En Bresse, s'est développée une petite race, dite race bressane, rustique et peu exigeante. Le cheval dombiste est un petit animal commun, sobre et dur à la fatigue. Les volailles de la Bresse, engraissées au maïs, sont classées parmi les meilleures de la France.

6° **Climat Méditerranéen.** — Le climat Méditerranéen, provençal ou des côtes du Sud, comprend le Roussillon, la partie maritime du Languedoc, le Comtat-Venaissin, la Provence et Nice. Il embrasse la totalité ou la plus grande partie des départements suivants : Drôme, Hérault, Gard, Vaucluse, Aude, Pyrénées-Orientales, Bouches-du-Rhône, Var, Alpes-Maritimes et la Corse.

La température moyenne y est de 14°, et la hauteur totale des pluies de 650 millimètres. C'est la zone méditerranéenne aux altitudes variables de 0 à 300 mètres, qui offre le véritable caractère de ce climat. Dès qu'on dépasse 300 mètres dans les Cévennes, l'Esterel, les Maures et les Alpes maritimes, on retombe dans des climats plus froids, semblables au climat rhodanien ou vosgien.

Pour connaître le régime du climat provençal avec les modifications dont il est l'objet suivant les localités, il y a lieu de consulter les observations météorologiques des stations de Montpellier, Marseille, Toulon et Nice.

A Montpellier, le thermomètre descend souvent en hiver à — 7° et — 8°, minima qui excluent la culture de l'oranger et rendent incertaine celle de l'eucalyptus. A Marseille, on observe les mêmes conditions de température. C'est à partir de Toulon et d'Hyères que les minima diminuent et que la culture de l'oranger, des fleurs et des primeurs d'hiver devient possible et avantageuse. Il n'est pas en France de pays plus agréable pendant les mois d'hiver, de décembre à avril. A cette époque de l'année, on y jouit d'un beau temps constant et d'une douce température, tant le soleil inonde de chaleur et de lumière cette partie privilégiée de la Provence.

Sous ce climat, les pluies sont abondantes à la fin de l'automne et au début du printemps, elles sont rares en été, aussi la sécheresse détruit les gazons et les plantes herbacées qui ne sont pas arrosables. Les arbustes et les arbres montrent une plus grande résistance : la vigne et l'olivier supportent les sécheresses mieux que les céréales et les fourrages. Ces derniers, en général peu abondants et chers, rendent difficile l'élevage et l'entretien du bétail. Les prairies et la luzerne irriguées produisent beaucoup, mais elles n'occupent pas de grandes étendues, et on a toujours plus d'avantages à vendre le foin qu'à le faire consommer.

Dans la région d'Hyères, de Cannes et de Menton, le soleil d'hiver, apportant chaleur et lumière, permet d'y cultiver des fleurs : anémones, roses, jacinthes, violettes, etc., qui sont expédiées journellement en France et à l'étranger. Des champs de roses, de jasmins et de géraniums alimentent au printemps les grandes usines de France qui fabriquent les parfums. Les fleurs d'orangers sont destinées au même usage, et cet arbre est plutôt cultivé en vue de cette fleur que pour la production de fruits.

L'olivier occupe encore plus d'espace que l'oranger ; sa longévité est très grande aux environs de Grasse, d'Antibes et de Menton. Il est d'un bon rapport quand les olives ne sont pas attaquées par des insectes, et les oliviers ravagés par des champignons parasites.

La culture de l'olivier caractérise cette région la plus chaude de la France. Cette région embrasse les vignobles du Roussillon, de l'Hérault, de l'Aude et des Bouches-du-Rhône. Les vignes de l'Hérault atteignent des rendements qu'on ne retrouve dans aucune autre partie de notre territoire ; on y récolte jusqu'à 200 et 300 hectolitres de vin par hectare, quand beaucoup de vignobles n'en donnent que 20 ou 30 dans d'autres conditions de sol et de climat. Là, comme en Algérie, aucune culture ne donne plus de bénéfice que la vigne, quand cette dernière peut être mise à l'abri du phylloxera et de certaines maladies cryptogamiques.

Les vents dominants sous ce climat sont le mistral ou vent du nord-ouest et le sirocco. Le mistral est surtout redoutable en hiver, à cause de sa violence et de sa basse température ; cet air glacial détruit les fleurs soumises directement à son action malfaisante. Aussi, pour les plantes, comme d'ailleurs pour les malades, recherche-t-on les endroits abrités du mistral, comme Cannes, Nice et Menton. L'oranger, le citronnier, l'amandier, exposés au mistral, restent improductifs, tandis que la vigne et l'olivier résistent davantage à ce vent. Le sirocco, vent sec et brûlant d'Afrique, nuisible à toutes les plantes cultivées, est surtout à redouter dans cette région à l'époque des vendanges : il dessèche le raisin et diminue par suite dans de notables proportions son rendement en vin.

Les essences dominantes de cette région sont le pin d'Alep, qui pousse en sol calcaire dans les forêts des Maures et de l'Esterel, le pin maritime et le pin pignon, qui viennent sur les terres granitiques ou sur les dunes siliceuses des bords de la mer. Il s'y associe des chênes-verts et quelques chênes-liège.

Aucune race d'animaux spéciale n'existe sous ce climat, le bétail y est tout d'importation. Les vaches laitières proviennent de Savoie ou de Suisse et sont des races tarentaises et schwitz.

7° **Climat du Plateau Central.** — Le climat auvergnat ou du Plateau Central comprend la Marche, le Limousin, le

Poitou, l'Auvergne et la partie septentrionale du Languedoc. Il embrasse la totalité ou la plus grande partie des départements suivants : Vienne, Creuse, Allier, Haute-Vienne, Puy-de-Dôme, Corrèze, Cantal, Haute-Loire, Aveyron, Lozère.

La température moyenne y est de 11° C. Ce sont les surfaces les plus considérables de cette région montagneuse, dont les altitudes varient entre 600 et 1.000 mètres qui caractérisent le climat de l'Auvergne. Le Puy-de-Dôme (1.465 mètres), le Plomb du Cantal (1.858 mètres) et le pic de Sancy (1.886 mètres) ont un climat encore plus froid que ce climat général. La plaine de la Limagne, d'un autre côté, à l'altitude de 426 mètres et plusieurs autres vallées basses, rentrent dans les climats tempérés, propres à la culture de la vigne, aux céréales, aux prairies naturelles et artificielles, aux arbres fruitiers, en un mot à toutes les cultures du climat séquanien.

Les hivers y sont longs et froids, les neiges fréquentes et persistantes sur les montagnes, les étés courts et chauds. Les pluies y sont abondantes au printemps et en automne ; il en tombe une couche moyenne annuelle de 1m,13 à Aurillac et 1m,88 à Limoges. Dans le Cantal, on pratique la culture exclusivement pastorale. Dans ce pays, les pâturages en montagne sont souvent très éloignés du siège de l'exploitation. Pendant la mauvaise saison, les troupeaux qui ont vécu pendant l'été à la montagne reviennent en stabulation permanente à la ferme, dans une étable dite la grange, dont le grenier, situé au-dessus des animaux, renferme le foin nécessaire à leur alimention hivernale. C'est ainsi qu'est traitée la belle race de Salers, remarquable pour le travail et la production du lait. Avec ce lait on fait à la montagne le fromage de Cantal, qui est, avec les veaux que l'on élève, le principal produit de ces pays. Dans les exploitations de cette nature, on manque de litière pour les animaux qui couchent le plus souvent sur des planchers en bois ou sur un pavage lavé à grande eau tous les matins. On dispose d'eaux très abondantes qui, enrichies des déjections solides et liquides des animaux, servent ensuite à l'arrosage des prairies. On parvient ainsi à féconder les prés, dont les deux coupes constituent les approvisionnements nécessaires à l'alimentation des troupeaux pendant l'hiver.

La race d'Aubrac, qui vit dans les montagnes de l'Aveyron, fournit, comme celle de Salers, d'excellents bœufs de travail, des élèves pour la vente et des fromages dits de Laguiole, qui diffèrent peu de ceux du Cantal. La race du Mézenc dans le département de l'Ardèche, la race limousine dans celui de la Haute-Vienne, la race creusoise dans celui de la Creuse, fournissent des bœufs appropriés aux circonstances et aux besoins de chaque localité. Ce sont des animaux très estimés comme bêtes de travail et de boucherie.

Les plateaux moins élevés de cette région, calcaires et secs, comme on en trouve dans les Causses du Lot et de l'Aveyron, produisent une herbe courte et fine, qui convient mieux à l'espèce ovine; on y entretient les moutons du Larzac, dont les brebis fournissent le lait qui sert à la fabrication du fromage si justement renommé de Roquefort.

**Climats de la Corse.** — Quelques auteurs rattachent le climat de la Corse au climat Méditerranéen ou Provençal; mais, en réalité, on retrouve dans cette île tous les climats de la France. C'est un département très montagneux : environ les neuf dixièmes de sa surface sont en montagnes. Les principales cultures y sont celles de la vigne, de l'olivier, des céréales et du châtaignier, mais elles n'occupent qu'une faible partie du département. De magnifiques forêts prennent des surfaces considérables.

Autour du golfe d'Ajaccio, on jouit du climat de la basse Provence, avec une température un peu plus élevée; aussi y cultive-t-on, avec succès, l'oranger, le citronnier et le cédratier dans les endroits abrités du mistral et pourvus d'eau.

A l'altitude de 5 à 600 mètres, on vit sous un climat favorable à la vigne, à l'olivier et aux céréales, à l'orge principalement.

La zone plus élevée appartient aux châtaigniers et aux forêts. C'est dans les régions élevées que l'on trouve les belles forêts de pin Laricio et de hêtres. Le pin maritime, le chêne-vert et le chêne-liège affectionnent, au contraire, les régions plus basses et plus chaudes. Les maquis, terres incultes et incultivables, qui occupent une grande étendue de la Corse, se composent de lentisques, de myrthes, d'arbousiers, de chênes-verts et de cistes.

Les vents de mer causent beaucoup de mal aux cultures de la Corse. Le mistral s'y fait aussi sentir et ravage, en hiver, par sa violence et sa température glaciale, la côte occidentale. Le libeccio, vent du Sud-Ouest, sévit avec une violence extrême sur la côte orientale. Enfin, le sirocco dessèche les plantes et les fruits, en été et en automne.

Les terres basses, qui sont les plus fertiles et les plus faciles à cultiver, sont malheureusement insalubres : la malaria y règne en effet pendant la chaude saison. Il faut les abandonner, sous peine d'y contracter une fièvre mortelle et chercher dans la montagne un air plus frais et plus pur. Ces émigrations périodiques ne sont pas sans apporter un grand trouble dans les travaux de la culture.

On a dit, à juste titre, à ce sujet, que « la malaria, le vent et le banditisme sont les trois fléaux de la Corse ».

En plus des principales cultures de cette île, qui sont celles du froment, de l'orge et de la vigne, on rencontre aussi des champs de luzerne et des prairies naturelles à proximité des rivières. Quelques terrains bien abrités produisent des oranges, des citrons et des cédrats. La Balagne possède de vastes olivettes dont on tire une huile d'excellente qualité. Aux moyennes altitudes de l'arrondissement de Corte, on admire des châtaigniers séculaires, dont les fruits constituent une précieuse ressource pour l'alimentation des habitants et des animaux.

Les animaux vivent en plein air toute l'année : chevaux, bêtes à cornes, moutons, chèvres et porcs trouvent leur nourriture dans les maquis. Le cheval seul jouit parfois d'un abri. Aussi toutes ces races, soumises à une alimentation irrégulière et peu abondante, sont restées petites et à moitié sauvages.

**Climats de l'Algérie.** — En se basant sur les observations météorologiques recueillies dans les diverses stations d'Algérie, on a divisé cette colonie en cinq climats généraux qui sont :

1° Le climat maritime ;

2° Le climat des contrées montagneuses du Tell ;

3° Le climat des hauts plateaux ;

4° Le climat saharien ;

5° Le climat mixte des hauts plateaux de la province de Constantine.

1° *Climat maritime.* — Dans ce climat la température moyenne est d'environ 17°. Il offre de grandes analogies avec les parties les plus chaudes du climat provençal et du climat maritime de la Corse. On y reçoit autant de chaleur, de lumière, de vents et de pluies hivernales, et on y souffre des mêmes sécheresses pendant l'été. Les minima descendent rarement au-dessous de zéro. C'est la région des orangers et de l'eucalyptus. Dans les villes du littoral, les maxima atteignent 27° ou 28° en été. Le dattier y acquiert de belles dimensions comme arbre, mais il ne fait pas assez chaud pour que ses fruits parviennent à maturité. On y cultive, comme primeurs destinées à l'exportation, des artichauts, des petits pois, des haricots et des raisins.

Chaque exploitation entretient généralement un verger composé d'orangers, de mandariniers et de citronniers qui donnent beaucoup de fruits quand on est en mesure de les fumer et de les arroser largement. Les cultures les plus importantes sur les terres fertiles de la Mitidjah sont celles de la vigne et du froment. On fait aussi du lin d'hiver pour sa graine. Les prairies artificielles et naturelles, rares dans les provinces d'Alger et d'Oran, occupent plus d'espace dans celle de Constantine. Les herbes spontanées des chaumes poussent vigoureusement sous l'influence des pluies d'automne. Elles sont d'une grande ressource pour l'alimentation des animaux en hiver et au printemps ; ces herbes sont consommées sur place ou séchées et converties en foin désigné sous le nom de foin de chaume. La luzerne bien arrosée rend beaucoup, néanmoins cette culture est très restreinte, car on préfère réserver les arrosages à des produits d'une plus grande valeur.

2° *Climat des contrées montagneuses du Tell.* — Ce climat est plus chaud et plus froid que le climat maritime ; les maxima de température s'élèvent jusqu'à + 32° et tombent souvent à — 5°. Les villes de Tlemcen, Miliana, Médéah, Constantine sont comprises dans ce climat, trop froid pour l'oranger, mais qui convient très bien au froment, à l'orge, à l'avoine et à la luzerne. La vigne, l'olivier et l'amandier s'en accommodent parfaitement. On y récolte, en outre, les figues de Barbarie et tous les fruits des régions tempérées : pommes, poires, prunes, abricots et cerises.

3° *Climat des hauts plateaux.* — Ce climat est celui des hauts plateaux de l'Atlas à des altitudes qui dépassent généralement 1.000 mètres. Géryville et Djelfa sont comprises dans cette région de pâturages occupée seulement par des tribus nomades. Les Européens supporteraient en effet difficilement ce climat extrême, à cause des écarts considérables de température dans la même journée. Le thermomètre y atteint en été jusqu'à + 38° et en hiver les minima tombent à — 6° ou — 7°. Les terrains produisent l'alfa, recueilli et exporté en grande partie, servant à la fabrication du papier.

4° *Climat mixte des hauts plateaux de Constantine.* — Ce climat participe à la fois du climat des parties montagneuses du Tell et de celui des hauts plateaux ou de la steppe. Les productions y sont les mêmes.

5° *Climat Saharien.* — Le climat Saharien est à la fois le plus chaud et le plus froid des cinq climats généraux de l'Algérie. Les maxima s'élèvent et se soutiennent souvent à + 45° et + 50° et les minima oscillent entre — 7° et — 8°. C'est la région des oasis, c'est-à-dire des forêts de palmiers. Le palmier dattier est l'arbre providentiel des régions désertiques et on ne peut le cultiver que dans les endroits où l'eau est assez abondante pour l'arrosage de ces arbres pendant la chaude saison. On dit vulgairement que « le dattier doit avoir le pied dans l'eau et la tête dans le feu ». Cet arbre résiste à des froids de 7° à 8° qui tueraient l'oranger et, pour mûrir ses dattes, il exige une série de températures élevées de 45° à 50°. Dans le Sahara on ne peut conserver d'orangers qu'à l'abri des dattiers, et c'est sous ces derniers que dans les oasis les indigènes cultivent quelques parcelles de céréales et des légumes.

En plus des productions végétales particulières à chaque climat, l'Algérie élève et entretient un nombre considérable de moutons, de bêtes à cornes et de chevaux.

Les races d'Afrique sont petites et vigoureuses. Les moutons font exception; par leur taille et leur poids, ils se rapprochent des bons moutons français. Les chevaux ont beaucoup de vigueur et font de beaux chevaux de selle. Les bœufs arabes sont petits et trop faibles comme bêtes de trait. La petite race de Guelma, basse sur ses jambes et bien conformée, est renommée pour ses qualités laitières et son aptitude à l'engraissement. Les animaux de trait des colons sont d'origine européenne; on a eu recours à la race Charolaise pure ou croisée pour les bœufs de trait et à de forts chevaux ou à de grands mulets achetés en France. Les conditions ne sont pas favorables pour l'élevage, par suite du peu d'abondance des fourrages naturels ou artificiels, difficiles à produire régulièrement.

En résumé, l'Afrique est un pays d'avenir, digne d'attirer un plus grand nombre de colons se livrant à l'exploitation de son sol, qui est de bonne qualité et qui reçoit beaucoup de chaleur et de lumière, agents si puissants de la végétation quand on peut y associer d'abondantes irrigations.

**Climats nuisibles aux travailleurs agricoles**. — Il ne s'agit pas seulement de placer les plantes dans les meilleures conditions météorologiques, de donner à chaque culture un climat conforme à son tempérament et à ses exigences, il faut encore offrir aux travailleurs un air respirable qui ne soit pas nuisible à leur santé.

Il existe certaines contrées très fertiles, qui ne peuvent être cultivées et restent incultes à cause de leur insalubrité. A l'époque de la saison chaude, les populations y sont atteintes de la fièvre, suivie d'effets d'autant plus redoutables que l'on se rapproche de l'équateur: on peut vivre avec la fièvre sous un climat tempéré, mais on en meurt dans les régions méridionales. Dans certains pays, on désigne cette insalubrité sous le nom de *malaria*. On a recherché le principe de cet élément morbide et on estime qu'il provient de microbes paludéens. On sait parfaitement quelles sont les conditions topographiques favorables au développement de cette maladie et les précautions à prendre pour en éviter les effets, mais on a longtemps ignoré sa nature et son mode de génération. Tout ce que l'on peut assurer c'est que les terres parfaitement cultivées sont toujours exemptes de malaria, et que, dans les régions insalubres, le mal diminue d'intensité à mesure que les cultures s'améliorent et prennent plus d'extension.

Sont réputés insalubres : les terres marécageuses, les bords des étangs, des canaux, les landes, les maquis de la Corse, les broussailles de l'Algérie, les prairies mal assainies, les fosses et les prises d'eau mal entretenues et soumises à des alternatives de mise en eau et de dessèchement, les pays d'étangs, les watteringues et les polders et les alluvions basses des deltas qui se forment à l'embouchure des fleuves. La Sologne, la Brenne et la Dombes possèdent encore des étangs qui, en été, causent la fièvre aux travailleurs de ces contrées. Le delta du Rhône, la Camargue, est aussi soumise à une influence paludéenne qui s'étend aux départements voisins. La zone maritime de la Corse est infestée de malaria. En Algérie, bon nombre de localités basses et humides occasionnent des fièvres pernicieuses qui viennent apporter de sérieux obstacles aux travaux de la culture et déciment les populations.

L'atmosphère, insalubre sur les terres basses, retrouve sa pureté et sa fraîcheur à mesure que l'on s'élève dans les montagnes. Certaines altitudes sont, à ce sujet, bien connues des habitants de la région. En Corse, la malaria disparaît des terrains qui sont à 200 ou 300 mètres au-dessus du niveau de la mer, aussi les habitants des villages situés dans la plaine ou dans les vallées basses doivent-ils évacuer leur demeure d'hiver à l'approche des chaleurs, quand la malaria rend la plaine dangereuse et inhabitable, pour gagner leur seconde demeure de la montagne, fraîche et salubre en été. Il résulte de ces déménagements continuels un trouble très préjudiciable à l'entretien des animaux et aux travaux de culture.

Il est donc très important, lorsqu'il s'agit de coloniser un pays mal connu au point de vue de la salubrité, d'éviter, au début, les localités les plus insalubres. A ce sujet, les végétaux fournissent de précieuses indications dont on aurait grand tort de ne pas tenir compte. Les surfaces couvertes de joncs, de carex, d'aulnes, de peupliers et de saules, dénotent un sol imperméable, humide et favorable au développement des fièvres. Les orangers, le myrthe, le lentisque et les cistes se plaisent sur les terres chaudes des régions insalubres.

En prenant certaines mesures préventives, les travailleurs peuvent néanmoins résider sur les terres insalubres. Ainsi, il faut éviter de se tenir dehors avant le lever et après le coucher du soleil; il est prudent, si c'est possible, de passer la nuit sur un endroit élevé, exempt de malaria ; éviter de sortir à jeun et de se mouiller à la pluie ou à la rosée ; en un mot, suivre un bon régime tonique.

Quant à l'assainissement des terres insalubres, on l'effectue par le développement des cultures, en donnant la préférence aux cultures arbustives, à la vigne, aux mûriers et aux amandiers. Les végétaux à feuilles caduques passent pour être plus assainissants que les essences résineuses à feuilles persistantes. Toutefois, l'eucalyptus, dont les feuilles restent toute l'année, paraît faire exception. Par la puissance et l'activité de sa végétation, il enlève au sol une forte dose d'humidité; aussi est-il beaucoup employé pour l'assainissement des endroits marécageux.

En résumé, on voit qu'il faut, dans toute entreprise agricole, se préoccuper, avant tout, de trouver un air pur, de bonnes eaux potables et un bon climat pour les hommes aussi bien que pour les cultures. On ne saurait donc faire trop attention aux conditions de l'hygiène au milieu desquelles peuvent se trouver les travailleurs agricoles.

## § 11. — Limites des cultures

Les phénomènes météorologiques déjà examinés se résument pour chaque lieu dans son climat, et, au point de vue agricole, dans ses produits. Sur ce dernier point, les données météorologiques n'interviennent pas seules et il y a lieu de faire une assez large part aux données économiques, données qui se modifient tous les jours.

Les cultures sont donc subordonnées à deux sortes de limites : les unes sont *naturelles*, les autres *économiques*. Les cultures cessent partout où elles coûtent plus qu'elles ne rapportent, partout où la main-d'œuvre pour les soigner fait défaut et enfin partout où il manque des débouchés pour les écouler.

Dans la formation des *limites de culture*, qui ne sont autre chose que des lignes idéales passant par les points extrêmes où les plantes considérées cessent d'être cultivables, les questions de température jouent le principal rôle.

Les *limites naturelles* sont dites *polaires* quand elles sont déterminées du côté du Nord, et *équatoriales* du côté du Midi. En outre de ces limites basées sur la latitude, il en est d'autres qui résultent de l'altitude.

Chaque culture a des limites en latitude et en altitude. A mesure qu'on s'élève sur une montagne, la végétation change, comme elle change, lorsqu'on s'avance vers le Nord. La culture du dattier, par exemple, a sa limite polaire dans les oasis du Sahara entre le 35° et le 34° de latitude ; plus au Nord, la chaleur manque pour la maturité de ses fruits. L'oranger ne dépasse pas au Nord les endroits les plus chauds de Provence, c'est sa limite polaire ; sa limite équatoriale s'arrête aux premiers plans du petit Atlas, en Algérie. L'olivier atteint de plus fortes altitudes, mais sa limite équatoriale s'arrête sous le climat qui convient à l'oranger. La vigne va plus au Nord et dépasse les altitudes de l'olivier. Elle s'avance vers le Nord et l'Est de la France ; dans le Midi elle gagne l'Afrique et s'y élève à une grande hauteur. Cette culture offre en conséquence une marge considérable pour ses limites en latitude et en altitude.

Les limites en latitude servent à déterminer l'*aire de végétation*. On comprend sous cette désignation toutes les localités où la plante cultivée jouit du climat qui lui permet de parcourir toutes les phases de sa végétation.

L'aire de végétation d'une culture serait régulière et n'offrirait aucune solution de continuité, si le globe terrestre ne présentait pas fréquemment des reliefs qui modifient le climat général de chaque contrée. Cette considération a fait renoncer aux régions établies autrefois par les agronomes. Ces régions indiquaient les circonscriptions où une culture quelconque devait se trouver dans de bonnes conditions de végétation. C'était une idée fausse, attendu que dans ce qu'on appelait la région de l'oranger par exemple, il existait beaucoup de terrains impropres à cette culture. Le climat de l'oranger serait une expression plus précise et plus juste, car ce terme résume les conditions météorologiques propres à cette culture.

Pour la France on avait établi, en effet, quatre régions distinctes : de la vigne, du maïs, de l'olivier et du mûrier, mais les limites de ces régions ne pouvaient avoir rien d'absolu : certains points isolés, situés en dehors, quoique à proximité de la région qu'elles embrassaient, convenaient parfois à la culture de la plante, alors que cette dernière, ne réussissait pas en d'autres points, compris cependant dans la région.

Quoi qu'il en soit, la plupart des végétaux qui forment en France le fond de nos cultures : céréales, racines, plantes fourragères, etc., peuvent également croître et venir à maturité sur toute l'étendue de notre territoire. La vigne y persiste jusqu'à 600 mètres d'altitude ; le blé s'arrête à 1.000 mètres, l'orge et l'avoine atteignent 1.600 mètres, le seigle et la pomme de terre 1.900 mètres ; puis ces cultures cèdent la place aux prairies, lesquelles, composées d'abord de graminées et de légumineuses, finissent, dans les régions les plus élevées, par ne plus comprendre que des plantes essentiellement alpines : gentianes, saxifrages, etc. Quant aux arbres, les chênes et les hêtres subsistent jusqu'à près de 1.000 mètres au-dessus du niveau de la mer ; à cette altitude, ils sont remplacés par des pins, sapins, mélèzes et certains feuillus, tels que l'aune et le bouleau ; à leur tour, ceux-ci disparaissent vers 2.500 mètres et des arbustes mêlés de végétaux buissonnants leur succèdent. Plus haut encore, les plantes alpines seules persistent. Une semblable gradation des cultures s'observe sur les flancs de toutes les montagnes ; mais la limite supérieure de végétation de chaque plante est d'autant moins élevée que l'on s'avance davantage vers le Nord.

Les *limites économiques* des cultures dépendent de calculs dont les éléments devraient être réunis avec soin par tout agriculteur soucieux de ses intérêts. Ces éléments sont : 1° les produits moyens des cultures dans la situation que l'on examine ; 2° les prix que ces produits obtiennent sur les marchés; 3° les dépenses que la culture exige. En multipliant le produit moyen par sa valeur moyenne, on obtient le rendement en argent. En comparant ensuite ce rendement à la somme des frais de culture et du loyer de la terre, on en déduit le bénéfice de l'opération. Si le même calcul est fait pour chaque plante, on arrive aisément à déterminer le genre de culture le plus favorable à la région. Dans cette comparaison toutefois, on trouve des éléments sinon fixes, du moins indépendants de l'homme : le climat, et jusqu'à un certain point le sol lui-même ; on en trouve d'autres qui peuvent varier suivant les temps : le prix de la main-d'œuvre et des engrais, le prix des produits qui dépendent de l'extension des cultures similaires et de l'abaissement des frais de transport.

Des changements dans les cultures ont pu parfois faire croire à des changements correspondants dans le climat. Bien qu'il soit parfaitement démontré que certains climats se modifient, les arguments tirés des cultures doivent être maniés avec réserve, et il est nécessaire de bien se rendre compte des motifs qui ont décidé de l'abandon d'une plante ancienne et la substitution d'une plante nouvelle dans un pays.

L'industrie et la législation contribuent aussi à limiter les cultures autrement qu'elles le seraient dans la nature, et sous ce dernier rapport il serait à désirer que l'action législative s'efface devant la nécessité des échanges en raison des avantages qui en résulteraient pour l'ensemble des populations.

On peut donc conclure de ce qui précède que, si les limites météorologiques sont presque constantes et indépendantes de la volonté humaine, il n'en est pas de même des limites économiques qui peuvent être modifiées par des changements dans la législation, par l'extension et l'amélioration des voies de communication, par la recherche de nouveaux débouchés, par la création des machines, par la découverte d'engrais nouveaux et, enfin, par l'acclimatation de nouvelles espèces animales ou végétales.

## § 12. — Topographie agricole

La détermination des cultures les mieux appropriées au sol et au climat dépendant dans une certaine mesure de la topographie du lieu, l'étude du relief des terrains doit vivement préoccuper l'agriculteur. L'inclinaison des surfaces, leur exposition, leur situation topographique sont des éléments à considérer. Les pentes trop prononcées, qui dépassent 0m,05 par mètre, rendent plus difficiles et plus onéreux les travaux de la culture ; si elles atteignent 45°, elles deviennent incultivables et ne peuvent être qu'engazonnées ou boisées. Livrées à la culture, les terres en pentes sont exposées au ravinement ; les eaux pluviales, coulant à leur surface, emportent dans la vallée, avec les parties meubles du sol, les substances solubles des engrais ; la terre est ainsi dénudée dans les parties les plus élevées des champs et, si l'on veut que la fertilité n'en soit pas diminuée, il faut reprendre en bas les terres emportées par les eaux et les rapporter à leur ancien emplacement. Ce sont des frais qu'on n'a pas à supporter sur les surfaces suffisamment inclinées pour être assainies, mais où la pente est assez faible pour ne pas donner lieu au ravinement.

Les terrains sans pente offrent de leur côté certains inconvénients ; les eaux s'y accumulent et, pour peu que le sol et le sous-sol soient imperméables, les plantes y souffrent d'une humidité trop abondante et trop prolongée.

Il y a donc lieu de tenir compte du relief et de la situation relative des terres composant un domaine. Suivant la situation des surfaces, on distingue des plaines, des vallées, des coteaux, des plateaux, des collines et des montagnes.

On entend par plaines, les grandes surfaces d'une faible altitude par rapport à la mer ou d'une faible hauteur par rapport aux vallées environnantes. Les plaines offrent des dimensions et des formes les plus favorables à l'exécution des travaux aratoires, aussi est-ce dans les pays de plaines que l'on voit les exploitations les plus importantes et, il est vrai, les plus faciles à cultiver. En France, les riches plaines de la

Flandre, de la Picardie, de la Beauce, de la Brie, en sont des exemples.

Parfois au milieu des montagnes, il existe des plaines qui sont d'autant plus appréciées que les surfaces environnantes offrent des accidents de terrain qui les rendent incultivables. La plaine de la Limagne, en Auvergne, dont l'altitude varie entre 270 et 300 mètres est d'une fertilité proverbiale. Elle produit en abondance des céréales, des fourrages et des fruits de toute sorte. Les plaines de Montbrison (376 mètres) et de Roanne (320 mètres) sont plus froides et moins fertiles, par suite de la nature du sol et du voisinage des montagnes.

Les plaines situées à de fortes altitudes deviennent les plateaux. Les plus étendus dépendent des montagnes de l'Auvergne. La Planèze, à 900 et 1.000 mètres d'altitude, situé entre Saint-Flour et Murat, est un vaste plateau du Cantal, considéré comme le grenier de l'Auvergne. Un dicton auvergnat dit même à ce sujet, « que sans les montagnes environnantes du Cantal et du Mont-Dore le bouvier de la Planèze conduirait son attelage avec un aiguillon d'or ».

La Bresse et la Dombes forment un vaste plateau qui domine les vallées du Rhône et de la Saône ; les céréales et les fourrages en sont les principaux produits.

Les causses du Lot, de la Lozère et de l'Aveyron sont des plateaux calcaires, secs et froids, non cultivés, mais qui fournissent en été un pâturage d'excellente qualité, servant à la dépaissance de nombreux troupeaux de moutons.

Dans la Corrèze, le plateau des Mille-Vaches, ainsi désigné par ironie, est une vaste bruyère qui s'élève à 800 mètres d'altitude et frappe surtout l'attention du voyageur par son étendue, sa stérilité et l'absence de toute habitation.

Les vallées offrent généralement des surfaces très productives ; peu inclinées comme les plaines, elles sont faciles à cultiver. Parmi les vallées, on distingue celles qui sont habituellement submersibles et celles qui ne le sont qu'exceptionnellement. Les premières, colmatées et inondées tous les ans, sont constamment à l'état de prairies naturelles ; les autres, composées généralement de terres légères, friables et faciles à cultiver, sont consacrées à des cultures diverses.

Comme exemple de vallées livrées en grande partie à la

culture, on cite celles de la Seine et de ses affluents, de la Loire, de la Garonne, de l'Adour, du Rhône, de l'Isère. Au contraire, c'est la prairie naturelle qui domine dans les vallées de la Meuse, de la Moselle et de la Saône.

Les coteaux bien exposés convi nnent surtout à la vigne, quand le climat ne fait pas obstacle à cette culture ; souvent, pour prévenir le ravinement du sol sur les coteaux trop en pente, on doit disposer le terrain en terrasses superposées. On peutaussi y développerla prairie naturelle qui devient très productive si on dispose pour l'arrosage de bonnes eaux provenant des terrains supérieurs.

A proximité des grandes chaînes de montagnes, les surfaces sont accidentées et mamelonnées ; il est difficile d'y trouver de grandes étendues régulières et peu inclinées comme celles qui conviennent aux cultures herbacées. Le pays n'offre alors que des collines à pentes rapides utilisables seulement par le pâturage ou par la culture des végétaux ligneux. Les fruits, les cultures arbustives, l'herbe et le bois sont les seuls produits à demander à ces terrains accidentés. Suivant les climats et les expositions, on y plante des châtaigniers, de la vigne, des amandiers, des oliviers et diverses essences forestières.

En ce qui touche les montagnes élevées qui succèdent aux collines, toute culture y est interdite par la rigueur du climat ; le bois et l'herbe naturelle sont les seuls produits qu'on puisse utilement en retirer.

CHAPITRE II

# GÉOLOGIE AGRICOLE

## § 13. — Constitution du sol

La plante exige pour parcourir toutes les phases de sa végétation :

1° Un climat qui lui fournisse l'eau, la lumière et la chaleur nécessaires à ses besoins ;

2° Un sol qui lui serve de base et de soutien, qui permette à ses racines de s'étendre dans tous les sens et qui lui fournisse les substances nécessaires à son alimentation.

La plante trouvera donc les éléments de sa vie végétale dans l'air et dans le sol. Pour ce qui est des éléments et des agents atmosphériques utiles ou nuisibles aux plantes, l'intervention de l'homme est bien limitée ; mais il n'en est pas de même des substances que ces plantes empruntent au sol, et, dans cette sphère, l'homme peut, au contraire, beaucoup pour assurer le succès des végétaux cultivés.

Le *sol* est la couche superficielle du globe terrestre dans laquelle se développent les racines des végétaux.

L'*agrologie*, qui est l'étude des exigences des plantes au point de vue du sol, entraîne donc la connaissance approfondie de ce sol, c'est-à-dire ses propriétés physiques, chimiques et physiologiques. Par propriétés physiologiques, on entend les aptitudes favorables à la végétation des plantes.

Autrefois l'agrologie avait peu de rapports avec la minéralogie et chaque sol était examiné en particulier, sans se préoccuper de son origine géologique.

Aujourd'hui, les progrès de cette dernière science ont permis de simplifier considérablement l'étude du sol et du sous-sol.

Il ne faut pas oublier, en effet, que les sols dérivent des roches; les roches, des minéraux ; et les minéraux, des corps simples. Pour bien connaître toutes les propriétés des sols, il faut donc faire une étude sérieuse de tous ces éléments.

Les mêmes roches embrassent parfois des surfaces considérables, et il est évident que toutes les terres issues de ces mêmes roches offrent des qualités et des défauts identiques pour les plantes qui peuvent y être cultivées. On conçoit dès lors combien il est important d'étudier les propriétés de la roche qui a produit le sol et qui a donné à toute une contrée une physionomie spéciale due, en grande partie, à l'origine géologique de la terre arable.

On entend par *terre arable*, la couche supérieure de la terre végétale ordinairement remuée par les instruments aratoires. On la désigne quelquefois par le nom de *sol actif*.

On dit qu'une terre est *meuble*, quand elle se laisse facilement travailler par les instruments de culture. Elle est, dans ce cas, formée de particules fines et exempte de mottes compactes ni blocs pierreux.

La *terre végétale* est la couche superficielle et meuble dans laquelle les plantes puisent leurs aliments.

Le *sol inerte*, ou *sous-sol*, est constitué par la couche de terre ou par le roc, placés immédiatement au-dessous du sol actif.

L'étude du sous-sol ne doit pas être indifférente pour l'agriculteur, auquel il importe de savoir s'il n'existe pas dans les couches sous-jacentes des substances utiles aux plantes et qu'il aurait intérêt à ramener dans le sol, ou s'il y a des couches imperméables constituant des réservoirs d'eau utilisables pour les besoins de son exploitation. On devine donc, combien il est utile, pour avoir une idée complète et exacte de l'agrologie d'une contrée, d'un domaine, d'une simple parcelle de terrain, de déterminer la nature et la succession des roches constitutives du sol, du sous-sol, à une profondeur aussi forte que possible.

Les bonnes cartes géologiques que l'on possède actuellement permettant de déterminer physiquement et chimiquement les roches affleurantes et constitutives du sol, peuvent donc être consultées utilement à cet effet.

## § 14. — Formation du sol

Le sol résulte de la décomposition et de la désagrégation des roches sous l'influence des agents atmosphériques. Nous sommes tous les jours témoins des changements continuels et des modifications de l'écorce terrestre. Sous l'influence des alternatives de froid et de chaud, d'humidité et de sécheresse, de gel et de dégel, toutes les roches superficielles sont désagrégées; il n'en est aucune qui résiste à ces actions lentes et continues.

L'eau surtout prend une grande part à la formation des terres. Les fleuves, les rivières roulent dans leur lit les cailloux arrachés au rivage, les usent les uns contre les autres et produisent ainsi une poussière plus ou moins fine, parfois impalpable, qui n'est autre chose que de la terre. Tant que le courant est suffisamment puissant, cette poussière reste en suspension dans la masse liquide ; mais, dès qu'il perd de sa force, elle se dépose dans l'ordre de densité des éléments qui la composent et forme sur le lit du cours d'eau une couche d'épaisseur variable, dont les particules les plus grossières occupent le fond. Les dépôts se font surtout à l'embouchure de ces cours d'eau et forment ce qu'on désigne sous le nom de *delta*, que les Grecs leur ont appliqué, en raison de leur forme presque toujours triangulaire Δ.

De son côté, l'action de la mer est encore plus violente et plus rapide. Ses vagues rongent les rivages, attaquent les falaises et finissent par les détruire. Les blocs entiers qui s'en détachent, roulés, usés, par les flots, donnent naissance aux galets qui viennent s'accumuler près du rivage ; puis, broyés à leur tour, limés par un frottement continuel, se réduisent en fragments plus fins, en sables, dont les courants latéraux s'emparent pour les déposer dans les anses bien abritées. Sur certains points ces alluvions ont, avec le temps, fini par combler des ports, des baies et même de grands golfes.

Or, ce travail de transport et de dépôt des éléments minéraux désagrégés par les eaux, que nous voyons se poursuivre chaque jour et modifier la forme des continents, s'est produit sur une bien plus vaste échelle à l'époque où notre globe presque tout entier était recouvert par les mers. Les terrains qui en sont résultés, ceux qui résultent encore aujourd'hui de causes analogues, portent le nom de *terrains de sédiment* ou *sédimentaires ;* on les désigne aussi plus volontiers sous le nom d'*alluvions* et quelquefois de *limons*.

Les glaciers sont aussi de puissants agents de transport, qui, suivant une comparaison fréquemment employée, agissent sur le sol à la manière d'un immense rabot, en polissant le fond et les parois des vallées qui les encaissent. Comme tous les autres torrents et bien que leur mouvement soit plus lent, ils charrient des alluvions qu'ils finissent par déposer à la fin de leur course, en apportant aux fleuves tous les débris provenant de la destruction des hautes cimes, réduits en sables et en limons.

Les vents violents, les cyclones, les trombes, la chute de la foudre, les tremblements de terre, sont autant d'agents de désagrégation des roches. Dans les terrains meubles, dans les plaines sablonneuses, les vents soulèvent des nuages de poussière et les transportent au loin, en les accumulant sous forme de monticules, qui peuvent devenir de véritables collines. C'est aussi, sous leur action que s'élèvent, sur les plages sablonneuses, ces dunes de sable, qui se déplacent et s'avancent de plus en plus dans l'intérieur des terres.

Les volcans, par leurs cratères, rejettent des profondeurs du sol des masses minérales en fusion qui, par leur accumulation, constituent souvent des édifices qui se transforment facilement en terre végétale et sont souvent d'une grande fertilité. On cite comme exemple, la vallée de la Limagne, en Auvergne, qui est formée, en grande partie, de matières volcaniques.

En plus des actions, pour ainsi dire mécaniques que nous venons d'examiner, les actions chimiques, oxydation, carbonatation, etc., jouent un grand rôle dans la division des éléments minéraux du sol ; elles aboutissent fréquemment à la dissolution de ces derniers dans les eaux.

Les êtres organisés peuvent à leur tour contribuer à l'accroissement de l'écorce terrestre, en constituant par leur simple accumulation de véritables masses minérales. Les tourbières, par exemple, ces endroits humides et marécageux où s'accomplissent à l'abri de l'air, sous la protection de l'eau, la décomposition lente de certaines matières végétales et leur transformation progressive en un produit combustible, connu sous le nom de *tourbe*, offrent un remarquable exemple du travail effectué par les végétaux qui s'appliquent ainsi à fixer dans le sol, sous une forme durable, des éléments, carbone, hydrogène et oxygène, primitivement contenus dans l'air.

Enfin, l'homme par ses travaux, les animaux par l'action mécanique résultant de leurs mouvements, concourent encore, dans une certaine mesure, à la formation des terres.

On appelle *terres locales*, celles qui ont pris naissance à la place qu'elles occupent encore, et terres de *transport*, celles qui proviennent de régions d'où elles ont été arrachées par une force quelconque et transportées au lieu qu'elles occupent présentement.

## § 15. — Fertilisation naturelle des terres

Les terres complètement livrées à elles-mêmes vont sans cesse en s'améliorant. Les premiers végétaux qui apparaissent dans les cavités des roches, où se trouvent accumulés des éléments minéraux à un état de ténuité suffisant, sont d'ordre inférieur : mousses, lichens, etc. Ils vivent péniblement, tirant peu d'un sol pauvre et sans profondeur ; cependant leurs racines se développent en tous sens, profitant des moindres interstices, qu'elles savent élargir quand il est nécessaire, attaquant même les parois de la roche sous-jacente, dans laquelle elles creusent des sillons. Ces plantes meurent, enrichissant la couche superficielle du sol des matériaux puisés par elles dans les profondeurs de la roche et des dépouilles de l'atmosphère. Des végétaux d'un ordre supérieur leur succèdent et poursuivent l'œuvre de fertilisation qu'elles ont commencée ; puis, ils disparaissent à leur tour, pour faire place à d'autres plus élevés encore dans l'échelle des êtres. C'est ainsi que s'établit, toujours plus puissante et plus riche, une végétation, dont le dernier terme est la forêt vierge, débordante de sève.

## § 16. — Propriétés physiques des terres

On entend par propriétés physiques des terres, celles qui résultent de l'état de division des éléments qui les composent plus que de la nature chimique de ces éléments. C'est ainsi que les sables siliceux et calcaires, très différents au point de vue chimique, ont des propriétés physiques analogues.

Il y a donc lieu d'examiner les conditions physiques favorables ou défavorables aux cultures.

**Perméabilité.** — Toute l'eau nécessaire au développement des plantes doit leur être fournie par l'atmosphère et par le sol. C'est ce dernier qui doit donner la partie la plus importante. La plupart des végétaux cultivés meurent quand le sol devient trop sec; ils souffrent et finissent même par périr quand le sol contient une trop grande quantité d'eau. Évidemment il y a certains végétaux, comme le riz, et certaines espèces aquatiques qui, au contraire, exigent un sol constamment humide et même noyé d'eau; mais, d'une manière générale, le sol qui conviendra le mieux aux plantes les plus importantes de la culture devra être un sol frais, ni trop sec, ni trop humide.

Lorsque l'eau qui tombe sur le sol coule à sa surface sans le traverser, on dit que le sol est *imperméable*. Au contraire, si l'eau s'infiltre dans l'épaisseur du sol en le traversant et en gagnant le sous-sol et les autres couches sous-jacentes, on dit que le terrain est *perméable*.

Les contrées perméables offrent un constraste frappant avec celles qui ne le sont pas, et impriment à l'agriculture locale un cachet qui frappe l'attention des esprits les moins observateurs. Après une forte pluie, les régions imperméables offrent partout des flaques d'eau, dans les fossés, dans les chemins; des cultures souffreteuses par suite d'un excès d'humidité; des travaux en retard, conséquence de l'état boueux du sol. Le contraire se passe dans les régions perméables : les traces de la pluie disparaissent immédiatement, l'eau traverse le sol comme un filtre, les cultures profitent de l'humidité au lieu d'en souffrir ; on sème de bonne heure, au printemps, et le sol, prompt à se ressuyer, se laboure et se façonne en tout temps.

La perméabilité, dont on comprend toute l'importance, est due à la division moléculaire du sol. Le sol pierreux ou graveleux, à l'exclusion de particules impalpables, montre la perméabilité à sa plus grande puissance. Tel le sable.

Le sol, composé exclusivement de particules impalpables, s'imbibe d'eau ; mais, une fois saturé d'eau, il s'oppose à sa circulation et ne laisse, pour ainsi dire, rien filtrer dans le sous-sol. Tels sont les sols argileux.

L'analyse physique du sol, au point de vue de sa perméabilité, consiste à séparer, par des lavages et la décantation, les parties palpables des particules impalpables ; les particules palpables autres que les pierres sont des grains qui ont passé dans un tamis dont les mailles ont 1/10 de millimètre. Tout ce qui ne passe pas dans ces mailles fait partie du lot pierreux. Ces pierres, plus ou moins grosses, jouent un rôle inerte dans la masse du sol ; leur influence est à peu près nulle sur l'alimentation des végétaux et sur la circulation de l'eau dans le sol.

Il y a donc à considérer les proportions de sables et de parties impalpables. Ces dernières forment les interstices du sable dans une mesure qui varie avec les proportions respectives de ces deux lots.

L'imperméabilité est réalisée quand il y a 30 parties d'impalpable pour 70 de sable. La perméabilité reparaît et se montre d'autant plus active que l'impalpable devient de moins en moins abondant.

**Ténacité**. — On entend par *ténacité du sol* la résistance qu'il oppose à toute force qui tend à séparer ses particules : à l'action des instruments aratoires par exemple. Cette propriété est du plus grand intérêt pour l'agriculteur ; elle a pour effet, suivant son degré d'intensité, d'augmenter dans de grandes proportions les frais de culture. Les terres non tenaces peuvent se labourer à toute époque avec un seul cheval, tandis que les terres compactes, contenant une forte proportion de particules impalpables, demandent plusieurs chevaux pour le même travail et ne sont pas abordables en toute saison.

La ténacité due à la finesse des particules terreuses se rattache à l'imperméabilité du sol. Aussi les sols tenaces sont classés parmi les terres imperméables, de même que les sols les moins tenaces font partie des terres perméables : les sables par exemple.

Suivant la composition chimique des particules impalpables, on constate différents degrés de ténacité dans les terres imperméables. La ténacité est faible quand les particules sont composées exclusivement de carbonate de chaux ; elle atteint son maximum pour l'impalpable composé d'argile, de sesquioxyde de fer et pour les mélanges de carbonate de chaux et d'argile. Les terres les plus tenaces sont donc les terres argileuses, ferrugineuses, marneuses et argilo-calcaires.

La perméabilité et la ténacité sont, parmi les propriétés physiques du sol, celles qui doivent le plus intéresser l'agriculteur et attirer son attention.

On désigne sous le nom de *terres fortes* celles qui sont tenaces et imperméables. Ce sont les plus difficiles à travailler. Les terres sont dites *légères*, quand, au contraire, elles sont perméables et non tenaces ; les terres *franches* sont moyennement tenaces et moyennement imperméables.

Si on veut déterminer avec précision le degré de ténacité et de perméabilité d'un sol, il faut recourir à l'analyse physique afin de déterminer exactement leur teneur en parties impalpables et en sable.

Les terres contenant moins de 30 0/0 d'impalpable doivent être rangées parmi les sols plus ou moins perméables et d'une ténacité plus ou moins faible, suivant la proportion de sable. Celles qui ont plus de 30 0/0 d'impalpable sont toujours imperméables, et leur ténacité est subordonnée aux proportions respectives de carbonates de chaux et de sesquioxydes d'alumine et de fer. Dans ces cas, l'analyse chimique permet d'en déterminer les proportions.

Des terres dépassant 30 0/0 d'impalpable ne sont pas tenaces si le carbonate de chaux et de magnésie entre pour une forte proportion dans cet impalpable.

Pour un même sol, la ténacité varie énormément avec son degré de dessiccation ; tel sol, facile à labourer à l'état de fraîcheur, devient dur comme la brique et inattaquable par la charrue, quand, par l'effet d'une sécheresse prolongée, il s'est fortement desséché et crevassé. Pour y mettre la charrue on est forcé d'attendre la pluie.

Certaines terres marneuses offrent une compacité et une ténacité telles, qu'il est impossible de les ameublir au moyen des instruments aratoires. Il n'y a que la gelée qui les divise, les ameublit et les met en état de recevoir les ensemencements de printemps. La compacité du sol est funeste aux cultures.

Un sol est réputé bon lorsqu'il est perméable à l'eau et à l'air, conditions essentielles pour faciliter les réactions qui fournissent aux plantes les aliments nécessaires.

**Hygroscopicité du sol.** — L'*hygroscopicité* est la propriété qu'a le sol de retenir l'eau dont il est imbibé. Elle varie suivant la composition du sol. La dose d'humidité la plus favorable aux plantes est de 25 0/0 du poids du sol sur une épaisseur de 0m,30.

Schübler, agronome suisse, qui a fait une étude spéciale des propriétés physiques des terres, a trouvé que les quantités d'eau retenues par les différentes natures de sol, quand on oblige l'eau à les traverser, étaient les suivantes :

| | Quantité retenue | |
|---|---|---|
| Sable siliceux | 25 0/0 | du poids du sol. |
| Sable calcaire | 29 | — |
| Terre calcaire fine | 85 | — |
| Argile pure | 70 | — |
| Humus | 190 | — |

D'après ces résultats, on voit que l'hygroscopicité augmente avec la ténacité des particules terreuses. L'humus, qui est le résultat de la décomposition des fumiers, contribue à accroître cette propriété, plus importante pour le Midi que pour le Nord de la France.

La *dessiccation du sol* est une propriété inverse de l'hygroscopicité. Elle a pour effet d'enlever au sol l'eau qu'il devait à son pouvoir hygroscopique.

Les terres restent fraîches tant qu'elles renferment 15 à 23 0/0 d'eau sur une épaisseur de 0m,30 ; elles deviennent sèches et défavorables aux plantes, quand elles conservent moins de 10 0/0 d'eau sur une profondeur de 0m,33. Les végétaux jaunissent et finissent par mourir quand le sol n'a plus que 6 0/0 d'eau (observations faites à l'École de Grignon par M. Boitel).

D'après le même observateur, des terres saturées d'eau ont été placées pendant 4 heures dans un milieu chauffé à 48°,7. Les quantités d'eau perdues ou évaporées par chaque terrain pendant ce laps de temps, sur 100 grammes d'eau introduits dans chaque lot, ont été les suivantes :

| | Quantité d'eau perdue pour 100 parties d'eau de la terre. |
|---|---|
| Sable siliceux | 88,4 |
| Sable calcaire | 75,9 |
| Terre argileuse | 34,9 |
| Argile pure | 31,9 |
| Calcaire fin | 28,0 |
| Humus | 20,0 |
| Terre forte de jardin | 32,0 |

Par l'élévation de la température, par la force du vent et l'état de dessiccation de l'air, les déperditions de l'eau contenue dans le sol s'accroissent rapidement. Par un temps calme, à température basse, le sol ne subit qu'une faible dessiccation. L'action desséchante des vents secs et violents est désignée vulgairement sous le nom de *hâle*. L'évaporation s'accroît en raison de l'étendue des surfaces exposées à l'air.

**Capillarité du sol.** — La *capillarité* exerce son action dans les canaux sinueux qui sillonnent le sol en tous sens. Elle a pour effet de faire remonter à la surface des terres, à mesure que se produit l'évaporation au contact de l'atmosphère, l'eau qu'elles renferment dans leurs profondeurs. Elle permet aux liquides de se diviser à l'infini et de se répandre dans le sol assez loin du point où ils ont été versés.

La capillarité est la conséquence de la dessiccation du sol. Le sol compact peut être comparé à une série de petits tubes parallèles serrés les uns contre les autres. La dessiccation à la surface opère dans ces tubes un vide qui est immédiatement comblé par l'eau remontant du sous-sol par l'influence de la capillarité. Cette dernière ne s'exerce, bien entendu, qu'autant qu'il existe dans le sous-sol une couche aquifère, apte à mettre en activité l'effet capillaire du sol. Les terrains salés montrent bien les effets de la force ascensionnelle des liquides à travers le sol. Dès qu'il fait sec et que le sol est soumis à une évaporation puissante, on voit apparaître à sa surface des efflorescences salines, résultat de l'évaporation de l'eau salée ramenée à la surface par l'effet de la capillarité. Pour empêcher la production de ces cristallisations très nuisibles aux cultures, il faut recouvrir la surface d'un paillis qui s'oppose à l'évaporation de l'eau productrice de ces efflorescences.

La force ascensionnelle de l'eau a une limite qui doit vraisemblablement varier avec la nature du sol et la ténacité des particules terreuses. Plus ces dernières sont fines, plus elles contribuent à l'élévation des eaux souterraines. Les terres à éléments fins sont donc celles qui ont le plus de capillarité.

Suivant M. de Gasparin, les terres calcaires de la vallée de la Durance doivent en grande partie leur prodigieuse fertilité au phénomène de la capillarité. Ce sol n'est pas riche par lui-même, mais l'eau remontant des couches sous-jacentes sert largement à la nutrition des plantes par les éléments qu'elle tient en dissolution.

Mais ce phénomène ne produit pas toujours une action si heureuse sur les végétaux. Beaucoup de prairies naturelles dont le sol est trop rapproché du plan d'eau souffrent d'un excès d'humidité. Les bonnes plantes périssent dans ce cas et font place à des espèces aquatiques peu recherchées par les animaux. Ces prés humides sont froids et tardifs; l'évaporation constante qui s'opère à la surface du sol s'oppose à son réchauffement, et la reprise de la végétation est retardée au printemps. On remédie à cette fâcheuse situation par l'emploi du *drainage* ou des fossés d'assainissement suffisamment profonds pour abaisser le plan d'eau et diminuer les effets de la capillarité.

C'est lorsqu'un sol compact fait corps avec le sous-sol que la capillarité s'exerce avec son plus grand effet ; le seul moyen de l'interrompre c'est de détruire la continuité entre le sol et le sous-sol. C'est le résultat que l'on obtient par les labours, les hersages et les binages, qui, exécutés en été, contribuent à maintenir l'humidité dans les profondeurs du sol au profit des végétaux. De là provient le dicton : « *Qu'un binage vaut autant qu'un arrosage.* »

Le sol tassé, formant croûte pour ainsi dire, nuit à la végétation des plantes ; le binage qui l'émiette et l'ameublit atténue l'action de la capillarité, permet l'accès de l'air aux racines et facilite les réactions favorables au développement des plantes. Le rouleau brise et émiette les mottes de terre, il diminue les surfaces exposées à l'air, il met obstacle à l'évaporation de l'eau et atténue ainsi les effets de la capillarité ; mais il ne faut pas qu'il comprime le sol et rende son contact plus immédiat avec les parties du sous-sol, sinon il produirait un effet contraire à celui du hersage et rendrait plus active la capillarité.

On voit, par ce qui précède, que les façons aratoires modifient profondément les propriétés physiques des terres. Un sol imperméable, à l'état inculte, devient perméable après avoir subi ces façons. Les eaux pluviales coulant à la surface d'une lande sont complètement absorbées dans le champ voisin ameubli et rendu perméable par un profond labour. C'est un moyen certain de se procurer une réserve d'eau pour les époques de sécheresse.

Par les façons aratoires, on peut donc augmenter ou diminuer l'hygroscopicité et la capillarité du sol au profit des cultures. Les effets obtenus varient forcément avec la nature du sol, et on devra agir différemment, selon que l'on a affaire à des terres perméables ou non, calcaires, argileuses ou argilo-siliceuses. L'art de l'agriculteur consiste à façonner son terrain suivant le mode qui conviendra le mieux à la végétation de ses cultures : suivant les exigences de celles-ci, il faudra augmenter l'hygroscopicité du sol qui en manque, la diminuer sur celui qui en a trop et activer ou ralentir la capillarité.

**Hygrométricité du sol.** — On entend par *hygrométricité* la faculté plus ou moins grande que possède le sol d'absorber la vapeur d'eau contenue dans l'atmosphère. La quantité absorbée est subordonnée à l'état hygrométrique de l'air, à la nature du sol et à son état de division.

Schübler a fait à ce sujet les expériences suivantes : Il a pris 5 grammes de différents terrains qu'il a placés dans les mêmes conditions de température et d'humidité. Les quantités d'eau absorbées par ces différents sols, pendant des périodes de douze, vingt-quatre, quarante-huit et soixante-douze heures sont les suivantes :

| | 12 heures. | 24 heures. | 48 heures. | 72 heures. |
|---|---|---|---|---|
| Sable siliceux... | 0gr,000 | 0gr,000 | 0gr,000 | 0gr,000 |
| Sable calcaire... | 0 ,010 | 0 ,015 | 0 ,015 | 0 ,015 |
| Argile pure..... | 0 ,185 | 0 ,210 | 0 ,240 | 0 ,245 |
| Humus ......... | 0 ,400 | 0 ,481 | 0 ,550 | 0 ,600 |

L'humus vient donc en première ligne, tandis que pour les sables calcaires et siliceux l'hygrométricité est nulle.

On augmente cette propriété en facilitant l'accès de l'air dans le sol et, pour arriver à ce but, il faut rompre sa compacité par des façons aratoires. L'air, en pénétrant dans la terre, facilite non seulement l'absorption de la vapeur d'eau, mais il favorise la nitrification ou l'assimilation des substances qui servent à la nutrition des plantes. Les expériences de Schübler démontrent, en outre, que l'apport des matières organiques, l'emploi fréquent du fumier, en un mot tout ce qui augmente la proportion d'humus rend le sol plus hygrométrique et plus avide d'humidité.

C'est une des raisons pour lesquelles on emploie si fréquemment le terreau (humus) en jardinage.

**Contraction du sol.** — Sous l'action de la sécheresse la plupart des terres se contractent. Il en est pourtant qui sous cette influence ne durcissent pas et ne se contractent pas. Tels sont les terrains sablonneux, purement siliceux ou purement calcaires. Ils restent meubles et friables et peuvent être façonnés par tous les temps. Suivant l'expression de M. de Gasparin, ils restent immobiles.

Les terres argileuses, au contraire, subissent par la dessiccation, un retrait, une contraction qui augmente considérablement leur ténacité et les difficultés de leur ameublissement. En se desséchant, ces terres argileuses, argilo-siliceuses, argilo-ferro-siliceuses, argilo-calcaires, se crevassent, deviennent très dures et ne sont plus attaquables par les instruments aratoires. Ce retrait exerce sur la végétation des plantes une influence fâcheuse lorsqu'il est assez prononcé pour les déchausser, comprimer et briser leurs racines.

D'après les expériences faites par Schübler, des prismes desséchés à la température de 18° pendant plusieurs semaines, de divers échantillons de terre, ont perdu en volume, sur 1.000 parties, les quantités suivantes:

| | |
|---|---|
| Calcaire | 30 |
| Glaise maigre | 60 |
| Glaise grasse | 89 |
| Terre argileuse | 114 |
| Argile pure | 183 |
| Magnésie | 151 |
| Terreau | 200 |
| Sable siliceux | 000 |
| Sable calcaire | 000 |

On remédie à la contraction du sol par les procédés qui ont pour effet de s'opposer à sa dessiccation. On emploie les hersages qui ralentissent l'évaporation, les façons aratoires qui rendent le sol plus meuble et plus hygrométrique.

**Adhérence.** — *L'adhérence*, ou *adhésion*, est la propriété qu'a le sol de s'attacher aux corps étrangers, de coller aux instruments aratoires. Il ne faut pas confondre la ténacité avec l'adhérence du sol. C'est cette dernière qui permet à l'argile humide de s'attacher aux mains et aux outils des travailleurs. Les sols calcaires ferrugineux adhèrent aux instruments, à la bêche et au versoir de la charrue, bien qu'ils possèdent une faible ténacité. De même, un terrain argilo-siliceux très tenace peut parfois montrer peu d'adhérence, il polit au contraire les instruments et leur donne un éclat brillant qui empêche l'adhérence de la terre.

Schübler, dans ses expériences, a déterminé l'adhérence de différentes natures de terrains. Il a trouvé ce qui suit:

| | |
|---|---|
| Adhérence du sable siliceux | 0,19 |
| — — calcaire | 0,20 |
| — de la terre argileuse | 0,86 |
| — — calcaire | 0,71 |
| — de l'argile pure | 1,32 |

Les terres argileuses sont donc les plus adhérentes et les plus fortes de toutes les autres.

L'adhérence du sol n'est pas difficile à observer en pratique. Les jardiniers qui ont affaire à un sol de cette nature sont obligés de nettoyer constamment leurs outils; il en est de même du laboureur pour le versoir de sa charrue.

Les terres non adhérentes polissent les instruments, ce qui diminue le frottement et rend le travail moins pénible pour les hommes et les animaux. Grâce à une forte proportion de sable siliceux, ces terres non adhérentes sont faciles à travailler, mais elles ont l'inconvénient de beaucoup user les instruments en fer.

L'adhérence, comme la ténacité, varie avec le degré d'humidité du sol. Pour apprécier mathématiquement ces deux propriétés physiques des terres, on peut, à l'aide du *dynamomètre*, mesurer l'effort nécessaire pour y effectuer un labour dans des conditions et des dimensions déterminées.

**Degré d'humidité auquel le sol doit être façonné.** — C'est une question d'une très grande importance en pratique, que celle de savoir à quel degré d'humidité on doit façonner le sol. Un ensemencement peut être compromis, une récolte manquée, par une façon exécutée mal à propos. Un labour exécuté dans ces conditions par un terrain trop ressuyé ou trop desséché, peut nuire au sol pendant un an ou deux, et compromettre par suite le succès de plusieurs cultures.

L'état du sol le plus favorable à la végétation des cultures, et l'état par conséquent que l'agriculteur doit constamment s'efforcer d'obtenir avec le concours des agents atmosphériques et à l'aide des façons aratoires, c'est un sol ameubli, sans compacité, sans tassement facilitant l'accès de l'air et la circulation de l'eau. Cette division des particules terreuses constitue la partie la plus délicate de l'art de l'agriculteur, notamment dans les régions à terres fortes et tenaces.

Pour obtenir cet état meuble et friable, il est nécessaire d'entamer ces sols à un certain degré d'humidité. Si le sol est trop mouillé, la charrue le lève en grosses mottes, difficiles à réduire après qu'elles ont subi une certaine dessiccation. S'il est trop sec, le travail devient plus pénible pour les attelages, et la terre reste encore en gros fragments d'un émiettement difficile.

Un sol de moyenne consistance se façonne bien à une dose moyenne d'humidité ; il doit être frais, ni trop humide, ni trop sec, contenir 20, 30, 40 0/0 au plus de son poids d'eau. L'agriculteur n'a ni le temps, ni le moyen de doser l'eau de sa terre, et ce n'est que par des essais aves ses instruments aratoires qu'il pourra se rendre compte si elle se trouve dans l'état convenable pour être façonnée dans de bonnes conditions.

Les terres légères, perméables, sablonneuses, graveleuses et pierreuses se façonnent sans inconvénient par tous les temps. Les terres fortes ou franches demandent un degré d'humidité déterminé. Les terres marneuses sont parfois d'un ameublissement impossible par les instruments aratoires, et les gelées seules parviennent à les émietter et les réduire en particules fines et régulières.

**Pouvoir absorbant du sol.** — Il importe de connaître la faculté relative des terres au point de vue de l'absorption des substances répandues à sa surface, des engrais par exemple, et de savoir après combien de temps cette substance mise en contact avec le sol s'est incorporée aux éléments de ce dernier pour servir à l'alimentation des plantes.

L'absorption est variable suivant la nature du sol, la concentration de la substance et la durée du contact. Cette dernière influence est plus faible que les deux premières.

Les terrains argilo-calcaires ont un pouvoir absorbant plus grand que les terrains siliceux sablonneux. Le sable ferrugineux a un pouvoir absorbant très faible, tandis qu'un sol marneux en possède un considérable.

**Échauffement du sol.** — La quantité de chaleur solaire reçue par le sol dépend de nombreuses circonstances dont les principales sont : la latitude, l'altitude, la pureté du ciel, la longueur du jour, la température de l'air et l'exposition des surfaces.

Dans une localité déterminée, l'échauffement du sol est surtout favorisé par l'exposition et les abris. L'exposition du Midi est la plus chaude, surtout si elle est à l'abri des vents qui refroidissent l'atmosphère.

A conditions égales d'exposition et d'abri, la composition minérale des terres n'a qu'une faible action sur leur échauffement.

M. Boitel a trouvé que, sous l'influence des rayons solaires,

| | |
|---|---|
| Le sable siliceux blanc a atteint................. | 43°,25 |
| L'argile blanche.................................. | 41 ,25 |
| Le sable siliceux noir............................ | 50 ,87 |
| L'argile noire.................................... | 48 ,87 |

La couleur exerce à cet effet une action plus sensible que la composition minérale :

| | |
|---|---|
| Le sable siliceux blanc s'élevant à............... | 43°,25 |
| Le même sable noir atteint........................ | 50 ,87 |
| L'argile blanche s'élevant à...................... | 41 ,25 |
| L'argile noire atteint............................ | 48 ,87 |

La différence de température varie donc de 7 à 8°.

On utilise la propriété que possède la couleur noire de concentrer la chaleur solaire en badigeonnant des murs en noir. Ces derniers semblent mieux convenir aux cultures fruitières. Dans les régions chaudes, on renonce aux espaliers appliqués sur des murs, car les arbres fruitiers seraient alors grillés.

L'intensité solaire attaque les écorces et peut tuer les arbres et les plantes herbacées. Dans ce cas, on modère l'action de la chaleur en badigeonnant les troncs des arbres d'un lait de chaux, ainsi que les vitres des serres et des châssis. Cet enduit blanc prévient les températures extrêmes, nuisibles et funestes quelquefois aux plantes. Les fleurs se portent mal à l'exposition directe des rayons solaires ; elles vivent davantage et conservent mieux leurs brillantes couleurs, quand elles sont abritées sous le feuillage des grands végétaux ligneux.

L'humidité relative du sol exerce une action très sensible sur sa température. La variation va de 7 à 8°.

Les terres humides sont dites froides, en raison de l'évaporation constante d'une humidité qui se renouvelle par l'action capillaire et maintient le sol à une température basse qui retarde la reprise de la végétation. Les prairies humides sont en retard d'un mois sur celles qui sont situées en terre sèche bien assainie. Les terres noires et sèches sont chaudes et conviennent à la production des primeurs.

Les terres fraîchement remuées sont le siège d'une évaporation qui en abaisse la température au point de favoriser la formation de la gelée blanche. Aussi les vignerons doivent-ils éviter de façonner les vignes à l'époque des gelées printanières. Pour préserver les ceps de la gelée, on les maintient loin du sol à l'aide d'échalas ou de fils de fer et on les relève en les plaçant dans une position verticale.

**Refroidissement du sol.** — Le refroidissement du sol est en rapport inverse avec son poids et la grosseur de ses particules.

Plus la couleur d'une terre est foncée, plus l'échauffement est intense et rapide, mais aussi plus elle se refroidit vite lorsqu'elle est soustraite à l'action du foyer calorifique.

Les terrains caillouteux se refroidissent moins vite que les terrains sablonneux, ces derniers moins vite que l'argile et la tourbe. Les raisins mûrissent plus tôt sur les terres pierreuses et caillouteuses. Au point de vue de la nutrition des plantes, les pierres sont considérées comme nuisibles ; elles forment une masse inerte qui diminue d'autant la portion de nourriture nécessaire aux végétaux. D'un autre côté, il n'est pas prouvé que leur rôle soit tout à fait nul dans l'alimentation des végétaux. Ces derniers attaquent les corps insolubles, et les lichens qui se fixent sur les roches les plus dures et les plus résistantes en sont bien un exemple.

A un autre point de vue, les pierres réchauffent les plantes et préviennent leur déchaussement par les gelées, elles ne sont donc pas inutiles. On a reconnu que les terres pierreuses produisent les meilleurs vins et les grains les plus estimés par leur qualité et leur poids. Un sol pierreux peut d'ailleurs dissimuler un sous-sol très fertile.

Il faut reconnaître néanmoins que le sol pierreux use facilement les instruments aratoires et n'est pas toujours facile à cultiver.

**Circonstances naturelles capables de modifier les propriétés physiques des terres.** — Outre le volume des particules terreuses, qui fait varier du tout au tout les propriétés physiques de terrains de même nature, il est d'autres circonstances qui peuvent les modifier ou les neutraliser.

Au premier rang, on doit placer la *profondeur* du sol. Généralement on admet que, pour être cultivable, une terre doit avoir au moins 10 centimètres de profondeur. Plus cette dernière sera grande, plus les racines des plantes pourront s'y développer à l'aise et plus cette terre sera productive.

Le sous-sol modifie les propriétés physiques du sol par son influence mécanique sur l'écoulement des eaux pluviales. S'il est perméable, il laisse pénétrer l'eau, l'air et la chaleur dans les couches souterraines. C'est un désavantage dans le Midi et dans les régions privées de pluies estivales. On aime, au contraire, ces sortes de terrains sous les climats humides où l'on reçoit de la pluie d'une manière régulière pendant toute l'année. Si le sous-sol est imperméable, il maintient cette eau dans le sol qui devient humide et froid. C'est un avantage dans le Midi ; l'humidité du sous-sol remonte dans le sol et vient en aide aux cultures. Cette eau, d'un autre côté, est une réserve précieuse pour les périodes de sécheresse.

Dans la zone tempérée de la France, le sol perméable couvrant un sous-sol imperméable souffre d'un excès d'humidité ; il est alors indispensable de faire abaisser le plan d'eau par le drainage ou par des fossés d'assainissement.

D'autre part, les irrigations fréquentes permettent de combattre la rapide dessiccation du sol qui résulte d'un excès de perméabilité du sous-sol.

Suivant que le sol est horizontal ou en pente, les eaux y séjournent plus ou moins. Sur les surfaces fortement inclinées et imperméables, les eaux pluviales s'écoulent avec vitesse en suivant le thalweg; on éprouve alors tous les inconvénients du ravinement: les terres meubles et les engrais des terrains élevés vont en pure perte dans la vallée.

On remédie à ce dernier inconvénient par le boisement.

Dans les régions montagneuses qui n'offrent que des surfaces à pentes fortement inclinées, le sol ne peut être cultivé avec sa disposition naturelle, à cause du ravinement occasionné par les eaux pluviales. On dispose alors le terrain en terrasses superposées. Les travaux de culture sont alors plus faciles et moins pénibles sur ces terrasses à pente douce, dans lesquelles l'eau pluviale pénètre lentement en suintant d'une terrasse à l'autre, par les murs de soutènement, au profit des plantes cultivées. Ces murs, destinés à maintenir convenablement les terres, doivent être construits en pierres sèches, d'abord par raison d'économie et ensuite parce qu'ils offrent un passage plus facile aux eaux souterraines. Les pierres sont prises dans les sols et les sous-sols plus ou moins rocheux qu'offrent toujours les régions montagneuses. Ces murs n'offrent pas, il est vrai, une grande solidité, aussi doit-on leur donner une faible hauteur. Si le sol manque de pierres, on peut remplacer les murs par des surfaces engazonnées.

Le terrassement des gradins n'offre pas autant de frais de main-d'œuvre qu'on pourrait le supposer. Il suffit, en effet, de prendre toujours la terre de la surface supérieure, pour compléter la terrasse inférieure et rejeter la terre de haut en bas dans la partie vide laissée entre le mur de soutènement et la pente naturelle du terrain.

Les terres en gradins bien exposées concentrent la chaleur et favorisent la végétation; les gradins de leur côté emmagasinent les eaux pluviales, d'autant plus précieuses qu'elles servent souvent à des végétaux exposés à souffrir de la sécheresse; on cultive en effet, principalement sur ces terrasses horizontales, la vigne, l'olivier, l'amandier et l'oranger.

En résumé, les propriétés physiques les plus favorables aux cultures sont : une consistance moyenne obtenue par une heureuse association de la silice, de l'argile et du calcaire, une perméabilité moyenne favorable aux plantes dans les temps de pluie et de sécheresse, une bonne provision des substances qui servent à l'alimentation des végétaux, l'aptitude du sol à conserver sa fertilité sans aucune déperdition par les eaux superficielles ou souterraines, une coloration propre à concentrer et à conserver la chaleur, notamment dans les régions tempérées, enfin la netteté du sol en ce qui concerne les mauvaises graines dont l'abondance et le développement sont si préjudiciables aux récoltes.

La composition trop élémentaire du sol n'est généralement pas désirable. Les terres possédant les qualités énumérées ci-dessus, et qui sont qualifiées de terres franches, valent mieux et sont ordinairement les plus avantageuses.

**Analyse physique des terres.** — Au point de vue de sa constitution mécanique, la terre est essentiellement formée de quatre éléments : le *sable*, l'*argile*, le *calcaire* et l'*humus*. Il y a intérêt à déterminer leur proportion relative, qui influe sur les propriétés physiques du sol, notamment sur sa perméabilité et sa compacité, d'où résultent la facilité avec laquelle il peut se travailler, son aptitude à retenir l'eau et les engrais, etc. On obtiendra cette proportion par l'*analyse physique* qui n'est autre chose que la séparation de ces quatre matières principales.

Pour faire cette analyse, il faut d'abord prélever des échantillons. A cet effet, on peut employer deux méthodes.

L'une consiste à faire, avec la bêche, un trou carré dans le sol jusqu'à ce qu'un changement de nature annonce que l'on est arrivé au sol vierge et ensuite au sous-sol. On prend un échantillon du sous-sol dont on se borne, en général, à déterminer la nature lithologique ; on nettoie l'une des parois du trou, en la rendant à peu près verticale et, avec la bêche, on enlève une tranche d'égale épaisseur sur toute la hauteur du trou, soit en une, soit en plusieurs fois. On met à part, en notant les épaisseurs, le sol arable et le sol vierge, lorsqu'il y a lieu de les distinguer.

L'autre méthode est fondée sur l'emploi de la sonde, au moyen de laquelle on prélève, en une ou plusieurs fois, un échantillon de petite dimension sur toute la hauteur du sol. L'opération est beaucoup plus rapide. On peut donc multiplier le nombre de ces échantillons élémentaires, et on les réunit dans une même caisse, ou en un même tas, dont par des brassages répétés on mélange intimement toutes les parties, en vue de l'analyse.

Cette seconde méthode paraît préférable à la première, car elle permet d'avoir, dans le même temps et avec une dépense sensiblement égale, un ensemble d'échantillons qui représente la composition moyenne d'une surface plus fidèlement que ne le peut faire un échantillon unique.

Mais il importe plus encore de bien choisir les endroits où les prises d'échantillons doivent être faites.

Pour que les échantillons puissent être considérés comme des types et que leur analyse fasse connaître la composition générale d'une certaine formation géologique, il convient de les prendre dans les localités où la formation est bien caractérisée, en différents points assez éloignés les uns des autres, et de les analyser séparément, afin de s'assurer s'il y a uniformité de composition sur toute l'étendue des terrains constitués par la même formation géologique.

On devra éviter, d'ailleurs, autant que possible, de faire les prélèvements dans les champs dont le sol a pu être modifié d'une manière sensible par la culture, notamment par le chaulage, le marnage ou l'emploi répété des engrais chimiques ou des fumures abondantes.

De Gasparin et Masure avaient déjà séparé mécaniquement, suivant l'ordre de leur finesse, les particules terreuses; mais leurs procédés ne rendaient compte que d'une manière imparfaite de la véritable constitution du sol.

Actuellement, c'est la méthode, bien plus rigoureuse de M. Schlœsing, qui est préconisée.

Les propriétés physiques des terres dépendent en presque totalité de la proportion des éléments minéralogiques qui les forment et de l'état de division dans lequel ils se trouvent. Le sable calcaire ou siliceux plus ou moins fin, l'argile, l'humus, peuvent être regardés comme les substances qui, par leur mélange, forment la terre arable. Ils sont les éléments constituants et leur rapport, extrêmement variable, a la plus grande influence sur l'aptitude des terres à être cultivées et sur leur fertilité. Leur détermination est donc une opération de la plus grande importance.

La méthode de M. Schlœsing consiste donc à diviser la terre par des criblages successifs, en *cailloux*, qui restent sur un tamis à mailles de 5 millimètres; en *gravier*, qui ne peut traverser un second tamis à mailles d'un millimètre; et en *terre tamisée*, que ne retient pas ce dernier tamis. Chacun de ces lots est pesé à part. Les débris organiques restés avec les cailloux ou le gravier sont séparés à la main et pesés également. On prélève 10 grammes de terre tamisée, que l'on introduit dans une capsule, et que l'on délaye dans l'eau distillée, en remuant avec le doigt. On cesse d'agiter, on compte 10 secondes, puis on verse doucement l'eau trouble dans un vase, en ayant soin de ne pas faire tomber les particules lourdes restées au fond de la capsule. On répète cette opération jusqu'à ce que l'eau de lavage soit limpide. Le résidu constitue le *gros sable;* il est desséché et pesé. On y dissout le calcaire à l'aide de l'acide azotique : la différence de poids constatée représente le *sable calcaire*. Une nouvelle différence de poids, obtenue par la calcination, correspond aux *débris de terreau*. Restent les *éléments fins*, séparés par décantation. On y dose comme précédemment le *calcaire fin*. On filtre; l'acide employé pour ce dosage coagule l'*argile*, c'est-à-dire la transforme en une substance incristallisable, dont les propriétés physiques sont analogues à celles de la colle vulgaire, et qui joue le rôle d'un véritable ciment minéral. Cette substance, à laquelle on a donné le nom d'*argile colloïdale*, reste sur le filtre avec le *sable fin non calcaire*. On l'en sépare en laissant digérer la masse pendant trois ou quatre heures avec un peu d'ammoniaque, puis en agitant avec de l'eau distillée. L'argile reste en suspension dans l'eau ; le sable se dépose. Il suffit de décanter pour obtenir séparément chacun des éléments.

Cette méthode permet donc non seulement de déterminer la proportion totale, dans la terre analysée, des quatre éléments: sable, argile, calcaire et humus, mais encore la quantité de chacun de ces éléments existant dans des lots à différents états de division.

## § 17. — Composition chimique des terres

En outre des quatre éléments: silice, argile, calcaire et humus qui composent les terres, le sol renferme des substances salines, qui, bien qu'en faible proportion, jouent un rôle considérable dans la végétation. Les plus importantes de ces substances sont le plâtre ou sulfate de chaux, le phosphate de chaux, les sels ou chlorures de potassium et de sodium, les carbonates, sulfates, azotate et phosphate de magnésie, les oxydes de fer et de manganèse.

**Terrains siliceux**. — Les terrains siliceux sont ceux où la silice domine. Ils sont formés par la désagrégation des roches formées de *quartz*, de *feldspath*, de *mica*, d'*amphibole*, de *talc* et de *pyroxène* diversement combinés. Quoique les terrains siliceux aient à peu près tous la même composition chimique, leur valeur agricole diffère suivant qu'ils proviennent de la décomposition de l'une ou l'autre de ces roches.

Les sols formés par les roches siliceuses des terrains primitifs et des terrains de transition : *granit*, *gneiss*, *micaschistes*, *schistes*, *grès siliceux*, sont maigres par suite de l'état d'insolubilité dans lequel se trouvent les substances utiles aux végétaux qu'ils renferment. Ils sont légers, faciles à travailler, perméables et, par suite, se dessèchent facilement. Sous le rapport de la fertilité, ils sont pauvres en quelques-uns des éléments essentiels à l'activité de la végétation, notamment en chaux et en phosphates. Dans beaucoup de circonstances, les plantations forestières constituent un des meilleurs moyens d'en tirer parti avantageusement. Les végétaux qu'ils portent sont rabougris, et les animaux qu'ils nourrissent, petits et rustiques. La Bretagne, le Plateau Central, le Morvan, les Vosges, sont, en grande partie, recouverts par des terres de cette nature.

Les roches volcaniques anciennes : *trachytes*, *porphyres*, *basaltes*, donnent naissance à des sols moins riches, moins poreux et moins perméables que les roches volcaniques modernes. Celles-ci, au contraire, produisent des terres d'une grande fertilité, celles par exemple que l'on rencontre dans la Limagne d'Auvergne et dans certaines vallées de la Charente et de la Gironde.

Les terrains siliceux se reconnaissent aux caractères suivants: Légers comme des terrains sablonneux, ils manquent de consistance ; ils craignent beaucoup la sécheresse, car par eux-mêmes ils sont secs et chauds, perméables et très meubles. Leur pouvoir absorbant est très faible, aussi laissent-ils trop facilement échapper les produits de la décomposition des engrais. On leur applique avec succès des amendements argileux ou calcaires; les marnes argileuses surtout leur conviennent particulièrement.

La silice est très répandue dans la nature et ne constitue pas moins de 73 0/0 de l'écorce terrestre dont elle forme en quelque sorte la charpente solide. Comme élément nutritif des plantes, elle se trouve toujours en quantité suffisante dans le sol, bien qu'elle entre pour une forte proportion dans la composition des végétaux, principalement des céréales, qui sont au nombre des plantes qui en contiennent le plus : l'avoine en renferme 3 0/0, et le froment 2,1/2 0/0.

**Terrains argileux.** — Les argiles sont composées de silicates d'alumine plus ou moins purs. Elles proviennent de la décomposition des *feldspaths* des roches primitives et sont généralement colorées par des sels minéraux. Le *kaolin*, argile à peu près pure, est complètement blanc; au contraire, les *ocres*, sont fortement colorées.

Les argiles possèdent toutes sensiblement les mêmes propriétés agricoles, bien qu'elles diffèrent notablement les unes des autres par les proportions de silice, de chaux, de potasse ou de soude qu'elles contiennent.

Les argiles qui font partie des terres arables sont les *argiles plastiques* et les *glaises*. L'argile plastique est un silicate d'alumine hydraté, et la terre glaise est une argile plastique impure qui devient marne quand le calcaire dépasse 15 0/0. Elles font pâte avec l'eau dont elles sont très avides et peuvent se laisser facilement pétrir, de manière à prendre toutes les formes désirables. Travaillées et modelées suivant les besoins, les argiles servent à fabriquer les poteries diverses, les vases, les briques, les tuiles, et elles acquièrent une grande dureté par suite de la plasticité qu'elles perdent par la cuisson. Le retrait qu'elles éprouvent sous l'influence de la chaleur est la cause de ces larges fissures que l'on voit se produire dans les terres fortes pendant les sécheresses de l'été.

Les terres argileuses contiennent toujours de l'eau en plus ou moins grande quantité, aussi sont-elles compactes, froides, lentes à dessécher et imperméables. Leur adhérence est très forte et elles conservent bien les engrais, qui ne s'y décomposent que très lentement. Riches en potasse, elles sont pauvres en acide phosphorique. On améliore notablement les terrains argileux par l'apport d'amendements siliceux ou calcaires ou de matières organiques. A leur tour, ils servent à amender les sols graveleux et légers, auxquels ils donnent du corps et de la consistance.

Les terrains argileux dans de bonnes proportions conviennent aux herbages ou aux prairies naturelles ; si la proportion d'argile est trop conséquente, ils sont alors difficiles à travailler et peu propres à la culture.

**Terrains calcaires.** — En agrologie, il n'est aucun minéral plus important que la *calcite*. Aucune terre n'est fertile, quand elle en est appauvrie ou complètement dépourvue. La calcite remplit dans le sol deux rôles très importants : elle concourt en premier lieu à l'alimentation des plantes ; toutes les cultures en consomment d'assez fortes quantités. En second lieu, elle désacidifie les terrains acides qui sont impropres aux cultures tant que le principe acide n'a pas été neutralisé ; elle facilite, en outre, la nitrification du sol, c'est-à-dire qu'elle provoque la formation des nitrates, forme sous laquelle les végétaux assimilent l'azote.

Il est donc très utile pour l'agriculteur de savoir distinguer la calcite à tous ses états et sous toutes ses formes. Suivant la science qui l'envisage, elle est connue sous différents noms : en chimie, on l'appelle *carbonate de chaux ;* en minéralogie, *calcite*, *spath calcaire*, *spath d'Islande ;* en géologie, *calcaire*, *craie*, *tuffeau*, *travertin ;* en industrie, *pierre à chaux*, *castine*, *pierre à bâtir*, *blanc d'Espagne*.

Le calcaire est très répandu dans la nature et constitue à la surface de l'écorce terrestre, à l'état pur ou mélangé à d'autres minéraux, des terres arables sur de vastes régions.

Quoique ayant une composition chimique à peu près identique, les diverses roches calcaires diffèrent notablement par leur structure. On les rencontre dans la nature sous les formes et les nuances les plus variées, depuis la roche la plus dure comme le *marbre*, la *pierre lithographique*, également dure et à texture serrée, le *moellon* poreux et léger, jusqu'à la *craie* la plus friable.

Au point de vue géologique, les calcaires des terrains de transition, des terrains secondaires et des terrains tertiaires se distinguent par la nature des coquillages, des fossiles qu'on y trouve.

Les propriétés des terrains calcaires varient en raison des quantités d'argile, de sable siliceux, de potasse, de soude, etc., qu'ils renferment. Ces sols sont généralement de couleur blanchâtre ; ils sont légers, faciles à travailler en toute saison et suffisamment perméables. La terre calcaire, assez tenace, se tasse facilement en mottes qui, durcies, se délitent à l'air. Pendant l'été, le dessèchement et l'échauffement en sont excessifs; durant l'hiver, elle est, au contraire, très humide. Les terres calcaires constituent d'excellents amendements pour les sols dépourvus de chaux ; mais elles sont pauvres en matières organiques. La décomposition des engrais y est très active, et cette rapidité entraîne, par suite, une perte notable de produits utiles. Aussi doit-on fumer les terrains calcaires à petites doses, mais souvent.

On reconnaît les terres calcaires à ce qu'elles produisent, avec les acides, une effervescence due au dégagement d'acide carbonique.

Les sols crayeux, où le calcaire domine, sont de mauvaise qualité ; ils sont secs et ne conservent pas suffisamment l'humidité, la fraîcheur, nécessaires à la végétation. La Champagne pouilleuse doit la sécheresse et l'aridité de son sol à la prédominance du calcaire friable. Au contraire, les plus beaux pâturages de Normandie reposant sur des calcaires jurassiques suffisamment argileux, et la Beauce, riche en céréales, sont des exemples de terrains calcaires fertiles.

Les sols calcaires ont besoin d'être amendés par des terres argileuses, et, à son tour, le calcaire, indispensable aux plantes comme aux animaux, sert, par le *chaulage* ou le *marnage*, d'amendement à un grand nombre de sols auxquels il fait défaut.

Le carbonate de chaux disparaît du sol de deux façons : par les plantes, qui en absorbent une certaine quantité, et par les eaux pluviales chargées d'acide carbonique. Il se forme du bicarbonate de chaux soluble qui se perd dans le sous-sol par filtration s'il est perméable, ou qui s'écoule à la surface, emporté par les eaux pluviales, s'il est imperméable. Ces eaux séléniteuses sont excellentes pour les irrigations des sols non calcaires, mais elles ne sont pas bonnes pour les usages domestiques : elles ne dissolvent pas le savon, ne cuisent pas les légumes et sont mauvaises pour les abreuvoirs.

**Humus ou terreau. — Terres humifères.** — Aux éléments minéraux que nous venons d'examiner s'ajoutent toujours des détritus d'origine organique qui, après des altérations plus ou moins profondes, constituent ces matières brunes qui sont parfois assez abondantes pour donner aux sols une couleur caractéristique.

Ces matières sont ce que l'on appelle *terreau*, ou *humus*. Le terreau provient donc de la décomposition des matières organiques, débris de plantes ou d'animaux, sous l'influence d'un ferment. On lui donne le nom d'humus, quand il est parvenu à un degré plus avancé de putréfaction.

L'humus a été considéré longtemps comme étant le seul aliment puisé dans le sous-sol par les végétaux ; son rôle se borne à apporter aux plantes de l'acide carbonique et certains sels, et à rendre plus solubles les matières minérales dont il facilite ainsi l'absorption par les végétaux.

Le terreau est une matière noirâtre, riche en carbone, moins dense que l'eau, très hygroscopique et très hygrométrique. Il peut absorber et retenir jusqu'à 190 fois son poids d'eau. Il communique aux terres de la fraîcheur et de la perméabilité, les rend légères et faciles à travailler.

Quand les végétaux, constituant le sol, ont crû dans l'eau, les débris de leur décomposition ont formé la *tourbe* et les terrains dérivés de cette substance sont dits *terrains tourbeux*.

Si les végétaux qui ont produit le terreau appartiennent à la catégorie des bruyères, des ajoncs et des genêts, qui sont les principales espèces de la lande, et que leur décomposition se soit produite dans un terrain trop humide et dépourvu de calcaire, on dit alors que le sol est de la *terre de bruyère*.

Dans ces dernières terres et dans les sols tourbeux, on trouve généralement une certaine proportion d'argile et de sable siliceux, provenant soit des eaux courantes, soit de la roche sous-jacente. La terre de bruyère, la plus estimée des jardiniers, est un mélange de sable et de matières organiques. C'est une terre légère, convenant beaucoup mieux que la terre ordinaire à certaines plantes d'ornement.

Les terres tourbeuses et les terres de bruyères sont appelées *humeuses* ou *humifères*. Leur température est à peu près constante. Elles ne sont pas immédiatement fertiles ; il leur manque un ou plusieurs des éléments nécessaires à la nutrition des plantes cultivées. Elles sont, en outre, imprégnées d'un principe acide qui nuit aux cultures, tant qu'il n'a pas été complètement neutralisé.

Les terres tourbeuses, humides, spongieuses, élastiques, sont impropres à toute culture, tant qu'elles n'ont point été convenablement assainies et fortement chaulées ou marnées. Après ces améliorations, elles sont susceptibles de donner des fonds excellents.

Les terres de bruyères resteraient improductives après leur défrichement si elles n'étaient pas désacidifiées et enrichies des éléments nutritifs dont elles ont été appauvries. On remédie à cet inconvénient par le dessèchement suivi d'un apport de calcaire ou d'engrais à base de potasse.

En général, les sols qui renferment plus de 30 0/0 de terreau sont considérés comme de mauvaise qualité ; mais on peut admettre que jusqu'à 20 0/0 la fertilité des terres s'accroît avec la proportion de terreau qu'ils renferment. Les terres de jardin sont riches en terreau.

## § 18. — Propriétés chimiques des terres

En outre des propriétés physiques des terres qui influent sur la végétation, il faut, pour que la plante atteigne son développement normal, qu'elle trouve dans le sol les aliments nutritifs nécessaires. Parmi tous les éléments que doit renfermer le sol pour subvenir à la nutrition des végétaux, un grand nombre ne font jamais ou presque jamais défaut. Les plus importants sont : l'*acide sulfurique*, le *chlore*, la *silice*, la *soude*, la *magnésie*, le *fer* et le *manganèse*. La chaux se trouve parfois en quantité insuffisante, ainsi que la potasse et les matières azotées.

La valeur chimique des terres se déduit rationnellement de la proportion des éléments nécessaires aux plantes, dont la présence ou l'absence détermine l'abondance ou la rareté des récoltes. A ce point de vue, l'influence de l'acide phosphorique est prépondérante, et sous ce rapport M. de Gasparin a classé les terres de la façon suivante :

| | | | | | |
|---|---|---|---|---|---|
| Un terrain | très riche | renferme | plus de 2 | millièmes | d'acide phosphorique. |
| — | riche | — | de 1 à 2 | — | — |
| — | moyennement riche | — | de 1/2 à 1 | — | — |
| — | pauvre | — | moins de 1/2 | — | — |

Pour l'établissement des divisions secondaires, les quantités de potasse et de matières azotées peuvent intervenir dans cette classification.

Au point de vue chimique, la terre végétale a la propriété de fixer certains principes fertilisants, en quantité d'autant plus grande qu'elle en est dépourvue. C'est ainsi que la potasse ou l'ammoniaque, dont les végétaux dépouillent le sol, sont facilement absorbés par les terres.

Les matières organiques se décomposent dans le sol, en présence de l'oxygène de l'air, pour donner naissance à l'acide carbonique. Cette décomposition n'est autre qu'une combustion lente, qui n'est pas seulement due à un phénomène purement chimique, mais qui résulte de la vie de nombreux organismes. Comme conséquence de cette production d'acide carbonique, ce gaz se trouve en proportion beaucoup plus considérable dans les terres végétales que dans les sols inertes.

Pendant cette combustion lente, l'oxygène se porte non seulement sur le carbone de la matière organique, mais encore sur l'azote des substances azotées, pour produire de l'acide azotique ou acide nitrique, lequel se combine avec une base : chaux, soude ou potasse, pour former un nitrate. Ce phénomène, désigné sous le nom de *nitrification*, est très important pour l'agriculture, en ce qu'il rend assimilable l'azote, aliment essentiel des plantes, qui resterait inutile pour la végétation, s'il n'en était ainsi. C'est ce phénomène qui donne naissance au *salpêtre*.

Pour se produire, la nitrification exige : la présence d'une matière azotée ; celle de l'oxygène ; celle d'une base à laquelle l'acide nitrique puisse se combiner ; un certain degré d'humidité, car les terres sèches ne nitrifient jamais ; une température convenable, et enfin le concours d'un petit être organisé affectant la forme de globules microscopiques, auquel on a donné le nom de *ferment nitrique*.

Le phénomène de la nitrification a beaucoup exercé l'imagination des savants, et il n'y a que quelques années, à la suite des admirables découvertes de Pasteur, qu'on a songé à en chercher la cause dans l'action d'un microbe particulier; MM. Müntz et Schlœsing ont démontré que cette hypothèse était la seule admissible, puisque seule elle explique la lenteur de la mise en train, l'arrêt de la nitrification quand la température s'élève à 90 ou 100° pendant dix minutes, la production du phénomène dans un milieu stérile par simple addition de terreau. Tout récemment, d'ailleurs, le microbe paraît avoir été isolé. La nitrification, qui est nulle à 5°, devient sensible à 12°, très active à 37°, après quoi elle diminue rapidement pour cesser à 55°.

Le microbe de la nitrification, au dire de M. Bechmann, n'est pas le seul d'ailleurs existant dans la couche arable ; le sol serait au contraire très riche en microbes. M. Marié-Davy a trouvé dans la terre ordinaire des maraîchers de 700.000 à 1.400.000 microbes, par centimètre cube. C'est la couche superficielle, appelée le grand magasin des microbes, qui en recèle le plus grand nombre : elle les reçoit par les eaux pluviales, qui les ont recueillies dans leur passage à travers les couches inférieures de l'atmosphère et elle les retient, les empêchant de pénétrer plus profondément dans le sol, si bien qu'à un mètre le nombre en a considérablement diminué ; on n'en trouve souvent même plus.

On a reconnu que plus la terre est fertile, plus elle contient de microbes : une parcelle impalpable de terre cultivée en contient des milliers, la terre des forêts en contient moins que celle des champs et des jardins, cette dernière moins que le terreau.

Il est évident que cette masse de microbes doit jouer un rôle des plus importants dans les phénomènes de la végétation. Ce rôle, mal connu encore, laisse le champ ouvert à toutes les études et expériences, études qui nous promettent de nombreuses révélations; c'est ainsi qu'on vient de démontrer l'intervention d'un microbe particulier dans l'absorption de l'azote de l'air par les racines des plantes légumineuses.

L'état de division d'un sol exerce une grande influence sur la nitrification ; plus la terre est meuble, plus la production d'acide nitrique est abondante.

L'air et l'eau exercent à leur tour un rôle chimique dans la terre végétale : l'air, par l'oxygène qu'il apporte aux racines, aux tiges et aux feuilles des végétaux, et l'eau en leur apportant, en outre des sels minéraux et des matières qu'elle tient en dissolution ou en suspension, l'hydrogène.

Le sol joue, pour les eaux plus ou moins chargées qu'il reçoit, le rôle d'un filtre : il retient mécaniquement toutes les particules en suspension, y compris les microbes. C'est d'ailleurs un filtre aéré qui transforme par l'oxydation des substances chimiques, de sorte que, s'il a une épaisseur suffisante, l'eau affluente est limpide, pure et dépourvue de microbes.

## § 19. — Classification des terres

Les modes de classification des terres sont nombreux : les uns sont basés sur la nature de leurs éléments ou sur leurs propriétés physiques, chimiques ou physiologiques; d'autres, mixtes, sont basés à la fois sur leur composition et sur leur productivité.

La classification, employée depuis un temps immémorial par les cultivateurs qui distinguent essentiellement deux grands groupes formés par les sols dont l'élément dominant est l'argile ou le sable, le premier constituant les *terres fortes*, le second les *terres légères*, est la suivante :

Chacun des groupes comprend quatre classes que l'on désigne en ajoutant au nom du groupe terminé en *o* celui de l'élément qui domine après celui qui caractérise le groupe, en laissant le premier nom seul s'il domine seul. On distingue ainsi :

Terres franches.
Terres argilo-siliceuses.
Terres argilo-calcaires.
Terres argilo-humifères.
Terres argileuses.
Terres sablo-argileuses.
Terres sablo-calcaires.
Terres sablo-humifères.
Terres sablonneuses.
Terres calcaires.

Quand aucun élément ne domine sur les autres, on arrive à la terre franche ; les terres calcaires dans lesquelles le calcaire domine seul comprendront la dixième classe.

Mais la meilleure classification est celle qui est basée sur les propriétés physiques, chimiques et physiologiques du sol. Les sols dérivés d'une même roche possèdent évidemment les mêmes propriétés physiques et chimiques. Il y a entre la roche et le sol qui en dérive, des relations intimes faciles à constater sur place à l'aide de la minéralogie et de la géologie. La même roche communique au sol des propriétés agricoles ou physiologiques qui ne changent pas tant qu'on demeure sous les mêmes circonstances climatériques. Cela ne veut pas dire que le sol et le sous-sol offrent une composition chimique identique ; mais la roche, altérée et modifiée sous l'influence des agents atmosphériques, produit des débris détritiques qui consituent un sol de même nature partout où la roche a été soumise aux mêmes influences météorologiques. On comprend dès lors l'importance qu'il y a de déterminer la roche constitutive du sol. Pour arriver à cette détermination, il suffit de consulter une bonne carte géologique et de distinguer les roches affleurantes d'après leurs caractères extérieurs. C'est la science des roches ou de la pétrologie appliquée à l'étude du sol. Cette constatation n'offre pas de grandes difficultés : les carrières ouvertes dans le pays, les matériaux de route et de construction, les tranchées des routes et des chemins de fer, et au besoin quelques sondages fournissent à ce sujet toutes les données nécessaires.

La géologie donne, en outre, des indications précieuses sur la série des roches qu'on peut trouver à de plus grandes profondeurs. On peut ainsi utiliser, pour l'amendement des terres et pour les approvisionnements d'eau, des couches de terrain dont on n'aurait pas soupçonné la présence.

La classification géologique communique à l'agrologie des vues générales, des appréciations étendues qu'on ne saurait obtenir des autres systèmes de classification.

Dans la classification générale des terres arables, on devra donc déterminer d'abord l'origine géologique du sol ; de toutes les notions que comporte cette étude, nous venons de voir que c'était la plus importante.

Tous les sols rentrent dans trois grandes classes distinctes, sous le rapport de leur origine et de leur formation. Les uns dérivent des *roches ignées ;* les autres, des *roches aqueuses;* enfin, une troisième classe est d'origine *organique*. Ces trois classes, embrassant toutes les terres de l'écorce terrestre, sont désignées comme il suit :

Première classe : terres d'origine ignée, cristallisées ou plutoniennes [1] ;

Deuxième classe : terres d'origine aqueuse, sédimentaires ou neptuniennes [2] ;

Troisième classe : terres d'origine organique ou humifères.

L'examen de la *carte géologique détaillée de la France* publiée par le service des Mines, et l'inspection des roches superficielles permettent de déterminer la classe d'un sol quelconque.

[1] Ainsi appelées par allusion à Pluton, roi du monde souterrain (mythologie).

[2] De Neptune, roi des mers.

La détermination de la classe conduira immédiatement au genre, en examinant, parmi les roches superficielles, quelles sont celles qui ont constitué le sol et le sous-sol.

Le gneiss donnera les terres gneissiques ;

Le granite donnera les terres granitiques;

La craie donnera les terres crayeuses ;

Le limon des plateaux donnera les terres limoneuses.

Chaque genre fournit plusieurs espèces basées sur l'état fragmentaire du sol. Ainsi les terres granitiques seront rocheuses, pierreuses, graveleuses, sablonneuses, argileuses, ou argilo-siliceuses: qualités physiques diverses qu'on exprime, en pratique, en disant, pour les terres sablonneuses, qu'elles sont légères et perméables, et, pour les terres argileuses, qu'elles sont fortes et imperméables. Elles seront qualifiées de franches si elles ne sont ni légères ni fortes.

D'après M. Boitel, les terres ignées donnent lieu à la classification suivante :

Première classe. — **Terres d'origine ignée, plutoniennes ou primitives.** — Cette classe comprend huit genres, savoir:

| | | | | |
|---|---|---|---|---|
| 1° | Les terres | gneissiques | dérivées du | gneiss; |
| 2° | | micaschisteuses | — | micaschiste ; |
| 3° | — | granitiques | | granite ; |
| 4° | — | porphyriques | — | porphyre ; |
| 5° | — | mélaphyriques | — | mélaphyre ; |
| 6° | — | trachytiques | — | trachyte ; |
| 7° | — | basaltiques | | basalte ; |
| 8° | — | volcaniques | — | laves, cendres. |

Suivant leur état de division, chacun de ces genres se subdivise en espèces. La terre granitique troisième genre, par exemple, sera :

Rocheuse (rochers de différentes grosseurs) ;

Pierreuse (fragments de la grosseur du macadam) ;

Graveleuse (fragments de la grosseur d'une noisette);

Sablonneuse, légère et perméable ;

Impalpable, argileuse, forte, imperméable.

Autres espèces intermédiaires (associations diverses des espèces précédentes).

Quelquefois, dans le même champ, le sol comprendra plusieurs espèces de terres; en un point, il sera rocheux et incultivable ; plus loin, la roche se désagrégeant facilement, produira une terre argileuse, ou sablonneuse.

DEUXIÈME CLASSE. — **Terres d'origine aqueuse, sédimentaires ou neptuniennes.** — Cette classe comprend des terres constituées sur place par la désagrégation de la roche et des terres transportées et déposées par les eaux ; elle se subdivise, d'après M. Boitel, en deux sections, savoir :

Première section : Terres sédimentaires détritiques.

Deuxième section : — de transport.

La première section comprend les genres suivants :

| | Espèces. |
|---|---|
| Premier genre : *Terres de transition.* | Terres schisteuses, légères et perméables. |
| | — argileuses, fortes et imperméables. |
| | Autres espèces intermédiaires par les associations des deux espèces précédentes. |
| Deuxième genre : *Terres permiennes et triasiques.* | Terres siliceuses, sablonneuses. |
| | — — pierreuses ou rocheuses. |
| | — dolomitiques. |
| | — marneuses. |
| | Autres espèces intermédiaires (mélanges des types précédents). |
| Quatrième genre : *Terres jurassiques.* | Terres siliceuses sablonneuses (grès infraliasique). |
| | Terres calcaires rocheuses. |
| | — — pierreuses. |
| | — — graveleuses. |
| | — — sablonneuses. |
| | — — impalpables. |
| | — — argileuses. |
| | — — marneuses. |
| | Autres espèces intermédiaires (mélanges des types précédents). |
| Cinquième genre : *Terres crétacées.* | Terres crayeuses, meubles. |
| | — — graveleuses. |
| | — — pierreuses et caillouteuses (silex). |
| | Terres argileuses. |
| | — marneuses. |
| | — gaizeuses. |
| | — siliceuses sablonneuses. |
| | Autres espèces intermédiaires, |

| | Espèces. |
|---|---|
| Sixième genre : *Terres tertiaires.* | Terres siliceuses, sablonneuses.<br>— — rocheuses (blocs de meulières).<br>Terres siliceuses, pierreuses (meulières, silex).<br>— argileuses (avec ou sans meulières).<br>— calcaires, rocheuses.<br>— — pierreuses.<br>— — graveleuses.<br>— — sablonneuses<br>— marneuses.<br>Autres espèces intermédiaires. |

La deuxième section des terres sédimentaires de transport se subdivise en deux sous-sections comprenant: dans la première, les terres diluviennes, autrement dit les anciennes alluvions ; et, dans la deuxième sous-section, les terres alluviennes de formation contemporaine.

| PREMIÈRE SOUS-SECTION | Espèces. |
|---|---|
| Septième genre : *Terres diluviennes.* | Terres graveleuses.<br>— sablonneuses.<br>— limoneuses (lehm ou loëss).<br>Autres espèces intermédiaires. |

| DEUXIÈME SOUS-SECTION. | |
|---|---|
| Huitième genre : *Terres diluviennes, marines ou fluviales.* | Terres rocheuses.<br>— pierreuses.<br>— graveleuses.<br>— sablonneuses (dunes, tangues).<br>— limoneuses (polders).<br>Autres espèces intermédiaires. |

TROISIÈME CLASSE. — **Terres d'origine organique, humifères.**

| | |
|---|---|
| Neuvième genre : *Terres humifères.* | Terres tourbeuses.<br>— de bruyères.<br>— noires de Russie.<br>Vases de mer et de rivière. |

L'origine géologique du sol et son état de division étant connus, on doit se préoccuper de son degré de fertilité. On en aura un premier aperçu par son classement cadastral. Cette classification, faite sur les données des praticiens les plus intelligents du pays, indique la fertilité relative des différents terrains d'une même localité. La fertilité a pu subir quelques modifications par suite du système de culture auquel le sol aura été soumis ; mais, si le sol examiné appartient à la première classe cadastrale, il ne peut pas être de mauvaise nature. Il peut, il est vrai, être épuisé et sali par une succession abusive de cultures, et alors l'analyse seule, aussi complète que possible, permet d'en connaître la valeur agricole.

On peut néanmoins tirer dans ce cas d'utiles renseignements de l'examen des végétaux que cette terre produit, ainsi que des animaux qui vivent à sa surface. Ainsi on peut être certain de la fertilité d'un sol où les arbres sont vigoureux, élancés, bien garnis de feuilles, lisses et non recouverts de mousse ; où l'on rencontre la fougère, la ronce, le sureau, le pissenlit, le laiteron, le mouron, le plantain. Au contraire, les joncs, les carex, le genêt anglais, la ravenelle, la petite oseille, annoncent de mauvaises terres.

Les sols productifs donnent asile à la fourmi, à l'escargot, au ver blanc, aux lombrics ou vers de terre ; la taupe y est commune, car les nombreux insectes qui s'y rencontrent pourvoient abondamment à sa nourriture.

L'aspect des végétaux ligneux, s'il en existe dans le voisinage, indique les qualités ou les défauts du sous-sol, qu'il importe de connaître pour savoir s'il facilitera ou gênera l'exécution des travaux arato res et le développement des cultures.

On devra tenir compte, en outre, de l'altitude de ce terrain, de son exposition, de son inclinaison, des végétaux spontanés qui s'y plaisent, des rendements moyens des cultures et enfin de sa valeur vénale et de sa valeur locative, chiffres qui résument la force productive du sol et le produit net qu'on peut en retirer.

Cette étude agrologique devra être complétée par des renseignements sur les conditions climatériques du pays, sur les ressources en eaux de pluie, de fontaine et de rivière, sur les maxima et les minima de température, le régime des pluies et des vents, les chances d'orage et de grêle, toutes conditions favorables ou nuisibles aux cultures. Il importe de les étudier autant que les conditions agrologiques, si on ne veut pas s'exposer à de fâcheuses déceptions.

## § 20. — Défauts dominants des terres arables.

Les défauts dominants des terres arables sont, d'après MM. Bussard et Corblin, les suivants :

Pour les *terrains siliceux* : le manque de consistance, entraînant une perméabilité trop grande et une ténacité trop faible ; le dessèchement rapide, qui détermine un trop facile échauffement et un prompt épuisement des engrais organiques ; le manque de matières fertilisantes et surtout d'acide phosphorique.

Pour les *terrains argileux* : une grande compacité déterminant une extrême ténacité et une perméabilité insuffisante ; une grande humidité qui en rend l'échauffement difficile et ne permet qu'une très lente décomposition des engrais ; le manque d'acide phosphorique et parfois de calcaire.

Pour les *terrains calcaires* : un dessèchement et un échauffement excessifs durant l'été ; une humidité exagérée pendant la mauvaise saison ; le manque de matières organiques résultant de l'épuisement rapide des engrais.

Quant aux *terres humifères*, elles sont la plupart du temps malsaines et impropres à la culture.

En résumé, pour qu'une terre arable soit parfaite, elle doit remplir les conditions suivantes :

1° *Fraîcheur* : retenir plus de 10 et moins de 20 0/0 d'eau ;

2° *Chaleur* : sa température devra varier entre 5 et 20° ;

3° *État meuble* : il ne devra s'y rencontrer ni blocs pierreux ni mottes compactes ;

4° *Perméabilité* : elle devra aisément se laisser traverser par les liquides et les gaz ;

5° *Ténacité* : elle devra être tenace sans exagération ; les racines des plantes y trouveront une solide assise ;

6° *Richesse en matières utiles* : renfermer en quantité suffisante tous les éléments nécessaires aux végétaux ;

7° *Activité chimique* : elle devra favoriser la décomposition des engrais;

8° *Conservation des engrais* : retenir les produits de cette décomposition.

D'après Masure, une terre qui renfermerait :

| | Pour 100 |
|---|---|
| Argile | 20 à 30 |
| Sable | 50 à 70 |
| Calcaire pulvérulent | 5 à 10 |
| Terreau | 5 à 10 |

présenterait tous ces caractères.

# CHAPITRE III

## PHYSIOLOGIE VÉGÉTALE

### § 21. — Structure des plantes

Tout végétal, quelle que soit sa forme extérieure, se compose de *cellules* (*fig.* 1), sortes de petits sacs arrondis ou polyédriques, de *fibres* (*fig.* 2) ou cellules allongées en forme de fuseaux, de *vaisseaux* (*fig.* 3), conduits de très faible diamètre souvent très longs pouvant s'étendre sur toute la longueur de la plante et qui semblent formés par la réunion de cellules ou de fibres. Ces cellules, fibres et vaisseaux contiennent, presque toujours à leur intérieur, des liquides qui y circulent, s'y déplacent ou s'y mélangent par *endosmose* ou *dialyse*.

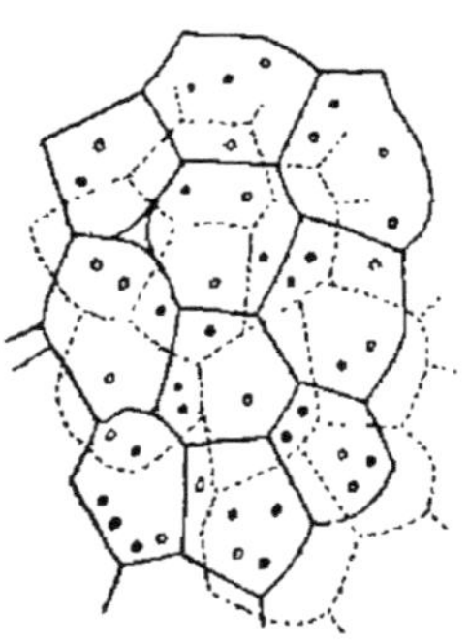

Fig. 1.

On distingue, d'autre part, dans la plante : les *racines*, la *tige* et les *feuilles*.

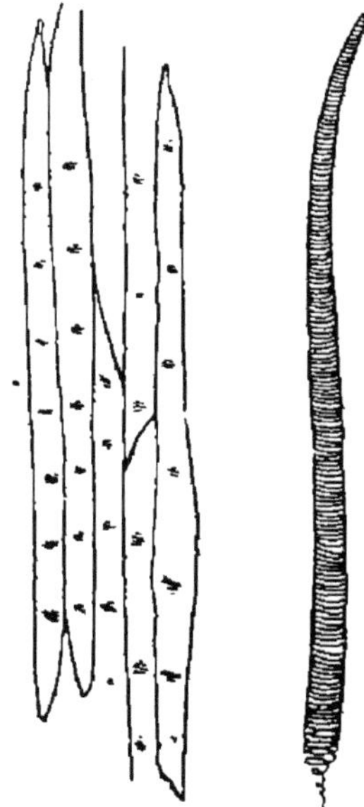

Fig. 2. Fig. 3.

**Racines.** — Les racines ont un *corps* et des *radicelles*; elles se relient à la tige par ce que l'on nomme le *collet*, plan idéal séparant ces deux parties. Les racines sont tantôt *fibreuses* ou *fasciculées* (*fig.* 4), comme dans le poireau et, en général, dans les plantes monocotylédonées (plantes qui naissent avec une seule feuille); tantôt *pivotantes* ou *simples* (*fig.* 5), comme dans la carotte, la plupart des plantes arborescentes et les dicotylédonées (plantes qui naissent

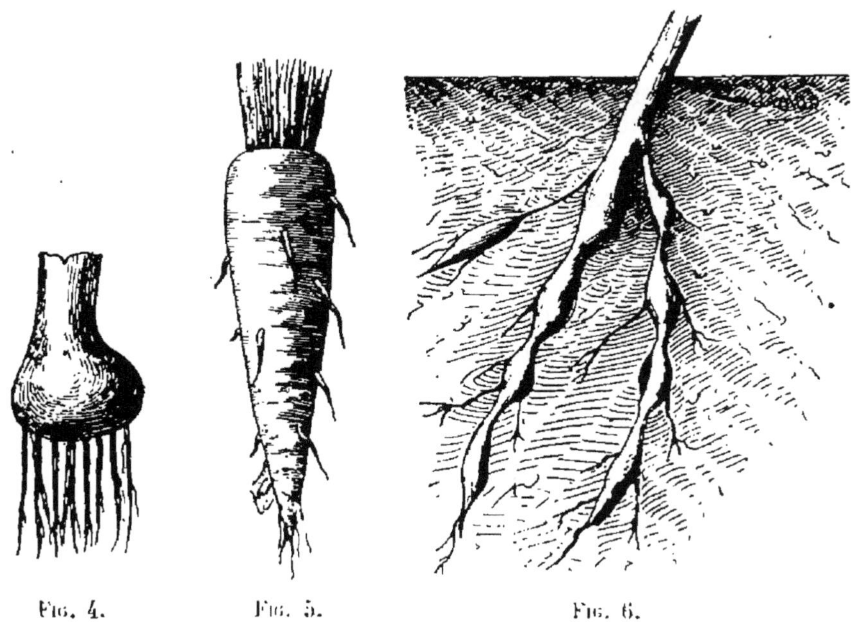

FIG. 4. FIG. 5. FIG. 6.

avec deux feuilles) en général ; tantôt *tuberculeuses* ou *tubériformes* (*fig.* 6), c'est-à-dire présentant çà et là des renflements comme des tubercules, exemples : le dahlia, la pivoine, les orchis, etc. Il ne faut pas néanmoins confondre les racines avec les véritables tubercules qui sont des portions de tiges renflées.

Destinées à soutenir la plante tout entière, les racines prennent des formes appropriées aux conditions dans lesquelles la plante se développe : c'est ainsi que les *plantes grimpantes* ont des racines aériennes, munies de crochets au moyen desquels on les voit se fixer sur les troncs d'arbres, sur les murs, etc.; que les *plantes parasites* présentent, en guise de racines, de véritables suçoirs qui leur servent à puiser la nourriture dans l'intérieur des tissus des plantes étrangères aux dépens desquelles elles vivent; que les arbres s'attachent solidement au sol par des racines profondes et un chevelu abondant; que les *plantes aquatiques* de surface laissent pendre dans l'eau de longues racines filiformes tout en flottant avec le liquide et voyageant avec lui; que certaines plantes des pays chauds, comme les *orchidées*, ont aussi des racines pendantes au moyen desquelles elles puisent dans l'air leur nourriture.

Les racines souterraines sont de beaucoup les plus nombreuses; on pourrait citer, comme exemples, toutes celles de nos plantes indigènes.

Parfois, il arrive que la *tige* peut être prise pour la racine; c'est ce qui se passe, lorsque cette dernière se développe souterrainement en formant des *tubercules* comme dans la pomme de terre, des *bulbes* ou *rhizômes* comme dans les fougères, l'iris, le chiendent. Certaines plantes, comme le ray-grass[1], ont des rhizômes facultatifs qui n'apparaissent que si la plante se trouve dans des conditions très favorables à son développement.

**Tige.** — La *tige* est la partie de l'axe de la plante qui s'élève dans l'air et sert de support aux feuilles, aux fleurs et aux fruits. Dans le cas général, elle se dresse verticale et présente de l'extérieur à l'axe les parties énumérées ci-après (*fig.* 7) :

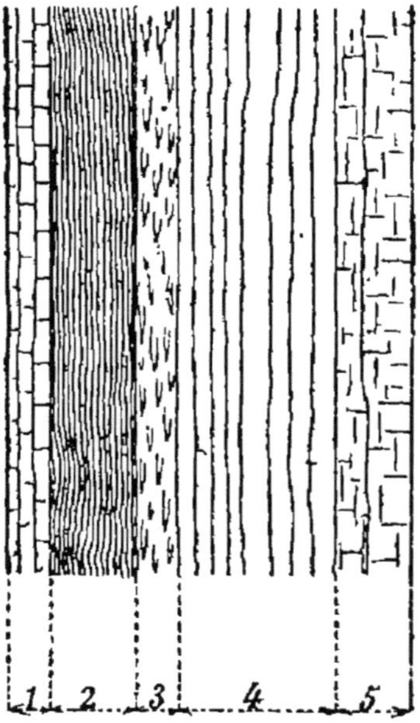

1° *Épiderme*, composé de grosses cellules;

2° *Écorce*, formée de vaisseaux où circule la sève ;

3° *Cambium*, masse de cellules remplies de sève ;

4° *Bois* proprement dit, fibres et vaisseaux ;

5° *Moelle*, grosses cellules qui disparaissent quand la plante vieillit.

1 2 3 4 5

Fig. 7.

[1] Chap. VI. — *Cultures diverses.* — *Prairies artificielles.* — *Ray-grass.*

C'est là, du moins, le type de la tige des plantes dicotylédonées. Chaque année, il se forme une couche de bois et une couche d'écorce, ou *liber*, de sorte que l'âge d'un arbre se lit aisément en comptant le nombre de couches concentriques qui composent le bois.

Les tiges des monocotylédonées sont d'une structure plus simple (*fig.* 8) : l'intérieur est une masse compacte, sans couches distinctes, composée presque uniquement de fibres et d'autant plus dure qu'on s'éloigne du centre où se trouve la partie *médullaire*; une couche *corticale* extérieure revêt d'ailleurs immédiatement la partie *ligneuse*.

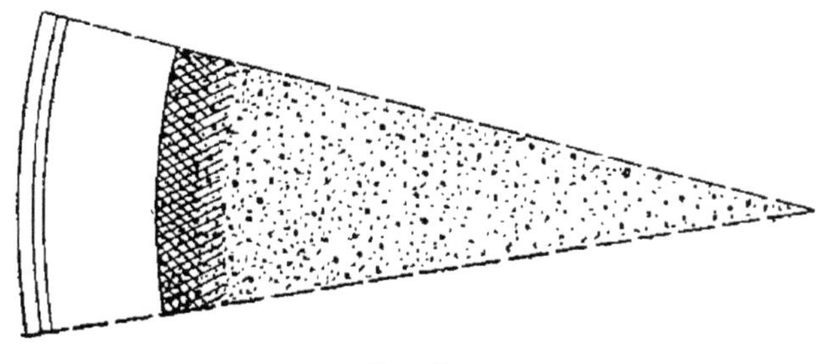

Fig. 8.

La forme la plus ordinaire des tiges *aériennes* ou *souterraines* est celle d'un cône dont la génératrice peut d'ailleurs être très diversement inclinée sur la base.

La grandeur des tiges est des plus variables. Certaines plantes minuscules ne s'élèvent que de quelques millimètres : tels le *scirpe aciculaire*, si commun au bord des rivières et des étangs, et les *cuscutes* qui ravagent les récoltes. D'autres, comme les *baobabs*, qui atteignent jusqu'à 8 ou 9 mètres de diamètre, peuvent être considérés comme les géants de la végétation.

La direction de la tige est, en général, verticale: on dit alors qu'elle est *dressée* ; lorsqu'elle s'étale plus ou moins longuement sur le sol, ne conservant droite que son extrémité libre, on dit qu'elle est *couchée*. Si la tige étalée à la surface de la terre s'y fixe de distance en distance par des racines adventives nées au niveau de ses nœuds ou d'autres points, elle devient alors *rampante*. Il arrive encore qu'une tige, sans s'étaler sur le sol, est incapable de se soutenir elle-même dans la direction verticale et qu'elle la conserve cependant en s'appuyant sur les plantes voisines, on dit qu'elle est *grimpante*. Elle est *volubile*, quand elle s'enroule autour des corps voisins en décrivant une spirale plus ou moins rapprochée, et suivant que l'enroulement se fait à droite ou à gauche, il est *dextrorse* ou *sinistrorse*.

Quand les tiges durent peu de temps (une ou deux saisons seulement), elles sont ordinairement molles, et le plus souvent vertes ; on les dit *herbacées*. — Souvent *pleines* dans toute leur épaisseur, elles deviennent quelquefois creuses à l'intérieur, et cette cavité est presque toujours interrompue au niveau des nœuds par des diaphragmes transversaux plus ou moins solides ; on les désigne sous l'épithète de *fistuleuses;* exemple : les graminées et bon nombre d'ombellifères.

Chez les plantes arborescentes, appelées à vivre une longue suite d'années, la tige devient peu à peu très consistante et solide, c'est-à-dire *ligneuse*.

Tout comme la plante entière à laquelle elle appartient, la tige peut être *annuelle*, *bisannuelle* ou *vivace*, suivant qu'elle vit une, deux ou plusieurs années consécutives.

**Feuilles.** — Dans les *feuilles* on considère trois parties (*fig.* 9): la *gaine*, au moyen de laquelle elles se rattachent à la tige ; le *pétiole*, qui leur sert de support et que l'on appelle vulgairement la queue de la feuille; et le *limbe*, qui constitue la feuille proprement dite et présente des nervures parallèles dans les monocotylédonées ou ramifiées dans les dicotylédonées. Ce sont des fibres se détachant de la tige, qui viennent former la gaine, se resserrent dans le pétiole et s'étalent ensuite dans le limbe dont elles constituent le squelette.

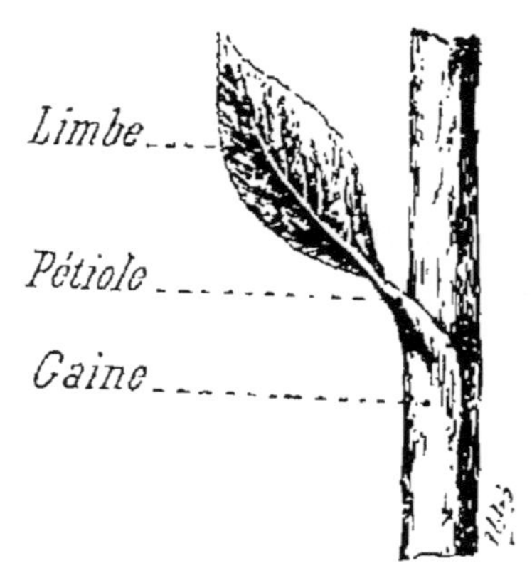

Fig. 9.

Le limbe est recouvert d'une couche d'*épiderme* (*fig.* 10), enveloppant le *parenchyme* qui est composé de trois ou quatre couches de cellules renfermant la *chlorophylle*, ou matière verte des feuilles. La surface de la feuille présente une multitude de petites ouvertures appelées *stomates*.

Les formes des feuilles sont extrêmement nombreuses : les unes, c'est le plus grand nombre, sont planes (poirier, pommier) ; les autres sont cylindriques, filiformes, etc. — Les feuilles planes peuvent être *orbiculaires* (petite mauve), *ovales* (poirier), *elliptiques* (millepertuis), *cordiformes* ou en forme de cœur (tilleul), *lancéolées* (troène), *spatulées* (pâquerette), *réniformes* ou en rein (lierre terrestre), *sagittées* ou en forme de fer de flèche (liseron), *hastées* ou en forme de hallebarde (petite oseille), *peltées* ou en bouclier (capucines).

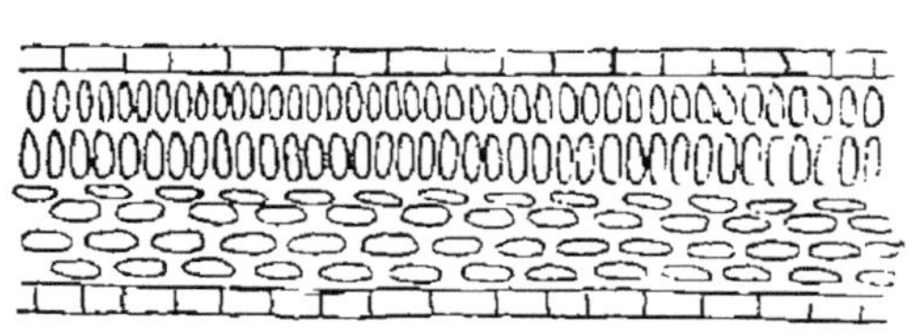

FIG. 10.

Les feuilles sont *lisses* quand elles ont une surface unie et dépourvue de poils. Dans ce dernier cas, on dit aussi qu'elles sont *glabres*.

Les feuilles sont *entières* ou *indivises*, quand elles ne présentent aucune découpure. On les dit *dentées* quand le contour du limbe présente des dents très aiguës, exemple : l'ortie, le châtaignier ; *crénelées*, quand les dentelures sont arrondies et séparées par des sinus aigus, exemple : le lierre terrestre ; *sinuées*, quand les découpures profondes, plus longues que les dents, sont obtuses et séparées par des sinus également obtus, exemple : le chêne ; *lobées*, quand les dents sont larges et pénètrent jusqu'au milieu du demi-limbe, exemple : la vigne ; *fendues* ou *fides* (bifides, trifides, etc.), lorsque les sinus étroits entament plus de la moitié du demi-limbe, exemple : l'érable ; *partagées* ou *partites* (bipartites, tripartites, etc.), quand les sinus pénètrent jusqu'au voisinage de la nervure médiane.

On appelle *feuilles simples*, celles qui sont formées d'un limbe unique pétiolé ou non (poirier). Les *feuilles composées* ont formé es d'un pétiole principal appelé *rachis*, lequel porte une série de petites feuilles, ou *folioles*, pourvues de petits pétioles, ou *pétiolules*, plus ou moins développés.

Les feuilles composées sont *pennées* comme dans le sainfoin, le robinier ou faux acacia, ou *palmées* comme dans le marronnier d'Inde.

Dans les feuilles composées *trifoliées*, c'est-à-dire pourvues de trois folioles, on reconnaît celles qui sont pennées à ce que la foliole terminale est fixée sur le rachis un peu plus haut que les folioles latérales. Les feuilles des trèfles, par exemple, sont composées palmées, et celles des différentes espèces de luzerne sont composées pennées.

Dans la nature les plantes se reproduisent presque toujours à l'aide de graines. Celles-ci ne naissent pas directement sur la tige ou sur les rameaux ; elles sont la fin d'un long travail organique du végétal ; les feuilles se modifient d'abord d'une manière spéciale pour constituer une fleur, et une partie seulement de cette dernière, survivant aux autres, produit un fruit qui abrite une ou plusieurs graines.

**Fleur.** — Les fleurs sont des organes formés de feuilles modifiées, disposées ordinairement en quatre verticilles tellement rapprochés qu'ils paraissent emboîtés les uns dans les autres.

Fig. 11. — *ss*, sépales.

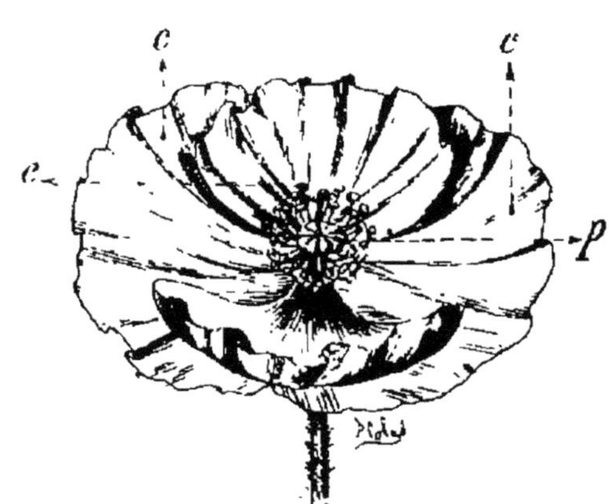

Fig. 12. — *cc*, pétales de la corolle ; *e*, étamines ; *p*, pistil.

Ces verticilles sont à partir de l'extérieur : 1° le *calice*, composé de pièces appelées *sépales* (*fig.* 11) ; 2° la *corolle*, composée de *pétales* ; 3° l'*androcée*, formé d'*étamines* ; 4° le *gynécée*, ou *pistil*, composé d'un ou de plusieurs *carpelles* (*fig.* 12).

Le calice et la corolle sont des enveloppes protectrices, leur importance est donc secondaire ; il n'en est pas de même de l'androcée et du gynécée qui sont les organes sexuels; les étamines représentent les organes mâles, et les carpelles, les organes femelles.

On donne le nom de *pédoncule* au support de la fleur ; l'extrémité élargie où s'attachent les verticilles a reçu le nom de *réceptacle*, ou encore celui de *torus*, ou *thalamus* (en latin signifie lit nuptial). Quand le pédoncule, que l'on appelle vulgairement queue de la fleur, fait défaut, la fleur est dite *sessile*.

Les fleurs *incomplètes* sont celles qui ne possèdent pas à la fois les quatre verticilles.

On désigne fréquemment les enveloppes florales, calice et corolle, sous les noms de *périanthe* ou *périgone*.

Le périanthe est simple ou double suivant qu'il possède une ou deux enveloppes florales. Le périanthe simple est ordinairement un calice. La fleur peut être dépourvue de calice et de corolle, mais alors elle est presque toujours protégée par des feuilles modifiées, connues sous le nom de bractées (carex) ; rarement elle est complètement nue (frêne).

Les fleurs, chez lesquelles on observe à la fois des étamines et des carpelles, sont appelées *hermaphrodites ;* quand elles ne renferment que des étamines sans carpelles, ou réciproquement, on les dit *unisexuées*.

Quelques fleurs ne possèdent ni étamines, ni carpelles; on les appelle *fleurs neutres* ou *fleurs stériles*, exemples : les fleurs extérieures du bleuet et de beaucoup d'autres composées.

Les plantes qui réunissent sur un même pied des fleurs unisexuées mâles et femelles sont dites *monoïques ;* exemples : le noyer, le noisetier, le mûrier, le pin, le bouleau, les courges, les melons, le maïs, etc.

Dans les plantes appelées *dioïques*, on trouve sur un même individu soit des fleurs mâles, soit des fleurs femelles, à l'exclusion de toute autre ; exemples : le chanvre, le houblon, la mercuriale.

On nomme plantes *polygames*, celles qui portent sur un même pied des fleurs mâles, des fleurs femelles et des fleurs hermaphrodites ; exemples : la pariétaire, les érables.

Les fleurs sont dites *simples*, quand elles n'ont qu'une simple corolle, comme la tulipe ; elles sont *composées* quand elles sont pourvues d'un calice et d'une corolle, comme dans l'œillet, la rose, etc.

Par la culture, on provoque le développement des étamines de manière à en changer la nature. Ces organes deviennent alors de véritables pétales, et on obtient ce qu'on appelle des *fleurs doubles*. Abandonnées à elles-mêmes, ces dernières redeviennent simples, comme elles l'étaient à l'état sauvage, et la nature reprend son empire et ses droits.

**Fruit.** — Le fruit est l'œuf fécondé des végétaux. Parvenu à sa maturité, il renferme des graines capables de germer.

Le fruit se compose de deux parties : le *péricarpe* et la *graine*.

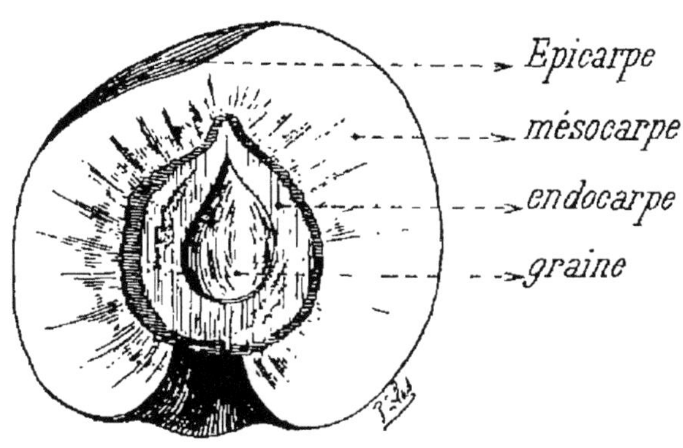


FIG. 13.

Le péricarpe sert à protéger les graines ; il est formé par les parois ovariennes, et, comme la feuille carpellaire, il se compose de trois parties, qui sont, en partant de l'extérieur : l'*épicarpe*, le *mésocarpe* et l'*endocarpe* (*fig.* 13).

L'épicarpe c'est la peau du fruit ; le mésocarpe, situé au-dessous de l'épicarpe, provient du *mésophylle* de la feuille carpellaire ; dans quelques fruits, comme la pêche, la pomme, etc., son parenchyme s'accroît notablement et devient succulent, tandis que les faisceaux fibro-vasculaires restent très réduits. Le mésocarpe charnu est aussi appelé *sarcocarpe ;* quelques cellules du sarcocarpe peuvent s'épaissir et donner naissance à ces grains très durs qui se trouvent dans les poires dites pierreuses.

L'endocarpe tapisse la cavité qui renferme les graines ; dans la pomme, il a la consistance du parchemin ; c'est lui qui forme le noyau dans la prune, la cerise, etc. ; c'est encore l'endocarpe qui rend les pois et les haricots verts si désagréables à manger lorsqu'ils sont un peu âgés. Dans les oranges et les citrons, c'est de l'endocarpe qu'émane la partie comestible de ces fruits.

On appelle *déhiscence*, l'acte par lequel le péricarpe mûr d'un fruit sec s'ouvre et laisse échapper ses graines au dehors. Les *fruits déhiscents* sont ceux qui s'ouvrent spontanément (haricot, ellébore) ; les *fruits indéhiscents* sont : 1° les fruits charnus dont le péricarpe se détruit pour mettre les graines en liberté ; 2° les fruits secs dont l'enveloppe ne se déchire que sous la pression de la graine qui germe (blé, sarrasin).

Dans un fruit *simple*, c'est-à-dire formé par un seul carpelle, la déhiscence s'effectue de diverses manières : 1° par une fente unique longitudinale, correspondant aux bords soudés de la feuille carpellaire (ellébore) ; 2° par deux fentes également longitudinales, correspondant, l'une aux bords de la feuille carpellaire, l'autre à sa nervure médiane (haricot).

Dans un fruit *composé* la déhiscence peut être *septicide*, (fendant les cloisons), *loculicide* (fendant les loges) ou *septifrage* (brisant les cloisons).

Dans ces trois cas, le péricarpe du fruit se partage en un certain nombre de pièces distinctes, appelées *valves*.

La déhiscence est *septicide* (*fig.* 14) lorsque les carpelles soudées s'isolent d'abord les unes des autres et s'ouvrent ensuite longitudinalement (colchique, digitale, tabac).

La déhiscence est *loculicide* (*fig.* 15) lorsqu'elle s'effectue seulement selon la nervure médiane de la feuille carpellaire ; il en résulte que chaque valve est formée de deux moitiés de carpelles différents (tulipes, lis).

Dans la déhiscence *septifrage* (*fig.* 16), la paroi externe des loges se détache sans entraîner les cloisons, qui restent intactes au centre du fruit (pomme épineuse).

Dans quelques fruits seulement, la déhiscence s'effectue

par une fente transversale qui divise le péricarpe en deux parties ; la supérieure se soulève comme le couvercle d'une boîte (plantain, jusquiame, mouron rouge); dans ce cas, la déhiscence est dite *transversale.*

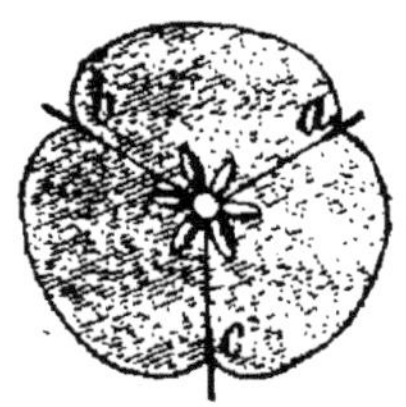


FIG. 14. — Schéma de la déhiscence septicide. — *a*, *b*, *c*, lignes où se fendront les cloisons.

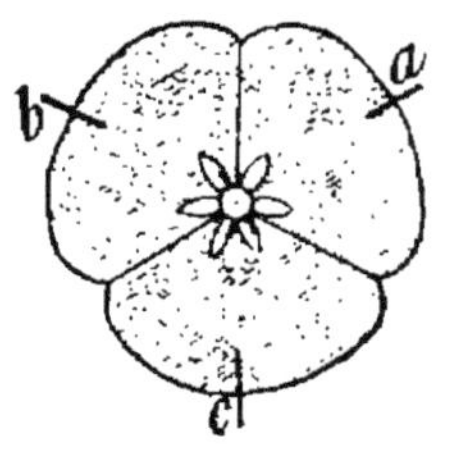


FIG. 15. — Schéma de la déhiscence loculicide. — *a*, *b*, *c*, lignes où seront fendues les loges.

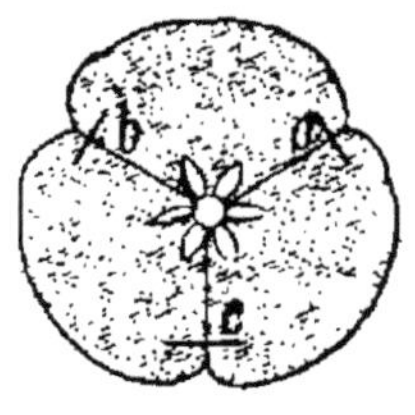


FIG. 16. — Schéma de la déhiscence septifrage. — *a*, *b*, *c*, lignes où se briseront les cloisons.

Les graines peuvent aussi s'échapper par de petites ouvertures appelées *pores ;* ce mode de déhiscence est désigné sous le nom de *poricide.*

Enfin, dans certaines plantes, le céraiste, l'œillet, etc., les feuilles carpellaires s'écartent légèrement à leur essai pour donner issue aux graines.

Les fruits sont généralement divisés en deux catégories. Dans la première sont compris les fruits qui proviennent d'un pistil simple ou unicarpellé ; on les nomme *fruits apocarpés.* Ceux de la deuxième catégorie proviennent d'un pistil composé ou pluricarpellé ; on les désigne sous le nom de *fruits syncarpés.*

Dans cette classification on distingue aussi les fruits secs des fruits charnus et les fruits déhiscents des fruits indéhiscents.

**Graine.** — La graine est l'ovule fécondé capable de reproduire par la germination une plante semblable à celle qui lui a donné naissance. Elle se compose : 1° d'une enveloppe appelée *épisperme ;* 2° d'une *amande* qui en est la partie fondamentale.

L'épisperme est ordinairement formé de deux téguments qui sont en partant de l'extérieur : le *testa* et le *tegmen ;* ils dérivent tous les deux des téguments de l'ovule. Le tegmen est une membrane mince de peu d'importance ; le testa, au contraire, donne à la graine son apparence. Il est tantôt lisse, comme dans le colza, tantôt couvert de sillons, de proéminences et de poils plus ou moins développés.

Le testa porte toujours la cicatrice correspondant au point d'attache du funicule avec l'ovule et qu'on désigne sous le nom de *hile ;* ce dernier est très apparent dans le haricot.

Les graines sont parfois recouvertes d'expansions d'étendue variable ; on donne à ces productions le nom d'*arilles ;* elles émanent du placenta ; on les désigne sous le nom d'*arillodes*, lorsqu'elles proviennent des téguments propres de la graine.

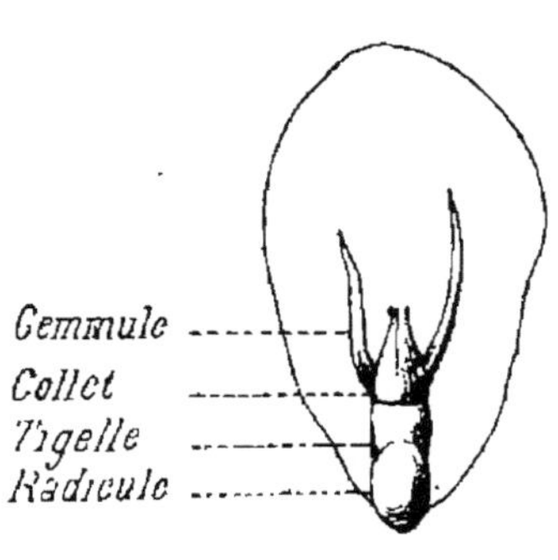

Fig. 17.

L'amande contient l'*embryon* (*fig.* 17) qui représente une plante en miniature formée de la *radicule*, de la *tigelle*, de la *gemmule* et des *cotylédons* et contenant les substances destinées à nourrir la plante pendant la première partie de sa vie.

Libre dans les dicotylédones, la radicule est emprisonnée chez les monocotylédones sous une membrane nommée *coléorhize*, qu'elle est obligée de déchirer pour pénétrer dans le sol. Dans le haricot, le pépin de pomme, l'embryon forme toute l'amande de la graine ; le plus souvent il est accompagné d'un *albumen*, masse de tissu alimentaire destiné à nourrir la plantule pendant la germination.

L'albumen émane du sac embryonnaire, et rarement aussi du nucelle ; quand le tissu solide de l'albumen n'occupe pas tout le sac embryonnaire, il reste au centre une partie du liquide, qui, à l'origine, le remplissait tout entier.

Toutes les graines renferment un albumen à l'origine ; mais il arrive que l'embryon, en se développant, le consomme en totalité ou en partie. Ce fait explique la proportion tellement variable du tissu albumineux dans les diverses graines.

La nature et la consistance de l'albumen varient d'une

graine à l'autre ; parfois les parois de ses cellules restent minces et circonscrivent des cavités remplies de fécule, comme dans le blé et les céréales alimentaires, ou d'huile, comme dans le ricin.

Si l'épaisseur des parois cellulaires se développe considérablement aux dépens de la cavité intérieure, on obtient, suivant leur degré de consistance, des *albumens charnus* (épine-vinette) ou des *albumens cornés* (dattier).

Lorsqu'on suit le développement d'une graine, on la voit augmenter progressivement de volume. A cet accroissement correspond un fait physiologique très intéressant : les matières organiques et minérales accumulées dans la tige, dans les feuilles, émigrent en grande partie vers la graine, qui les emmagasine. Ce transport présente son maximum d'activité dans le dernier mois qui précède la maturation. De nombreuses expériences ont montré que, pendant ce laps de temps, les tiges et les feuilles du blé, par exemple, perdent, au profit de l'épi, les deux tiers de leur azote.

Les graines épuisant la tige et les feuilles qui forment la base des fourrages, ces derniers doivent donc être récoltés à l'époque où les plantes fleurissent ou peu de temps après ; un faible retard suffit pour que certaines graines arrivent à maturité, et comme elles tombent sur le sol pendant la fenaison, le foin récolté perd une grande partie de sa valeur nutritive ; il présente, en outre, l'inconvénient d'être plus dur et plus difficile à triturer par les animaux.

A l'approche de la maturité, le *funicule* se dessèche progressivement et empêche la sève d'arriver jusqu'à la graine. Celle-ci laisse échapper une partie de l'eau qu'elle contient et diminue de volume. En même temps, son tissu se consolide et change de couleur ; vert à l'origine, il devient généralement blanc.

Comme on le voit, la graine se suffit à elle-même lorsqu'elle est sur le point de mûrir ; la plante ne lui apporte plus de matières nutritives : elle lui sert simplement de support.

Comme application de ce qui précède, on peut prendre à titre d'exemple l'époque des moissons. Les cultivateurs attendent le plus souvent que les graines des céréales soient complètement mûres pour en faire la récolte; ils perdent ainsi un temps précieux. On doit toujours commencer la moisson de bonne heure, lorsque le temps est favorable; les gerbes mises en moyettes mûrissent aussi bien leurs épis que si les chaumes étaient encore fixés au sol.

On objecte que cette pratique, si elle n'a aucune influence sur le poids et sur la valeur alimentaire des graines, peut nuire à leur faculté germinative. Il résulte de nombreuses expériences que cette crainte n'est pas fondée; la faculté germinative des graines précède toujours leur maturité [1].

## § 22. — Composition chimique des végétaux

Les *tissus végétaux* sont formés de deux sortes de matières : les *matières cellulosiques* et les *matières ligneuses* ou *épiangiotiques*.

Les premières, parmi lesquelles on distingue la *cellulose*, la *xylose*, la *fibrose*, la *médulose*, la *dermose*, etc., sont isomériques et ont même formule chimique. Insolubles dans l'eau, dans l'alcool, la potasse, les acides faibles, elles résistent à la plupart des réactifs; ce sont ces substances qui constituent le coton, le papier; traitées par l'acide azotique, elles se transforment en fulmicoton; l'acide sulfurique transforme le papier ordinaire en papier parchemin; une action prolongée de ce même acide détermine le dédoublement de la cellulose en *glucose* et en *dextrine*.

Le *bois* ou *ligneux* est plus riche en carbone et en hydrogène : les matières épiangiotiques (Frémy), qui le constituent, sont insolubles dans l'eau et l'acide sulfurique, mais elles se dissolvent dans l'acide azotique, la potasse, les hyperchlorites; elles paraissent recouvrir les membranes cellulosiques, car l'attaque du tissu végétal par l'acide sulfurique concentré qui dissout la cellulose n'en altère ni la forme ni l'aspect; la plus répandue de ces matières est la *vasculose* qui entre à raison de 30 0/0 dans la composition du

[1] MM. Schribaux et Nanot, *Botanique*.

bois de chêne et 50 0/0 dans celle des coquilles de noix. L'épiderme des tiges et des feuilles est constituée par une matière d'une nature toute différente, qui n'est pas organisée et se saponifie comme les corps gras : c'est la *cutose*.

**Liquides végétaux.** — A l'intérieur des tissus ainsi constitués, dans les vaisseaux, les fibres, les cellules, on trouve toujours, et surtout au moment d'activité de la végétation, divers liquides, parmi lesquels il convient de mentionner :

La *sève*, fluide aqueux, contenant en suspension ou en dissolution de petites quantités des substances les plus variées.

Le *protoplasma*, fluide visqueux, blanchâtre, qui remplit les jeunes cellules et entoure le *nucleus* ou noyau central : lorsque les cellules vieillissent, ce noyau disparaît ainsi que le fluide lui-même, et il ne reste plus qu'une suite de petits sacs superposés les uns aux autres.

La *chlorophylle*, qui colore certaines cellules du parenchyme des feuilles. De couleur verte, elle tend à passer au jaune brun sous l'influence de la lumière, d'où le changement de couleur des feuilles dans l'arrière-saison.

Ces liquides contiennent des matières *non azotées* ou ternaires, *azotées* ou quaternaires et des matières *minérales*.

Dans la catégorie des matières *non azotées* se rangent :

Les matières *amylacées*, l'*amidon* et la *fécule*, qui ne diffèrent que par la grosseur des grains, plus gros dans la fécule ; de même composition chimique que la cellulose, l'amidon se présente sous la forme de globules hexaédriques ou arrondis, percés d'un trou appelé *hile*, qui sont en suspension dans les fluides remplissant les cellules ; insoluble dans l'eau froide, il forme avec l'eau chaude une sorte de pâte qui constitue l'*empois* ; les acides et les ferments le dédoublent en glucose et dextrine ;

Les matières *grasses*, composées de globules sphériques, insolubles dans l'eau, solubles dans le sulfure de carbone, fusibles à basse température, et qui, en présence des alcalis ou de la vapeur d'eau surchauffée, se décomposent en acides gras et glycérine ;

Les *gommes*, solubles dans l'eau et insolubles dans l'alcool, de même composition chimique que l'amidon et la cellulose, et se décomposant aussi en glucose et dextrine, en présence des acides ;

Les matières *gélatineuses*, comme la pectose ;

Les *huiles essentielles*, camphre, résine, baumes ;

Les *sucres*, tels que la saccharose, qui passent facilement à l'état de glucose et se dédoublent, sous l'action des acides ou des ferments, en alcool et acide carbonique ;

Enfin, les *acides* organiques qui se trouvent dans les fruits ou les écorces, acides citrique, malique, tartrique, tannique, oxalique, etc., et les *bases* organiques, comme la nicotine, la quinine, la codéïne, la morphine, etc.

La seconde catégorie, *matières azotées*, comprend des substances analogues à l'albumine de l'œuf, d'où le nom de matières *albuminoïdes*. Quand on les traite par la chaux sodée en présence de la chaleur, elles dégagent de l'azote sous forme d'ammoniaque, qu'on peut recueillir dans un volume déterminé d'acide sulfurique titré, afin de la doser au moyen d'une liqueur alcalimétrique.

Ces substances azotées s'altèrent très facilement : solubles dans la potasse, elles se transforment en présence des acides faibles, en *protéine*, et constituent la base essentielle de la nourriture des animaux. Parmi ces matières azotées, en dehors de l'albumine, on doit citer :

Le *gluten* qui entre avec l'amidon dans la composition de la graine des céréales, et qu'on sépare aisément de l'amidon par des lavages ;

La *fibrine ;*

La *légumine ;*

Puis, la *diastase*, sorte de ferment, abondant dans les grains d'orge, qui a la propriété de transformer en dextrine et en sucre plus de 2.000 fois son poids d'amidon, et qui joue un rôle important dans la nutrition des animaux.

Les *matières minérales* qui forment la troisième catégorie représentent, si l'on ne tient pas compte de l'eau, environ 1 à 4 0/0 du poids total des plantes. Concentrées dans les parties charnues, elles se retrouvent presque entièrement dans les cendres ; aussi, tandis que les feuilles donnent

14,2 0/0 de cendres, les herbes ne fournissent-elles que 7,84, et le bois 0,55.

L'*acide phosphorique*, la *potasse*, la *magnésie*, se rencontrent dans les graines et les fruits ; la *silice*, la *chaux*, le *fer*, les *sulfates* et les *chlorures*, dans les tiges et les feuilles ; on trouve l'*oxalate de potasse* dans l'oseille, la betterave ; l'*oxalate de chaux* dans le cactus ; les *tartrates de chaux et de potasse*, dans le raisin.

Ces substances sont tantôt à l'état de cristaux dans les cellules ou forment des dépôts amorphes et tantôt se trouvent à l'état d'union intime avec les matières albuminoïdes, au point qu'il ne peut y avoir dissociation tant que le végétal n'est pas détruit.

A titre d'exemples, voici, d'après M. Bechmann, la composition d'un grain de blé, d'une graine de colza, d'un haricot :

| | Blé. | | Colza. | | Haricot. |
|---|---|---|---|---|---|
| Gluten | 12,8 | Matière organique azotée | 17,4 | Légumine | 26,9 |
| Albumine | 1,8 | | | | |
| Amidon | 59,7 | Matière organique non azotée | 12,4 | ........ | 48,8 |
| Dextrine | 7,2 | | | | |
| Matières grasses | 1,2 | Huiles | 50 | ........ | 3 |
| Cellulose | 1,7 | ........ | » | ........ | 2,8 |
| Matières minérales | 1,6 | ........ | 4,2 | ........ | 3,5 |
| Eau | 14, | ........ | 11 | ........ | 15 |

## § 23. — Développement des végétaux

Pour que la plante se développe, il faut qu'elle trouve à sa portée tous les éléments qui doivent entrer dans sa composition ; l'air et le sol les lui fournissent généralement et, si ces derniers ne peuvent les lui donner, il est alors nécessaire d'intervenir et de lui apporter ceux de ces éléments qui lui manqueraient, sous forme d'amendements ou d'engrais.

Une fois cette condition remplie, la plante convenablement alimentée, pourvue de toutes les substances qu'elle doit mettre en œuvre, si les circonstances atmosphériques sont favorables, va parcourir son évolution vitale, et successivement les divers phénomènes physiologiques de la végétation vont s'accomplir.

**Germination.** — Pour que la graine enfouie dans le sol, s'ouvre et se développe, trois conditions sont indispensables : une humidité suffisante, une température douce, comprise généralement entre 8 et 16°, et la présence de l'oxygène. Lorsque ces conditions se trouvent réunies, il se produit à l'intérieur de la graine un travail spécial : les tissus se gonflent sous l'influence de l'humidité qu'ils absorbent ; la diastase, ferment dont on a parlé précédemment, réagissant sur la matière féculente de l'albumen ou des cotylédons, la transforme en une matière sucrée, la *glucose*, qui, dissoute dans l'eau, sert à l'alimentation de l'*embryon*, germe du futur végétal.

L'embryon se développe et rompt les téguments de la graine ; la radicule s'enfonce dans le sol, pour y puiser les sucs nourriciers, et la tigelle, se dirigeant vers la lumière, perce la croûte terreuse qui lui fait obstacle et s'élève dans l'atmosphère. Quand la graine est pourvue d'un ou de deux cotylédons, ceux-ci se transforment en une ou deux feuilles séminales ; puis la gemmule, bourgeon initial de la plante porté par la tigelle, se déploie pour donner le premier feuillage véritable. C'est seulement lorsque les cotylédons sont épuisés que la jeune plante commence à emprunter aux milieux extérieurs les éléments nécessaires à sa subsistance ; jusque-là, comme on l'a déjà vu, la substance de la graine y suffit entièrement. C'est ce qui explique la possibilité de faire germer des graines, sur une assiette, dans un papier buvard humide ; dans ces cas, le développement du jeune végétal ne cesse que lorsque la matière féculente de la graine a complètement disparu.

Les graines doivent être conservées en lieu sec, pour qu'une germination prématurée n'en produise pas l'altération.

Dès son premier réveil, l'embryon respire ; de là, la nécessité de la présence de l'oxygène. La graine plongée dans l'eau ne reçoit plus d'oxygène et meurt asphyxiée, absolument comme un animal qui se noie ; de plus, elle abandonne à l'eau une partie de sa substance, et si l'eau qui est alors une véritable infusion reste stagnante, il s'y développe de petits organismes microscopiques qui s'attaquent à la graine et la détruisent; alors elle pourrit. La graine reste inerte, lorsqu'elle est enfouie trop profondément dans le sol, surtout dans des sols compacts. L'ameublissement de ces derniers, qui en permet l'aération, a pour effet d'y favoriser la germination des semences.

Le temps nécessaire à la germination varie avec les espèces végétales; c'est ainsi que le cresson germe dans moins de deux jours et les céréales au bout d'une semaine environ. Les semences à téguments durs mettent plus longtemps à germer, parfois plusieurs années. Pour en hâter la germination, on pratique dans ces téguments des ouvertures par lesquelles l'eau pénètre jusqu'à l'albumen.

La faculté germinative des semences ne se conserve pas indéfiniment. Elle décroît en raison de l'âge de la graine et finit par disparaître complètement, après un temps variable selon les espèces. Les graines du caféier, de l'angélique, perdent leur aptitude à germer dans l'année qui suit la récolte ; celles du jonc la gardent fort longtemps. On a pu faire germer du blé conservé dans des silos datant des Romains, ayant au moins quinze cents ans, ainsi que des haricots de l'herbier de Tournefort récoltés depuis un siècle environ ; mais ce sont là de rares exceptions, et il faut n'accorder qu'une faible créance à la légende qui veut que le blé trouvé dans les pyramides d'Égypte, et désigné sous le nom de *blé des momies*, ait pu germer après un enfouissement de plusieurs milliers d'années. Des expériences précises ont démontré la fausseté de ces assertions. En thèse générale, dans la pratique, on doit toujours donner la préférence aux graines nouvelles sur les vieilles graines ; il est préférable de semer les graines dans l'année qui suit leur récolte.

**Nutrition de la plante.** — La *nutrition* est la propriété que possèdent tous les corps vivants d'*augmenter* leur masse à l'aide de matériaux puisés à l'extérieur et de subir simultanément une *diminution* incessante, en cédant au milieu ambiant des produits résultant de leur décomposition.

Trois des quatre éléments *organiques :* carbone, oxygène,

hydrogène, azote, dont se compose la plante (c'est ce qui a fait dire que la plante était un gaz condensé), lui sont fournis par l'atmosphère. L'acide carbonique de l'air, absorbé par les feuilles des végétaux, est décomposé par elles ; les plantes fixent le carbone dans leurs tissus et laissent dégager l'oxygène qui retourne à l'atmosphère. Ce phénomène de nutrition est connu sous le nom de *fonction chlorophyllienne*, parce qu'il est dû à la présence, dans les feuilles des plantes, de la *chlorophylle*, matière verte qui leur donne leur coloration. La chlorophylle ne se développe et n'agit que sous l'influence de la lumière. La fonction chlorophyllienne cesse donc pendant la nuit. Elle ne peut se produire chez les végétaux étiolés, où la matière verte fait défaut, pas plus que chez certaines plantes parasites (champignons), également dépourvues de chlorophylle et qui ne vivent qu'en puisant à l'intérieur d'autres plantes les éléments nécessaires à leur nutrition.

Un excès d'acide carbonique peut tuer la plante : la proportion la plus favorable est de un douzième environ du volume de l'air.

L'oxygène, qui existe en proportion assez faible dans les matières végétales, est apporté à la plante par l'air, par l'eau et par les composés oxygénés puisés dans le sol.

L'hydrogène se trouve également en petite quantité dans les plantes; il provient de l'eau et de l'ammoniaque puisées dans le sol et dans l'atmosphère. La vapeur d'eau de l'atmosphère pénètre probablement dans la plante en même temps que l'acide carbonique auquel elle est toujours mélangée.

On tend à admettre aujourd'hui l'absorption, longtemps discutée, de l'azote atmosphérique par les feuilles des végétaux appartenant à la famille des légumineuses. A part cette exception, c'est le sol qui fournit l'azote nécessaire aux plantes.

Quant aux éléments *minéraux*, c'est également le sol qui doit en pourvoir la plante. Ils pénètrent dans les jeunes racines à l'état de dissolution dans l'eau, par le phénomène d'*endosmose*, ou *dialyse*, c'est-à-dire un échange de liquides de densités différentes entre le sol et la cellule végétale.

Lorsqu'une membrane organique, animale ou végétale, se

trouve interposée entre deux liquides inégalement chargés de principes solubles, il s'établit à travers cette membrane deux courants inverses : l'un, du liquide le plus dense vers le liquide le moins dense, l'autre en sens inverse, jusqu'au moment où, grâce à ces échanges successifs, les solutions ont atteint le même titre. Or, l'eau que renferme le sol est en général plus riche en substances minérales dissoutes que celle qui circule à l'intérieur du végétal : car cette dernière s'est débarrassée, au profit des différentes parties de la plante, des matières qu'elle tenait en dissolution. On conçoit donc qu'il puisse s'établir, au début, des échanges osmotiques entre ces deux milieux, et que ces échanges soient, en ce qui concerne les matières minérales, tout à l'avantage du végétal. Mais l'équilibre de densité n'est jamais obtenu, parce que, d'une part, le liquide entré dans la plante, d'abord *sève ascendante*, subit à son tour une concentration pour devenir *sève élaborée*, qui redescend jusqu'aux racines, en fournissant, sur son parcours, aux besoins de toutes les parties du végétal, et que, d'autre part, les mouvements continuels de l'eau dans le sol renouvellent constamment celle qui se trouve au contact des radicelles. Les échanges nécessaires à la nutrition de la plante se poursuivent donc, par l'intermédiaire d'une même racine, aussi longtemps que les tissus de celle-ci ne sont pas devenus imperméables, par suite de la formation d'une couche de liège. Les jeunes radicelles, celles qui forment le chevelu des plantes, sont les seules qui absorbent les sucs nourriciers : il faut donc bien se garder d'en dépouiller les végétaux qu'on déplante, sous peine de les voir périr bientôt d'inanition, même dans les sols les plus riches.

Certains sels insolubles dans l'eau peuvent être absorbés directement par les radicelles des plantes, lesquelles sécrètent un suc acide qui les solubilise. Ce fait est d'une grande importance en ce qui concerne l'absorption par le végétal de l'acide phosphorique.

En résumé, pour que la nutrition d'une plante s'effectue dans de bonnes conditions, il faut : 1° que l'éclairement soit suffisant pour permettre à la fonction chlorophyllienne de s'accomplir; 2° que l'humidité du sol, sans se trouver en excès, soit telle qu'elle favorise la dissolution des éléments minéraux ;

3° enfin, que ceux-ci se rencontrent dans le sol dans des proportions satisfaisantes.

Les racines jouissent de la propriété de s'étendre dans le sol à la recherche de l'eau ou des matières salines nécessaires au végétal; en vertu du phénomène purement physique de l'endosmose, elles absorbent de préférence telle ou telle substance minérale. Cette faculté que semblent avoir les plantes de choisir en quelque sorte leurs aliments est ce que l'on appelle leur *pouvoir électif*.

**Respiration de la plante.** — La *respiration* des plantes comme celle des animaux consiste dans une continuelle absorption d'oxygène et dans un dégagement correspondant d'acide carbonique. Le carbone, qui sert à former l'acide carbonique exhalé, est emprunté à la substance de la plante, de sorte que par la respiration elle diminue de poids; mais par cette combustion les plantes augmentent de chaleur. Tous les organes vivants respirent, et l'énergie de cette fonction est subordonnée à celle avec laquelle ces organes s'accroissent ou accumulent des matériaux nutritifs.

Pendant le jour, cette fonction est masquée par la fonction chlorophyllienne, plus active qu'elle, et qui agit en sens inverse; pendant la nuit, au contraire, elle subsiste seule. Ce phénomène, mal interprété, a donné lieu à cette croyance erronée, que la plante respire différemment à la lumière et dans l'obscurité. En réalité, ce n'est pas la respiration qui se modifie, c'est la nutrition qui se poursuit ou s'arrête. Non seulement, quand elle est suffisamment éclairée, la plante peut vivre dans une atmosphère confinée, où succomberait l'animal, mais encore elle assainit les milieux où elle se trouve.

Les échanges gazeux avec l'atmosphère se font par toute la partie aérienne de la plante, mais surtout par les feuilles. Celles-ci sont à la fois, pour ainsi dire, l'estomac et le poumon du végétal.

**Évaporation et transpiration des végétaux.** — Les végétaux vivants *évaporent* à l'air comme les plantes mortes et les corps inertes, lorsqu'ils renferment plus d'eau que l'air ambiant. Ce phénomène est purement physique.

Quant à la *transpiration*, que l'on ne doit pas confondre avec l'évaporation, c'est un phénomène physiologique en vertu duquel les plantes vivantes rejettent au dehors, par la surface de leurs organes, une quantité plus ou moins grande de vapeur d'eau.

Sous l'influence de la lumière et de la chaleur, les plantes excrètent en effet des gouttelettes d'eau, comparables à la sueur des animaux. Cette excrétion est intimement liée au développement utile de la plante : elle permet l'expulsion de l'eau qui remplit ses tissus, et qui laisse à ceux-ci les matières salines nécessaires à leur organisation ; elle rend ainsi possible l'introduction, par les racines, d'une nouvelle quantité d'eau, avec laquelle pénètrent de nouvelles provisions d'éléments minéraux dissous. Par conséquent, plus elle est active, plus la croissance du végétal est rapide, à la condition toutefois que l'eau ne fasse pas défaut dans le sol. Car, s'il en est autrement, la plante, perdant plus d'humidité qu'elle n'en reçoit, ne tarde pas à se faner et mourir, si la sécheresse persiste.

La quantité d'eau émise par les plantes est toujours considérable, et pour les surfaces de terrain couvertes de plantes la masse de vapeur aqueuse déversée par jour dans l'atmosphère est énorme.

La connaissance du phénomène de la transpiration chez les végétaux, malgré certaines imperfections n'en a pas moins une grande importance. Elle permet d'intervenir efficacement dans certaines pratiques culturales, telles que l'arrosage par exemple, considéré dans ses rapports avec l'âge des plantes, la température du milieu et son état hygrométrique.

## § 24. — Rôle de la végétation

Durant leur croissance, les végétaux retiennent des quantités considérables de matières empruntées à l'air ambiant et au sol : un hectare de forêt assimile par an 1.700 à 1.800 kilogrammes de carbone, soit 12 kilogrammes par jour d'activité végétale et 1 kilogramme par heure d'éclairage ; un hectare de pommes de terre, 64 kilogrammes d'azote. Ces matières, ainsi emmagasinées, sont destinées à être utilisées par les animaux pour leur nourriture, et par l'homme comme combustible, soit pour le chauffage, soit pour la production de travail mécanique. On peut dire, en conséquence, que les végétaux ont pour mission d'organiser les substances minérales et de préparer par là les matériaux que les animaux doivent mettre en œuvre. Le végétal est ainsi l'intermédiaire, le trait d'union entre les corps inertes et les êtres les plus perfectionnés de la nature.

On retrouve ici, comme dans tout, le cycle continu qui est la loi de la nature, cette évolution incessante qui a pour effet de transformer les corps chimiques en matières organisées pour les ramener ensuite à l'état chimique et qui se produit indéfiniment.

## § 25. — Amélioration des végétaux par la culture variétés

Le but vers lequel doivent tendre les efforts de l'agriculteur est d'améliorer les plantes qu'il cultive, de manière à en obtenir le maximum de produits utiles.

A l'état naturel les végétaux ne fournissent qu'une faible quantité de produits de peu de valeur, et ce n'est que par une suite de soins ininterrompus que l'homme est parvenu à transformer les plantes sauvages de façon à ce qu'elles répondent à ses besoins. A cet effet, de nombreuses années, des siècles mêmes ont été nécessaires pour faire, de certaines d'entre elles, les plantes cultivées que l'on connaît actuellement. Mais d'un type uniforme l'homme a tiré, selon les nécessités résultant de son mode d'existence, du climat sous lequel il exerçait son industrie, du sol qu'il exploitait, des formes diverses, des *variétés*, adaptées chacune à des conditions et à des milieux différents.

C'est ainsi que l'on connaît aujourd'hui un grand nombre de variétés de blé, les unes précoces, parvenant à complète maturité en peu de temps ; d'autres tardives, ne mûrissant que lentement; ces dernières doivent être semées à l'automne, tandis que les premières, qui redoutent les gelées de l'hiver, ne peuvent l'être qu'au printemps. Il en est dont les épis sont barbus et d'autres sans barbes; quelques-unes ont une paille longue; d'autres, cultivées sous des climats où règnent des vents violents, doivent posséder un chaume court et rigide, capable de résister à la verse. Les blés des pays chauds ont des grains durs; ceux des pays tempérés ou froids, des grains tendres.

Les betteraves se divisent, selon leurs aptitudes et leur destination, en variétés potagères, fourragères ou sucrières.

Parmi les pommes de terre, on distingue pareillement des variétés propres à l'alimentation de l'homme et d'autres qui conviennent plus spécialement à l'extraction de la fécule.

De ce qui précède, il résulte donc que, lorsque l'agriculteur veut introduire une plante dans ses champs, son premier soin doit être d'en choisir la variété de telle manière que, répondant au but qu'il se propose d'atteindre, elle s'accommode parfaitement du climat et du sol qu'il lui destine. Cette introduction s'effectuant par la semence, c'est sur cette dernière en définitive que doit s'exercer le choix.

## § 26. — Modes de reproduction des végétaux

Les espèces végétales se multiplient et se propagent le plus souvent par les graines qu'elles produisent, mais beaucoup de ces dernières disparaissent avant d'avoir rencontré des conditions favorables à la germination; celles qui échappent à la dent des animaux et résistent à l'action destructive des éléments atmosphériques sont en bien faible proportion. S'il en était autrement, certaines espèces de plantes suffiraient pour ensemencer, au bout de peu d'années, une contrée tout entière.

On a reconnu que les plantes les plus fécondes sont aussi celles dont les graines rencontrent le plus de chances de destruction. Il s'agit, bien entendu, dans ce qui précède, des graines de plantes spontanées abandonnées à elles-mêmes, car les plantes cultivées trouvent dans l'homme un protecteur puissant, qui écarte les causes de destruction dans toutes les circonstances où il peut utilement intervenir.

Certains végétaux cultivés peuvent aussi se multiplier par fragments de la tige ou des rameaux ou par portions de racines. Ces derniers modes de multiplication sont employés pour gagner du temps, en avançant la récolte d'une ou de plusieurs années.

Dans son acception la plus large, le terme de *semences* peut aussi bien s'appliquer aux boutures qu'aux graines, aux bulbes, aux tubercules, etc. Il désigne, en général, toute portion du végétal apte à reproduire, par la mise en terre, un végétal semblable à celui qui lui a donné naissance.

Se procurer des semences améliorées par d'autres, lors même que ces semences seraient d'un prix élevé, constitue généralement pour le cultivateur une opération fructueuse. Mais combien il est plus avantageux encore pour lui de réaliser lui-même cette amélioration, qu'un peu de savoir le met si facilement en mesure d'obtenir. Le premier bénéfice qu'il en tire est la certitude de posséder ainsi des semences d'espèces acclimatées; lorsqu'il se les procure au dehors, au contraire, rien ne lui garantit une semblable condition. De cette façon, il évite, en outre, un débours parfois considérable.

## § 27. — Méthodes d'amélioration : sélection et hybridation

Pour obtenir l'amélioration des végétaux cultivés, on emploie deux moyens qui sont : la sélection et l'hybridation.

La *sélection* des semences, c'est-à-dire leur choix, réclame des observations de tous les instants et la mise en œuvre de tous les moyens d'investigation dont la science dispose : ce n'est pas dans une exploitation, mais dans un laboratoire qu'on peut l'entreprendre utilement. Cela ne veut pas dire que l'agriculteur doive renoncer à perfectionner ses semences.

Entre les errements actuels de la culture et la sélection scientifique, il y a place pour une sélection pratique, moins sûre, à la vérité, mais dont les résultats sont appréciables.

Il existe diverses méthodes de sélection : choix des semences sur telle ou telle tige, en tel ou tel point de l'inflorescence, etc.; nous nous bornerons à en indiquer une seule, car elle résume, toutes les autres.

Le cultivateur devra toujours donner la préférence aux semences les plus grosses et les plus lourdes. Les grosses semences produisent los pieds les plus touffus, les talles les plus productives en paille et en grain, et les grains plus lourds ; autrement dit, elles l'emportent sur les petites semences et par la quantité et par la qualité de leurs produits.

De plus, les plantes provenant de grosses semences, étant plus vigoureuses que les plantes produites par les petites semences, résistent mieux aux conditions extérieures défavorables, aux maladies, aux basses températures, etc. A tous égards, elles méritent donc la préférence.

D'autre part, si l'on veut obtenir des végétaux possédant une qualité déterminée, précocité, rusticité, etc., il faut toujours choisir les semences provenant des plantes possédant au plus haut point cette propriété.

On appelle *hybridation* l'acte par lequel le pollen d'une espèce a fécondé le pistil d'une espèce différente. Les individus issus des graines ainsi produites prennent le nom d'*hybrides végétaux*. L'hybridation est en un mot le mariage de deux variétés dans le but d'en obtenir une troisième qui possède à la fois les caractères des deux autres.

Il est admis aujourd'hui que l'hybridation peut se produire par la seule action des agents naturels et sans aucune intervention de l'homme. Toutefois le phénomène doit être relativement rare dans la nature, surtout à cause de la diversité des conditions dont son accomplissement exige la réunion. En tout cas, il est permis d'avancer que la détermination exacte des hybrides naturels offre les plus grandes difficultés, parce que l'on ne possède pas de criterium infaillible pour y arriver et que la connaissance de leur filiation est soumise à des procédés d'appréciation plus ou moins arbitraires.

Dans l'hybridation artificielle l'homme détermine, règle et prépare les conditions dans lesquelles cette opération doit être tentée. La condition essentielle est que les deux plantes destinées au croisement présentent entre elles la plus grande affinité possible. Ainsi, c'est d'ordinaire entre variétés de la même espèce que l'hybridation réussit le plus facilement et le plus complètement. Le croisement entre deux espèces différentes d'un même genre, bien que possible dans un assez grand nombre de cas, est déjà moins probable. Le nombre des résultats heureux obtenus entre espèces de genres différents est très restreint, et ceux que l'on connaît pourraient peut-être aussi bien être invoqués comme preuves d'une classification fautive que comme preuves d'une fécondation de genre à genre. Quant à l'hybridation entre plantes appartenant à des familles manifestement différentes, on n'en connaît aucun exemple authentique.

Dans tous les cas, cette opération délicate doit être laissée aux spécialistes. Presque toujours il y a lieu de conseiller au cultivateur de lui préférer la sélection des semences, opération simple et pratique, dont le résultat est beaucoup plus certain. Cette dernière, appliquée avec esprit de suite aux bonnes variétés locales, constitue en résumé le meilleur moyen d'obtenir des plantes répondant parfaitement aux besoins de la culture.

## § 28. — Choix des semences

Une plante en état de constante variation ne saurait trouver place en grande culture. Obtenir des graines de semences livrant des plantes répondant à des caractères bien déterminés, aussi identiques que possible pendant tout le cours de leur évolution, voilà le premier objectif que doit poursuivre l'agriculteur.

La pureté et la stabilité d'une variété de plante étant assurées, il s'agit de rechercher, parmi les porte-graines semés, ceux qui sont aptes à produire les semences les plus parfaites. Le porte-graines idéal devrait réunir les conditions suivantes : être réfractaire aux influences extérieures défavorables, indemne de toute altération ou malformation, enfin joindre à une haute productivité des qualités qui en fassent rechercher les produits par le consommateur.

L'agriculteur qui écarterait de son choix le porte-graines ne répondant pas aux désidérata ci-dessus courrait grand risque de n'en trouver aucun lui donnant complètement satisfaction. Jusqu'à présent, en effet, nos plantes de grande culture portent bien plus l'empreinte du milieu dans lequel s'accomplit leur évolution, que celle de l'intervention intelligente de l'homme. Pour la plupart, ce sont des instruments défectueux, mais que l'on parvient cependant à perfectionner progressivement en appliquant les méthodes de reproduction énumérées plus haut.

La première recommandation à faire à l'agriculteur est donc de cultiver autant que possible, lui-même, les semences qui sont nécessaires à son exploitation.

Confier au sol de mauvaises semences, c'est rendre infructueuses les dépenses faites pour l'ameublissement du terrain, pour son amélioration par les engrais, pour les semailles qu'on y effectue, pour le loyer même de la parcelle ensemencée ; en un mot, c'est sacrifier le bénéfice d'une année de culture. Trop souvent aussi c'est introduire dans ses terres les germes de plantes nuisibles, dont il sera par la suite fort difficile de se débarrasser.

Aussi l'agriculteur avisé, qui ne récolte pas lui-même des semences, doit-il, lorsqu'il les achète, exiger du vendeur qu'il lui garantisse sur facture, la proportion pour cent des graines de l'espèce annoncée, contenues dans le lot fourni, et la faculté germinative de celle-ci, c'est-à-dire le tant pour cent de graines susceptibles de germer. Il devra refuser tous les lots qui renfermeraient des semences de certaines plantes parasites dangereuses, du genre de la *cuscute* ou *teigne*, pour les trèfles et les luzernes, par exemple.

Les diverses garanties consenties par le vendeur pourront être contrôlées par une analyse effectuée dans un des laboratoires spéciaux connus sous le nom de *Stations d'Essais de semences*. Ces laboratoires jouent, à l'égard des graines, le même rôle que les *Stations agronomiques* à l'égard des engrais. Comme ces dernières, ils dévoilent les fraudes, beaucoup trop fréquentes malheureusement, auxquelles se livrent des commerçants peu scrupuleux, et mettent les agriculteurs à même de les éviter et à la rigueur d'exercer des recours contre ces fournisseurs. C'est surtout lorsqu'il s'agit de semences d'un faible volume, de graines fourragères par exemple, difficiles à distinguer et à séparer les unes des autres, que l'analyse est nécessaire.

En ce qui concerne la faculté germinative des semences d'un certain volume, le cultivateur peut la déterminer approximativement lui-même en faisant germer un certain nombre de graines entre deux morceaux de flanelle ou de papier buvard maintenus constamment humides, dans une salle chauffée à la température de 15 à 20°.

D'après les expériences faites, il résulte que les bonnes semences marchandes doivent posséder les facultés germinatives suivantes :

| | P. 100 | | P. 100. |
|---|---|---|---|
| Trèfle des prés | 90 | Pois | 95 |
| — blanc | 85 | Vesces | 95 |
| — hybride | 85 | Serradelle | 75 |
| — incarnat | 90 | Lupin | 90 |
| Luzerne commune | 90 | Spergule | 90 |
| Lupuline ou minette | 88 | Ray-grass anglais | 85 |
| Anthyllide vulnéraire | 85 | — d'Italie | 80 |
| Lotier | 75 | Fromental | 70 |
| Sainfoin | 85 | Dactyle | 75 |
| Fléole des prés | 90 | Agrostis | 85 |
| Fétuque des prés | 85 | Chanvre | 85 |
| — rouge | 50 | Lin | 85 |
| — ovine | 65 | Betterave | 80 |
| — durette | 65 | Carotte | 75 |
| Fétuque hétérophylle | 60 | Blé | 95 |
| Flouve odorante | 30 | Seigle | 95 |
| Vulpin des prés | 40 | Orge | 95 |
| Paturin des prés | 50 | Avoine | 95 |
| — commun | 50 | Maïs | 85 |
| — des bois | 40 | Pin sylvestre | 60 |
| Avoine jaunâtre | 35 | Pin noir d'Autriche | 60 |
| Crételle | 60 | Épicéa | 60 |
| Houque laineuse | 40 | Mélèze | 40 |

La faculté germinative des semences varie d'une année à

l'autre avec les conditions dans lesquelles la récolte s'est effectuée ; à moins que l'année n'ait été exceptionnellement mauvaise, l'agriculteur a le droit d'exiger un taux de germination qui ne soit pas inférieur à celui indiqué par le tableau qui précède.

Toutes choses égales d'ailleurs, la valeur agricole d'une semence n'est pas directement proportionnelle à sa faculté germinative. En réalité, elle décroît bien plus rapidement que celle-ci.

En ce qui touche le renouvellement des semences, une opinion très répandue parmi les agriculteurs, c'est qu'il faut de temps en temps changer de semences. La plupart des auteurs qui se sont occupés de cette question s'en montrent également partisans : ils conseillent de choisir les semences dans un milieu aussi différent que possible de celui où l'on se propose de les transporter : par exemple, d'aller chercher dans un sol pauvre celles qui sont destinées à une terre riche, de transporter dans la vallée celles de la montagne, et réciproquement.

D'une manière générale, il faut changer de semences, dans le cas seulement où, avec une bonne culture et des criblages rigoureux, leur poids absolu n'atteint pas celui des semences tirées du dehors et criblées de la même manière. Un moyen pratique de s'assurer s'il y a intérêt à renouveler ses semences, c'est de semer chaque année une petite quantité de semences étrangères comparativement avec celles qui sont produites sur l'exploitation.

Pour certaines espèces, comme les lins par exemple, il semble qu'il existe des terrains, des climats où les graines acquièrent des qualités particulières. Malheureusement, on connaît d'une façon trop incomplète l'influence exercée par chacun des éléments du milieu extérieur pour déterminer ces sections privilégiées. Jusqu'à présent, l'expérience directe est le seul moyen d'apprécier à leur juste valeur les ressources qu'elles sont capables d'offrir.

En résumé, l'influence du renouvellement des semences, si elle existe, ne paraît pas avoir l'importance qu'on a l'habitude de lui attribuer.

CHAPITRE IV

# INSTRUMENTS ET PROCÉDÉS D'AGRICULTURE

## § 29. — Matériel agricole

De tout temps, le travail des champs a exigé un matériel multiple et varié ; mais, en raison du bien-être, de la rareté et de la cherté de plus en plus grande de la main-d'œuvre, de la nécessité chaque jour plus impérieuse de produire beaucoup et à bon marché, pour soutenir la lutte contre la concurrence internationale qui croît rapidement avec le développement des moyens économiques de transport, les besoins ont considérablement augmenté, et de nos jours, comme en témoignent les nombreux concours et expositions agricoles, un matériel nouveau est devenu indispensable à notre agriculture.

Les progrès de la mécanique ont puissamment contribué à la transformation de ce matériel, et aujourd'hui un grand nombre de types de machines agricoles, fabriquées dans des conditions remarquables de solidité et d'économie, s'appliquant à tous les travaux des champs, tendent de plus en plus à se généraliser.

D'après M. Tisserand, conseiller d'État, directeur de l'Agriculture, on comptait en France, en 1889 :

| | | |
|---|---|---|
| Charrues | | 3 millions |
| Bisocs | | 160.000 |
| Houes à cheval | | 200.000 |
| Machines à battre | ordinaires | 215.000 |
| | à vapeur | 9.300 |
| Semoirs | | 30.000 |
| Faucheuses, moissonneuses | | 36.000 |
| Râteaux à cheval, faneuses | | 27.000 |

Ces chiffres, quelque considérables qu'ils paraissent, sont néanmoins bien au-dessous des besoins : le nombre des semoirs mécaniques, par exemple, n'est pas le dixième de ce qu'il devrait être. Tandis qu'en Angleterre et en Amérique on compte par milliers les charrues à vapeur, en France on n'en trouve que quelques unités.

En résumé, étant donnée l'économie de temps et d'argent qui résulte de l'emploi de tout matériel perfectionné, on ne saurait trop en France, où le morcellement de la propriété, plus encore que la routine, y fait grandement obstacle, préconiser l'emploi des machines agricoles.

En dehors des appareils de transport qui jouent un très grand rôle dans les opérations agricoles et qui sont analogues à ceux que l'on emploie pour d'autres usages ; des moteurs animés, mécaniques, à vapeur, au pétrole ou à l'électricité, analogues aussi à ceux employés pour d'autres travaux et des appareils de pesage indispensables pour la tenue régulière de la comptabilité agricole, le travail des champs et de toute exploitation agricole comporte l'emploi d'engins très multipliés et très divers qu'on peut classer d'après l'usage auquel ils sont destinés, suivant qu'on les emploie à la préparation et à l'entretien du sol, aux semailles, aux récoltes et à la préparation des récoltes.

C'est dans cet ordre d'idées que nous allons les examiner.

## PRÉPARATION ET ENTRETIEN DU SOL

### § 30. — Défrichement

Quand un terrain n'a pas été mis en culture et qu'il est encore recouvert de la végétation sauvage qui s'y développe naturellement, il faut procéder à un *défrichement* avant de pouvoir le soumettre aux opérations ordinaires de préparation du sol.

On entend donc par travaux de défrichement, ceux que nécessite la mise en culture d'un terrain inculte ne portant qu'une végétation spontanée ; d'une manière plus générale on comprend également sous ce nom la mise en culture d'une forêt ou d'un bois.

Avant d'entreprendre un défrichement dans les pays où il existe de vastes étendues de terres incultes, il faut d'abord examiner avec la plus grande attention le sol et le sous-sol des surfaces à mettre en valeur. Il faut choisir de préférence les terres perméables, exemptes de pierres et de roches et faciles à travailler. Le sol imperméable, argileux ou rocheux, sera toujours ingrat, difficile à améliorer et peu productif.

En général, la bonté du fonds, son degré de fertilité s'accusent par l'état de la végétation spontanée.

Une végétation arbustive vigoureuse dénote un bon fonds de terre. On est sûr d'y trouver la fertilité et des conditions naturelles favorables aux plantes cultivées. Beaucoup de landes reposent sur des couches de terre imperméable. C'est une circonstance naturelle nuisible aux cultures.

Les procédés de défrichement varient nécessairement avec la nature du terrain, son étendue et les ressources dont on dispose. On peut avoir affaire, par exemple, à des terrains caillouteux ou non, à des terrains marécageux ou à des terrains boisés.

Le procédé primitif de défrichement consistait à faire des brûlées, c'est-à-dire à mettre le feu aux broussailles. Après avoir répété plusieurs fois cette opération, on labourait le sol et on y faisait un semis de seigle d'abord; puis, la terre s'améliorant peu à peu, on pouvait essayer au bout de quelque temps de moins maigres cultures.

Actuellement, il importe, dans tous les cas, de sonder à une profondeur de 1 mètre à 1m,50 pour s'assurer de la nature du sous-sol et savoir s'il convient de le mélanger avec le sol ou de l'ameublir sur place en le remuant, afin d'en augmenter la perméabilité.

Cela fait, on commence par extirper toute végétation : ajoncs, bruyères, broussailles, arbustes et arbres; on réunit en tas tout ce dont on ne peut tirer parti, on y met le feu et on répand les cendres sur le terrain. Si le sol est marécageux, très humide, il faut d'abord l'assainir, le dessécher, le drainer.

Quand on est en présence d'un terrain caillouteux, le

défrichement s'opère à la bêche, à la fourche ou au pic; on enlève au fur et à mesure les cailloux et on les enfouit dans des tranchées si on ne peut les utiliser pour les constructions, ou l'empierrement des routes et chemins.

Le défrichement des bois ne doit être entrepris que lorsque ces derniers sont en plaine; car, s'ils occupent des pentes rapides ou des altitudes élevées, ils interviennent efficacement pour régulariser la répartition des pluies, et les frais de culture y sont, en outre, le plus souvent trop considérables. Les arbres une fois abattus et enlevés, on arrache les racines, soit à bras d'hommes, soit à l'aide de machines spéciales appelées charrues déboiseuses.

## § 31. — Défoncement.

Le terrain étant ainsi préparé, qu'il soit compact ou marécageux, ou qu'il provienne de bois, il convient de pratiquer le *défoncement*, afin de rendre le sol accessible aux agents atmosphériques et de détruire plus complètement les plantes vivaces à racines traçantes.

Le défoncement peut se faire sur une hauteur variable : de 30 à 60 centimètres, suivant les plantes que l'on compte y cultiver et suivant aussi la nature et la profondeur du sous-sol.

En général, toutes les fois qu'on n'entame que le sol, ou que le mélange du sol et du sous-sol donne une terre de meilleure qualité, on emploie pour cette opération de grandes charrues spéciales, extrêmement robustes, dites *défonceuses*. Ces dernières sont disposées tantôt pour travailler d'un seul côté, de manière qu'on est obligé de les retourner à l'extrémité du terrain à défricher, tantôt à bascule, de façon à pouvoir fonctionner dans les deux sens; elles sont traînées par des animaux ou mues par la vapeur.

Au contraire, quand le sous-sol est de nature telle qu'il nuirait au sol, on l'ameublit sans le mélanger à ce dernier, c'est-à-dire sans le ramener à la partie supérieure. On se sert pour cela d'une *charrue-taupe*, *fouilleuse* ou *sous-solcuse* qui vient après le passage de la charrue ordinaire.

Il importe dans tous les cas de défoncer avant l'hiver, afin que les gelées, les pluies et les neiges puissent agir utilement.

Au printemps suivant, on donne une forte fumure et on enterre le fumier par un labour assez profond; on peut même ajouter une certaine quantité des engrais minéraux qui peuvent convenir au sol défriché; puis, on cultive sur celui-ci, suivant sa nature, des pommes de terre, du seigle, du sarrasin, ensuite des prairies artificielles, après quoi on tente l'avoine, le blé, etc...

## § 32. — Façons culturales

Le succès des cultures dépend beaucoup plus, comme on l'a vu, des qualités physiques du sol que de ses propriétés chimiques. Un sol très fertile demeurera improductif, si, faute d'être travaillé, il demeure compact, tenace, imperméable, dur comme la pierre pendant l'été, et mou comme de la boue pendant l'hiver. Les plantes cultivées exigent une terre fraîche sans être humide, meuble et pénétrable aux agents atmosphériques, nette de mauvaises herbes. A ces conditions physiques, si on ajoute les éléments principaux de la fertilité en bonne proportion, un climat bien équilibré en chaleur et en pluie, on aura réalisé l'idéal des meilleures conditions de culture. C'est par les *façons aratoires* qu'on communique au sol les qualités physiques favorables au développement des plantes et qu'on défend ces dernières de l'envahissement des herbes parasites.

On désigne sous le nom de *façons culturales*, l'ensemble des opérations ayant pour but l'ameublissement, la division et la mise en contact avec les agents atmosphériques des parties de la couche arable qui se trouvaient primitivement agglomérées ou enfouies.

Les façons culturales comprennent: les *labours*, les *hersages* et les *roulages*.

Chacune de ces façons, donnée au sol avec à-propos, lui fait acquérir de nouvelles propriétés physiques et chimiques et lui donne une nouvelle énergie de production.

## § 33. — Labour

Parmi les opérations qui s'appliquent au sol, il n'en est aucune qui soit plus importante et qui contribue plus efficacement au succès des végétaux cultivés que le labour.

Le sol tient en réserve l'humidité et une partie des aliments des plantes, il est le siège de réactions qui servent à élaborer ces mêmes aliments. Mais, pour que ces bons effets se produisent, il est indispensable que la terre soit maintenue à l'état meuble, et que dans toute sa masse elle donne un libre accès aux agents atmosphériques. La terre, laissée en repos et abandonnée à elle-même, se ferme et se tasse, elle devient, dans la plupart des cas, imperméable à l'air et à l'eau et incapable de subir la fermentation qui rend assimilables les matériaux utiles aux végétaux.

La fertilisation du sol par les opérations aratoires se produit principalement sur les terres argileuses ou argilo-calcaires. Les terres siliceuses sablonneuses et les terres calcaires, toujours meubles et perméables, ne retirent pas des labours autant d'avantages que les terres fortes et imperméables.

Dans tous les cas, le labour est toujours une opération très utile; il ramène à la surface la partie inférieure du sol, et place à la partie inférieure celle qui est à la surface. La première reçoit directement l'action des agents atmosphériques et présente une terre nouvelle à la jeune plante, tandis que la seconde, plus épuisée et plus fatiguée, ira au fond de la raie se refaire par le repos et par les substances que les eaux pluviales viendront y déposer. Ainsi le principal objet du labour est d'ameublir le sol en le retournant, en mettant au fond les parties superficielles et réciproquement.

L'ameublissement du sol dans toute sa profondeur a pour effet d'offrir aux racines des plantes un milieu favorable à leur développement. C'est le moyen de faciliter la respiration des racines et de hâter la nitrification des matières organiques ; et puis la terre meuble absorbe et met en réserve les eaux pluviales qui, dans les terres plus ou moins imperméables, couleraient et se perdraient à la surface.

Le labour facilite également le mélange à la terre du fumier et des autres engrais ou amendements ; il détruit, en outre, les mauvaises herbes en les renversant au fond du sillon.

Tous ces résultats obtenus par les labours sont indispensables à la productivité des champs. On se trouve donc en présence d'opérations dont l'importance est capitale, dont les effets sont très complexes, et qui, pour cette raison, doivent être exécutées de différentes façons et être répétées à des intervalles variables, suivant les circonstances.

On laboure tantôt avec des instruments à bras, tantôt à l'aide de machines mises en mouvement par les animaux de trait ou par la vapeur.

Les instruments à bras peuvent être rangés en deux grandes catégories :

1° Ceux qu'on fait pénétrer dans le sol sans choc, par simple pression ;

2° Ceux qui entament le terrain par suite d'une action percutante.

Dans la première catégorie, on doit ranger les *bêches* et les *fourches ;* dans la seconde, les *pioches* et les *houes*.

Les façons à la bêche sont les plus parfaites en ce genre, mais elles ont l'inconvénient d'être beaucoup trop lentes, ce qui les fait repousser par la grande et même par la moyenne culture. Les fourches font un travail un peu moins parfait que les bêches, mais elles remplacent cependant avantageusement ces dernières chaque fois que le sol est pierreux ou très dur.

Les pioches et les houes ne font pas, à proprement parler, un labour, car le sol n'est pas retourné d'une manière méthodique.

Dans la grande culture, c'est toujours à la *charrue* qu'on a recours pour effectuer les labours. Tous les instruments qui répondent à ce nom ont pour but essentiel :

1° De couper le sol suivant un plan vertical parallèle à une des faces du champ à labourer, de façon à limiter une bande régulière ;

2° De détacher complètement la bande par une section horizontale faite à la profondeur voulue ;

3° De soulever la bande en la faisant pivoter successivement autour de deux de ses arêtes et de la renverser en lui donnant une inclinaison un peu variable suivant les cas, mais voisine de 45° (*fig.* 18).

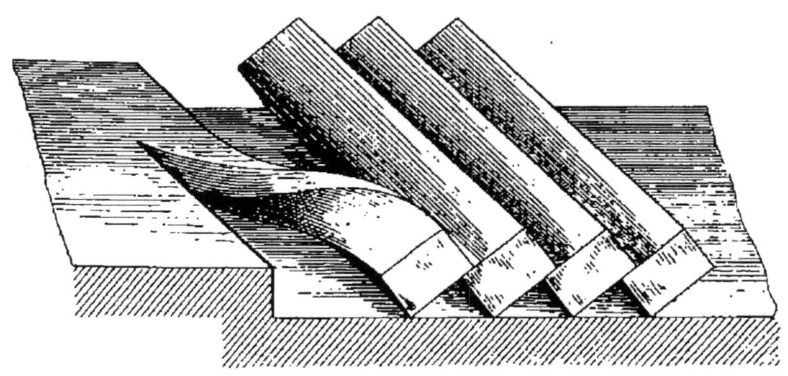

FIG. 18.

Quel que soit l'instrument auquel on aura donné la préférence, le labour, pour être bon, doit être subordonné à la nature du sol et aux exigences de la plante qui occupera le terrain ; il doit être fait en temps voulu et présenter des bandes bien régulières et uniformément inclinées sur l'horizon. Quant à la forme de ces bandes, la pratique a depuis longtemps adopté celles qui offrent une section rectangulaire, elle a rejeté celles qui sont à section trapézoïdale ou parallélogrammique.

Il importe donc, pour apprécier un labour, de considérer d'une manière toute spéciale :

1° La profondeur de la raie ;

2° La largeur de la bande ;

3° L'inclinaison de cette bande (conséquence des deux dimensions, profondeur et largeur) ;

4° La direction des raies ;

5° La forme superficielle du labour.

**Profondeur de la raie.** — La profondeur qu'on donne aux labours est essentiellement variable ; elle dépend du terrain lui-même, de la plante pour laquelle le travail est effectué, de la masse d'engrais dont on dispose ; mais, quelle que soit cette profondeur, elle doit, une fois déterminée, être maintenue uniforme sur toute l'étendue du champ.

Suivant leur profondeur, on divise les labours en trois groupes : les *labours légers* ou *superficiels*, les *labours moyens* et les *labours profonds* ou de *défoncement*.

*Labours légers ou superficiels.* — Ce sont ceux qui n'entament le sol que sur une faible épaisseur, de 6 à 11 centimètres.

Ces labours légers et superficiels sont employés pour le déchaumage et au printemps pour ameublir la surface des champs destinés aux plantes sarclées ; dans ces terres nettoyées par le déchaumage, défoncées profondément à l'automne, la partie supérieure seule est battue et tassée par les pluies ; un labour ordinaire serait toujours sans avantage et aurait très souvent l'inconvénient de ramener les mottes qu'il serait très difficile de réduire ensuite, alors qu'elles auraient été durcies par le soleil. Les labours qui précèdent la semaille du froment succédant à une jachère ou à une plante sarclée doivent être superficiels. Enfin, c'est par une semblable façon culturale que l'on enfouit les engrais pulvérulents, les amendements ou même les semences des céréales semées à la volée sur les terres sèches.

Les labours légers sont donc fréquemment usités, aussi a-t-on cherché à faire des instruments spécialement appropriés à ces travaux.

En général, les araires sont peu convenables pour ce genre d'opérations. Ce qu'il faut dans ce cas, ce sont des instruments très stables par eux-mêmes et susceptibles d'être réglés avec une grande précision ; une variation de quelques centimètres de profondeur, qui aurait peu d'inconvénients avec un labour de 20 à 25 centimètres, devient très sensible quand la bande retournée n'en a que 8 ou 10. Or, les araires sont très mobiles, ils traduisent les moindres variations de traction ou de direction et exigent par suite des attelages très bien dressés, des conducteurs habiles et constamment attentifs.

On doit préférer aux araires pour ces opérations les charrues à avant-train bien construites, et particulièrement les polysocs. Ces instruments, dans lesquels plusieurs corps de charrue sont associés et fonctionnent simultanément, jouissent d'une très grande stabilité, et, lorsqu'ils sont munis de bons régulateurs de profondeur et de largeur, ils peuvent exécuter un travail très régulier sans demander l'intervention constante du laboureur qui a le loisir de surveiller son attelage.

On remplace fréquemment les charrues, pour les façons culturales légères, par des instruments spéciaux dits *extirpateurs*, *scarificateurs*, *cultivateurs*, qui ont l'avantage d'opérer très rapidement. Bien que le travail de ces instruments ressemble, au premier abord, à celui des charrues, on ne saurait l'assimiler à un véritable labour qui, d'après la définition, doit retourner la terre ; les scarificateurs ne font, en effet, que soulever, déchirer et remuer le sol sans le retourner.

*Labours moyens ou ordinaires.* — Ces labours sont ceux qu'on exécute le plus souvent dans la pratique agricole, et on peut réunir sous ce nom les labours qui s'étendent aux différentes couches inférieures du sol proprement dit, sans atteindre le sous-sol. Les labours de jachère par lesquels on enfouit les fumiers ou les plantes adventices, ceux par lesquels on défriche les prairies artificielles ou temporaires en vue d'une culture de céréales, ceux de plantation de pommes de terre ou de repiquage de certaines plantes sarclées, sont tous des labours moyens.

On comprend, par suite, qu'une des caractéristiques de ces opérations réside dans leur degré de fréquence, et il arrive, en effet, que certaines terres reçoivent, pendant le cours d'une année, plusieurs de ces façons. Il est vrai que chacune d'elles n'a pas la même profondeur, et cette variation est même nécessaire pour que toutes les parties du terrain soient mélangées et successivement amenées au contact de l'atmosphère, pour que les engrais soient régulièrement distribués. Il en résulte qu'il est impossible de fixer par un chiffre la profondeur des labours moyens, d'autant plus qu'indépendamment des considérations précédentes cette profondeur est fonction du climat, de la nature minéralogique du sol et qu'elle est limitée, dans certains cas, par l'épaisseur des matériaux meubles ou par la présence d'une couche totalement infertile. Cependant l'examen des faits permet de dire que les labours moyens oscillent entre 12 et 25 centimètres de profondeur. Au-dessous de 12 centimètres, on retrouve les labours superficiels; au-delà de 25 centimètres, on se trouve en présence d'une façon qu'il n'y a pas intérêt à renouveler fréquemment, ce qui la distingue de celle que l'on envisage en ce moment.

Les instruments qui répondent aux exigences des labours ordinaires sont nombreux. Chaque pays possède sa charrue, construite par les ouvriers de la localité et appropriée à la nature du terrain et aux habitudes des cultivateurs.

Dans les terres compactes et où les pierres ne sont pas abondantes, les araires peuvent être employés avec avantage; dans les autres situations, on a recours aux diverses charrues à avant-train. On a émis des opinions très contradictoires sur la question de préférence à accorder à l'un ou à l'autre de ces groupes d'instruments, araires ou charrues à avant-train. Mais, comme on vient de le voir, chacun d'eux peut avoir sa raison d'être dans des situations données, et on conçoit que, posé d'une manière générale, ce problème ne puisse être résolu. Il est évident que l'addition d'un avant-train, quelque léger qu'il soit, augmente dans une certaine proportion la traction de l'attelage et accroît sensiblement le prix de l'instrument; mais ces inconvénients sont compensés par ce fait que l'avant-train communique à la charrue une stabilité beaucoup plus grande et qu'il permet à un ouvrier, d'une adresse médiocre, de faire un travail à peu près satisfaisant, même avec un appareil dont la construction n'est pas parfaite. Ces considérations ne sont pas négligeables. L'araire, au contraire, exige, pour faire un bon labour, la direction attentive d'un conducteur habile, et doit être aussi construit avec une grande perfection. Tels sont les éléments de la discussion, et l'on comprend que la solution variera avec les situations particulières dans lesquelles le cultivateur se trouvera.

*Labours profonds ou de défoncement.* — Tous les labours qui pénètrent au-delà du sol proprement dit, qui attaquent le sous-sol, sont dits profonds ou de défoncement. La profondeur à laquelle ils pénètrent (plus de 25 centimètres en général) n'est pas, d'ailleurs, la seule caractéristique de ces sortes de labours; leur périodicité les distingue aussi nettement des autres façons aratoires. Tandis qu'en effet les labours ordinaires se répètent dans certains cas plusieurs fois dans la même année, les labours de défoncement ne sont appliqués au même terrain qu'à des intervalles plus ou moins longs, mais toujours de plusieurs années.

Les défoncements ont donné les résultats les plus opposés, et cependant leur importance ne peut être contestée; appliqués judicieusement, ils provoquent une augmentation considérable dans la valeur du sol et ce n'est que lorsqu'ils ont été effectués inconsidérément qu'ils ont conduit à des mécomptes.

Les labours profonds entraînent le développement radiculaire des plantes dont les parties aériennes deviennent par cela même plus abondantes; ils accroissent donc les récoltes.

L'observation montre que les végétaux souffrent moins à la fois de l'humidité et de la sécheresse sur un sol approfondi que sur un sol superficiel. Ces assertions, qui paraissent contradictoires au premier abord, s'expliquent facilement quand on songe qu'une terre d'une épaisseur de 50 centimètres peut emmagasiner beaucoup plus d'eau, sans être saturée, qu'une terre épaisse de 25 centimètres. Par cela même, la terre profonde pourra, au moment des chaleurs, fournir aux récoltes une plus grande quantité d'humidité que la terre mince, et si l'on joint à cela que les racines vont naturellement à une profondeur plus grande dans le premier sol que dans le second, on comprendra aisément la résistance aux sécheresses, maintes fois constatée.

Le défoncement est encore un obstacle à la verse, et il rend les terrains aptes à porter des récoltes plus variées. Enfin, il reste à signaler, comme complément de tous ces avantages, celui qui résulte du mélange avec le sol d'un sous-sol contenant des matières minérales qui manquaient à la couche supérieure,

Il faut dire que cette dernière action ne peut être réalisée que dans des circonstances malheureusement trop rares, mais on voit là une preuve de la nécessité pour l'agriculteur de bien connaître, non seulement la couche de terre qu'il remue ordinairement, mais encore celle qui est sous-jacente et qu'il n'attaque que par le labour profond.

En l'absence de renseignements sérieux sur la constitution du sous-sol, les labours profonds sont toujours dangereux, et c'est pour avoir opéré sans précaution que beaucoup d'agriculteurs ont échoué. Chaque fois, en effet, qu'on ramène dans une terre arable améliorée de longue date une partie d'un sous-sol infertile, l'effet immédiat est une diminution dans la productivité du terrain, et ce n'est qu'après un laps de temps plus ou moins long, à la suite de façons plus ou moins nombreuses, d'apports d'engrais quelquefois considérables, que les récoltes bénéficient de l'approfondissement. Il est donc bien rare qu'on puisse économiquement et rapidement approfondir les terrains ; le plus souvent, on devra aller progressivement, quelquefois même s'abstenir tout à fait. L'infertilité du sous-sol n'est pas toujours une cause d'abandon des labours profonds ; mais on a alors avantage à ne pas mélanger avec la terre améliorée la couche inférieure.

Les considérations qui précèdent conduisent à distinguer dans les labours profonds :

1° Ceux dans lesquels le sous-sol est ramené à la surface ;

2° Ceux dans lesquels on se borne à remuer le sous-sol, à l'ameublir.

Dans le premier cas, on opère en une ou en deux fois, c'est-à-dire que tantôt on retourne d'un coup l'énorme bande correspondant à une profondeur de 30 à 50 centimètres, et il faut alors des attelages nombreux et des outils puissants ; tantôt, au contraire, on reverse d'abord, avec les charrues ordinaires, une bande de 20 ou 25 centimètres d'épaisseur, et l'on fait passer dans la raie ouverte une deuxième charrue qui détache une nouvelle bande, la soulève et la jette sur la première.

Quand on redoute le mélange du sous-sol avec le sol, on fait fonctionner successivement une charrue ordinaire et une charrue sous-sol.

**Largeur de la bande.** — La largeur à donner aux bandes du labour est aussi variable que la profondeur elle-même, avec laquelle d'ailleurs elle est en relation. Il est donc important, prenant pour base la profondeur qui doit être fixée tout d'abord, de rechercher quelles sont les considérations à faire intervenir dans la détermination de la largeur. Il ne faudrait pas croire, en effet, que le rapport entre les deux dimensions du labour soit absolument fixe et puisse être représenté par une seule expression. Étant admis que le principal but du labour est d'amener au contact de l'air les parties profondes du sol, on est conduit à poser en principe que les bandes qui offriront, après leur renversement, le développement superficiel le plus considérable, seront les mieux appropriées à ce point de vue. Or, le calcul mathématique et la construction géométrique démontrent que, pour une profondeur déterminée, le résultat cherché est obtenu avec des bandes dans lesquelles la largeur est à la profondeur comme 1,41 est à 1. $\left(\frac{L}{P} = \frac{1,41}{1}\right)$.

Avec ce rapport, et en supposant que les arêtes se déforment peu, on trouve que la surface développée du labour représente la surface plane du champ multipliée par 1,414. Le volume des prismes saillants est égal à 0,35 du volume total de la terre remuée. Cette dernière proportion est loin d'être un maximum, et il est facile de se rendre compte que, pour une profondeur donnée, le volume des prismes exposé à l'air augmente en même temps que la largeur du labour ; il devient égal à 0,433 du volume remué avec des raies inclinées à 30° et dans lesquelles la largeur L égale la profondeur P, multipliée par 1,999 :

$$L = P \times 1,999.$$

Ce volume reste toujours pratiquement inférieur à la moitié du volume des bandes.

Le cube de terre saillant n'a qu'une importance secondaire ; ce qui importe surtout, c'est sa disposition qui, en offrant à la herse plus ou moins de prise, permet un amendement plus ou moins rapide, plus ou moins complet du sol. A ce point de vue, les bandes à 45° se montrent très favorables, et on doit les adopter.

De ces considérations il résulte que, pour les labours ordinaires, sur terrain propre, la meilleure largeur de bande à adopter est celle qui donne le développement superficiel maximum, c'est-à-dire celle qui représente 1,41 fois la profondeur. Pratiquement, pour tenir compte des déformations que subissent les prismes de terre dans leur rotation, on admet comme suffisamment précise une largeur $L = P \times 1,50$. Le labour fait dans ces conditions est souvent appelé *labour normal;* il satisfait pleinement au but d'aération du sol.

Mais on sait que le labour répond à des besoins multiples et on a vu que l'on était conduit, par suite, à exécuter, non seulement des labours moyens, mais encore des labours légers et des labours profonds. Or, dans ces derniers cas, il est nécessaire de ne pas conserver, entre la profondeur et la largeur, la proportion établie ci-dessus.

Avec les labours superficiels, on serait amené, en adoptant la règle générale, à faire des bandes très étroites, ce qui rendrait plus lente l'exécution du travail. On trouve alors avantageux d'augmenter proportionnellement la largeur et de lui donner comme dimension deux fois la profondeur, par exemple.

Dans les labours profonds, on se verrait obligé, avec le rapport $\frac{P}{L} = \frac{1,41}{1}$ de retourner un cube de terre énorme, et l'on obtiendrait des prismes saillants trop volumineux pour pouvoir être divisés facilement. Les considérations économiques, d'une part, celles relatives à l'ameublissement, d'autre part, font donner la préférence à des bandes dont la largeur est seulement à la profondeur comme 1,2 ou 1,3 est à 1.

**Inclinaison des bandes.** — L'inclinaison des bandes est absolument subordonnée au rapport qui existe entre leur profondeur et leur largeur. On a vu que le rapport $\frac{P}{L} = \frac{1,41}{1}$, donnant des bandes inclinées à 45° sur l'horizon et réalisant ce qu'on appelle le labour normal, convenait à tous les sols propres qu'on ne travaille qu'à une profondeur moyenne.

Il résulte également de ce qui a été dit que, pour obtenir économiquement le maximum d'effet utile du travail que l'on exécute, on devait incliner diversement les bandes. Il y a lieu, dans cet ordre d'idées, de distinguer les *labours droits* et les *labours plats*. Les premiers sont ceux dans lesquels les parallélipipèdes de terre renversés par le versoir font avec l'horizon un angle plus grand que 45°. On a recours aux labours droits quand on défonce d'un seul trait de charrue et surtout lorsqu'on a affaire à des sols compacts. Les labours plats sont ceux dans lesquels les bandes sont fortement couchées et ne font, par suite, avec l'horizon, qu'un angle inférieur à 45°. Le déchaumage, les labours qui retournent une couche engazonnée, et en général tous ceux qui n'entament le sol que superficiellement, doivent répondre à ce type.

**Direction des raies.** — La direction des raies du labour n'est pas indifférente, mais elle est soumise à diverses circonstances qu'il faut envisager séparément. C'est ainsi qu'on doit tenir compte des dimensions du champ, de la forme superficielle du labour et de la pente du terrain.

En ce qui touche les dimensions du champ, il est évident qu'il est avantageux de diriger les raies dans le sens du plus grand côté, afin de diminuer le nombre des tournées qui sont toujours cause d'une certaine perte de temps. On aura une idée de l'importance du temps perdu dans les tournées en remarquant que, si l'on suppose des bandes de $0^m,25$ de largeur, et si l'on admet que l'attelage met quarante-cinq secondes à évoluer à chaque extrémité du champ, on trouve : avec des raies de 50 mètres de long, six cents minutes, ou dix heures employées aux tournées, tandis que la perte se réduit à trente minutes avec des raies de 1.000 mètres.

En pratique, on regarde 500 à 600 mètres comme une longueur qu'il n'y a pas intérêt à dépasser ; au bout de ce parcours, les bêtes ont besoin de souffler, ce qu'elles font pendant la tournée.

On comprend que la considération relative aux dimensions du champ est absolument déterminante dans le cas de parcelles très longues et très étroites, comme on en rencontre si souvent dans les pays où la propriété est morcelée. Au contraire, on peut être amené à transgresser cette règle quand on laboure en billons très bombés et que les champs ne sont pas par trop étroits. Dans ce cas, la préoccupation dominante doit être l'orientation des billons. Il faut alors que les raies soient dirigées suivant la ligne nord-sud, afin que l'action solaire s'exerce d'une manière régulière sur les deux faces des billons. Sans cette précaution, la végétation des récoltes est très inégale et l'on a constaté, au profit de la pente exposée au Midi, une avance de huit à dix jours.

Enfin, dans les terrains inclinés, les considérations précédentes deviennent quelquefois accessoires et sont sacrifiées à celles qui ont trait à la pente.

Examinés à ce point de vue, les labours se divisent en trois catégories :

1° Ceux dans lesquels les raies sont dirigées suivant la pente ;

2° Ceux dans lesquels la charrue se maintient suivant l'horizontale ;

3° Ceux, enfin, qui sont obliques à la ligne de plus grande pente.

*Labour suivant la pente.* — La méthode qui consiste à labourer suivant la ligne de plus grande pente est la plus suivie pour les terres peu perméables et chaque fois que la déclivité est modérée ; on assure de cette façon l'écoulement des eaux surabondantes. Mais ce procédé devient impraticable lorsque la pente est considérable. Dans ce cas, en effet, la traction nécessaire pour labourer en remontant étant énorme, on est obligé d'avoir recours à de forts attelages qui sont très mal utilisés pendant la descente ; de plus, les engrais, la terre elle-même sont entraînés par les eaux.

*Labour horizontal.* — Pour obvier à ces inconvénients, on dirige quelquefois les raies suivant l'horizontale, c'est-à-dire perpendiculairement à la pente. Mais ce système ne peut être pratiqué que sur les terres perméables, avec lesquelles on n'a pas à redouter l'accumulation de l'eau, et il n'est avantageux que si on laboure à plat au moyen de charrues spéciales dites *brabants doubles* ou *tourne-oreilles*. En effet, avec des charrues ordinaires, le renversement de la bande qui se fait bien du côté de la pente, devient très difficile et quelquefois même impossible dans le sens opposé, c'est-à-dire de bas en haut.

Avec des terres imperméables l'égouttement serait insuffisant malgré les raies d'écoulement que l'on pourrait tracer ultérieurement.

La difficulté du labour dans le sens opposé à la pente a été évitée par l'emploi des charrues spéciales, désignées précédemment ; mais alors le renversement constant des bandes de terre vers la partie inférieure du champ conduit fatalement au dénudement du sommet.

*Labour oblique à la pente.* — Cette dernière considération a conduit aux labours obliques à la pente ; on évite ainsi à la fois la descente des terres par le fait de la charrue, le ravinement par les eaux et la submersion des récoltes en hiver.

Il y a lieu de remarquer dans cette circonstance que, lorsque les attelages gravissent la pente obliquement, ils doivent développer un travail plus considérable que lorsqu'ils descendent la même oblique. D'autre part, quand la charrue rejette la bande contre la rampe, le travail se trouve encore augmenté de ce chef, car il faut que la terre soit plus soulevée que si le labour avait lieu à plat ; au contraire, le renversement du côté de la pente est bien plus facile qu'à plat.

On aperçoit par conséquent deux causes d'augmentation de travail et deux causes de diminution. Il importe que ces causes, au lieu de s'ajouter deux à deux, se compensent. On obtient facilement ce résultat en faisant en sorte que, lorsque l'attelage monte, la charrue renverse la terre suivant la pente et que la bande soit retournée contre la pente, alors que la charrue descend. On arrive ainsi dans une certaine mesure à régulariser le travail.

**Forme superficielle du labour.** — Considérés au point de vue de leur forme superficielle, les labours sont dits : *en planches*, *en billons*, *à plat*.

*Labours en planches.* — Dans les charrues les plus communes, le versoir est fixe et cette fixité ne permet pas de prendre, en revenant, la bande touchant à la raie qu'on a ouverte en allant, puisque, si à l'aller on a versé d'un côté du champ, au retour on verse nécessairement de l'autre côté. Pour remédier à cette difficulté, on pratique le labour en planches. Lorsque le champ n'a qu'une faible largeur, on ne fait qu'une seule planche. Dans le cas contraire, on le divise en planches plus ou moins larges formant chacune autant de petits champs distincts. Les planches peuvent avoir de $1^{m},50$ à 30 mètres de largeur environ ; lorsqu'elles sont étroites, de 1 à 2 mètres par exemple, on leur donne le nom de *billons*. Les planches proprement dites ne sont que des billons larges et, par suite, à surface aplatie ; les billons, des planches étroites et, par suite, bombées. On ne doit pas donner aux planches une trop grande largeur ; la dimension moyenne est de 10 à 12 mètres.

Les petites planches sont préférées dans les sols compacts redoutant l'humidité ; les grandes planches sont appropriées aux terres perméables, elles ont l'avantage de ne pas multiplier les dérayures.

On peut labourer soit en *adossant*, soit en *refendant*. Dans le premier cas, la charrue pratique son enrayure en A (*fig.* 19) et renverse la bande 1 sur le milieu du champ ; elle suit la ligne pointillée en renversant successivement les bandes 2, 3, 4, 5, 6, 7, 8 et elle sort en B en laissant deux *dérayures* en DD'.

Les bandes 1 et 2 forment ce qu'on appelle l'*endos*.

Le labour en refendant s'exécute ainsi qu'il suit : l'enrayure est faite, au contraire, sur l'un des côtés de la planche en A (*fig.* 20) ; puis, on tourne en renversant successivement les bandes dans l'ordre numérique, 1, 2, 3, 4, 5, 6, 7, 8 indiqué par la figure et en laissant une dérayure au milieu, en B.

Ces deux modes peuvent être diversement combinés ensemble sur deux ou plusieurs planches.

Dans les labours successifs, il faut, afin de maintenir uniforme la surface du champ, ne pas placer les dérayures nouvelles dans les précédentes.

Les planches s'exécutent de différentes façons ; néanmoins, il est un certain nombre de règles qu'on doit observer dans tous les cas. C'est ainsi qu'il importe de restreindre autant que possible les tournées que les animaux sont obligés de faire dans un espace court et qu'on appelle *tournées à cul* ou *à zéro;* de même, il faut éviter les traversées dépassant notablement une longueur de 8 à 10 mètres. Il faut faire en sorte que la tournée moyenne soit voisine de 4 à 5 mètres; c'est cette distance qui constitue ce qu'on appelle la *tournée normale*,

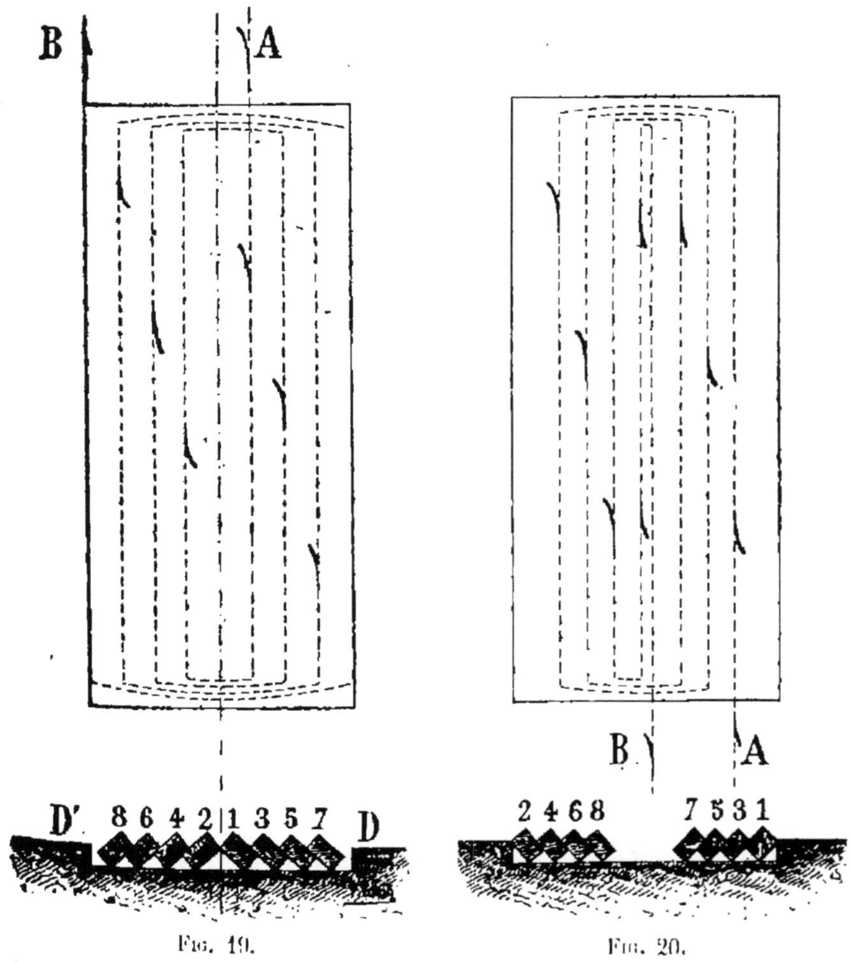


Fig. 19.

Fig. 20.

ainsi désignée parce que c'est celle qui fait perdre le moins de temps et qui est la plus facile à exécuter par un attelage de deux chevaux. Dans la tournée à zéro, les animaux sont gênés, ils doivent décrire un circuit qui exige des changements de direction et des mouvements qui ont souvent pour conséquence des accidents, tels que des prises de traits.

Lorsque la tournée dépasse 5 mètres, l'attelage doit parcourir, après avoir décrit un quart de cercle, un espace en ligne droite, avant d'achever le mouvement tournant.

*Labours en billons.* — Les billons sont des surfaces généralement étroites, plus ou moins bombées et limitées de chaque côté par un sillon profond ou dérayure.

Les billons se composent quelquefois de deux traits de charrue seulement, adossés l'un contre l'autre ; on dit alors que les billons sont étroits. Dans les billons moyens, on observe des largeurs variant de 0m,50 à 1m,50 ; on rencontre quelquefois des billons offrant de 3 à 4 mètres de largeur.

Quoi qu'il en soit, les billons présentent à la fois des avantages et des inconvénients.

Comme avantages, on doit citer :

1° L'augmentation de l'épaisseur du sol ;

2° L'élévation d'une partie du terrain qu'on soustrait ainsi à l'action des eaux stagnantes.

On comprend dès lors que les billons puissent être d'une réelle utilité dans les sols très superficiels et surtout dans les terrains très humides à sous-sol imperméable, et n'ayant pas été drainés.

Malheureusement ils offrent des inconvénients nombreux qui peuvent être résumés comme suit :

1° Ils entraînent une grande inégalité de fertilité, par suite de l'accumulation de la meilleure terre sur les parties les plus bombées ;

2° Les sommets sont bien soustraits à l'humidité surabondante, mais les bas côtés y sont d'autant plus exposés que les billons sont plus élevés ;

3° Pendant l'hiver, la neige est facilement balayée par les vents sur la crête saillante, de sorte que la récolte de la meilleure partie du terrain est exposée aux intempéries et est plus fréquemment compromise et détruite ;

4° Les surfaces en pente constituant ce qu'on appelle les ailes du billon, après avoir été battues et durcies successivement par les pluies abondantes et les hâles du printemps, deviennent impénétrables ; l'eau des pluies d'été s'écoule alors dans les dérayures sans mouiller la couche arable ;

5° Lorsque le billon ne peut être dirigé du nord au sud, la récolte est très inégale sur les deux versants ;

6° Les labours croisés, si efficaces en ce qui concerne l'ameublissement et le nettoiement des terres compactes, sont à peu près impossibles ;

7° Le fumier et les différents engrais sont presque toujours inégalement répartis ;

8° L'épandage des semences est difficile ;

9° Les instruments perfectionnés, dont l'emploi réagit si heureusement sur les résultats économiques de l'exploitation du sol, ne fonctionnent que très imparfaitement au milieu des billons ;

10° Le charroi des récoltes devient pénible et lent ;

11° La confection des billons exige un laboureur habile et, lorsque tout le terrain est travaillé, l'opération est relativement très longue ;

12° Enfin, la multiplicité des dérayures entraîne une perte de terrain qui peut aller jusqu'à un quart de la surface du champ.

De toutes ces considérations il résulte que la pratique du billonnage doit être rejetée chaque fois qu'elle n'est pas reconnue indispensable à la réussite des récoltes.

On rencontre le labour en billons, principalement en Bretagne, dans les Flandres et dans certaines parties du Midi de la France.

*Labours à plat.* — Le labour à plat est un système de labour dans lequel on enraye sur un des côtés du champ pour dérayer du côté opposé. Une pièce ainsi labourée ne présente donc, sur toute sa surface, aucune dérayure ; elle n'offre qu'une série non interrompue de bandes parallèles et inclinées toutes du même côté.

Il faut, pour obtenir économiquement ce résultat, être pourvu de charrues spéciales qui versent alternativement la terre à droite et à gauche de la direction de leur marche. Les charrues tourne-oreilles employées à cet usage ont été longtemps imparfaites, et c'est là une des causes qui ont retardé la vulgarisation des labours à plat. Aujourd'hui, la culture possède de très bons instruments de ce genre ; les brabants doubles réalisent également tout ce qu'on est en droit d'exiger d'une bonne charrue, et leur emploi se généralise de plus en plus. Il s'ensuit que le labour à plat gagne du terrain, et, sur les sols sains, suffisamment profonds, dans lesquels les pierres ne sont pas trop abondantes, on profite maintenant des avantages qui sont la conséquence de la régularité de la surface et de l'absence de dérayures, caractères distinctifs des champs labourés à plat.

C'est sur des terres ainsi préparées que les instruments perfectionnés, tels que semoirs en lignes, houes multiples, moissonneuses, sont tout à fait à leur place ; c'est dans ce cas qu'ils produisent leur maximum d'effet utile.

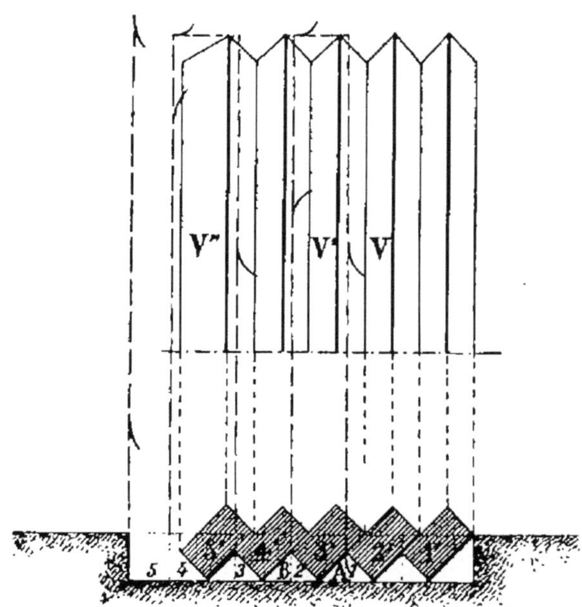


FIG. 21.

La marche suivie par une charrue labourant à plat est indiquée par la figure 21. L'instrument fait une enrayure en A ; il rabat la bande 1 en 1'. Arrivé au bout de la raie, le laboureur fait tourner l'instrument de telle sorte que le versoir agissant en V' ait une position symétrique de V ; il revient alors jusqu'en B en renversant la bande 2 en 2'. Il retourne à nouveau le versoir de V en V", et ainsi de suite, en renversant successivement les bandes 3, 4, 5 en 3', 4', 5'. Les tournées sont ainsi évitées, et il n'y a bien qu'une seule dérayure sur toute l'étendue du champ; elle se trouve à la place que la dernière bande retournée vient de quitter.

Dans les sols très en pente, le labour à plat, quand il peut s'effectuer, permet de verser toutes les bandes en amont, ce qui est avantageux pour éviter la descente des terres vers la partie la plus basse.

Quel que soit le système employé pour labourer un champ, il reste à chaque extrémité, perpendiculairement à la direction des raies, un espace libre sur lequel les animaux ont tourné. Cette portion de terrain qu'on appelle *cheintre*, *fourrière*, est labourée séparément, le plus souvent par une refente.

**Nombre et époque des labours.** — Le nombre des labours est excessivement variable. La nature du sol, la succession des plantes cultivées, le climat, sont autant de facteurs qui exercent leur influence dans la question. Il est donc impossible, dans une étude générale, de rien indiquer de précis à ce point de vue ; il serait nécessaire pour être fixé, de considérer les différents groupes de plantes agricoles dans les divers assolements.

Les buts divers des labours indiquent, d'un autre côté, dans une certaine mesure, les circonstances dans lesquelles on doit les exécuter. Le plus souvent le labour doit aérer les couches inférieures du sol, ameublir la terre arable et déterminer, par ce fait, des réactions chimiques qui ne se produisent que lentement. Il importe donc de laisser la partie retournée exposée aux influences extérieures pendant un certain temps ; par suite, le renouvellement du labour ne doit pas être trop fréquent. Il n'y a à ce sujet aucune règle fixe ; mais on peut dire d'une manière générale, qu'il faut multiplier les labours dans les terres compactes et les restreindre dans les terres légères.

Quant à l'époque des labours, on doit toujours, quand la chose est possible, labourer les terres aussitôt après l'enlèvement des récoltes, mais surtout avant l'hiver, les labours d'automne exposant la couche végétale à un contact prolongé avec l'atmosphère, et, grâce aux gelées, déterminant dans les terres argileuses un ameublissement difficile à obtenir par d'autres moyens.

D'une manière générale, sauf quand il s'agit de détruire les mauvaises herbes, on ne doit jamais labourer une terre momentanément trop sèche, encore moins une terre trop humide ; et, suivant la nature du sol, on choisit de préférence certaines époques.

S'il s'agit de terres légères, perméables, les labours peuvent se faire dans tout le courant de l'année.

Les terrains compacts, imperméables, ayant une grande affinité pour l'eau, se labourent de préférence en automne et au printemps, dès que la terre est ressuyée, sans cependant qu'elle soit trop sèche. En hiver, les instruments aratoires rencontrent dans ces terres une grande résistance ; le travail exécuté est d'ailleurs mauvais, bien que les gelées puissent réparer le mal. Pendant les sécheresses, le sol se prend en blocs difficiles à diviser.

Un labour pratiqué dans de mauvaises conditions peut *gâter la terre*, c'est-à-dire que la récolte qui le suit vient mal ou manque totalement; il faut au sol de nouvelles façons culturales ou une jachère pour qu'il récupère sa fécondité première. C'est ainsi qu'un sol siliceux, trop léger, labouré pendant une grande sécheresse, est gâté ; sa légèreté, sa porosité sont augmentées. Pour la même raison, une terre argileuse, labourée au printemps, alors qu'elle est humide, est rendue plus compacte, plus imperméable encore et est aussi gâtée.

Ces considérations générales montrent combien la bonne exécution des travaux aratoires, l'opportunité des façons culturales, exigent d'activité, d'adresse et de jugement de la part de tout agriculteur.

## § 34. — Charrues

Les instruments qui servent à effectuer les labours avec les moteurs animés ou inanimés portent le nom générique de *charrues*.

Tout travail de culture du sol commençant par le labour, la charrue est le principal instrument du cultivateur. Cet instrument, dont l'invention était attribuée par les Grecs à Triptolème, remonte à la plus haute antiquité, et la représentation en a été trouvée sur des monuments préhistoriques. Il était évidemment, au début, d'une simplicité rudimentaire : un tronc d'arbre, terminé par une branche fourchue, auquel on attelait des bêtes de trait, suffisait pour déchirer le sol. Cet instrument primitif, encore en usage dans les pays barbares ou peu avancés, a été peu à peu perfectionné ; il est devenu un instrument, sinon absolument parfait, du moins tel qu'il répond à la plupart des besoins de la culture.

**Description des différentes pièces composant les charrues.** — Une charrue moderne se compose essentiellement de trois organes principaux (*fig. 22*) :

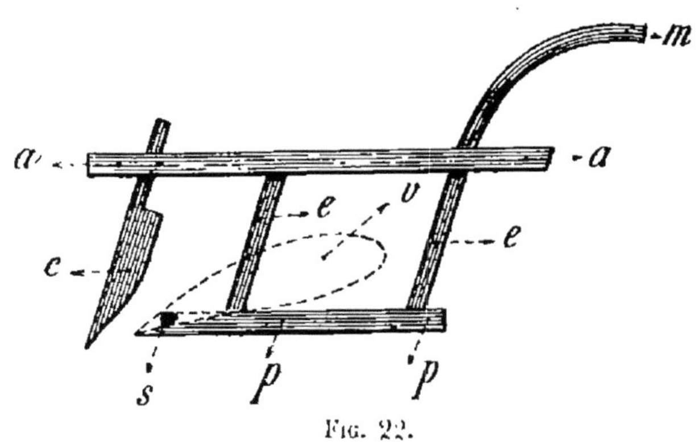

FIG. 22.

Le *coutre c*, qui entame le sol et le coupe verticalement ;
Le *soc s*, qui détache la motte horizontalement ;
Le *versoir v*, qui la retourne et la jette sur le côté.

Ces trois organes sont fixés sur le bâti, qui se compose de : l'*âge* ou *flèche aa*, autrefois en bois, et que l'on exécute plus habituellement aujourd'hui en fer ou en acier, où s'emmanchent vers l'arrière les deux *mancherons m* qui servent à diriger la charrue et se trouvent à la hauteur de la main du conducteur; des *étançons ee*, pièces inclinées assemblées sur l'âge; et de la pièce horizontale appelée *sep pp*, sur laquelle se fixent le soc et le versoir, tandis que le coutre est porté directement par l'âge.

*Coutre.* — Le coutre est une sorte de couteau en forme de solide d'égale résistance et à section triangulaire, généralement incliné. Si sa pointe est en avant, l'entrure de la charrue tend à augmenter ; les pierres, les racines, sont élevées à la surface du sol ; la charrue peut *bourrer.* Si cette pointe est en arrière, les corps formant obstacle sont enfouis plus profondément, l'entrure diminue, mais on évite ainsi le *bourrage.*

Les coutres sont en fer forgé, aciérés sur le tranchant, quelquefois même complètement en acier.

Il est nécessaire que le coutre puisse se mouvoir dans le sens vertical et dans le sens horizontal : de là, l'usage de la *coutrière.*

Dans les anciennes charrues, on plaçait simplement le manche du coutre dans un trou percé au milieu de l'âge ; mais cette pratique avait le grave inconvénient d'affaiblir l'âge précisément au point où il supporte le plus grand effort. La disposition qu'a fait adopter Mathieu de Dombasle a été à cet égard un sérieux progrès : elle consiste à faire passer le coutre dans une boîte en fer attachée latéralement à l'âge par des boulons ; on l'y fixe à la hauteur convenable au moyen d'une vis de pression. Mais le percement de l'âge pour l'introduction des boulons est encore une cause capable d'amoindrir la résistance de l'âge : aussi l'attache Dombasle est-elle remplacée maintenant par l'étrier américain de Jefferson simplement serré sur l'âge, ou par la coutrière Howard qui s'y fixe également sans qu'on ait à y faire aucun trou.

On peut remplacer le coutre par un disque tranchant, comme on le fait dans certaines charrues américaines. Lorsque le sol est couvert de plantes traçantes, l'emploi de ce disque est évidemment recommandable.

*Soc.* — Le soc coupe horizontalement la terre ; c'est une pièce triangulaire, dont le tranchant est plus ou moins incliné sur la direction du sep ; plus cette inclinaison est grande, plus le soc pénètre facilement. La pointe antérieure du soc s'altère par l'usure au bout de peu de temps, surtout dans les terres siliceuses ; on peut y substituer une pointe mobile, formée d'une tige qui glisse sur le sep et s'y maintient; on fait avancer cette tige à volonté, au fur et à mesure qu'elle s'use.

Le soc était fabriqué autrefois en repliant un des côtés d'une pièce de tôle rectangulaire, et l'entaillant sur l'autre côté, de manière à obtenir l'*aile* et l'*oreille* qui servaient à le fixer sur le sep. Dans les charrues actuelles, le soc est en fer avec mise en acier, ou tout en acier ; on en fait aussi en fonte, durcie à la surface sur quelques millimètres d'épaisseur pour en augmenter la durée, mais on y renonce de plus en plus, la fonte étant toujours cassante. Le soc s'attache au sep au moyen de boulons.

*Versoir*. — Le versoir, encore appelé *oreille*, sert à renverser la bande de terre sous un angle de 45° ; on peut admettre qu'il faut faire tourner la face inférieure de cette bande de 90° + 45° = 135° environ.

La forme du versoir est donnée par les diverses positions qu'occupe pendant sa rotation le côté inférieur de la section de la bande de terre à retourner. La surface du versoir est, dans ces conditions, hélicoïdale.

Le versoir, qui était formé d'une simple planche dans les anciennes charrues, est devenu dans la charrue moderne une pièce métallique, le plus souvent en tôle d'acier et dont la forme a été étudiée avec grand soin par les constructeurs, parce qu'elle exerce une influence considérable sur la qualité du travail et la dépense de force.

Dans les charrues destinées aux terres légères, le versoir est très court : c'est souvent une simple lame convexe.

Pour les terres argileuses, fortes, le versoir est, au contraire, allongé, car la torsion de la bande, qui est toujours d'environ 130°, demandera d'autant moins d'effort qu'elle sera moins brusque, c'est-à-dire qu'elle se répartira sur une plus grande longueur; mais, d'autre part, l'adhérence de la terre argileuse, croissant avec la surface du versoir, augmente la traction.

*Age*. — L'âge reçoit diverses formes : incliné dans certaines charrues, il est horizontal dans d'autres et recourbé dans la charrue Howard. Dans ce dernier cas, on dit qu'il est en *col de cygne ;* cette disposition empêche la charrue de *bourrer*, c'est-à-dire qu'elle facilite le dégagement des herbes et des racines qui s'amassent entre le soc, le coutre et l'âge et augmentent inutilement la traction.

*Mancherons.* — Les mancherons servent à diriger la charrue, à en diminuer ou à en augmenter l'*entrure*, c'est-à-dire la pénétration dans le sol; ils permettent au laboureur d'éviter les obstacles.

*Étançons.* — Les deux étançons sont généralement en fonte et très résistants, car ils maintiennent les pièces travaillantes, soc et versoir, et supportent, en définitive, l'effort de traction par l'intermédiaire de l'âge.

Parfois l'étançon antérieur forme lui-même le commencement du versoir. Dans certains araires, on n'emploie qu'un seul étançon, auquel les autres pièces se fixent.

*Sep.* — C'est sur le sep que porte la charrue ; cette pièce glisse au fond du sillon. Le sep reçoit le soc à son extrémité antérieure ; sa partie postérieure appelée talon s'use vite par le frottement ; aussi l'a-t-on parfois remplacée par une roulette ; mais il est préférable de faire usage de talons de rechange. Le talon des seps en fonte est souvent aciéré.

*Régulateur.* — La largeur et la profondeur d'un labour devant toujours être dans le même rapport, il est théoriquement impossible de faire deux labours de dimensions différentes avec la même charrue.

On y supplée dans une certaine mesure en adaptant à cette charrue un *régulateur*, avec lequel on peut donner à la bande de terre une profondeur et une largeur déterminées et invariables pour un même labour.

Le régulateur, quelles que soient les pièces qui le composent, a toujours pour but le déplacement du point d'attache des traits horizontalement et verticalement, afin de l'amener exactement au point de passage de la résultante des efforts résistants.

Quand on baisse ce point, la charrue tend à s'élever, et l'entrure diminue. Si on le hausse, le contraire se produit.

Si le point d'attache est porté du côté opposé au versoir par rapport à l'âge, la charrue occupe moins de largeur, elle tourne autour de son centre d'action, et la partie postérieure du versoir tend à s'effacer. Dans le cas contraire, l'inverse a lieu et la largeur du labour augmente.

On peut aussi régler la charrue quant à la profondeur, en raccourcissant ou en allongeant les traits, ce qui est évidemment hausser ou baisser le point d'attache, et, par suite, diminuer ou augmenter l'entrure.

Dans la charrue de Dombasle, le régulateur est une sorte d'équerre (*fig.* 23), dont une des branches traverse l'âge et peut y être fixée au moyen d'une clavette à diverses hauteurs, et dont l'autre présente des dentelures pour recevoir l'anneau d'attelage.

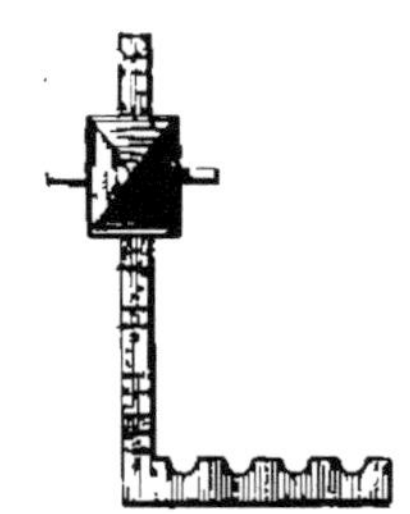

Fig. 23.

Dans la charrue Howard, la branche dentelée de l'équerre est remplacée par une pièce à arc de cercle.

Dans certaines charrues nouvelles, le régulateur comporte deux vis à filets carrés qui peuvent être aisément manœuvrées durant la marche au moyen de deux manivelles.

Quel que soit le mode employé, il est utile que la traction ne s'opère pas directement sur le régulateur; la chaîne ou barre de traction ne doit être que guidée par celui-ci et venir s'attacher un peu en avant des pièces travaillantes, ou même sur l'étançon antérieur.

*Avant-train.* — Dans la charrue-type, il n'y a pas d'*avant-train*, parce que l'usage des roues fait perdre une partie de l'effet utile dû au poids de l'instrument; par contre, il soulage le cultivateur en réduisant l'effort à faire sur les mancherons; aussi se répand-il depuis qu'on recherche de préférence des appareils légers et d'un maniement facile.

L'avant-train sert de support et maintient à une hauteur constante au-dessus du sol l'âge et, par suite, le régulateur. Ce support peut être constitué par un simple sabot de bois ou de fer frottant sur le terrain et se déplaçant verticalement à volonté par rapport à l'âge, de façon à le maintenir plus ou moins élevé; on remplace ce sabot par une roulette, qui diminue le frottement, lorsque le sol qu'on laboure est exempt de mauvaises herbes.

Le plus souvent, dans les charrues modernes, le support est formé de deux roues, égales ou inégales, la plus grande marchant, dans ce dernier cas, au fond de la raie et la plus petite sur le guéret.

Dans les charrues à avant-train proprement dites, les deux roues sont fixées à un bâti, sur lequel s'appuie l'âge, par l'intermédiaire d'une sellette mobile laissant elle-même à l'âge toute liberté ; l'avant-train est généralement disposé pour servir au réglage de la charrue.

**Araire ou brabant simple.** — Parmi les types de charrues modernes, l'araire ou brabant simple (*fig.* 24) se rapproche le plus de la charrue théorique : l'âge horizontal s'exécute en bois ou plus souvent en fer ; le soc, le versoir sont en tôle

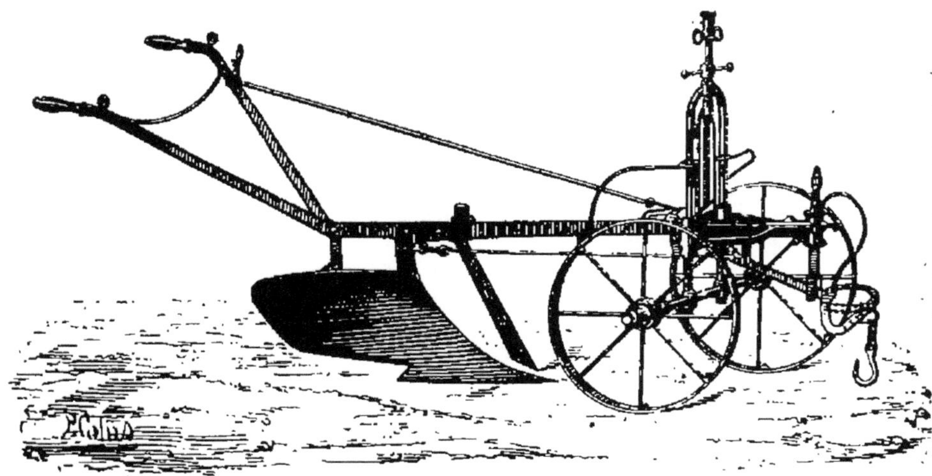

FIG. 24.

d'acier, le coutre en acier ; le régulateur est du type Dombasle ou Howard, et toutes les pièces peuvent être déplacées ou ajustées à volonté de manière à pouvoir obtenir à chaque instant un réglage parfait ; parfois on y dispose en avant du soc un petit soc additionnel ou *déchaumeur ;* parfois aussi un poids traînant à l'arrière et qui comble en partie le sillon ; on l'établit également avec ou sans avant-train, avec roues égales ou inégales.

**Brabant double ou tourne-oreilles.** — Le brabant double ou tourne-oreilles (*fig.* 25) est destiné à augmenter la rapidité du labour en permettant le retournement de la charrue sur place à l'extrémité du sillon pour ouvrir un sillon contigu au précédent : il faut pour cela que le soc et le versoir se présentent du côté opposé, ce qui se réalise en les doublant, les plaçant de part et d'autre de l'âge et retournant l'âge à la fin de chaque course.

FIG. 25.

La charrue tourne-oreilles tend à se répandre beaucoup maintenant, et elle paraît avoir conquis la faveur du public agricole depuis que la manœuvre en a été simplifiée et perfectionnée et son prix sensiblement réduit.

Cet instrument, une fois bien réglé, effectue, sans être maintenu, un labour suffisamment régulier pour que le conducteur puisse ne se préoccuper que de son attelage.

**Charrues bisocs, trisocs, polysocs.** — Ces charrues peuvent tracer une, deux, trois ou plusieurs raies, suivant que les socs sont ou non dans le prolongement l'un de l'autre. Elles offrent à la traction plus d'uniformité, car les déviations de plusieurs versoirs solidaires se compensent dans une certaine mesure.

Leur emploi est économique, parce qu'elles réduisent le nombre des charretiers et des animaux et, par suite, le prix de la main-d'œuvre, ainsi que la durée du travail.

Le bâti sur lequel sont montées les pièces travaillantes est ordinairement en fer forgé, et on dispose le plus souvent, sur ce bâti, un ou plusieurs leviers, de façon à permettre le déterrage des socs. On redoute si peu la complication qu'on les établit même souvent à retournement avec double jeu de socs, pour les employer comme brabants doubles.

Fig. 26.

Ces charrues, dans la catégorie desquelles on peut ranger les *déchaumeuses* (*fig.* 26) à trois ou quatre petits socs munis de versoirs rudimentaires et montés sur le même bâti, s'emploient avec avantage pour les labours superficiels, peu profonds.

**Défonceuses.** — Les défonceuses sont employées pour les labours profonds ; elles augmentent l'épaisseur de la couche arable et parfois entament le sous-sol.

On peut défoncer en retournant la bande de terre ; c'est alors un labour analogue aux labours ordinaires, mais plus profond.

Si l'on fait ce défoncement en une seule fois, il faut une charrue très solide (*fig.* 27) ; mais ce mode d'opérer est trop coûteux. Il est préférable d'ouvrir d'abord une raie de $0^m,18$ à $0^m,20$ avec une charrue ordinaire, puis d'approfondir cette raie de $0^m,10$ à $0^m,15$ avec une charrue défonceuse à versoir spécial, dont la partie antérieure est un plan incliné, et qui ramène le fond de la jauge à la partie supérieure.

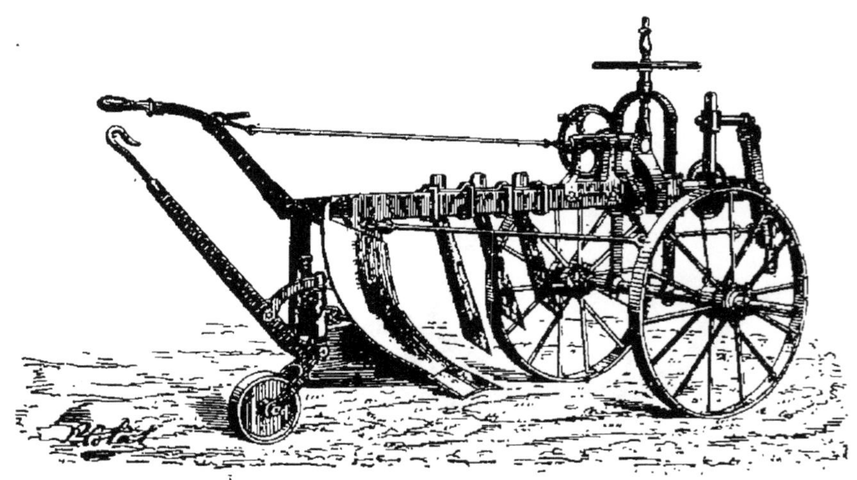

FIG. 27.

Si l'on fixe les pièces travaillantes des deux charrues l'une derrière l'autre sur le même âge, on obtient après un seul passage la profondeur voulue.

**Fouilleuses, sous-soleuses.** — On peut encore défoncer le sol sur place, sans le retourner; les instruments destinés à cet usage portent plus spécialement les noms de fouilleuses ou sous-soleuses.

Elles se composent d'un bâti sur lequel est fixé un petit nombre de dents en fer forgé terminées par des pointes aciérées ou par un petit soc en fonte durcie ou en acier fondu. Ce soc peut être remplacé, ce qui vaut mieux que d'aciérer à nouveau les dents après leur usure.

**Charrues vigneronnes.** — Ces charrues ressemblent aux araires, mais le plan de l'âge se trouve rejeté du côté du versoir. Les mancherons sont mobiles horizontalement; on les fixe dans une position telle qu'ils ne rencontrent pas les pieds de vigne. Ces dispositions permettent de déchausser et de rechausser la plante en passant très près des ceps.

Il existe encore des charrues *déboiseuses*, utilisées dans les défrichements; il est nécessaire que ces instruments possèdent une très grande solidité, afin de pouvoir trancher les souches qu'ils rencontrent.

Les charrues *rigoleuses* ou *rigolières* sont de petites charrues spéciales pour tracer les rigoles d'irrigation dans les prairies. Elles n'ont pas de coutre; le soc est analogue à celui des charrues sous-sol, avec cette différence que les deux branches du fer de lance sont relevées en arc. La terre enlevée par ce soc est déposée régulièrement de chaque côté de la rigole; lorsque l'ouvrage est terminé, on peut rabattre ces bandes de terre à leur ancienne place et faire disparaître toute trace de rigole.

**Cultivateurs.** — Pour les travaux de préparation du sol, on emploie aujourd'hui des instruments connus sous le nom

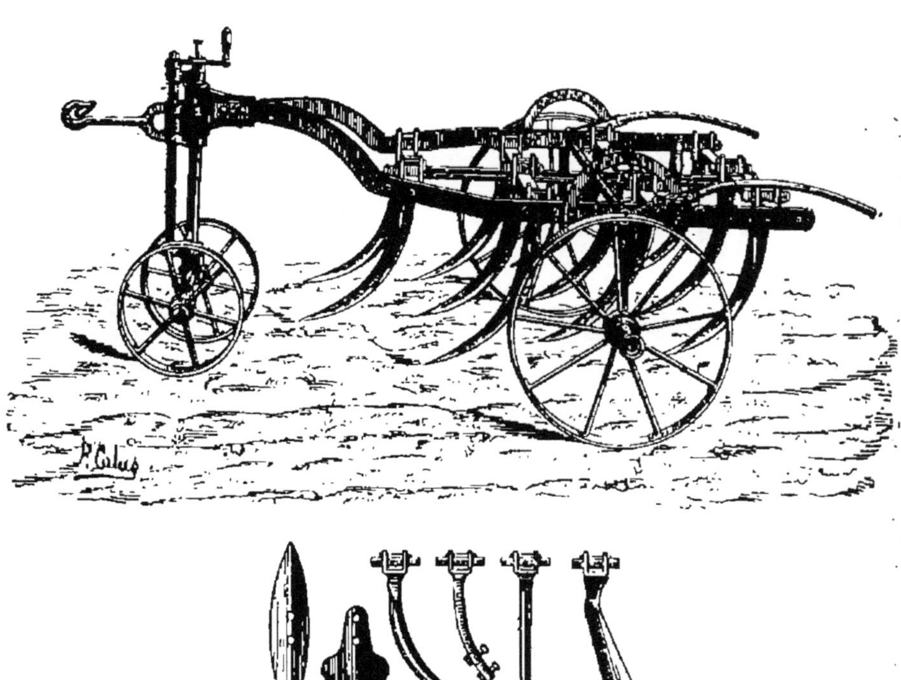

Fig. 28.

générique de *cultivateurs*, qui se subdivisent en deux espèces principales, les *scarificateurs* et les *extirpateurs* (*fig.* 28), suivant la forme des dents, qui sont profilées soit en griffes ou couteaux, soit en lames recourbées.

Ces instruments se répandent de plus en plus. L'acier y remplace la fonte ; les dents sont le plus souvent attachées sur un bâti en fer, généralement triangulaire, au moyen de boulons ou de clavettes, de manière qu'on peut les déplacer, en modifier l'écartement, ou les remplacer par d'autres de forme appropriée à tel ou tel travail ; le bâti est porté sur roues, et une disposition spéciale permet d'élever ou d'abaisser à volonté soit les dents, soit les roues, pour mettre l'instrument dans la position de travail ou dans celle de déplacement et de transport.

Les cultivateurs sont utiles dans les grandes exploitations : ces instruments permettent des façons rapides, qui ne peuvent être exécutées sans leur concours. Toutes les fois qu'un ameublissement du sol est nécessaire et que le temps presse, on les emploie avec profit ; il en est de même dans certaines cultures, au printemps, alors que le passage de la charrue est impossible.

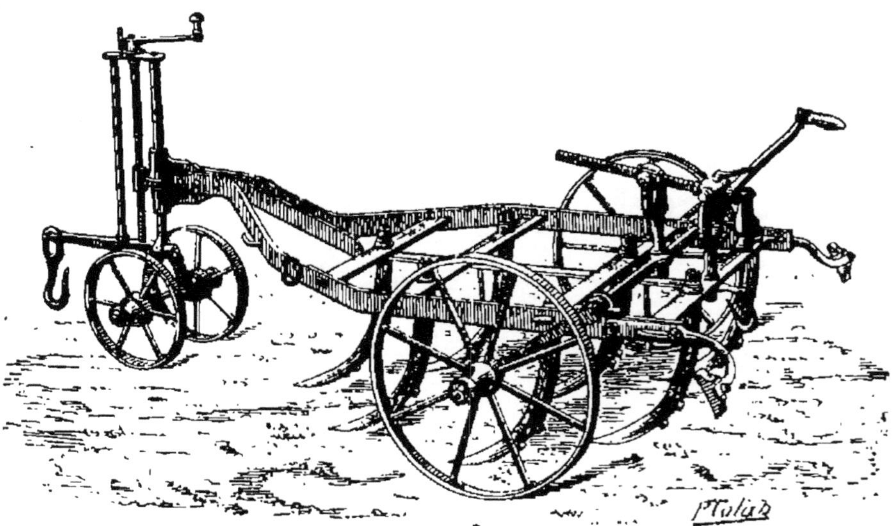

FIG. 29.

D'après M. Bechmann, avec un cultivateur de 0m,90 de largeur, à cinq dents, qui coûte 250 francs environ et qu'on fait traîner par deux chevaux, on retourne environ 2 hectares par jour.

Dans les cultivateurs les plus perfectionnés que l'on emploie aujourd'hui, le bâti repose sur les roues par l'intermédiaire d'un essieu coudé, lequel, au moyen d'un levier L (*fig.* 30), est relevé ou rabaissé par rapport au bâti.

Ce système permet d'enfoncer plus ou moins les dents dans le sol, ainsi que de transporter l'appareil sur les routes sans que les dents rencontrent la chaussée.

Dans certains de ces instruments (*fig.* 29), les vis d'enterrage à l'avant et à l'arrière permettent de régler le travail avec une très grande précision. Au moyen de petites clenches très commodes à manœuvrer, on arrête la course des vis lorsque l'extirpateur est à point pour le travail qu'on désire obtenir.

Pour la descente des côtes, l'instrument peut être muni de deux sabots d'enrayage qui s'adaptent de chaque côté à l'arrière. En relevant l'extirpateur à l'aide de la vis, les roues se rapprochent des sabots qui font frein.

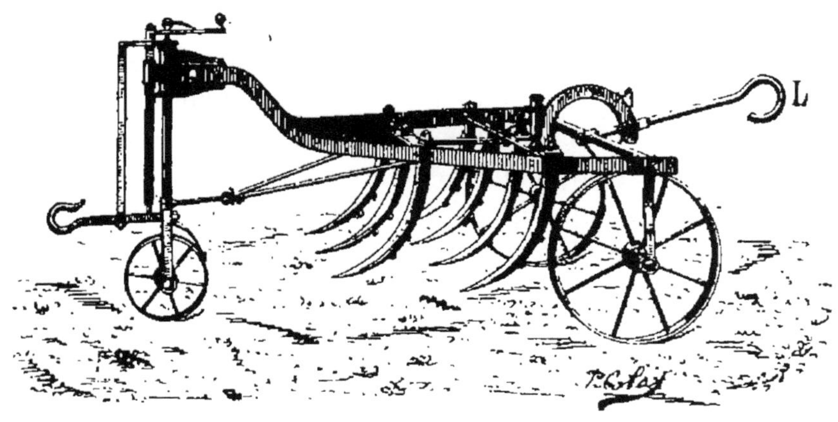


Fig. 30.

Pour la culture de la vigne, on emploie des extirpateurs (*fig.* 30) avec roues à l'intérieur du bâti.

Le *cultivateur canadien*, dont les dents en acier sont montées sur des cadres flexibles en acier aussi, et qui suivent automatiquement les ondulations du sol, est un instrument qui, par la variété de son travail, réunit à lui seul les avantages d'outils tels que déchaumeuses, scarificateurs, herses, extirpateurs, etc. Les pointes mobiles des dents peuvent se retourner, de sorte que, quand elles sont usées d'un bout, on les utilise de l'autre.

**Force de traction.** — On attelle à la charrue des bœufs, des chevaux et quelquefois des mulets. Les bœufs attelés au joug et traînant un araire sans avant-train constituent, sans contredit, l'attelage le plus naturel et le plus économique.

On a une charrue qui n'est pas chère et des animaux qui, pour les harnais et la nourriture, coûtent moins que les chevaux. De plus, ces animaux réformés et engraissés ont conservé leur valeur comme bêtes de boucherie. Aussi est-ce l'attelage que l'on rencontre le plus communément en France et en Algérie.

Dans certaines localités, on emploie à la fois le cheval et le bœuf aux façons aratoires ; le bœuf est appliqué aux labours et aux lourds transports à travers champs et les chevaux sont réservés pour les charrois rapides en bonne route.

Une économie bien entendue devrait toujours accorder la préférence au bœuf pour les travaux de la ferme; mais, dans le pays où le cheval prend la place du bœuf, on ne trouve pas de bons bouviers et on apprécie dans le cheval sa docilité et la rapidité de ses allures. Si on pratique l'élevage sur une bonne race de trait, on peut effectuer les travaux avec des bêtes de deux à cinq ans, qu'on livre au commerce quand l'animal a atteint sa plus grande valeur. De cette façon, le travail du cheval n'atteint jamais un prix très élevé.

Les attelages de deux ou trois chevaux à une charrue sont ceux qui conviennent le mieux pour les labours ordinaires. Un seul conducteur les dirige facilement aux tournées, et peut en exiger une allure régulière et supérieure en rapidité à celle des bœufs. Un tel attelage labourera 50 ares en une journée, tandis que des bœufs ne feraient que 30 à 35 ares.

Quand un labour de défoncement exige un attelage composé de quatre, six ou huit animaux, le bœuf, à l'allure paisible et patiente, est préférable au cheval, disposé à s'emporter et à tout briser quand le terrain n'est pas solide et que la charrue exige un effort violent et exécuté d'ensemble.

Si l'on considère que souvent on fait trois labours par an,

en septembre, en octobre et à l'époque des semailles, on voit que cela représente une dépense importante qu'on doit chercher à réduire en diminuant, autant que possible, l'effort de traction.

Cet effort, qui est ordinairement de 150 à 200 kilogrammes pour une bonne charrue, peut s'élever à 400 ou 500 kilogrammes avec un instrument médiocre ; il faut compter sur un travail de 6.500.000 kilogrammètres par hectare pour un labour de 0m,10 de profondeur et de 13.000.000 pour un labour de 0m,20. L'effort ne varie pas avec la vitesse et, d'après M. Bechmann, il résulte d'expériences à cet égard qu'il est le même à l'allure de 2.400 et à celle de 5.700 mètres à l'heure ; il varie, par contre, avec la nature et la résistance propre des diverses terres, et passe pour un même instrument de 75 kilogrammes dans le sable à 273 dans l'argile.

L'importance du travail de la charrue laisse donc entrevoir l'avantage qui pourra résulter pour ce travail de l'emploi de la vapeur, trois fois plus économique que celui des animaux. Malheureusement l'emploi de la vapeur, comportant une mise de fonds importante, est abordable seulement pour la grande culture. Il est à désirer que des progrès soient réalisés dans cette voie, car le labourage seul grève le kilogramme de pain de 0 fr. 04 à 0 fr. 05 de frais.

**Labourage à la vapeur.** — Proposé par Ramsay dès 1618, rendu pratique par le major Prats en 1810, le labourage à vapeur n'est effectivement employé par les agriculteurs que depuis l'apparition du *système Fowler* au concours de Lincoln, en 1854. Ce sytème consiste dans la mise en marche d'une *charrue double à bascule* (*fig.* 31), portant sur chaque branche de 3 à 12 socs, par un câble unique, s'enroulant, d'une part, et se déroulant, de l'autre, sur deux treuils actionnés par des locomotives routières placées sur les deux rives du champ à labourer. Le câble est enroulé alternativement par l'une et par l'autre des locomotives, et la charrue attelée à ce câble avance, par suite, tantôt dans un sens, tantôt dans l'autre. A chaque voyage, les machines se déplacent d'une quantité égale à la largeur travaillée.

Primitivement, le système Fowler ne comportait que l'emploi d'une seule machine motrice; la seconde était remplacée par une poulie de retour, montée sur une ancre auto-

Fig. 31

mobile. L'instrument de culture était attaché à l'un des brins d'un câble sans fin et tiré alternativement de gauche à droite et de droite à gauche (*fig.* 32).

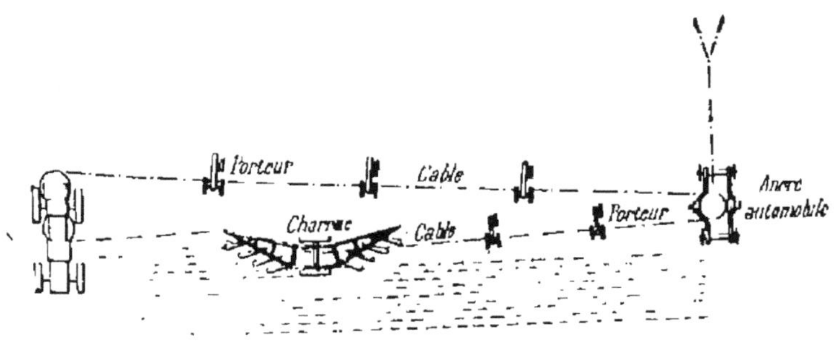


Fig. 32.

Le système à deux machines, bien préférable, a remplacé l'ancien, il est plus facile à installer et le travail plus rapide.

Le dispositif imaginé par MM. Howard (*fig.* 33) permet

d'utiliser aux travaux de culture une locomobile ordinaire de ferme.

L'*appareil Howard* n'est qu'un treuil à vapeur à double effet. Le moteur met en mouvement alternativement deux tambours sur lesquels s'enroulent les extrémités d'un câble

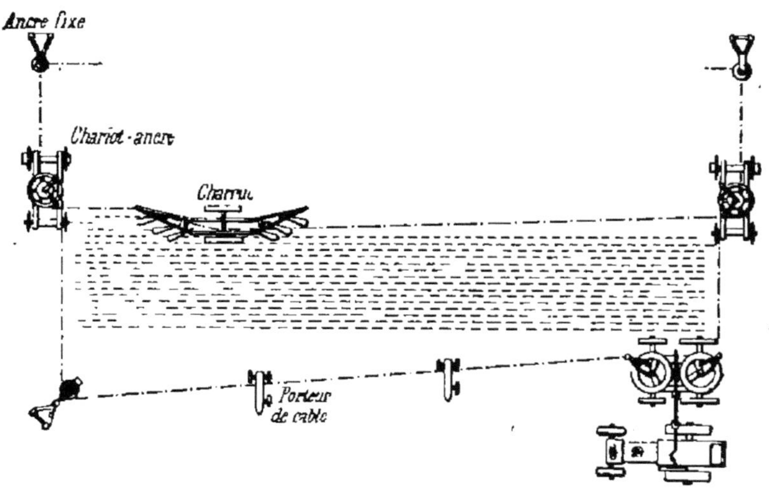


Fig. 33.

métallique. Un embrayage permet d'actionner à volonté l'un ou l'autre tambour et, par conséquent, de faire mouvoir le câble dans un sens ou dans l'autre. Le câble fait le tour de la pièce en passant sur un nombre suffisant de poulies, solidement ancrées dans le sol. L'instrument de culture y est attelé. Pour faciliter le déplacement des poulies à chaque voyage, les deux dernières sont fixées chacune sur un chariot-ancre, dont les roues sont des disques tranchants; grâce à cette disposition, la stabilité des chariots est très grande et leur déplacement est impossible perpendiculairement à la rive du champ sur laquelle ils sont placés, tandis que, au contraire, leur avancement se fait sans peine le long de la rive. Les chariots-ancres sont amarrés à des points fixes, par un câble, dont à chaque voyage on déroule une longueur égale à la largeur de la bande travaillée.

Ce système est moins satisfaisant que le précédent, à cause des difficultés que présente le déplacement des poulies.

Dans un autre système de culture, M. Fisken s'est proposé d'utiliser à grande distance la puissance d'un moteur quelconque ; la force est transmise par un câble en fils d'acier animé d'une grande vitesse.

Le moteur est fixe. Un câble, d'ailleurs facile à déplacer, entoure complètement le champ à cultiver : la tension convenable lui est donnée par un tendeur spécial. L'énergie transportée par ce câble est recueillie par deux poulies motrices qui commandent chacune un treuil. Ces deux treuils installés sur des chariots-ancres sont placés sur les rives de la terre à travailler et reliés par un câble métallique auquel est attelé l'instrument de culture. Il est facile de concevoir que chacun des deux treuils, embrayé à tour de rôle, enroulera le câble et que l'instrument sera tiré tantôt dans un sens, tantôt dans l'autre. A chaque voyage les chariots-ancres sont déplacés, par le câble moteur lui-même, d'une quantité égale à la largeur cultivée.

En résumé, de tous les systèmes, le meilleur est incontestablement le système Fowler à deux machines. Les avantages sont : 1° la simplicité et la facilité d'installation ; 2° la moindre longueur du câble ; 3° la rapidité du travail ; 4° le plus grand travail journalier ; 5° la moindre usure du matériel.

De tous les procédés de culture à la vapeur, le labourage est le plus usité ; cependant, en outre des charrues, on peut employer la herse, le rouleau, le cultivateur, etc. ; les instruments employés sont analogues, quant à la forme des parties essentielles, à ceux que nous avons étudiés ; mais la taille en est plus grande et la construction beaucoup plus solide, afin d'utiliser la force mise en jeu et de répondre au but que l'on se propose : exécuter des travaux énergiques plus rapidement que ne le permet l'utilisation des animaux.

Les instruments de culture à vapeur n'ont pas seulement pour eux l'avantage de la puissance et de la vitesse. Ils font, en outre, un meilleur travail, évitent le piétinement du sol par les animaux et permettent au propriétaire ou au fermier avec un minimum d'ouvriers d'exécuter les travaux au moment le plus convenable. Les animaux de trait peuvent être remplacés par un même nombre de bêtes de rente ou d'engrais, ou employés plus utilement eux-mêmes à la production de la viande et des engrais.

La culture à la vapeur, applicable en terrain plat et dans les grandes propriétés, est plus répandue en Angleterre et en Amérique que dans notre pays où les grandes exploitations d'un seul tènement sont d'assez rares exceptions.

En France, les matériels de ce genre sont presque tous entre les mains d'entrepreneurs qui font à forfait les travaux de culture.

En Algérie, les charrues à vapeur sont employées à faire des défrichements et des labours de défoncement, en vue de la plantation de la vigne. Les travaux se font à l'entreprise pour le compte des propriétaires ; le prix varie avec la difficulté du travail et s'élève en moyenne à 400 francs l'hectare pour une profondeur d'environ $0^m,40$. Le propriétaire qui veut créer 30 à 40 hectares de vignes en une année par un défoncement général du terrain, ne peut le faire qu'en appelant à son aide un entrepreneur de labourage à vapeur.

**Labourage à l'électricité.** — Des essais ont été faits en vue de pratiquer le labourage mécanique à distance, en transmettant par l'électricité l'effort d'une machine à vapeur fixe. Les expériences ont montré que la moitié de la puissance empruntée à l'usine serait, en moyenne, transmise à la charrue, mais il y a des réserves à faire au sujet de ces résultats sur lesquels il n'est pas possible, quant à présent, de se prononcer.

## § 35. — Hersage

Outre le labourage, la préparation des terres comporte le hersage qui est pratiqué dans le but :

1° D'ameublir et aérer la couche superficielle du sol, de diviser les petites mottes de terre et d'enlever les cailloux;

2° De détruire les mauvaises herbes. Dans ce cas, un premier hersage les déracine en partie et fait pousser celles qui restent; un second hersage, pratiqué une quinzaine de jours après, achève la besogne;

3° D'enterrer les semences. Dans ce cas la graine, une fois répandue sur le sol est entraînée dans les petits sillons que trace la herse; un hersage perpendiculaire au premier vient alors recouvrir les semences d'une faible couche de terre. On opère de la même façon l'enfouissement des engrais.

Les instruments employés pour le hersage s'appellent *herses*.

Les herses à un seul animal sont ordinairement employées pour régaler des terres légères ou sablonneuses, enfouir des semences qui ne doivent pas être profondément enterrées, pour mélanger à la couche arable avant les semailles du printemps ou d'automne, des engrais pulvérulents.

Les herses à deux animaux servent pour diviser les mottes qu'on observe à la surface des terres argileuses ou calcaires, pour égaliser des terres qui ont été mal labourées, pour enfouir de grosses semences, comme celles d'avoine, de froment, de vesces, etc.

On peut donc dire que les hersages doivent être plus ou moins énergiques ou profonds selon la nature des terres et les procédés culturaux. Il est impossible de préciser le nombre des hersages que l'on doit opérer sur un terrain donné; ces façons sont plus ou moins nombreuses suivant la nature et l'état de la couche arable et le but qu'on se propose d'atteindre.

La pratique des hersages exige une grande attention. Quand le champ à herser est long et large, on a intérêt, lorsque le sol est labouré à plat ou en grandes planches, d'opérer le premier hersage suivant la longueur de la pièce pour exécuter le second transversalement à la direction du premier.

Lorsque la pente du terrain est très prononcée, on est forcé de diriger la herse perpendiculairement ou obliquement à la direction de la pente, en ayant soin de la retenir à l'aide d'une corde, afin qu'elle ne dévalle pas pendant qu'elle fonctionne. En général, les hersages laissent beaucoup à désirer sur les pentes très accentuées quand on dirige les instruments suivant la ligne de plus grande pente.

Les terrains labourés en petites planches convexes ou en petits sillons ne peuvent pas être hersés avec des herses planes. Il faut de toute nécessité, si l'on veut exécuter un bon travail, remplacer ces instruments par des herses courbes dont la courbure soit en harmonie avec la forme des billons. Dans ce hersage particulier, la herse doit toujours être dirigée suivant la direction du rayage, c'est-à-dire du labour. A défaut de herses courbes, on peut accoupler des herses planes pour herser les planches convexes.

La parfaite exécution des hersages dépend des instruments employés, de l'habileté de celui qui les dirige et de l'état de la terre au moment où on les pratique. Les terres sablonneuses, granitiques, perméables, peuvent être hersées à tous les moments de l'année ; il n'en est pas de même des terres argileuses, des sols calcaires et des terrains argilo-siliceux à sous-sol imperméable. Autant que possible, il faut herser ces derniers terrains avant qu'ils soient saturés d'eau ou qu'ils aient perdu toute leur humidité sous l'action du soleil. Dans le premier cas, la herse exécute toujours un mauvais travail ; dans le second, à cause de la dureté du sol, elle ameublit très imparfaitement la couche arable.

**Herses.** — La herse est donc l'instrument dont on se sert pour émietter et nettoyer la surface du sol, ou pour recouvrir les semences. Le rôle de la herse sur les terres arables est analogue à celui du râteau dans les jardins. Suivant la nature des terres et suivant le travail que l'on veut exécuter, on emploie des instruments de poids plus ou moins considérable ; c'est en effet par leur poids et par la forme des dents dont elles sont munies que les herses modernes diffèrent surtout les unes des autres.

La herse est un instrument qui, comme la charrue, remonte à la plus haute antiquité. Les anciens constituaient des instruments de ce genre avec des branches d'arbres qu'ils traînaient sur le sol, ou bien avec des fagots. A ces premiers modèles, on substitua plus tard des cadres en bois, munis de traverses, entre lesquelles on entrelaçait des rameaux de bois sec parallèles, plus ou moins rapprochés et qu'on chargeait quelquefois de pierres pour en accroître le poids. D'autres types consistaient en planches dont la face inférieure était garnie de pointes et qu'un cheval traînait sur le sol à l'aide de cordes attachées à des anneaux fixés aux deux extrémités.

Tous ces modèles ont disparu et, de nos jours, la herse est un diminutif du cultivateur : les dents sont beaucoup plus petites et peuvent, par conséquent, se trouver en plus grand nombre sur un même bâti.

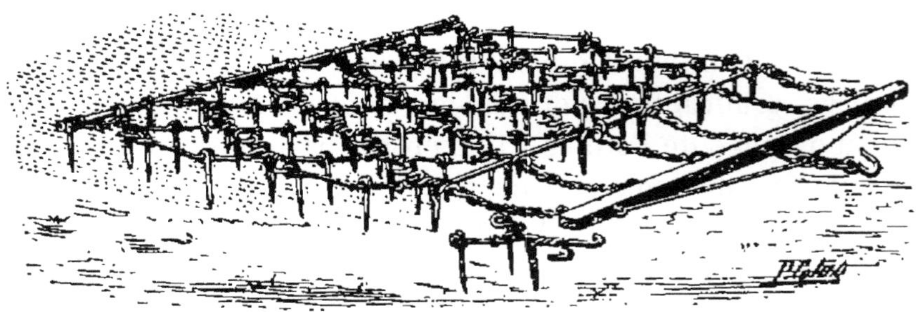

Fig. 34.

Les dents d'une herse doivent tracer chacune un sillon distinct (*fig.* 34), et ces divers sillons forment autant de lignes parallèles plus ou moins espacées les unes des autres. Les dents se trouvent donc aux angles de petits parallélogrammes égaux. Elles peuvent être droites, inclinées ou même recourbées ; elles sont alors *accrochantes*, lorsque leur pointe est en avant, *décrochantes*, dans le cas contraire. La section de chacune d'elles doit être un triangle ou un losange, afin qu'elle agisse à la façon d'un coin pour diviser le sol.

Les dents de la herse sont montées sur un bâti présentant des formes diverses. Si le bâti est rigide, en bois ou en fer, il a fréquemment la forme d'un parallélogramme ou est luimême composé de parallélogrammes : dans ce dernier cas, on a la herse en *zigzag*, qui fait un travail plus égal. Les herses n'ont pas de régulateur de profondeur ; on les règle à l'aide de pierres pesantes quelconques, que l'on place sur le bâti, plus ou moins loin du point d'attache des traits, afin que la herse n'ait point de tendance à s'enlever ni à entrer trop profondément ; une corde attachée à la partie postérieure permet de la soulever pour la dégager lorsqu'elle bourre, et afin de débarrasser les dents des herbes qui s'y sont accumulées.

*Herses articulées.* — Avec les herses rigides, si le sol n'est pas également plat et dur, il arrive qu'une partie seulement des dents porte, la herse saute ; le résultat est mauvais. On y remédie en employant les *herses articulées*, ou les herses *à dents indépendantes.*

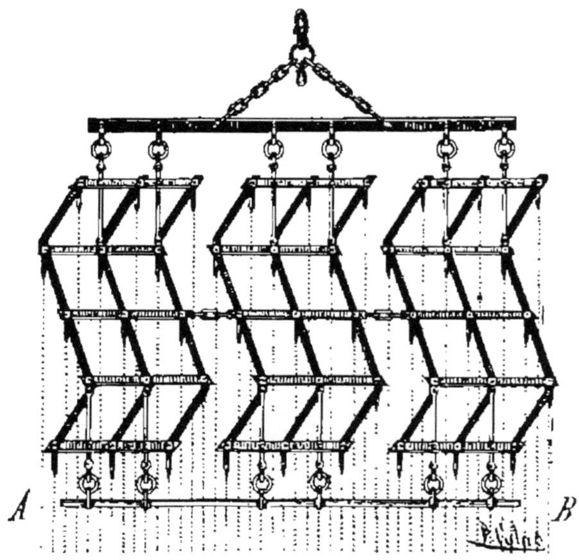


Fig. 35.

Les premières (*fig.* 35) sont formées de plusieurs petites herses en zigzag placées les unes à côté des autres et fixées à une même barre de traction ; moins chacune d'elles a de largeur, mieux se fait le travail.

Elles sont généralement à trois compartiments et elles portent cinq ou six rangées de dents. Leur largeur varie depuis 1m,50 jusqu'à 2m,40 ; elles agissent surtout par leur poids, qui varie suivant les modèles, de 50 à 150 kilogrammes. Pour connaître la pression exercée sur le sol par chaque dent, il suffit de diviser le poids total de l'instrument par le nombre de dents. Ce calcul permet de comparer deux ou plusieurs herses.

Les herses à dents indépendantes, dites *herses souples*, sont, d'une façon générale, composées de mailles plus ou moins grandes, de forme triangulaire ou losangique, aux angles desquelles se trouve une dent. Les modèles en sont nombreux et variés. On en construit dont la largeur varie depuis 1m,50 jusqu'à 3m,50.

Il est bon de munir les herses articulées d'un régulateur de largeur constitué par une chaîne ou une barre de fer percée de trous et disposée transversalement à la partie antérieure ; de même que pour qu'elles se déplacent parallèlement, on doit les réunir à la partie postérieure par une barre d'équilibre (AB, *fig.* 35).

En général, ce sont les herses articulées qui conviennent le mieux dans la plupart des cas.

Les herses souples à mailles, qui peuvent se retourner et agir alternativement des deux côtés, sont d'un bon usage dans les prairies.

*Herses roulantes.* — Dans les herses roulantes, les dents, au

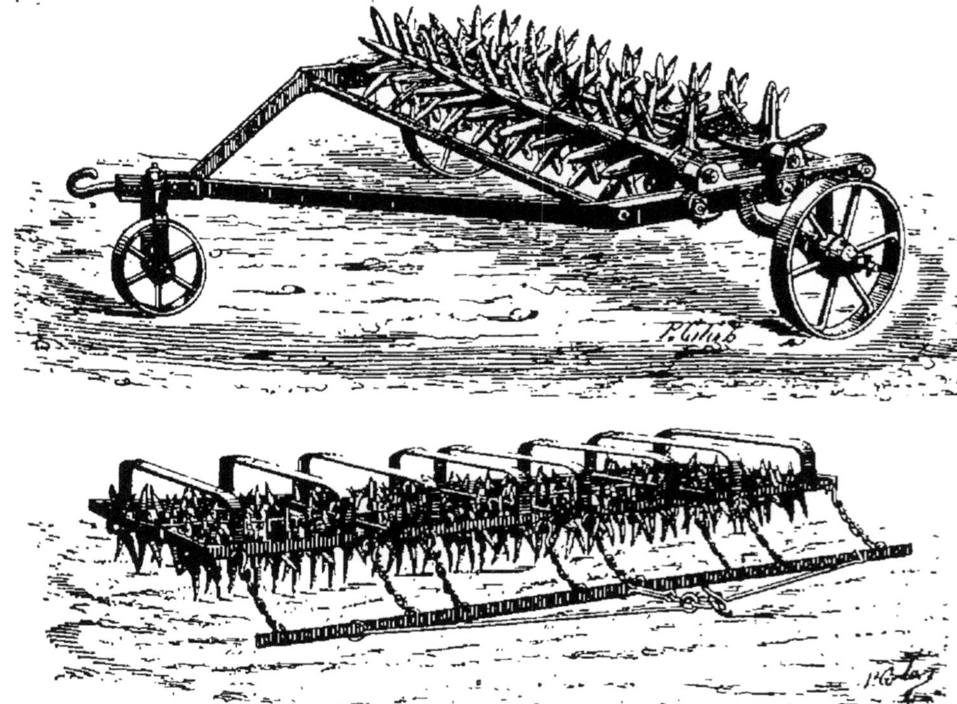

FIG. 36.

lieu d'être fixes sur le bâti, sont mobiles, au contraire, autour d'un axe parallèle au sol. Le type de ces instruments est la *herse norwégienne* (*fig.* 36). Cet instrument se compose d'axes parallèles fixés horizontalement sur un bâti en bois ou en fer, et dans lequel sont enfilés une série d'anneaux portant des pointes longues de 15 centimètres environ. Ces anneaux, faits en fonte et d'une seule pièce sont indépendants les uns des autres et peuvent tourner à frottement doux autour de leur axe respectif. Le bâti est porté par des roues dont les axes sont mobiles dans le plan vertical; à l'aide d'un levier et d'un arc à crans, on peut élever ou abaisser les roues, et par suite, régler l'entrure de la herse dans le sol. Chaque rouleau est mis en mouvement par le fait de la marche de l'instrument; les dents pénètrent en terre en traçant un grand nombre de petits sillons très rapprochés les uns des autres, et la surface se trouve parfaitement ameublie. On comprend facilement qu'on peut réaliser avec ce système, surtout dans les terrains argileux et humides, une économie sensible de traction sur les herses traînantes à dents fixes.

## § 36. — Roulage

On entend par roulage, l'opération qui consiste à faire passer le rouleau sur les terres labourées nues après hersage, sur les terres ensemencées ou même sur des terres couvertes de plantes en végétation.

Le but du roulage est de comprimer la surface du sol et de lui donner plus de consistance. Il régularise en même temps cette surface.

Son emploi est donc indiqué lorsqu'il s'agit d'aplanir les terres en culture, afin d'y faciliter les travaux ou bien de briser les mottes de terre. Quand la couche arable supérieure s'assèche trop dans les sols légers, un roulage, en tassant la surface, retient l'humidité sur les racines. Lorsqu'une gelée vient à déchausser la partie inférieure des plantes qui ne font que paraître, au printemps par exemple, il suffit de rouler légèrement pour que la reprise de la végétation ait lieu dans de bonnes conditions.

Le roulage, dans les prairies naturelles, facilite le tallement, nivelle la surface que le passage des animaux domestiques et diverses autres causes ont pu légèrement accidenter ; il raffermit également le sol de la prairie.

On pratique des roulages dans toutes les saisons. Quelle que soit celle-ci, on ne doit les exécuter que lorsque la terre ne présente pas un excès d'humidité. La terre humide s'attache au rouleau et le but de l'opération n'est pas atteint. C'est surtout dans les terres fortes et argileuses que cette précaution est tout à fait indispensable.

**Rouleaux.** — Le roulage s'effectue avec les instruments appelés rouleaux. Ces derniers se divisent en deux grandes catégories : les rouleaux *plombeurs* et les rouleaux *brise-mottes*.

*Rouleaux plombeurs.* — Ceux-ci sont d'une seule pièce ou segmentés.

FIG. 37.

Les rouleaux indivis sont formés d'un simple cylindre uni, de bois, de pierre ou de fonte, tournant dans un cadre en bois supporté par deux tourillons. En raison de leur rigidité dans les tournants, ils sont avantageusement remplacés par les rouleaux segmentés.

Ces derniers sont généralement en fonte et se composent d'un certain nombre de tambours (*fig.* 37), qui tournent autour d'un même axe ; à l'intérieur de chaque disque, des croisillons maintiennent le moyeu qui joue sur l'axe, afin de pouvoir suivre les sinuosités du terrain. Aux tournants les segments de droite et de gauche tournent en sens contraire, ce qui fait que la tournée peut se faire presque sur place et beaucoup plus facilement ; lorsque le nombre de segments est pair, le sol n'est pas creusé dans les tournées ; si le nombre est impair, le tambour central pivote alors sur place et creuse le sol, ce qu'on doit éviter.

On construit des rouleaux plus ou moins pesants, suivant la compacité des terres où ils doivent servir, les plus lourds étant destinés aux terres argileuses. Un cheval peut traîner les rouleaux d'un poids inférieur à 500 kilogrammes ; au-delà de ce poids, on doit atteler deux ou trois chevaux.

Le travail d'un rouleau ne dépend pas uniquement de son poids, mais encore de son diamètre. Il est clair, en effet, que deux rouleaux de même poids, mais de diamètres différents, n'agissent pas sur une surface égale à cause de l'affaissement du sol sous leur action ; de sorte que la pression du rouleau ayant le plus gros diamètre s'effectuant sur une surface plus étendue, celui-ci fera, toutes choses égales d'ailleurs, un travail moins énergique ; en revanche ce travail sera plus rapide.

Dans la culture en billons, les tambours qui composent les rouleaux ont la forme de deux troncs de cône juxtaposés par leur grande ou leur petite base, suivant que l'on veut tasser le creux ou le sommet du billon.

On peut augmenter le poids des rouleaux plombeurs en plaçant sur le bâti une caisse qu'on charge de terre ou de pierres en quantité convenable, suivant l'accroissement de poids qu'on veut atteindre. Ainsi, pour les terres argileuses, le poids du rouleau doit être triple en moyenne de celui employé pour les terres sableuses.

Les rouleaux plombeurs sont menés dans un sens quelconque pour les champs labourés à plat ; on les dirige perpendiculairement à la direction des planches dans les champs labourés en planches plus ou moins larges. Sur les terrains en pente, on les dirige perpendiculairement au sens de la pente.

*Rouleaux brise-mottes.* — Les rouleaux brise-mottes sont des rouleaux à surface cannelée, destinés à écraser les mottes qui restent à la surface du sol après le labour ou après le passage de la herse.

Le type le plus répandu est le rouleau Crosskill (*fig.* 38), du nom de son inventeur. Il est composé de disques dentés en fonte, indépendants les uns des autres, et enfilés sur un même essieu. Les disques sont munis de dents qui en prolongent les rayons et d'autres dents transversales. L'essieu

FIG. 38.

est relié directement au bâti sur lequel agit l'attelage ; il se prolonge de chaque côté pour porter des roues qui servent à conduire le rouleau au champ et qu'on enlève pour le travail. Les disques étant indépendants les uns des autres et se mouvant avec un certain jeu autour de l'essieu, ils portent partout par leur propre poids et atteignent toutes les inégalités du sol. En outre, ils sont souvent, de deux en deux, de diamètres inégaux ; il en résulte des vitesses différentes qui engendrent une sorte de frottement de chaque disque contre ses voisins, ce qui empêche la terre, quand elle est collante, de les empâter.

Le poids des rouleaux brise-mottes varie de 500 à 1.100 kilogrammes, avec le diamètre des disques et avec leur nombre. Le diamètre de ces derniers est compris entre 40 et 60 centimètres, et leur nombre est de 16 à 30.

Les rouleaux-squelettes, dont le rouleau de Dombasle a été le type, sont aussi des rouleaux brise-mottes. Ils sont formés de disques en fonte, dont les bords sont taillés en fuseau et qui sont enfilés sur le même axe ; ces disques tournent indépendamment les uns des autres.

On construit aussi des rouleaux dits *ondulés* (*fig.* 39), composés de plusieurs larges disques en fonte, à surface crénelée.

Fig. 39.

Le plus souvent, on adapte aux rouleaux un simple bâti de bois qui sert à maintenir deux limons ou une flèche ; mais parfois c'est un bâti de fer à forme trapézoïdale qui relie les deux tourillons à une ou deux petites roues formant avant-train.

Les rouleaux brise-mottes dégradant beaucoup les routes, il est indispensable qu'ils ne portent pas sur le sol pendant le transport. A cet effet, diverses combinaisons ont été imaginées : certains de ces rouleaux ont un axe suffisamment long pour qu'en les soulevant sur le champ au moyen d'un cric par exemple, on puisse placer à chaque extrémité de cet axe une roue porteuse mobile ; d'autres ont les roues porteuses fixées aux brancards, de telle sorte qu'en se servant de ceux-ci comme leviers et en les mettant dans une position diamétralement opposée à celle qu'ils ont en travail, on amène l'axe des roues, qui se trouvait primitivement au-dessus des brancards, à être au-dessous, ce qui ne peut se faire sans que le rouleau soit surélevé en même temps.

Le *pulvériseur américain* (*fig.* 40) est un double rouleau, composé de deux séries de disques concaves montés sur deux arbres que l'on peut à volonté incliner pour rendre les disques plus ou moins pénétrants. En effet, quand ces derniers sont droits, ils ne pénètrent pas dans le sol. Quand, au contraire,

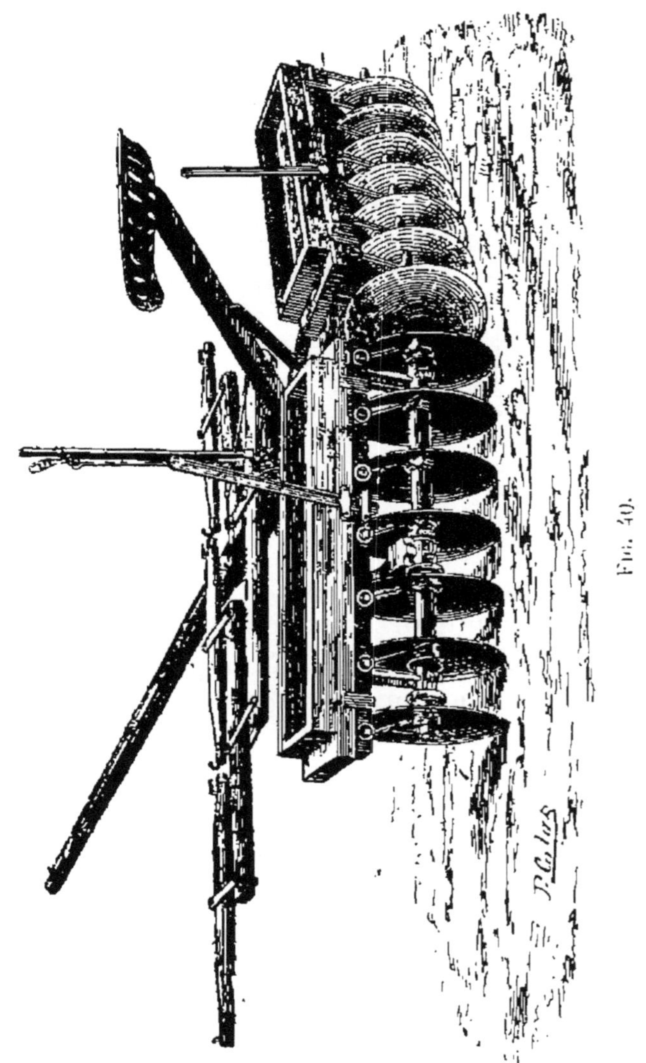

Fig. 40.

en se servant du levier, on les a placés de biais, les disques coupent une bande de terre et, par l'effet de leur inclinaison, la retournent comme un versoir de charrue. Cet instrument fait à la fois le travail de la herse et du rouleau Crosskill. Son prix varie de 250 à 300 francs.

## ENSEMENCEMENT DU SOL

### § 37. — Semailles. — Semoirs

On désigne sous le nom de *semailles* l'opération qui consiste à répandre et à enterrer les semences provenant de plantes appartenant à la grande et à la moyenne culture.

Les semailles ont lieu en automne, au printemps et pendant l'été. On les exécute *à la volée* ou *en lignes* sur des sols nus ou des champs occupés par une plante en végétation. Les semences sont enterrées à l'aide de la herse, de la charrue ou du scarificateur. Quand les semailles sont faites sur des terrains nus, elles sont toujours exécutées après que la couche arable a reçu une parfaite préparation.

La quantité de semences à répandre par hectare varie suivant les plantes et leur destination et selon la nature et surtout la fécondité des terres dans lesquelles elles sont cultivées. Sous toutes les latitudes, les terres saines, fertiles ou convenablement fumées, demandent toujours moins de semences que les terrains peu profonds, humides et pauvres. D'un autre côté, les semailles automnales précoces exigent aussi moins de graines par hectare que les ensemencements que l'on exécute tardivement ou en novembre. Enfin, sur tous les terrains de bonne qualité, les semailles à la volée exigent toujours davantage de semences que les semailles en lignes.

Dans les jardins, la plupart des semis se font au *plantoir*, c'est-à-dire en déposant la graine dans de petits trous faits en terre avec un morceau de bois à la profondeur favorable, soit dans un trou de bèche, soit enfin dans de petits sillons tracés à la surface du sol.

Mais c'est le semis à la main ou à la volée qui est le plus communément employé en France. C'est une opération d'une grande importance qui doit toujours être confiée à un ouvrier habile et intelligent.

Le semeur porte la semence qu'il doit répandre à l'aide

d'un long tablier semoir; il parcourt un rayage et chaque fois qu'il a fait deux pas, il lance une poignée de grains de la main droite; puis il revient par le rayage suivant en sens inverse en continuant à projeter de même les grains de sa main gauche, de telle sorte qu'à la fin de l'opération toute la surface ait par deux fois reçu la semence. A cet effet, lors du premier passage, le semeur ne prend que des demi-poignées de grains et les lance à demi-distance, puis il parcourt en revenant sur ses pas le même rayage en lançant cette fois des poignées complètes à distance entière, avant de reprendre le rayage suivant, ainsi que l'indiquent les chiffres portés sur la figure 41, qui marquent les différentes positions occupées par le semeur.

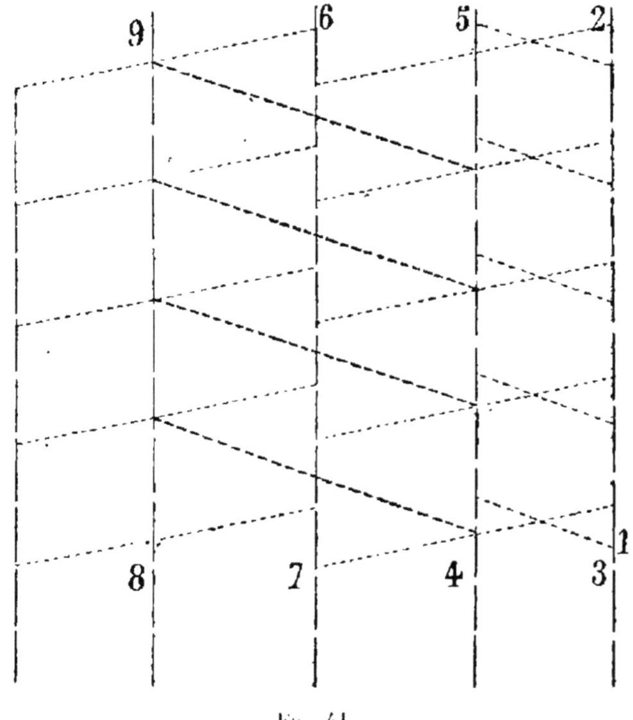


FIG. 41.

L'opération n'est pas sans exiger une certaine adresse de corps et une certaine habileté de main qui ne s'acquièrent qu'à la longue ; un bon semeur doit faire des pas de $0^{m},85$ et lancer une poignée de $0^{lit},09$, de sorte qu'on peut calculer mathématiquement le nombre de pas nécessaires pour semer une quantité déterminée de grain.

La semence répartie aussi uniformément que possible, on la recouvre ensuite à l'aide d'un hersage ou d'un coup de scarificateur.

Que les semailles soient faites à jets simples ou à jets croisés, le semeur doit toujours semer avec le vent. Lorsqu'on sème contre le vent des semences grosses ou petites, légères ou lourdes, les graines sont refoulées vers le semeur et le champ présente de grandes irrégularités au moment de la germination.

Les *semailles sous raie* sont exécutées suivant deux procédés. Dans le premier, on répand la semence sur le sol avant d'opérer le labour de semaille; dans le second, un homme ou une femme marchant sur la terre à labourer projette avec la main droite la semence dans le fond de la raie. La nouvelle bande de terre détachée par la charrue recouvre la graine. Cette bande n'est jamais très épaisse.

Ce genre de semailles est peu recommandable en raison du temps qu'il exige et il a, en outre, l'inconvénient d'enterrer trop profondément les grains. Il faut des circonstances spéciales et cultiver des terres qui sont entraînées par les grandes pluies pour que les semailles sous raie puissent être regardées comme véritablement utiles et économiques.

Les *semailles en lignes* se font suivant deux procédés:

Sur les exploitations d'une moyenne étendue ou appartenant à la petite culture, on ouvre des sillons peu profonds, plus ou moins éloignés les uns des autres, et l'on y projette les semences soit avec la main, soit au moyen d'un semoir à brouette. Les graines sont recouvertes à l'aide du râteau ou d'un léger hersage.

Sur les grands domaines, on emploie les *semoirs mécaniques*. Ces appareils présentent, sur les semis à la volée, les avantages d'un semis régulier; ils enfouissent les grains à une profondeur qui peut être déterminée avec une rigoureuse exactitude et qui est partout la même.

Le semoir mécanique le plus répandu est le *semoir à cuil-*

*lers* (*fig.* 42). Son organe essentiel, le distributeur, se compose d'un certain nombre de disques, calés sur un arbre hori-

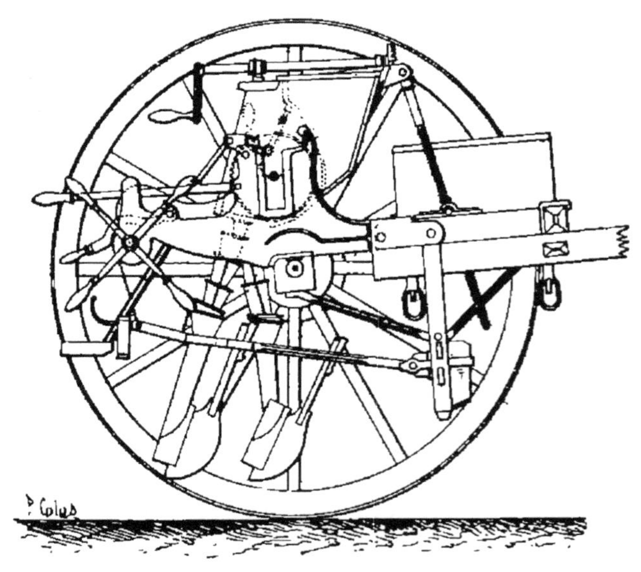

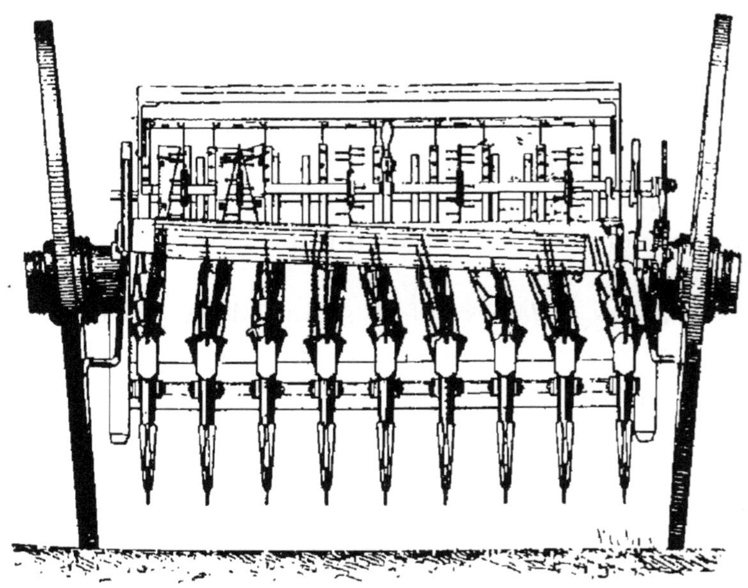

Fig. 42.

zontal qui est mis en mouvement avec l'essieu, et portant chacun de part et d'autre de petites cuillers, qui prennent la semence pour la déverser dans des tubes coniques s'emboîtant les uns dans les autres ; elle tombe dans ces tubes qui la conduisent de chute en chute jusque dans le sillon ouvert par un petit soc à section triangulaire. En réglant la vitesse du distributeur, des tubes conducteurs et la hauteur des socs, on fait varier à volonté la densité et la profondeur du semis. Un ressort ou un contrepoids maintient le soc malgré les obstacles qu'il peut rencontrer, tout en lui permettant de céder quand il ne peut vaincre la résistance à laquelle il se heurte; les tubes à emboitement très mobiles cèdent aussi sans se rompre. Les lignes de semis sont plus ou moins écartées suivant les cas, $0^m,15$ par exemple pour le blé et $0^m,45$ pour la betterave. L'écartement le plus convenable varie entre 15 et 20 centimètres.

L'appareil peut être complété par un *recouvreur* composé de fourches râcleuses ou de traîneaux à poids.

Dans le *semoir à entailles*, beaucoup moins employé, l'organe distributeur est un cylindre à alvéoles tournant sous la trémie qui contient la semence (*fig.* 43).

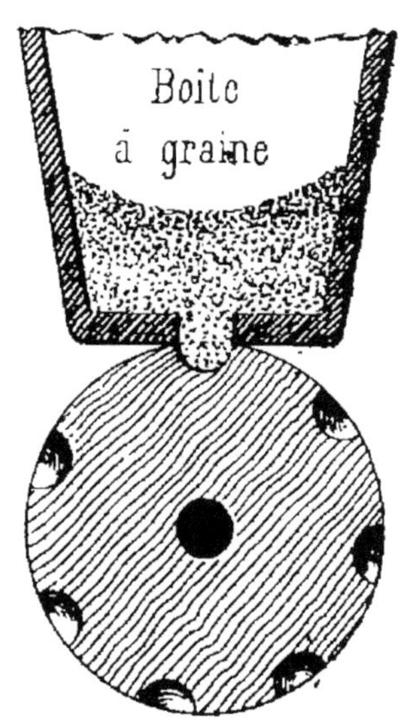

FIG. 43.

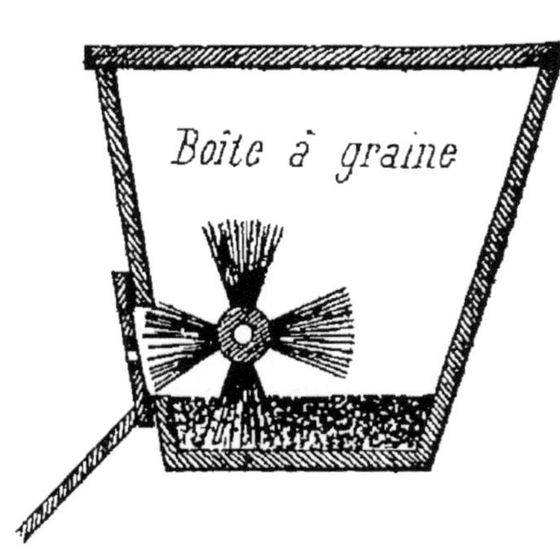


FIG. 44.

Cet appareil est simple et, par suite, relativement économique ; il est applicable aux petits semis ; mais il présente l'inconvénient d'abîmer les graines qui s'écrasent parfois entre le cylindre et la trémie.

Dans certaines machines, on se sert aussi de disques à entailles en remplacement des disques à cuillers.

Dans le *semoir à brosses* ou à *hérisson* (*fig.* 44), un arbre muni de petites brosses rondes ou simplement de pointes en fer, tourne dans la boîte même qui renferme la semence et la déverse régulièrement par une fente disposée à cet effet à l'arrière de la boîte. Quelquefois, les graines tombent, à leur sortie, sur un plan incliné qui les répand sur le sol.

Cet appareil très simple, très rustique, réalise une sorte de semis à la volée, au lieu du semis en lignes des semoirs à cuillers. Il s'emploie avec avantage pour les graines fines comme celles des prairies, du trèfle et pour les engrais en poudre.

Parfois une hélice en fer enroulée autour de l'arbre remplace les pointes ou brosses et produit un effet analogue. Les semoirs de ce type sont peu coûteux : ils se paient 300 à 500 francs, tandis qu'il faut compter de 800 à 1.200 francs pour avoir un semoir à cuillers de dix à douze rangs.

Dans la catégorie des semoirs mécaniques, il faut ranger les *semoirs à engrais* qui se divisent en deux classes : les semoirs à engrais liquides qui sont alors des appareils d'arrosage et les semoirs à engrais pulvérulents.

Ces derniers appareils, appelés aussi distributeurs d'engrais (*fig.* 45), sont destinés à répandre uniformément sur le sol les engrais destinés aux cultures. Ils consistent, comme les semoirs à graines, en un bâti monté sur deux roues, portant une caisse qui renferme l'engrais et un appareil de distribution. Dans la plupart des types, à l'arrière du coffre à engrais, se trouve une trémie sur laquelle tourne l'axe distributeur, composé d'une série de disques à palette plus ou moins espacés, mis en mouvement par un pignon engrenant avec une des roues motrices ; de petits décrottoirs placés en face ou latéralement dégagent les palettes ; l'engrais tombe de là dans une boîte ouverte inférieurement, et descendant tout près du sol afin d'éviter l'action dispersive du vent.

Les semoirs à engrais ont généralement une largeur de 2 mètres à $2^{m},50$ ; un cheval suffit pour la traction. La principale difficulté, dans l'emploi de ces appareils, consiste à bien régler l'uniformité de l'épandage des engrais.

Il existe encore des appareils destinés à semer simultanément les engrais et les graines. On ne s'en sert que rarement en dehors de la culture des betteraves. Le bâti porte deux caisses. Le coffre à engrais est placé en avant et la distribution se fait par des tubes, comme pour les graines; ces tubes se terminent par des socs qui entrent plus profondément que ceux des tubes à graines qui les suivent; un peu de terre tombe après le passage des socs et préserve la graine du contact direct de l'engrais. Ces semoirs exigent un plus fort attelage que les semoirs simples.

Fig. 45.

Les semoirs mécaniques sont, la plupart du temps, reliés à un avant-train portant une grande barre transversale, de sorte que le conducteur, agissant sur l'une des poignées placées à chaque extrémité de la barre, peut empêcher toute déviation de l'instrument. Les bons semoirs recouvrent eux-mêmes la semence.

Les avantages de l'emploi des semoirs mécaniques peuvent se résumer ainsi : économie de semence, qui atteint la proportion de deux cinquièmes à la moitié, et qui, dans les grandes exploitations, équivaut rapidement au prix d'achat de l'instrument ; régularité des semailles, sous le rapport de la profondeur du semis, et par suite plus grande vigueur dans la végétation ; facilité pour les travaux de sarclage, qu'on ne peut opérer mécaniquement qu'après les semis en lignes ; maturation plus régulière, car la lumière et la chaleur circulent aisément dans les lignes parallèles ; et, comme conséquence, augmentation notable dans le rendement des récoltes.

## INSTRUMENTS DESTINÉS A L'ENTRETIEN DU SOL ET DES CULTURES

Ces instruments ont pour objet de remuer la surface du sol et d'empêcher son durcissement. Ils favorisent ainsi l'absorption et l'évaporation de l'eau, en même temps qu'ils produisent une bonne aération du sol et entretiennent sa porosité.

Les opérations auxquelles ils donnent lieu et qui sont exécutées après les semailles prennent les noms de *binage*, *sarclage* et *buttage*.

### § 38. — Binage

Le binage a pour but d'émietter ou ameublir la surface du sol tassée ou durcie par la sécheresse, et de détruire les plantes adventices qui croissent au milieu des champs cultivés. Les racines se développent en raison du volume de terre meuble qui est à leur portée, les cultures superficielles sont aussi importantes que les labours profonds.

On devrait pratiquer des binages dans toutes les cultures ; cette opération est aussi nécessaire pour les champs que pour les jardins. Outre la destruction des mauvaises herbes qui gênent la croissance des plantes utiles, les binages, en ouvrant le sol, donnent accès aux agents atmosphériques et ils empêchent la terre de se dessécher aussi rapidement.

C'est au printemps et au commencement de l'été que ces travaux s'exécutent, et un vieux dicton que l'on répète dans les campagnes, donne une idée de l'importance que les cultivateurs attachent justement au binage : « *Un binage vaut un arrosage.* »

Le binage s'effectue dans les jardins et dans la petite culture au moyen de la *binette*, outil portant, d'une part, une lame étroite et tranchante et, de l'autre, une fourche à deux dents; on peut aussi employer la *houe plate* et la *houe à deux dents.*

FIG. 46.

Dans la grande culture, on obtient un travail beaucoup plus rapide et plus économique avec la *houe à cheval* (*fig.* 46), qui permet d'opérer sur 2 hectares par jour, alors qu'un homme travaillant à bras ne fait guère que de 3 à 10 ares : cet appareil est analogue aux cultivateurs et porte une série de socs de forme spéciale attachés par des étriers sur des barres horizontales formant bâti ; il est complété par un avant-train à deux roues et une paire de mancherons.

Les charrues Howard et la plupart des cultivateurs peuvent se transformer à volonté en houes à cheval.

Un bon engin de ce genre doit obéir aisément à tous les mouvements qu'on lui imprime dans le sens vertical et se prêter au réglage rapide de l'écartement des socs.

Les binages sont surtout utiles dans les terres compactes, notamment dans les terres argileuses; on peut s'en dispenser dans les sols sablonneux et naturellement légers, à moins que les plantes adventices n'y soient nombreuses. Pour la destruction de ces plantes adventices, le binage se confond avec le sarclage. Dans toutes les circonstances, pour que le binage soit réellement efficace, il faut éviter de le pratiquer lorsque la terre est saturée d'humidité.

Les plantes nuisibles atteintes par le binage sont laissées sur le sol. On doit éviter de les piétiner, car on pourrait provoquer la reprise de certaines racines très vivaces, et détruire ainsi une partie de l'effet du travail.

## § 39. — Sarclage

Le sarclage est une opération qui a pour objet d'enlever, pendant la végétation des plantes cultivées, les herbes qui poussent dans les champs. La végétation spontanée tend sans cesse à prendre le dessus sur les travaux des cultivateurs en envahissant les champs, de là la nécessité du sarclage qu'on ne doit pas confondre avec l'opération des binages qui a pour objet d'ameublir la partie superficielle du sol, quoique en fait les binages servent aussi de sarclages, car, en tranchant la surface du sol, ils coupent les mauvaises herbes qui y poussent.

Les sarclages s'effectuent le plus souvent à la main, lorsque les jeunes plantes ont acquis assez de force pour ne pas souffrir de l'arrachage des herbes qui les entourent ; si la terre est humide, l'opération se poursuit plus facilement, c'est pourquoi dans les jardins on a l'habitude d'arroser avant de sarcler, et d'arroser encore après cette opération pour ramener la terre sur les racines que l'on peut avoir déchaussées. On pratique aussi les sarclages avec de petites binettes qui coupent entre deux terres, c'est-à-dire un peu au-dessous du niveau du sol, les plantes qu'on veut détruire ; ces binettes sont appelées quelquefois des *sarcloirs*.

Le nombre des sarclages à exécuter dans une culture n'est limité que par le temps et les moyens dont on dispose ; plus on les multiplie et mieux cela vaut pour les plantes cultivées.

Le meilleur moyen d'utiliser les produits des sarclages est de les faire entrer dans des composts.

On donne le nom général de *plantes sarclées* aux plantes dont la culture comporte des séries de binages et de sarclages successifs : telles sont les pommes de terre, les betteraves, etc.

## § 40. — Buttage

Le buttage est une opération qui a pour objet d'amonceler la terre au pied de certaines plantes en végétation. En l'exécutant au printemps, l'agriculteur a pour but de déterminer le développement de nouvelles racines partant des bourgeons ainsi mis en terre, et de procurer aux plantes soumises à cette opération une certaine fraîcheur. Pratiqué au début de l'hiver, le buttage est destiné à préserver de la gelée les plantes qui pourraient souffrir d'un excès de froid.

Le buttage s'exécute soit à la pioche, soit au moyen d'un instrument appelé *buttoir* (*fig.* 47).

Ce dernier affecte la forme d'une charrue à soc triangulaire, et a deux versoirs placés dos à dos, de chaque côté du soc. Entre les deux versoirs sont placées des charnières qui permettent d'en faire varier l'écartement. Les buttoirs peuvent ainsi tracer des sillons plus ou moins larges, selon la distance qui sépare les lignes des plantes.

Pour que le buttage produise de bons effets, il faut qu'il ait lieu au moment où la terre vient d'être ameublie par un binage ; si elle était dure, le buttoir fonctionnerait mal. On doit éviter le buttage dans les terres humides.

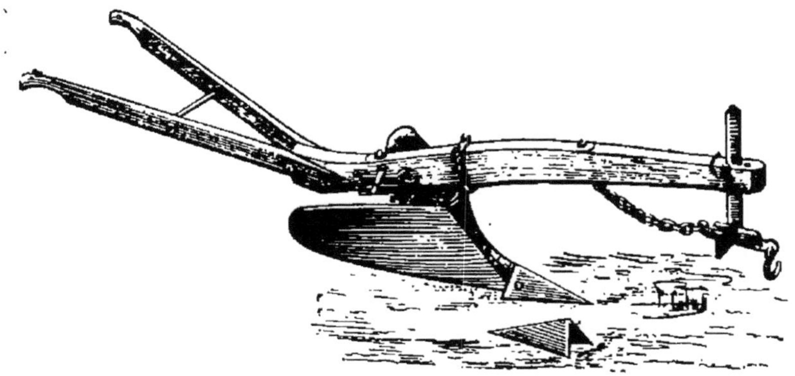

Fig. 47.

Dans les jardins, le buttage est employé pour recouvrir certaines espèces de légumes et en faire blanchir les côtes ou les tiges.

## INSTRUMENTS DESTINÉS A LA RÉCOLTE DES PLANTES

Les procédés et instruments de récolte varient avec chaque nature de culture. Nous nous occuperons particulièrement ici des appareils qui servent à opérer la récolte des fourrages, des céréales et des racines.

### § 41. — Récolte des fourrages

La récolte des fourrages comprend quatre opérations : 1° la *coupe ;* 2° le *fanage ;* 3° le *bottelage*, ou mise en bottes ; et 4° l'*engrangement*, c'est-à-dire la rentrée en granges.

**1° Coupe.** — La *coupe* s'effectue à bras au moyen de la *faucille* ou de la *faux*.

La faucille (*fig.* 48) ne s'applique que dans les très petites exploitations et se compose d'une lame en croissant à tranche unie ou dentée, emmanchée dans un morceau de bois formant poignée; elle y est rivée ou assujettie avec une virole.

Fig. 48.

Pour la manœuvre, on la tient de la main droite, tandis qu'on saisit une poignée d'herbes de la main gauche, et on coupe les tiges aussi près de terre que possible.

La faux (*fig.* 49), beaucoup plus lourde, s'adapte à l'extrémité d'un long manche en bois; elle porte à cet effet un talon T qui fait avec le plan de la lame un angle *c*, tandis que la ligne qui passe par les deux extrémités de la lame recourbée fait avec le manche un autre angle *a*; ces deux angles, dits le grand angle (*a*) et le petit angle (*c*), sont déterminés par la pratique, et chaque ouvrier les règle à volonté au moyen de petites cales en bois ou de languettes en cuir.

Fig. 49.

La bonne qualité de la lame est une condition essentielle pour le bon fonctionnement de la faux. La plupart des lames sont faites aujourd'hui en acier. Pour en maintenir le tranchant, le faucheur porte avec lui un marteau et une enclume légère, de façon à pouvoir affûter la faux au fur et à mesure des besoins. On préfère généralement les lames en acier fondu à celles en acier malléable; le tranchant est plus résistant, mais il est plus cassant.

Le travail fait à la faux varie suivant la nature, l'abondance des récoltes, la force et l'habileté du faucheur. Ce dernier tient la faux à deux mains et manie l'outil de manière à donner par minute vingt-trois à vingt-sept coups, d'une amplitude moyenne de 2 mètres, en coupant l'herbe sur une largeur de 0m,13. De cette façon, un bon faucheur peut couper par jour de 30 à 35 ares de prairie ordinaire. Dans les céréales, il va plus vite et peut atteindre 50 ares.

Dans les exploitations d'une certaine importance, on a presque toujours avantage aujourd'hui à remplacer par la machine les travailleurs à bras, aussi remplace-t-on ce travail pénible par celui des *faucheuses mécaniques* (*fig*. 52), traînées par un ou deux chevaux.

Fig. 50.

L'organe essentiel de ces faucheuses est une scie mobile (*fig*. 50), à grandes dents d'acier, en forme de trapèze isocèle, dont les côtés inclinés et la petite base sont taillés en biseau, disposée de manière à glisser dans la rainure horizontale

Fig. 51.

que présente la barre métallique sur laquelle elle s'adapte, ou plutôt les doigts en pointe (*fig*. 51), qui se détachent de cette barre pour venir en avant diviser l'herbe.

Cet appareil est placé latéralement à l'avant-train et au ras du sol, afin de tondre les herbes aussi près de terre que possible, sans s'engorger et sans que ses dents mordent le sol.

Le mouvement alternatif de va-et-vient est donné à la scie par le mouvement même de translation de la machine. La transmission de mouvement se fait soit par des engrenages et un plateau à excentrique, soit par l'intermédiaire d'un arbre moteur parallèle à l'essieu.

Un système de réglage permet de donner à l'outil l'inclinaison la plus convenable ; il est disposé d'ailleurs de manière à se relever à la fin de l'opération pour faciliter le transport, ou lorsqu'il s'agit de passer un obstacle.

Un levier ou une pédale de débrayage sert à isoler les engrenages de la roue qui les commande et permet ainsi d'interrompre le mouvement à la volonté du conducteur.

Telle est, simplifiée, la composition des faucheuses.

FIG. 52.

Avec une machine portant une scie de 1m,20 à 1m,30, pesant de 300 à 350 kilogrammes et coûtant de 350 à 475 francs, on fauche aisément de 3 à 4 hectares ; il faut ajouter toutefois que le travail absorbé en kilogrammètres atteint quatre fois celui dépensé dans le fauchage à bras ; l'emploi des faucheuses n'en est pas moins précieux, parce qu'il permet de substituer le travail des animaux à celui de l'homme et de gagner beaucoup de temps, de manière à effectuer très rapidement la récolte au moment le plus opportun.

La rapidité et l'économie dans le travail ne sont pas les seuls avantages des faucheuses mécaniques. On doit y ajouter, dans la coupe, une régularité que l'on n'atteint pas avec la faux ; il y a, de ce fait, une certaine augmentation dans la récolte. Aux deuxièmes coupes, l'avantage est encore plus grand en faveur de la faucheuse : le chaume mêlé à ces coupes, et sur lesquelles la faux glisse, sert, au contraire, de point d'appui à la lame pour couper les herbes fines et molles qui abondent au pied des plantes.

2° **Fanage.** — L'herbe coupée est disposée sur le sol en lignes continues, auxquelles on a donné le nom d'*andains.* Pour la tansformer en foin, il est indispensable de faire une seconde opération qui consiste à débarrasser cette herbe de l'eau qu'elle contient (60 à 80 0/0 de son poids) par une dessiccation bien conduite. Cette opération, appelée *fanage*, consiste à éparpiller et à étaler au soleil l'herbe fauchée, en la retournant de temps en temps.

La valeur nutritive du foin obtenu est très différente, selon que le fanage s'exécute dans de bonnes ou dans de mauvaises conditions. Cette opération, assez délicate, s'opère, dans un grand nombre d'exploitations, à la main, au moyen de fourches généralement en bois, souvent aussi en fer ou en acier ; n'exigeant que peu de force, ce travail est ordinairement confié aux femmes et aux enfants.

Plus l'herbe est sèche, plus il faut apporter de précautions à son maniement, pour éviter de la briser et d'en faire tomber les feuilles et les fleurs. Par un temps pluvieux, on doit laisser les andains sans les ouvrir.

Une dessiccation rapide assure au foin une qualité supérieure.

Le fanage à la main, exigeant un personnel nombreux, on lui a substitué, comme pour la coupe et avec avantage, le fanage mécanique.

La *faneuse mécanique* (*fig.* 53) a pour principal organe un tambour actionné par les roues porteuses et portant des dents de fourches en acier ; on l'élève ou on l'abaisse à volonté ; on embraye pour le mettre en mouvement ou on l'arrête ; on peut changer au besoin le sens de la rotation ; les dents sont d'ailleurs pourvues de ressorts et ne résistent pas quand elles rencontrent un obstacle.

Ces instruments sont généralement d'une grande solidité et, pour peu qu'ils soient bien entretenus et graissés, ils durent indéfiniment. On évalue le travail d'une faneuse mécanique à celui de quinze femmes ; ce travail est d'ailleurs plus rapide et plus régulier. Les faneuses prennent une vitesse de 3m,60 à 3m,80 à la circonférence ; leur prix est de 500 à 600 francs.

Le mouvement en avant des dents de la faneuse est assez

énergique pour projeter en l'air les herbes coupées ; afin d'éviter que celles-ci ne retombent sur le dos de l'attelage, on

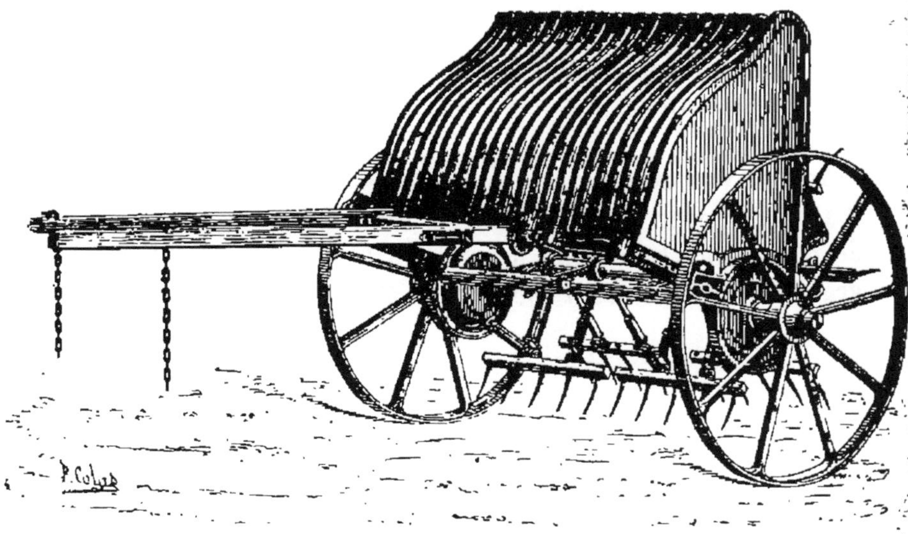

Fig. 53.

interpose souvent un écran en fil de fer ou mieux une capote (*fig.* 53), sur la partie antérieure du bâti.

Fig. 54.

Les faneuses rotatives ont le défaut d'être lourdes à la

traction, d'effeuiller les fourrages et de bourrer dans les fortes récoltes. On leur substitue avantageusement des faneuses à fourches articulées (*fig.* 54). A la rencontre d'un obstacle, l'articulation de chaque fourche lui permet de s'élever pour éviter cet obstacle et lui fait reprendre, aussitôt après, sa position première.

Après avoir retourné le foin et avant la mise en bottes, il faut le disposer en tas ou en meules ; on se sert à cet effet de ***râteaux en bois*** dans les petites exploitations, et dans les grandes, de *râteaux à cheval* (*fig.* 55).

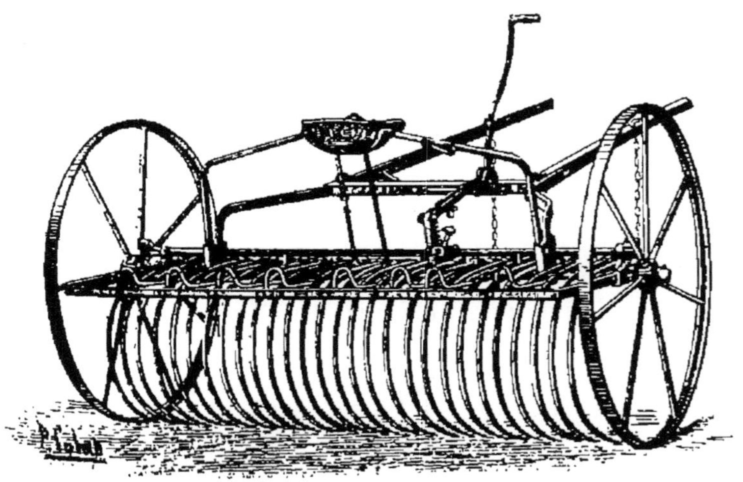

Fig. 55.

Ces derniers ont sensiblement la même largeur que les faneuses et les suivent pour ramasser l'herbe, rassembler les foins épars et les mettre en tas.

Tout râteau à cheval comporte une série de dents assez rapprochées, recourbées en forme d'énormes crochets et toutes mobiles isolément sur l'arbre qui les porte ; quand les dents ont recueilli une quantité suffisante d'herbes, le bâti se déplace, soit par l'action du conducteur, soit automatiquement, et les laisse retomber en tas sur le sol.

Les dents sont relevées également pour le transport de l'instrument, lorsqu'il n'a pas à fonctionner.

Le travail de vingt-cinq à trente ouvriers peut être exécuté dans le même temps par un seul râteau à cheval, qu'un homme suffit à conduire.

Avec la faneuse et le râteau à cheval, on dépense 8 à 10 francs par hectare au lieu de 18 francs, et l'on trouve d'ailleurs un autre avantage dans la moindre durée de l'opération, qui permettra quelquefois de sauver une partie de la récolte en hâtant le rentrage, de manière à l'effectuer avant le mauvais temps.

3° **Bottelage.** — Les foins secs sont bottelés soit directement sur la prairie, soit dans les greniers où ils ont été rentrés. Selon les régions, on donne aux bottes un poids de 5 à 10 kilogrammes. Ces bottes sont faites à la main ou à l'aide de botteleurs mécaniques. Elles sont entourées au moyen d'un ou de plusieurs liens de foin tressé.

4° **Engrangement.** — La rentrée des fourrages dans les granges est faite au moyen de voitures de formes appropriées se prêtant à des chargements de très gros volume.

Les foins peuvent être conservés en meules recouvertes d'une couche de paille, quand on ne dispose pas de greniers suffisants pour les mettre à l'abri. Une bonne précaution, pour éviter qu'ils moisissent, consiste à les saupoudrer légèrement avec du sel au moment de l'emmagasinage ou de la mise en meules.

## § 11 *bis*. — Récolte des céréales

La récolte des céréales se fait soit avec des instruments à main, soit avec des machines actionnées par des animaux.

Les outils les plus universellement adoptés sont : la *faucille*, la *faux* et la *sape*.

A la faucille, le moissonneur saisit de la main gauche une poignée de tiges, qu'il coupe à la base. La réunion de plusieurs de ces poignées constitue une *javelle*. Le travail à la faucille est lent, il permet de moissonner de 15 à 20 ares par jour, mais les femmes et les enfants peuvent s'y adonner.

L'usage de la *sape* offre moins d'inconvénients et permet

de faire le travail plus rapidement, avec moins de fatigue. En outre la céréale est coupée plus bas. Le sapage des céréales est une méthode flamande.

La sape est composée d'une sorte de petite faux à manche court (*fig.* 56), presque perpendiculaire au plan de la lame, et coudé à son extrémité. L'ouvrier sapeur est, en outre, armé d'un bâton terminé par un crochet; la récolte étant à sa gauche, il rassemble et maintient les tiges avec le crochet tenu de la main de ce côté, tandis que de la main droite il les tranche avec la petite faux.

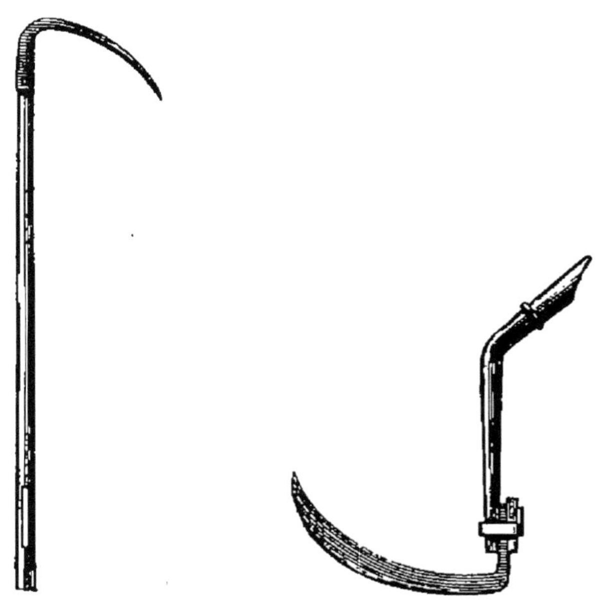

FIG. 56.

En cas de verse, la sape a le grand avantage de permettre la coupe des céréales les plus diversement couchées, mieux qu'aucun autre outil.

Un bon ouvrier coupe par jour à la sape de 30 à 40 ares. Son travail ne vaut pas tout à fait celui du faucilleur, mais il est plus soigné généralement que celui du faucheur. Enfin, de même que le faucilleur, le sapeur n'a pas besoin de servant.

L'emploi de la *faux* pour la moisson des céréales est aujourd'hui très répandu.

La faux est plus difficile à manier que les instruments précédents. Elle exige la force d'un homme fort, mais par contre fait plus de besogne.

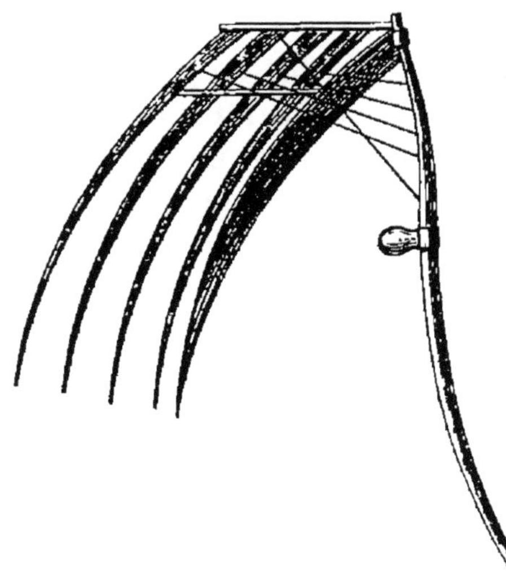

Fig. 57.

Pour la moisson, la faux doit être *armée*, c'est-à-dire complétée au moyen d'un accessoire appelé *playon* (*fig.* 57), sorte de cadre léger en bois qui sert à coucher le blé et qui est particulièrement utile dans les terrains irréguliers et quand les céréales ont été versées.

Un bon faucheur peut couper par jour jusqu'à 50 ares de blé, 40 ares d'orge et 60 ares d'avoine.

Il y a grand avantage, dans les exploitations d'une certaine

Fig. 58.

importance, à recourir aux *moissonneuses* (*fig.* 58), dont les dispositions et le mode de fonctionnement diffèrent très peu de ce qui a été dit au sujet des faucheuses, si bien qu'on construit des machines pouvant effectuer à volonté la coupe des foins et celle des céréales.

Cependant les moissonneuses comportent, en outre, un système spécial pour le rangement du blé en javelles. A cet effet, des bras mobiles en bois, en forme de râteaux, rabattent le blé coupé sur une plate-forme également en bois ; puis, à un moment donné, l'un d'eux le ramasse et le projette sur le sol, en dehors du chemin parcouru par la scie, de sorte que la piste se trouve libre sur le passage de l'attelage au tour suivant.

Ces machines pèsent 400 à 600 kilogrammes, et coûtent de 750 à 1.000 francs; elles moissonnent de 3 à 4 hectares par jour.

On a construit des moissonneuses qui rangent le blé non en javelles, mais en andains; ce système n'est plus guère employé que lorsqu'on demande à la machine d'opérer immédiatement après la coupe l'opération du bottelage; le blé tombe alors sur une toile sans fin, qui est mise en mouvement, comme la scie, par les roues porteuses.

Les blés coupés doivent être laissés quelque temps sur le champ, afin que leur dessiccation s'achève complètement. On forme ainsi une *gerbe*. Le liage des gerbes se fait le plus généralement encore à la main. Cependant il existe, comme on vient de le voir, des *moissonneuses-botteleuses-lieuses* qui, après avoir coupé les céréales, les mettent de suite en gerbes, liées à la ficelle.

Ces dernières machines, perfectionnées et simplifiées, qui entrent de plus en plus dans la pratique courante, ne pèsent que 550 à 750 kilogrammes; elles coûtent de 1.150 francs à 1.450 francs et font en trois heures et demie la récolte d'un hectare de blé.

Pour que les céréales ne se trouvent pas exposées à souffrir des pluies qui peuvent survenir, on dispose les gerbes en *dizeaux* (*fig.* 59). Autour d'une première gerbe, on en dresse huit autres, les épis en l'air, et l'on recouvre le tas ainsi formé d'une dixième gerbe renversée, dont on écarte les épis et qui forme chapeau. On a donné, par extension, le nom de dizeaux à des tas formés de la même façon avec douze ou quinze gerbes. On peut aussi donner au tas une forme prismatique, en plaçant deux gerbes sur le sol, les épis de l'une appuyés contre ceux de l'autre ; sur celles-là, on en met d'autres en travers.

Fig. 59.

Les *moyettes* se rapprochent des dizeaux. On forme la moyette picarde en plaçant, par couches horizontales circulaires, les épis au centre, un certain nombre de javelles, et en recouvrant le tas ainsi obtenu d'une forte gerbe servant de chapeau. Quant à la moyette flamande, c'est un tas arrondi et conique de javelles disposées verticalement; elle est également surmontée d'une grosse gerbe renversée.

Quand la coupe et le liage sont faits, il est indispensable de râteler le champ pour éviter une perte notable des épis restés sur le sol. Dans certaines exploitations, cette opération se fait au moyen du râteau à main, appelé *fauchet* ; dans les exploitations plus importantes, on a recours au *râteau à cheval*.

Quand les blés sont suffisamment secs, on les met à l'abri sous un hangar ou dans une grange, ou bien on en forme de grandes meules. Ces dernières sont établies soit dans les champs, soit dans les cours de ferme. On leur donne une forme circulaire ou une forme rectangulaire, en plaçant les gerbes par lits superposés, les épis à l'intérieur de la meule. Celle-ci se termine en pointe ou en toit; on la revêt d'une couverture de paille fixée par des piquets.

Les meules doivent toujours être placées sur un terrain sec et jamais dans une dépression où les eaux puissent s'accumuler; afin de mettre plus complètement leur base à l'abri de l'humidité, on recouvre d'un lit de paille ou de branchages le sol sur lequel on doit les élever.

Voici quelques indications utiles sur la construction des meules : après en avoir délimité la base, et établi sur terre un lit de fagots ou de bottes de paille, comme sous-trait, on place au centre des gerbes en croix les épis superposés. Alors on fait alentour de doubles rangées de gerbes, placées tête-bêche, les unes sur les autres, en ayant

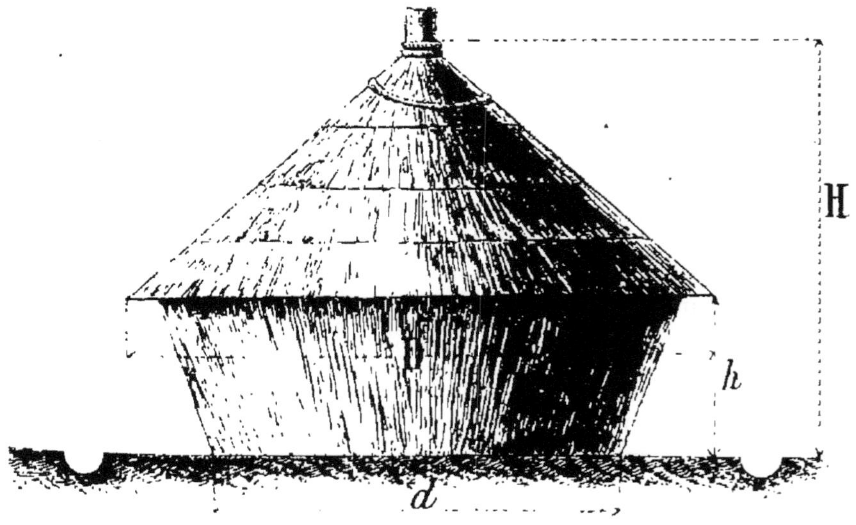


FIG. 60.

soin de bien les presser les unes contre les autres pour éviter tout intervalle. Au fur et à mesure qu'on élève la meule, on agrandit son diamètre en faisant dépasser légèrement les assises extérieures sur les précédentes, de manière à ce que la base de la meule constitue un tronc de cône, dont la plus grande base se trouve en haut. Cet élargissement se poursuit jusqu'à une hauteur de 3 à 4 mètres, à partir de laquelle on rétrécit au contraire successivement le diamètre des assises, de façon à former un cône. Pour terminer celui-ci, quand la meule est suffisamment haute, on place sur l'axe plusieurs gerbes debout, et l'on termine l'édifice avec des bottes de paille (*fig.* 60).

Quand une meule est terminée, on l'abandonne à elle-même pendant plusieurs jours, pour qu'elle se tasse, et cela d'autant plus longtemps que le ciel est plus clément. Puis, on procède à la couverture. On emploie, de préférence pour celle-ci de la paille de seigle ou de blé. L'opération demande beaucoup de soin.

Les dimensions les plus ordinaires des meules de céréales sont les suivantes :

| | |
|---|---|
| Diamètre inférieur | 5 mètres |
| Diamètre maximum | 7 — |
| Hauteur à l'égout de la toiture | 3 à 4 — |
| Hauteur totale | 9 à 10 — |

Le volume d'une meule se calcule avec la formule suivante :

$$V = \frac{1}{6}\pi D^2 (H - h) + \left(\frac{D^2 + d^2 + Dd}{12}\pi h\right),$$

dans laquelle : D est le diamètre maximum, $d$ le diamètre de la base, H la hauteur totale, $h$ la hauteur de la base à la ligne d'égout.

En général, 1 mètre cube de blé en gerbes pèse 100 kilogrammes et correspond à huit ou dix gerbes.

## § 42. — Récoltes diverses

Pour la récolte des racines, on a recours à une opération appelée *arrachage*, qui consiste à enlever du sol les plantes dont les racines doivent être emportées. L'arrachage est principalement une opération habituelle de grande culture pour les betteraves, les pommes de terre, les navets, les carottes et les topinambours.

Pendant longtemps, cette opération s'est pratiquée au moyen

des bras de l'homme, aidés de simples outils, tels que la bêche, la fourche, la pioche, le pic, et dans bien des cas on continue à opérer ainsi. Cependant des machines spéciales commencent à être usitées, dans la grande culture principalement.

A ce sujet, il y a lieu de mentionner les *arracheurs de racines* qui servent à la récolte des pommes de terre, des betteraves, etc., et permettent de mener le travail avec une grande rapidité.

Pour les pommes de terre l'outil consiste en une sorte de soc double émoussé, prolongé par des tiges de fer en éventail (*fig.* 61).

Fig. 61.

Ces arrachoirs de pommes de terre ne coûtent que de 130 à 155 francs ; ils peuvent être attelés d'une ou de deux bêtes selon le terrain; ils permettent de récolter environ 1 hectare 20 ares par journée de travail de dix heures.

Pour les betteraves, on préfère à tous autres une sorte de fourche (*fig.* 62), qui fonctionne à $0^{m}$,20 au-dessus du sol et qu'on monte sur un bâti de charrue ou de cultivateur.

Dans les champs très régulièrement semés avec des engins mécaniques, on peut arracher avec la même machine plusieurs lignes de betteraves à la fois.

La quantité de travail que font par jour les arrachoirs de betteraves est variable selon la nature du sol. Le prix en varie entre 200 et 350 francs, selon le poids et suivant qu'ils arrachent un seul rang ou plusieurs rangs à la fois. On estime qu'ils peuvent faire de 1 hectare 50 ares à 2 hectares, avec des attelages de deux ou de quatre bêtes, selon les difficultés du travail.

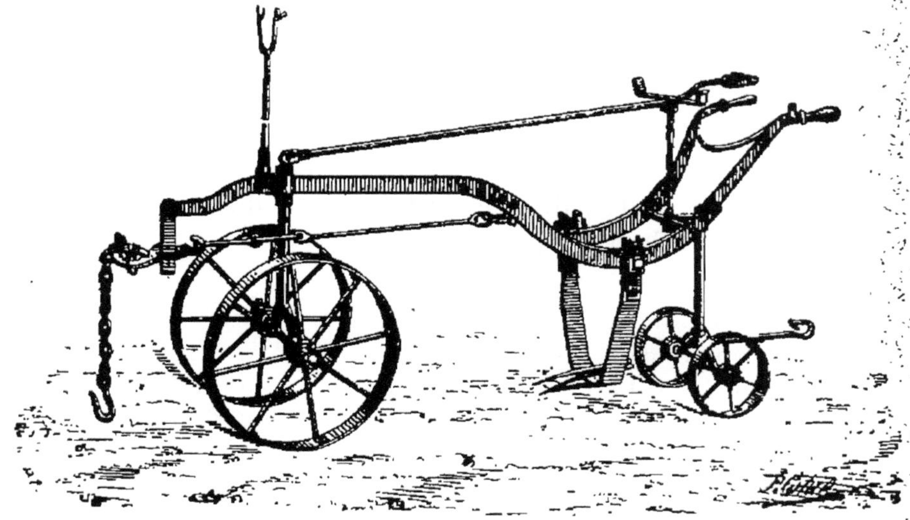

Fig. 62.

Le résultat n'est pas une grande économie dans le coût de l'opération ; mais, quand la main-d'œuvre fait défaut, quand il est nécessaire d'aller vite, il y a intérêt véritable, pour les sucreries et pour les cultivateurs de betteraves, à profiter des arrachoirs mécaniques.

## INSTRUMENTS DESTINÉS A LA PRÉPARATION DES RÉCOLTES

Certaines récoltes, une fois mises à l'abri, doivent subir encore, avant de pouvoir être utilisées ou vendues, une série de manipulations plus ou moins complètes selon les circonstances.

Pour les céréales, il faut d'abord séparer le grain de la paille, puis le nettoyer de toutes les impuretés qu'il peut contenir. La paille elle-même doit être mise en bottes réglées.

## § 43. — Battage des céréales

Par le battage des céréales on sépare le grain de la paille en le détachant des épis; à cet effet, on a recours à différents procédés qui sont : 1° le battage au fléau; 2° le dépiquage; 3° le battage à la machine.

De ces trois procédés, le premier tend de plus en plus à disparaître de la pratique générale ; le deuxième n'est usité que dans les contrées méridionales, où également on le voit diminuer peu à peu. Enfin, le battage mécanique prend de l'extension à mesure que les machines se perfectionnent et s'adaptent mieux aux conditions variées des exploitations rurales.

Le *fléau* (*fig.* 63), dont l'usage est encore assez commun dans les petites exploitations, se compose d'un long manche auquel est fixé, à la partie supérieure, un cylindre de bois dur de petit diamètre, à l'aide d'une couplière en cuir. La batte du fléau, grâce à ce dispositif, peut tourner dans tous les sens.

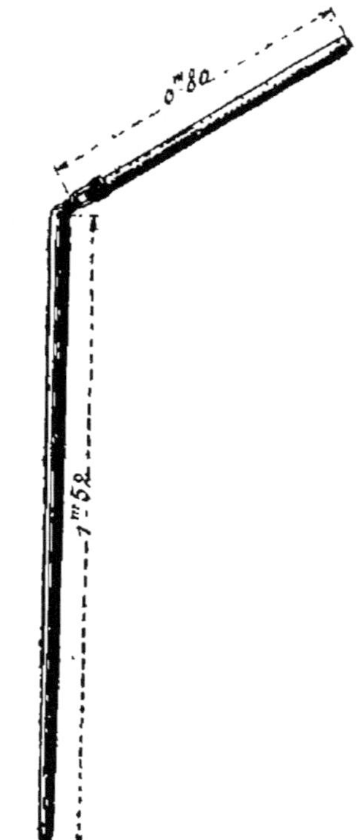

Fig. 63.

Le battage au fléau consiste à frapper avec cet instrument les gerbes étendues sur une aire soigneusement aplanie.

C'est un rude travail que celui du batteur. Il doit donner environ 35 à 40 coups de batte par minute, soit de 16 à 21.000 par journée de travail. On ne peut donc employer à cet ouvrage que des ouvriers vigoureux. Ceux-ci sont de plus dans une poussière continue qui agit défavorablement sur leurs yeux et leurs organes respiratoires.

D'autre part, c'est une opération très lente. Un bon batteur, dans les conditions ordinaires, ne produit pas plus d'un hectolitre et demi de blé ou 3 hectolitres d'orge, ou 4 hectolitres d'avoine par journée de huit heures de travail effectif. En outre, l'opération est très imparfaite, car elle laisse environ 7 0/0 de grains dans les épis.

A côté de ces inconvénients, le battage au fléau a l'avantage de ne pas détériorer la paille.

Le *dépiquage* consiste à faire fouler les gerbes par de lourds rouleaux en forme de tronc de cône ou par des animaux, auxquels on fait décrire des courbes formant rosace.

Par ce moyen le dépiquage de 10 hectolitres de blé exige deux journées de cheval et une journée un quart d'homme.

Le dépiquage a, sur le battage au fléau, l'avantage d'une plus grande rapidité. Il a pour avantage aussi de briser la paille. Celle-ci s'entasse alors avec facilité dans les granges où on la comprime et où elle tient peu de place. De plus, elle est consommée avec plus d'avidité par les animaux.

Le *battage mécanique* s'effectue au moyen des *batteuses*. Parmi ces dernières on distingue deux grandes catégories : les batteuses dites *en bout*, et les batteuses dites *en travers*.

Elles diffèrent les unes des autres en ce que, dans la première catégorie, les tiges sont présentées à l'organe batteur dans le sens de leur longueur et par l'extrémité qui porte les épis, tandis que, dans la seconde catégorie, les tiges sont présentées au batteur parallèlement à son axe.

Dans les unes et les autres, les principaux organes sont le *batteur* et le *contre-batteur*.

Le *batteur* B (*fig.* 64) consiste en un cylindre creux ou tambour, d'un diamètre variant de 0m,45 à 0m,60, porté sur un axe horizontal, animé d'une vitesse de 900 à 1.200 tours à la minute. Sa surface enveloppante est armée de barres ou battes espacées parallèlement, destinées à frapper les épis et à en faire sortir le grain. Le batteur est généralement en fonte, et les battes, dont les arêtes sont vives ou arrondies, sont en fer ou en acier. Les deux extrémités de l'axe du batteur reposent, à l'extérieur du bâti de la machine, sur deux coussinets que l'on doit pouvoir graisser facilement. Quant au batteur, il est indispensable que toutes les parties en soient bien équilibrées, afin d'éviter les ruptures qui seraient la conséquence de la grande rapidité avec laquelle il tourne. En face, et un peu au-dessus du batteur, se trouve, dans le bâti de la machine, l'ouverture par laquelle on engrène les tiges. Le mouvement du batteur entraîne les tiges et développe une aspiration qui les fait pénétrer à l'intérieur avec une rapidité proportionnelle à celle de la machine.

FIG. 64. — Coupe d'une batteuse.

Le *contre-batteur* C (*fig.* 64) est une sorte de caisse curviligne et demi-cylindrique, concentrique au batteur, munie également de battes ou cannelée intérieurement. Cette pièce est le plus souvent à claire-voie. Elle est fixée en face du batteur, de manière à former une sorte de couloir par lequel passent les tiges. On peut varier la distance qui sépare le batteur du contre-batteur, suivant la nature du grain à battre et la grosseur des pailles.

Dans les machines en bout, la paille est fatalement brisée en passant entre le batteur et le contre-batteur. Dans les machines en travers, au contraire, pendant que les épis sont attaqués par les battes, la paille reste assez intacte; d'ailleurs dans un certain nombre de machines, le batteur et le contre-batteur ne sont pas rigoureusement parallèles, leurs surfaces sont plus rapprochées du côté par lequel passent les épis, et elles le sont moins à l'autre extrémité.

Les grains sortis des épis tombent à travers ou sous le batteur, tandis que les pailles sont chassées sur un plan incliné. Dans les machines les plus simples, le grain tombe sous la batteuse et une partie est entraînée pêle-mêle avec la paille.

Dans un grand nombre de petites batteuses, les battes dont on garnit le batteur sont remplacées par des pointes ou dents de fer, qui passent entre des dents de forme semblable fixées au contre-batteur. Le blé est dépiqué sans que la paille soit autant brisée que dans les batteurs à battes planes, et le travail s'effectue avec une dépense de force moins considérable.

Les batteuses plus complètes comportent d'autres organes. Des mécanismes plus ou moins compliqués ont été adoptés pour assurer, d'une part, la séparation complète de la paille et du grain, d'autre part, le nettoyage du grain.

La paille tombe, au sortir du batteur, sur un *secoueur*. Ce dernier est formé par de larges lattes parallèles ou *volets*, placés horizontalement dans le bâti de la machine. Ces volets, reliés à un ou deux arbres coudés, en reçoivent un mouvement de sassement, dont l'objet est à la fois de pousser la paille à l'extrémité de la machine où elle est reçue sur un plan incliné, et de la débarrasser des grains qu'elle peut avoir entraînés. Ces grains tombent à travers les volets du secoueur, sur une large table appelée *auget*, suspendue par des ressorts qui lui donnent un mouvement de va-et-vient régulier. Cette table est légèrement inclinée et elle se termine par une grille à travers laquelle passe le grain, tandis que les menues pailles sont chassées par le vent d'un ventilateur.

Pendant le passage des gerbes dans le batteur, la plus grande partie du grain sorti des épis traverse le contre-batteur et tombe dans la trémie d'un ventilateur où arrive aussi le grain sortant de l'auget. Ce ventilateur sépare du grain les menues pailles, les balles et les otons, qui sont chassés au dehors.

Quant au grain, dans les machines les moins compliquées, il est entraîné à une autre ouverture, où il est reçu soit sur des toiles étendues par terre, soit dans des sacs. Mais dans les batteuses plus complètes, le grain passe successivement du ventilateur dans un ou deux *tarares cribleurs* qui en achèvent le nettoyage. Des dispositions très ingénieuses ont été adoptées pour assurer une séparation complète du bon grain de toutes les autres graines. Les dimensions et la forme des grilles des tarares varient; des élévateurs à chaînes à godets entraînent le grain dans un dernier crible trieur qui peut le séparer même, suivant sa grosseur, en deux catégories. Ces dernières batteuses perfectionnées sont dites à *grand travail* (*fig*. 65 et 66).

FIG. 65. — Batteuse française, à grand travail.

On complète même quelquefois ces machines en les munissant : d'une *engreneuse mécanique*, chargée d'introduire automatiquement la quantité de paille voulue entre le batteur et le contre-batteur ; d'une *lieuse* ou *botteleuse mécanique*, ou bien d'un *élévateur* (*fig*. 67) de paille, se composant d'un tablier incliné, sur lequel roule une toile sans fin, munie de crochets, qui remontent la gerbe ; tout le système est monté sur un bâti solide auquel on peut donner une inclinaison variable au moyen d'un arc denté.

Les *élévateurs de fourrages* sont tout à fait analogues à ces derniers.

Fig. 66. — Batteuse anglaise, à grand travail.

Fig. 67. — Élévateur de paille ou de fourrage.

Les batteuses sont tantôt *fixes* pour être placées dans l'intérieur des fermes, tantôt *locomobiles* pour être transportées d'une ferme à l'autre et faire le battage à façon ou pour venir se placer jusque dans les champs à côté des meules.

Les principaux moteurs employés pour actionner les batteuses sont les *manèges* et les *machines à vapeur*.

Les batteuses à bras, dont le prix varie de 150 francs à 300 francs, peuvent dépiquer de 20 à 50 hectolitres par jour. Les machines à grand travail, mises en mouvement par un manège ou un moteur à vapeur, font de 80 à 220 hectolitres par jour et coûtent, suivant qu'elles sont plus ou moins complètes, de 1.200 à 5.000 francs.

Voici, d'après M. Garola, le prix de revient du battage par hectare de blé rendant 25 hectolitres, dans les différents cas :

| DIFFÉRENTS MODES DE BATTAGE | PRIX DE REVIENT par hectare battu | OBSERVATIONS sur le nettoyage et l'état de la paille |
|---|---|---|
| Fléau ............... | 25,00 | Grain non vanné, paille entière. 7 0/0 de grain restant dans l'épi. |
| Dépiquage.. ........ | 26,88 | Grain non vanné, paille brisée, 7 0/0 de grain restant dans l'épi. |
| Machines en bout ... | 20,50 | Grain non vanné, paille brisée. |
| Machines en travers.. | 19.25 | Grain vanné, paille intacte pour écuries de luxe. |
| Machines en biais, à grand travail ...... | 20,00 | Grain vanné deux fois et trié, paille commerciale. |

Ce tableau montre que les progrès de la mécanique relativement à la séparation et au nettoyage du grain des principales céréales est considérable, surtout si l'on tient compte que l'on obtient, avec de bonnes machines à battre, environ 7 0/0 de grain en plus, qui restent dans la paille par les anciens procédés. On devrait donc majorer les prix du dépiquage et du battage au fléau de 20 francs par hectare. De sorte que le prix de revient a baissé de plus de 50 0/0, en même temps qu'on obtenait un grain prêt à être vendu ou utilisé.

## § 44. — Égrenage

L'égrenage est l'action de séparer les grains des plantes cultivées des enveloppes qui les recouvrent.

A cet effet, on emploie les *égrenoirs* qui sont des appareils spéciaux au battage de certaines plantes pour lesquelles les batteuses ordinaires ne peuvent pas servir. On emploie surtout des égrenoirs de maïs et des égrenoirs de plantes fourragères.

Pour le maïs, il existe plusieurs modèles d'égrenoirs. Dans tous ces appareils, le travail s'opère en serrant l'épi de maïs contre un cylindre ou un disque tournant dont la surface est garnie de rugosités; la friction que ces rugosités exercent sépare les grains de la rafle. Généralement un ressort sert à régler la pression des épis contre le cylindre ou le disque. Dans certaines machines, le travail est exécuté par deux roues rugueuses parallèles, animées de vitesses différentes. Dans d'autres modèles, le plateau est unique et il tourne contre une autre partie fixe portant également des pointes. Un ventilateur est souvent joint à l'égrenoir pour nettoyer les grains. Quant aux rafles, elles sont guidées au dehors de l'appareil par la gouttière même qui leur sert de canal. On trouve des égrenoirs de maïs qui peuvent égrener de 20 à 25 hectolitres par jour et d'autres qui, mis en mouvement par un moteur, peuvent débiter jusqu'à 100 hectolitres de maïs en grains par journée de dix heures de travail effectif.

Les égrenoirs de graines fourragères diffèrent des batteuses de céréales par la forme adoptée pour le batteur. Dans la plupart des modèles, ce batteur affecte la forme d'un tronc de cône, garni de battes en fer lisses ou cannelées; les cannelures sont tracées le plus souvent en hélice sur la surface.

Le batteur est renfermé dans un contre-batteur, de même

forme, en tôle crevée ; avec une vis qui rapproche plus ou moins du contre-batteur l'extrémité étroite du batteur, on règle l'écartement de ces deux organes. Ils sont couchés dans le bâti de la machine, de sorte que leurs génératrices inférieures soient horizontales. Les bourres de trèfle, de luzerne, etc., tombent sur le batteur, à son extrémité la plus large, d'une trémie supérieure. La graine est séparée de la bourre par le passage entre le batteur et le contre-batteur ; elle tombe, avec celle-ci, à l'autre extrémité sur un crible, puis elle passe dans un ventilateur qui la nettoie.

La séparation des tiges et des bourres précède l'égrenage des bourres. Cette opération se fait souvent avec deux machines distinctes ; aujourd'hui on construit des batteuses de graines fourragères qui réunissent toutes ces opérations.

## § 45. — Ébarbage

Après le battage à la machine, les grains d'orge et de quelques autres variétés de céréales restent pourvus d'un prolongement filiforme raide et dur qui n'est autre chose que la base de la barbe. Le grain doit être ébarbé.

On a recours pour cela à des machines appelées *ébarbeurs*. Il en existe de plusieurs modèles : les uns sont fixés aux machines à battre ou aux trieurs ; les autres fonctionnent isolément. La plupart consistent en un cylindre en tôle ou en toile métallique, dans l'intérieur duquel se meut un arbre tournant avec rapidité et garni de couteaux ou de dents qui dépouillent le grain de ses barbes.

Avec ces appareils perfectionnés, on peut traiter de 15 à 18 hectolitres à l'heure.

## § 46. — Nettoyage et triage des grains

Après le battage il faut procéder au *nettoyage* des grains qui comporte plusieurs opérations distinctes : d'abord l'enlèvement des poussières et des balles qu'on désigne sous le nom de *vannage*, puis celui des particules de terre ou *émottage*, la séparation des graines d'autre nature ou des corps étrangers qu'on dénomme *criblage;* enfin, le *triage* des grains par grosseurs distinctes. A chacune de ces opérations correspondent des appareils particuliers.

Le vannage et l'émottage s'exécutaient autrefois, et encore aujourd'hui, au moyen d'un panier aplati, sorte de grande corbeille en osier, ou *van*, dans lequel on place les grains et qu'on incline pour les déverser lentement, en nappe mince, les exposant ainsi à l'effet du vent qui entraîne les balles, poussières, particules terreuses, etc. Parfois on se contente de secouer les grains à la pelle. Mais l'opération laisse beaucoup à désirer, aussi presque partout on a définitivement substitué au van un appareil qui lui est bien supérieur, le *tarare*.

FIG. 68.

Le tarare (*fig.* 68) est basé sur ce principe, que si l'on projette le grain, contenant les matières étrangères qui s'y trouvent mélangées, dans un courant d'air énergique, les matières lourdes sont portées à une moindre distance que les matières légères. Il s'opère une classification de ces matières par ordre de densité.

Le grain s'échappe en quantité déterminée, d'une trémie supérieure, sur des grilles animées d'un mouvement saccadé de va-et-vient; celles-ci sont destinées à donner plus de prise au courant d'air produit par le ventilateur, en ralentissant la chute et en disséminant la matière sur une plus grande surface. Le ventilateur consiste simplement en palettes de bois calées sur un axe horizontal plus ou moins obliquement par rapport aux rayons. L'air s'introduit par le centre et se trouve chassé par la force centrifuge dans un conduit latéral : le courant d'air entraîne les poussières et les balles; les grains de sable avec la terre tombent à travers la toile métallique, et les grains nettoyés passent au crible qui complète la machine.

Pour 35 à 45 francs on peut se procurer un tarare qui nettoie 30 à 40 hectolitres par jour.

Pour séparer du grain les matières lourdes, telles que les pierres, on se sert d'instruments spéciaux appelés *épierreurs*,

FIG. 69.

construits sur le principe du van dont on se servait jadis,

Les *trieurs* (*fig.* 69) sont destinés à classer mécaniquement les grains en catégories de grosseurs différentes.

On les divise en *cribleurs* et en *trieurs alvéolaires.*

Pour le criblage, on emploie des appareils formés d'une ou de plusieurs grilles en fils de fer ou en tôle perforée, dont les ouvertures varient de forme et de dimension suivant la nature du mélange à traiter et du résultat à obtenir. Pour faciliter et pour activer le passage des grains à travers ces ouvertures, on donne aux grilles un mouvement de va-et-vient ou un mouvement de rotation. On distingue, par suite, les cribleurs plans à mouvement alternatif et les cribleurs cylindriques à mouvement rotatif.

Le *triage* s'opère au moyen de cylindres en tôle perforée ou à alvéoles qui retiennent les graines étrangères, puis séparent les grains de blés bien conformés par ordre de grosseur.

Tous ces appareils très simples et peu coûteux, ingénieusement disposés et construits économiquement, tendent à se répandre de plus en plus dans les exploitations rurales.

Très souvent on les annexe aux machines à battre, de manière que toutes les opérations de nettoyage et de triage s'effectuent en même temps que le battage.

## § 47. — Préparation des racines, des pailles, du foin, etc.

Afin de donner aux animaux des racines et des tubercules débarrassés des impuretés, terre, graviers, etc., qui, d'ailleurs pourraient altérer les lames ou couteaux au moyen desquels les aliments sont divisés, on doit procéder au *lavage*.

Cette opération s'effectue avec des *laveurs-épierreurs*.

**Laveurs.** — Ces instruments (*fig.* 70) se composent d'un tambour à claire-voie, tournant dans une cuve pleine d'eau, autour d'un axe qui porte des tiges de bois ou de fer placées perpendiculairement à cet axe et disposées en hélice, de sorte que les racines cheminent d'une extrémité à l'autre de ce tambour, en se frottant mutuellement et en subissant une série de chutes, pendant lesquelles elles se nettoient. Les impuretés tombent au fond de la caisse.

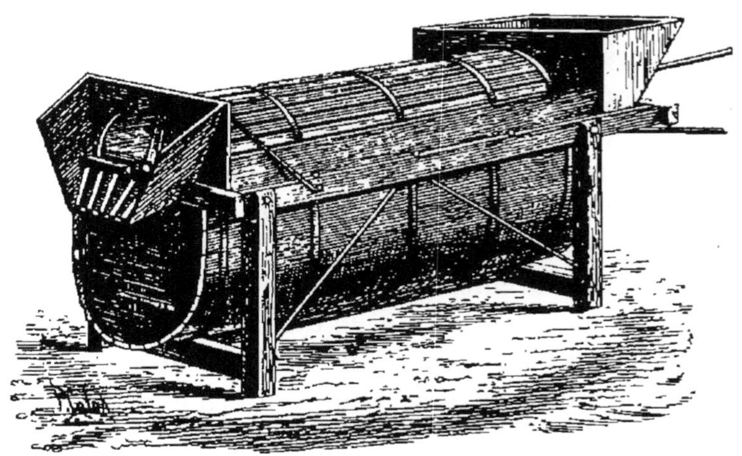

Fig. 70.

Pour les grands laveurs, la cuve est en tôle et de la forme d'un demi-cylindre ; elle est fixe, et l'axe, analogue à celui du modèle précédent, peut tourner en agitant la masse.

Le *découpage* se fait au moyen d'appareils appelés *coupe-racines*.

**Coupe-racines.** — Il est avantageux, pour débiter les racines en tranches ou en cossettes, d'avoir recours à ces appareils spéciaux, qu'on trouve actuellement à des prix abordables même pour la petite culture. Suivant la quantité de matières dont on dispose, on peut se servir des coupe-racines à disque vertical, à disque horizontal, à cylindre ou à cône : ils sont ainsi nommés parce que les lames tranchantes se trouvent disposées suivant les rayons d'un disque ou les génératrices d'un cylindre ou d'un cône.

Le coupe-racines à disque vertical (*fig.* 71) est de beaucoup le plus employé.

Tous ces instruments sont formés en principe d'une trémie qui reçoit les racines et qui porte à sa partie inférieure une ouverture, devant laquelle tourne le disque ou le cylindre.

Au fur et à mesure que les racines se présentent aux lames, celles-ci les découpent en cossettes plus ou moins épaisses.

Le travail des coupe-racines varie suivant leurs dimensions. A bras, en faisant 30 tours en moyenne par minute, on

FIG. 71.

peut débiter de 500 à 1.000 kilogrammes de lanières par heure; si l'on coupe en tranches, la quantité de travail est presque doublée. Avec un moteur, la rapidité est beaucoup plus grande; elle dépend encore de la nature des racines.

**Hache-pailles.** — La division des pailles, des foins, des tiges de maïs, d'ajoncs, se fait à l'aide d'instruments qui portent les noms de *hache-pailles*, *hache-maïs*, *hache-ajoncs*, etc.

Ces instruments sont tous analogues : ils comprennent essentiellement une sorte de gouttière, qui reçoit le fourrage fibreux, et à l'extrémité antérieure de laquelle se trouvent deux rouleaux cannelés (cylindres entraîneurs) tournant en sens contraire, qui prennent et poussent la paille sous des couteaux à lame courbe, fixés sur les rayons d'un volant mû par une manivelle (*fig.* 72).

Souvent les cylindres entraîneurs peuvent tourner d'une façon discontinue, les tiges à couper restant immobiles pendant que la section s'effectue ; cet arrêt facilite le jeu des couteaux. On peut aussi, avec ce système, régler la coupe des fourrages à la dimension voulue.

Fig. 72.

En général, l'un des cylindres entraîneurs peut s'éloigner momentanément de l'autre, près duquel il n'est maintenu que par un contre-poids. Cette disposition, empêchant le bourrage, rend le travail plus facile et moins dangereux.

**Broyeur d'ajoncs.** — L'ajonc et certaines autres plantes ont besoin, pour être utilisées, non seulement d'un hachage bien fait, mais surtout d'un pilonnage, d'un broyage, qui ne laisse aucune épine.

Dans le broyeur d'ajoncs, les deux opérations, broyage et hachage, se font en même temps. Le broyage s'accomplit entre deux cylindres, l'un à surface lisse, l'autre à surface cannelée ou dentée, qui ne tournent pas avec la même vitesse ; l'ajonc, en passant entre ces cylindres, est dépouillé

Fig. 73.

de ses épines ; il est ensuite haché par des couteaux disposés en hélice sur un tambour (*fig.* 73).

**Brise-tourteaux.** — Le concassage des tourteaux, toujours utile lorsqu'on les emploie à l'alimentation du bétail, s'effectue au moyen du brise-tourteaux, formé d'une trémie, à la partie inférieure de laquelle se trouvent deux cylindres portant sur leur surface de petites pyramides quadrangulaires ; ils tournent en sens contraire avec la même vitesse et peuvent s'écarter plus ou moins l'un de l'autre (*fig.* 74).

**Aplatisseurs et concasseurs.** — Les aplatisseurs (*fig.* 75) et concasseurs de grains sont également constitués par deux cylindres lisses ou cannelés, de diamètre différent ou d'égal diamètre, suivant qu'il s'agit d'aplatisseurs ou de concasseurs, et qui peuvent s'éloigner l'un de l'autre à la distance voulue.

FIG. 74.

FIG. 75.

Le grain arrive en quantité convenable entre ces deux

cylindres, grâce à un petit rouleau cannelé placé à la partie inférieure de la trémie qui le reçoit.

Certains concasseurs disposés différemment sont dits *à plateaux :* les deux cylindres y sont remplacés par deux plateaux d'acier, dont l'une des faces est striée. Ils sont montés suivant un même axe, les deux faces striées se trouvant en regard l'une de l'autre. Un seul de ces plateaux est mobile.

L'*aplatissage* diffère du *concassage* en ce qu'il ne divise pas le grain en fragments, mais le fait éclater et sert simplement à mettre l'amande farineuse à découvert.

**Presses à foin.** — Le foin occupe, sous un faible poids, un volume considérable. Il ne pèse en moyenne que 75 kilogrammes par mètre cube. Pour faciliter le transport, on le comprime de façon à réduire son volume au 1/4 ou au 1/3 de ce qu'il était primitivement.

Fig. 76.

Une compression modérée du foin, en même temps qu'elle en rend le chargement sur les véhicules plus facile, en assure aussi la parfaite conservation.

A cet effet, on emploie des presses à foin de trois types différents : la compression s'effectue soit dans des coffres parallélipipédiques à parois amovibles (*fig.* 76), soit dans des cylindres où on enroule le foin en le tordant légèrement, soit enfin dans une caisse allongée où on le plie avant de le comprimer et d'où il sort d'une manière continue en balles de section rectangulaire (*fig.* 77), liées à la ficelle ou

Fig. 77.

au fil de fer et prêtes pour l'expédition. C'est tantôt le poids des hommes qui détermine la compression, tantôt l'action d'un moteur mécanique quelconque, qu'on fait agir au moyen de leviers, de vis ou d'engrenages.

---

## CHAPITRE V

# AMENDEMENTS ET ENGRAIS

---

### § 48. — Épuisement du sol. — Réparation et restitution

S'il est un point qui doive intéresser le cultivateur c'est assurément l'état de fertilité de son sol. Aucune culture ne peut réussir, si elle ne trouve pas dans la terre les substances qui lui sont nécessaires pour parcourir toutes les phases de son développement. Les végétaux empruntent à l'atmosphère et au sol les éléments multiples qui les constituent. Or, si les mouvements incessants de l'atmosphère y assurent le renouvellement des matières nutritives que les plantes peuvent y puiser : carbone, oxygène, hydrogène, le sol ne saurait renouveler de même ses provisions de matières utiles, et l'intervention de l'homme devient nécessaire pour lui conserver sa fertilité. A défaut de cette intervention, le sol va s'appauvrissant sans cesse jusqu'au point d'atteindre une complète stérilité.

On cite telles contrées de l'Asie et de l'Afrique, qui, jadis, greniers d'abondance où venaient puiser à pleines mains les peuples anciens, ne sont plus aujourd'hui que des déserts d'une désolante stérilité. Les siècles ont passé sans que la nature ait pu rendre au sol ce que les hommes, dans leur imprévoyance, en avaient exporté.

Les céréales, les plantes fourragères, les cultures industrielles, en un mot toute récolte enlève au sol des quantités variables de substances nutritives. Pour en donner une idée, voici ce qu'enlève en moyenne au sol une récolte de chacune des plantes suivantes :

| | | | Azote | Acide phosphorique. | Potasse et soude. | Magnésie et chaux. |
|---|---|---|---|---|---|---|
| Blé....... | grains.. 19.000 kg.<br>paille... 4.700 — | à l'hect. | 54kg,6 | 26kg,4 | 40kg,3 | 22kg,7 |
| Betterave. | racines.. 30.000 —<br>feuilles.. 11.000 — | — | 84 ,0 | 32 ,8 | 246 ,4 | 58 ,1 |
| Trèfle..... | 30.000 kg. à l'hectare...... | | 177 ,0 | 39 ,0 | 144 ,0 | 186 ,0 |

Plus la récolte est abondante, plus est forte la proportion des éléments dont le sol se trouve dépouillé.

Les chiffres ci-dessus ne représentent d'ailleurs pas intégralement les quantités que le sol a dû fournir, car les racines et les autres parties inutilisées de la récolte ont absorbé également une certaine proportion de substances nutritives ; les herbes parasites en ont également consommé et les eaux d'infiltration en ont entraîné dans les profondeurs du sous-sol.

Si les substances ainsi enlevées à la terre arable ne lui sont pas restituées, il y a nécessairement appauvrissement du sol et, comme rien ne se perd et rien ne se crée dans la nature, pour obtenir une nouvelle récolte, il faut rendre à la terre ce que la précédente lui a pris.

C'est donc au moyen d'*amendements* et d'*engrais* que l'agriculteur soucieux d'éviter l'épuisement de ses terres pourra restituer au sol les éléments qui lui font défaut. Non seulement ces amendements et engrais fourniront le moyen de maintenir les terres dans un état constant de productivité, mais encore d'en élever la fertilité par l'apport d'éléments nouveaux.

Entre les engrais et les amendements la distinction n'est pas bien nette ; on peut dire cependant qu'on désigne ordinairement de préférence sous le nom d'engrais, les substances fertilisantes, minérales ou organiques, destinées à fournir des aliments nécessaires à la végétation, en réservant plutôt celui d'amendements aux matières minérales qui modifient les qualités du sol arable.

Les engrais et amendements ne peuvent être employés indifféremment les uns pour les autres et dans des proportions quelconques. Il importe, pour en faire le meilleur usage, de connaître la composition du sol auquel ils doivent être appliqués et celle des végétaux aux besoins desquels ils auront à subvenir.

On n'arrive à cette connaissance que par l'analyse chimique qu'il faut regarder aujourd'hui comme la base de toute bonne agriculture.

Les éléments de la fertilité comprennent principalement l'azote, l'acide phosphorique, la potasse et la chaux; les plantes contiennent bien d'autres substances, mais elles les trouvent en abondance dans l'air, l'eau et le sol, et il est reconnu par l'expérience qu'il n'est pas utile de les rendre sous forme d'engrais.

C'est donc l'épuisement de ces quatre substances qu'il importe d'apprécier et de prévenir. D'après les agronomes les plus autorisés, une terre, pour être productive, doit renfermer au moins :

| | Pour 100 |
|---|---|
| Azote | 1 |
| Acide phosphorique | 1 |
| Potasse | 2 |
| Chaux | 1 |

Ce sont ces proportions qu'il faut maintenir dans le sol par l'apport d'engrais, en quantité à déterminer, dans chaque cas particulier, d'après la nature et l'importance de la récolte.

Le calcul des engrais à employer n'offre pas de difficultés sérieuses quand on connaît :

1° La composition chimique du sol ;

2° La composition chimique des produits à récolter ;

3° La composition chimique des engrais confiés au sol.

A cet effet, les tables de Wolff, indiquant la composition chimique moyenne des récoltes et des engrais, permettent de calculer exactement les substances que doit renfermer le sol pour suffire à l'alimentation des cultures.

Ces tableaux imprimés indiquent la nature et les doses des engrais à employer. Pour être sûr de ne pas pécher par défaut, il faut toujours mettre à la disposition des plantes plus d'aliments qu'elles ne peuvent en consommer, sinon elles seraient exposées à ne pas réussir, faute d'une substance qui n'y serait pas en proportion convenable.

L'importance des amendements et des engrais pour la culture est considérable ; un choix rationnel et un emploi judicieux de ces éléments fertilisants favorisent singulièrement les progrès de la culture, aussi doit-on, par tous les moyens, appeler l'attention des agriculteurs sur ce point capital.

## AMENDEMENTS

D'une manière générale, le terme d'amendements s'applique à toutes les opérations qui ont pur but de corriger les défauts des terres arables et de les rendre ainsi plus propres à la culture.

Envisagés à ce point de vue, les amendements peuvent être divisés en trois classes :

1° Amendements *mécaniques*, qui consistent en l'emploi de moyens purement mécaniques : façons culturales, irrigation, drainage, desséchement, etc. ;

2° Amendements *physiques*, qui apportent au sol, en quantité suffisante, pour en modifier les propriétés physiques, un ou plusieurs des quatre éléments constitutifs des terres arables : silice, argile, calcaire et terreau ;

3° Amendements *chimiques* ou *engrais*.

### § 49. — Amendements siliceux

On peut avoir quelquefois à employer le sable ou le gravier sur des terres argileuses très fortes ; mais l'emploi en est très rare. Possibles en théorie, les amendements siliceux ne le sont pas en pratique. Le déplacement de masses énormes de sable, qu'ils nécessiteraient, les rend, économiquement, tout à fait impraticables. D'autre part, il est difficile de mélanger ce sable intimement à l'argile et de l'empêcher de tomber dans le sous-sol par le labourage. Le meilleur moyen est d'employer ces amendements siliceux en plusieurs années, en les mélangeant aux engrais.

## § 50. — Amendements argileux

On emploie l'argile pour amender un sol sableux ou calcaire ; mais là encore, par suite de leur adhérence et de leur compacité, les amendements argileux ne pourraient être que très difficilement incorporés au sol. Le seul cas où ils puissent être avantageux est celui où le sol sableux repose sur un sous-sol argileux d'une faible épaisseur. Il suffit alors de procéder à des labours profonds pour mélanger le sol à l'argile sous-jacente.

Dans le voisinage de Cherbourg et en Sologne cette pratique a donné de bons résultats.

Dans certains cas, on peut avec avantage employer les vases argileuses provenant du curage des cours d'eau.

La calcination de l'argile avant son emploi est parfois utile, elle met les silicates dans un état qui en facilite la décomposition.

## § 51. — Amendements calcaires

Les amendements calcaires sont de beaucoup les plus importants : cela tient à l'action considérable qu'ils exercent sur la végétation dans les sols nombreux où cet élément fait défaut. Leur efficacité est démontrée pour les terrains siliceux, argileux, silico-argileux, granitiques, schisteux, tourbeux.

Ces amendements produisent sur les sols des effets multiples qui se traduisent :

1° En ce qui touche aux *propriétés physiques*, par une coagulation de l'argile, qui en diminue la plasticité et en augmente la perméabilité ; par une concentration de la chaleur solaire dans les terres fortes ; ils donnent, au contraire, au sable de la consistance et de la ténacité ;

2° En ce qui touche aux *propriétés chimiques*, par l'accélération de la décomposition des matières organiques, dont ils favorisent l'assimilation par les plantes ; par la fixation des principes solubles du fumier ; par l'enrichissement en engrais phosphatés, car ils renferment toujours une certaine quantité de phosphates ; par la mise à la disposition des plantes des phosphates du sol restés jusqu'alors insolubles ;

3° En ce qui touche aux *propriétés physiologiques*, par la destruction des plantes adventices, dont les plus redoutables sont en majeure partie calcifuges.

Le calcaire est aussi nécessaire aux animaux : c'est la chaux combinée à l'acide phosphorique ou demeurée à l'état de carbonate qui constitue en partie la substance des os, les tests des mollusques, les coquilles des œufs, etc.

L'absence de calcaire dans un pays est vite constatée à l'aspect chétif, à l'ossature délicate des habitants, la culture y est peu développée, étant peu rémunératrice, et de telles contrées tendent à s'appauvrir toujours davantage, à se dépeupler, à moins que, par l'aide des voies de communication nouvelles, l'apport d'amendements ou d'engrais appropriés, on ne parvienne à fournir au sol ce précieux élément qui lui fait défaut.

On n'est pas d'accord sur la quantité de calcaire que doit renfermer une terre, pour en tirer le plus de produits possibles. Quelques agronomes estiment que cette quantité doit atteindre 5 0/0, d'autres 3 0/0 seulement.

Le calcaire se trouvant dans le sol sous plusieurs états différents, un assez grand nombre de matières peuvent servir d'amendements calcaires : marne, chaux, dépôts marins, coquilles et faluns. Au point de vue agricole, il est nécessaire de différencier ces variétés.

**Marnage.** — Les *marnes* sont des mélanges intimes, en proportions variables, de carbonate de chaux, d'argile, de silice, de fer, de sels alcalins et de diverses autres substances. Elles font effervescence avec les acides. Exposées à l'air, elles se réduisent en poussière par suite d'une inégale dilatation de l'argile et du calcaire et d'une absorption d'eau différente pour ces deux corps.

Les *marnes calcaires*, ou *marnes maigres*, se caractérisent par leur richesse en carbonate de chaux ; elles en contiennent depuis 50 jusqu'à 95 0/0. Ce sont les plus recherchées, et les cultivateurs leur donnent parfois le nom de *marnes riches*. Elles sont généralement blanches ou jaunâtres, sèches et difficiles à délayer dans l'eau. Elles conviennent surtout aux terres fortes, argileuses.

Les *marnes argileuses*, dans lesquelles l'argile est l'élément dominant, contiennent de 50 à 75 0/0 de cette matière et 10 à 15 0/0 de calcaire. Elles sont colorées, font facilement pâte avec l'eau, mais ces marnes ont le grave inconvénient de se déliter difficilement. On doit les réserver pour l'amendement des terres légères, siliceuses.

Les *marnes sableuses* ou *siliceuses*, dans lesquelles l'analyse décèle de 25 à 75 0/0 de silice, 10 à 50 0/0 de calcaire et le reste d'argile, sont les moins bonnes ; elles se font remarquer par leur faible consistance et par la facilité avec laquelle elles se délitent. Leur action comme amendement calcaire nécessite l'emploi de doses très considérables. Elles ne conviennent qu'aux argiles compactes.

On connaît aussi des marnes *magnésiennes*, *gypseuses*, *phosphatées*, *coquillières*, *putrides*, etc., qui doivent les noms qu'elles portent aux matières qu'elles renferment.

Ces différentes marnes ont été utilisées depuis fort longtemps pour l'amendement des sols. On trouve encore, dans notre pays, de nombreuses excavations représentant les marnières ouvertes par les Gaulois, et l'on peut constater qu'on allait chercher cette matière jusqu'à 30 mètres de profondeur. Dans ses écrits, Pline insiste sur l'utilité des marnages.

La marne agit comme la chaux, l'intensité de son action dépendant de sa richesse en calcaire ; mais elle exerce aussi sur le sol des effets physiques et chimiques spéciaux, qui varient en raison de la nature des substances qu'elle contient. Elle doit être préférée à la chaux toutes les fois qu'il s'agit de donner aux terres la consistance qui leur manque. Son emploi est tout indiqué quand il existe des gisements marneux à proximité du champ à amender.

C'est en automne, quand les travaux sont peu pressants, qu'on effectue les marnages. On répand sur la terre de 10 à 200 et même 400 mètres cubes de marne à l'hectare, selon la richesse de celle-ci et le but qu'on se propose : apporter du calcaire au sol ou modifier ses propriétés physiques. On l'enterre ensuite par des labours. Les marnages peu abondants, mais fréquents, sont préférables aux forts marnages effectués seulement tous les vingt ou vingt-cinq ans.

Ce n'est souvent qu'après deux ou trois ans que le marnage produit son maximum d'effet. Mais cet effet heureux s'atténue peu à peu et les propriétés physiques du sol, les récoltes, la flore spontanée indiquent le besoin d'un second marnage. On s'explique d'ailleurs cette nécessité au bout d'une période variant de dix à trente ans, suivant les terrains et les doses de l'amendement, par suite de la consommation de chaux faite par les plantes cultivées, et surtout par suite de la descente du calcaire, entraîné par les eaux d'infiltration dans le sous-sol.

Si la marne est un puissant moyen d'accroître les récoltes, elle ne donne ces excédents qu'aux dépens des réserves du sol ; elle ne doit, en conséquence, être employée qu'avec beaucoup de modération. On a pu, sans inconvénient, marner abondamment des terres très compactes, riches en matières organiques ; mais les mêmes doses, appliquées sur des sols légers et sans le concours de fortes fumures, ont conduit à des résultats désastreux.

**Chaulage.** — La *chaux* est le produit de la calcination du carbonate calcaire. Sa composition varie selon la nature de la roche qui l'a produite.

En agriculture, on emploie trois sortes de chaux comme matières fertilisantes : la *chaux grasse*, la *chaux maigre*, et la *chaux magnésienne*.

La première provient de calcaires presque purs. Elle est la meilleure et la plus estimée, quoique son prix élevé en rende parfois son emploi trop coûteux. Quand elle a été bien calcinée, elle augmente beaucoup de volume par l'extinction.

La seconde est obtenue en calcinant des pierres calcaires impures. Elle contient au moins 10 0/0 de sable et souvent aussi des parties ferrugineuses. Elle foisonne peu quand on l'éteint.

La troisième est la moins utile des trois. Elle contient une notable proportion de magnésie et a l'inconvénient d'être très énergique et d'amoindrir les forces productives des terrains sur lesquels on en fait usage ; aussi ne doit-on l'employer que sur des terres abondamment fumées.

Quant à la *chaux hydraulique*, durcissant dans l'eau au lieu de s'y dissoudre, on ne peut s'en servir pour le chaulage des terres que dans des circonstances tout à fait spéciales.

La chaux jouit au plus haut degré des propriétés signalées comme appartenant aux amendements calcaires. Elle fait disparaître rapidement l'acidité des terres humifères. C'est surtout aux sols tourbeux, aux bois, aux prairies récemment défrichées qu'il convient de l'appliquer.

La dose de chaux à employer varie dans d'énormes proportions. Les forts chaulages de 200 et 300 hectolitres à l'hectare ne se renouvellent qu'à de très longs intervalles, tous les quinze ou vingt ans. Les chaulages plus faibles, de 20 à 50 hectolitres, produisent de l'effet pour une durée de cinq à dix ans. On calcule qu'une culture active exige, par hectare et par an, 4 à 6 hectolitres de chaux. Les cultures n'en dépensent pas de grandes quantités, mais les eaux pluviales, enrichies de l'acide carbonique de l'air et du sol, transforment la chaux carbonatée en bicarbonate qui devient soluble et se perd par les eaux qui filtrent dans le sous-sol ou qui coulent à la surface.

Le chaulage n'impose pas de gros frais de transport ; ils sont plus considérables quand on introduit le calcaire au sol sous forme de marne. A ce sujet, le cultivateur, qui a le choix entre le chaulage et le marnage, doit évidemment choisir le procédé qui lui procure la chaux au meilleur marché.

La chaux utilisée comme matière fertilisante est appliquée de trois manières différentes :

1° La *méthode française* qui consiste à former avec les boues, gazons, produits des curages de mare, de fossés, de ruisseaux, ou de rivières, etc., des *composts* ou *tombes*, à l'intérieur desquels on fait éteindre la chaux soit en un seul monceau, soit en couches séparées par des lits de terre. On laisse le mélange, composé pendant la morte saison et après les semailles d'automne, dans cet état jusqu'à la fin de l'hiver.

C'est pendant le mois de mars ou d'avril que l'on procède

à l'extinction de la chaux qui doit être utilisée pendant les semailles de printemps. Celle qu'on incorpore au sol avant les semailles d'automne est préparée depuis la fin de juin jusqu'en septembre.

Les chaulages doivent donc être faits avant les semailles d'automne ou à l'époque des semailles de printemps.

Le mélange de chaux et de terre doit être répandu avec soin par un beau temps, puis incorporé aussitôt au sol à l'aide d'un hersage énergique et d'un labour profond.

2° La *méthode italienne* consiste à déposer la chaux sur une terre bien ameublie à l'aide de labours et de hersages, en petits tas éloignés de 6 à 7 mètres les uns des autres, et à les couvrir de suite d'un peu de terre. Chaque jour, on visite les monceaux, afin de boucher toutes les crevasses ou fissures qu'on observe dans la terre qui couvre la chaux.

Quand celle-ci est éteinte ou qu'elle est en poussière, on la mélange avec la terre et on reforme les tas en ayant soin de bien couvrir les morceaux qui ne sont pas encore délités. Quelques jours après, on remanie de nouveau les tas, pour les abandonner à eux-mêmes ou les étendre sur le champ par un temps sec et les incorporer promptement à la couche arable comme dans la précédente méthode.

3° La *méthode allemande* diffère beaucoup des précédentes. Elle consiste à déposer la chaux vive sous un hangar, pour qu'elle perde naturellement sa causticité et qu'elle devienne pulvérulente. La poudre de chaux que l'on obtient par ce procédé est destinée à être répandue sur des légumineuses fourragères : trèfles, luzernes, etc. Cette chaux en poudre doit être appliquée par une belle journée, mais de préférence le matin, lorsque l'air est calme et avant la disparition de la rosée.

Les effets de ce chaulage sont souvent très remarquables et supérieurs à l'influence que le plâtre exerce sur la végétation des légumineuses dans les localités où son emploi est très répandu.

L'emploi de la chaux, on ne doit pas l'oublier, ne dispense pas de fumer les terres sur lesquelles on la répand. Si la chaux bien appliquée peut augmenter les produits des plantes cultivées, elle peut aussi les diminuer et épuiser la terre si son usage est répété et si elle n'est pas précédée ou suivie par une fumure en rapport avec la quantité appliquée.

Les chaulages, très favorables aux céréales, font souvent d'une médiocre terre à seigle une bonne terre à blé.

**Dépôts marins : tangue, coquilles et faluns.** — La mer réunit sur les côtes des substances minérales et animales qui contiennent des éléments chimiques d'une grande valeur pour la fertilisation des terres. Les roches calcaires attaquées et triturées par les vagues, les coquilles des mollusques, brisées et réduites en fragments plus ou moins menus, la substance excrétée par les polypiers lithophytes produisent, le long de certaines côtes océaniques, des engrais dont les cultivateurs peuvent tirer grand parti pour amender et fumer les terres les plus rapprochées de la mer.

Ces amendements ont pour effet principal d'enrichir le sol de carbonate de chaux, et d'y déposer en même temps des doses variables d'azote, d'acide phosphorique, de potasse et de magnésie.

Ces dépôts sont connus sous les noms de tangue, de trez et de merl.

La *tangue* est un sable grisâtre ou blanchâtre, d'une finesse extrême, qui se dépose à l'embouchure des rivières de la basse Normandie et d'une partie de la Bretagne.

A la dose de 6 à 16 mètres par hectare, elle fait merveille sur les terres granitiques ou schisteuses des départements de la Manche et d'Ille-et-Vilaine. Elle agit à la manière d'un chaulage ou d'un marnage. La meilleure tangue est celle qui contient le plus de carbonate de chaux. Ce calcaire paraît résulter en grande partie des coquilles marines réduites à l'état de matières impalpables.

Le mètre cube de tangue pèse de 1.000 à 1.400 kilogrammes et contient, d'après Isidore Pierre :

| | Kilogrammes | | Kilogrammes |
|---|---|---|---|
| Carbonate de chaux | 304 | à | 619 |
| Acide phosphorique | 1,07 | à | 13,51 |
| Azote | 0,552 | à | 1,95 |
| Potasse et soude | 0,40 | à | 12,78 |

La tangue qui se dépose dans les baies et les anses est d'autant plus ténue qu'on se rapproche davantage du rivage. Partout où le flot peut s'étendre sans obstacle sur une vaste plage, les débris de coquilles, triturées par les vagues et suspendues dans l'eau, se déposent sur la grève, abandonnant d'abord la tangue la plus grossière et laissant la plus fine sur les bords où les vagues n'ont plus qu'une faible vitesse.

Il faut se garder de l'appliquer au sol, fraîche et imprégnée d'eau de mer. Dans cet état, elle y introduit une quantité de sel marin dont la présence serait nuisible aux cultures. Exposée à l'air pendant plusieurs mois, elle foisonne, par l'effet des débris de coquilles qui se délitent et s'exfolient. Desséchée, elle s'emploie quelquefois directement sur le sol. Le plus souvent, on en fait des composts avec du fumier, des terres, des curures de fossés et des vases de toutes sortes.

On désigne sous le nom de *trez* (troez ou treaz), des sables coquilliers qu'on extrait en Bretagne au bord de la mer et dont la composition chimique est analogue à celle de la tangue. Ils en diffèrent entièrement par la couleur et par la grosseur de leurs éléments.

Dans cinq échantillons de trez, pris dans cinq localités différentes, M. Boitel a trouvé :

| | | | | | |
|---|---|---|---|---|---|
| Matières organiques... | traces | traces | traces | 6,86 | 5,40 |
| Sable siliceux.. ....... | 29,00 | 51,50 | 69,00 | 74,66 | 88,88 |
| Argile................ | » | 1,50 | » | 3,73 | 2,60 |
| Carbonate de chaux.... | 70,00 | 45,00 | 27,00 | 14,40 | 2,40 |
| Phosphate de chaux.... | 0,95 | » | » | » | » |
| Oxyde de fer.......... | » | 0,05 | traces | » | » |
| Sels solubles de l'eau de la mer.............. | » | 1,10 | 1,2 | 1,33 | 1,30 |
| Totaux....... | 99,95 | 99,15 | 97,2 | 100,98 | 100,58 |

Le trez répandu sur les pâturages favorise singulièrement leur développement. On en fait souvent des composts avec du fumier. Employé de cette façon et appliqué à la betterave et à la pomme de terre, on en obtient des rendements comparables à ceux des régions les plus fertiles et les mieux cultivées.

Comme la tangue, et pour les mêmes raisons, le trez ne doit pas être employé à l'état frais et imprégné d'eau salée. D'un autre côté, il perd son énergie quand on l'expose trop longtemps à l'air et à la pluie. Dès qu'il est dépouillé du sel, il faut l'employer : c'est le *trez vif*. On appelle *trez mort* celui qui, par une exposition trop prolongée à l'air, a perdu une partie de ses principes fécondants.

Le *merl* (mœrl ou maerl) est une autre substance calcaire d'un aspect tout différent de celui du sable coquillier et que l'on extrait de la mer dans les départements du Morbihan et du Finistère.

Il se présente sous forme de concrétions mamelonnées, vermiculaires, en fragments de toutes les grosseurs, depuis celle du grain de chènevis jusqu'à celle d'une noisette et même d'une noix. Ce doit être un produit excrété par des polypiers lithophytes. Ce merl est souvent mélangé à des débris de coquilles. Il est grisâtre ou rosé. On l'extrait, à marée basse, à la drague, du 15 mai au 15 octobre.

Voici, d'après M. Boitel, sa composition chimique sur 100 parties, dans trois échantillons :

| | | | |
|---|---|---|---|
| Matières organiques......... | 4.40 | 1,20 | 7,75 |
| Sels solubles................ | 1,35 | 0,20 | 2,15 |
| Oxyde de fer et alumine..... | 3,60 | 1,90 | 3,60 |
| Carbonate de chaux......... | 55,65 | 71,60 | 76,00 |
| — de magnésie.... | traces | traces | traces |
| Sable et argile.............. | 33,00 | 18,25 | 3,60 |
| Eau et pertes............... | 2,00 | 6,85 | 6,90 |
| Totaux........... | 100,00 | 100,00 | 100,00 |

La richesse du merl en carbonate de chaux est moins variable que celle du trez, ce qui rend son emploi plus sûr et plus avantageux.

Comme le trez, il coûte 1 franc à 1 fr. 50 le mètre cube. On l'emploie souvent seul, mais généralement mélangé au fumier. Les uns l'emploient à petites doses, 4 à 5.000 kilogrammes à l'hectare et recommencent l'opération tous les trois ans ; d'autres en mettent 16 à 20.000 kilogrammes pour une durée de dix ans.

Le merl frais et imprégné d'eau de mer est nuisible à la

végétation ; trop longtemps exposé à l'air, il est moins énergique et moins fécondant.

Les *faluns* sont des dépôts de coquilles fossiles, friables ou brisées, que l'on rencontre en Touraine, en Anjou, en Bretagne, dans le Bordelais et les Landes. Les coquilles y sont généralement mélangées d'une certaine quantité de sable siliceux. Les roches forment un grès tendre et poreux, qu'un ciment calcaire agglutine, ou bien elles sont meubles. Ces formations appartiennent au groupe tertiaire ; on y a signalé souvent la présence d'ossements fossiles de mammifères.

Les falunières sont exploitées suivant la même méthode que les marnières, et le falun est employé comme la marne. On dispose les coquilles sur le sol par petits tas qu'on laisse exposés à l'air pendant quelque temps, puis on les répand à la pelle aussi uniformément que possible, et on les mélange à la terre arable par des hersages et des labours légers ; les coquilles s'y désagrègent lentement.

La proportion de falun à employer dépend de sa composition. Voici d'ailleurs, sur 100 parties, l'analyse de deux échantillons (Barral et Sagnier) :

| | | |
|---|---|---|
| Carbonate de chaux | 68,5 | 71,2 |
| Silice | 25,5 | 14,0 |
| Oxyde de fer et alumine | 1,1 | 0,7 |
| Magnésie, matière organique et substances diverses | 4,9 | 14,1 |
| Totaux | 100,00 | 100,00 |

Les quantités de falun habituellement employées varient entre 10 et 60 mètres cubes par hectare. On s'en sert aussi pour le mélanger au fumier ou pour le faire entrer dans des composts. C'est sur les terres siliceuses ou argileuses que son emploi comme amendement est surtout indiqué.

**Plâtrage.** — Le *plâtre* est le résultat de la cuisson du sulfate de chaux hydraté, ou gypse. Dans la pratique, le *plâtre cru* est le gypse proprement dit, tel qu'il sort des carrières, et le *plâtre cuit* est celui qui a perdu son eau par une calcination modérée dans des fours semblables aux fours à chaux.

En agriculture c'est le plâtre cuit, plus léger et plus facile à pulvériser, que l'on emploie généralement, bien que le plâtre cru jouisse de propriétés également actives.

On connaît mal l'effet du plâtre sur la végétation ; néanmoins, on sait que sur celle des légumineuses il exerce une influence considérable. Préconisé vers le milieu du XVIIIe siècle par le pasteur protestant suisse Mayer, il a été propagé aux États-Unis par Franklin dont on cite souvent la fameuse expérience : dans un pré où il avait écrit avec du plâtre le mot *pflaster* (plâtre) l'herbe, poussant plus drue aux endroits ainsi fertilisés, reproduisait le même mot. Sur les céréales, les graminées de prairie, la betterave, la pomme de terre, le plâtre a peu d'action ; ses effets sont assez marqués, au contraire, sur le lin, le chanvre, le colza, le sarrasin.

On répand le plâtre, le plus souvent au printemps, parfois à l'automne, à la dose moyenne de 300 kilogrammes à l'hectare, sur les luzernes, les sainfoins et les trèfles. Les rosées abondantes, les pluies légères et fréquentes favorisent l'action du plâtre ; au contraire, les sécheresses et les pluies abondantes paralysent son action.

On peut aussi employer le plâtre sous forme de compost ou le mélanger avec les fumiers. Dans ce dernier cas, il semble agir comme stimulant pour activer l'action du fumier.

Le plâtrage n'est pas un véritable amendement, car il n'agit pas sur les propriétés physiques du sol. Dans tous les cas, il fournit aux plantes de la chaux assimilable et il a donné des résultats remarquables pour la vigne, dans le courant de ces dernières années.

Dans le voisinage des villes, les *plâtras* résultant de la démolition des bâtiments peuvent être employés comme amendement. Ils renferment, outre le plâtre, du carbonate de chaux, des nitrates de chaux, de potasse et de magnésie et du sable plus ou moins argileux.

On emploie les plâtras à la dose de 20 mètres cubes environ par hectare, et on admet qu'ils équivalent à 4 mètres cubes de chaux. On les utilise sous forme de compost ou bien réduits en fragments de la grosseur d'une noix ; on les répand sur les champs, puis on les incorpore au sol par des labours. Leur action persiste durant de longues années.

## § 52. — Amendements humifères

Dans cette catégorie on doit classer les *terreautages*, qui ne sont autre chose que des transports, sur le sol à améliorer, de terres plus riches en humus, et l'enfouissement des végétaux.

Le terreautage s'applique surtout en horticulture. Pour utiliser le terreau, on le brise en petites mottes, en se servant d'un râteau. On l'emploie, soit pur, soit mélangé à un dixième de son poids de terre ordinaire. On le répand ensuite, sur une épaisseur de 3 à 4 centimètres, à la surface des plates-bandes, des pelouses, en un mot du sol à amender.

## § 53. — Écobuage

L'*écobuage* est une opération qui consiste à calciner la couche superficielle d'un sol engazonné. On peut le pratiquer en mettant simplement le feu aux herbes desséchées par les chaleurs de l'été. Mais ce mode d'écobuage dit à *feu courant*, outre les dangers d'incendie qu'il présente, exerce une action moins profonde et moins régulière que l'écobuage à *feu couvert*.

Ce dernier consiste à enlever d'abord, sur une épaisseur de 5 à 10 centimètres, suivant la nature et l'état du sol, la couche superficielle formée par les racines, des herbes, bruyères, ajoncs et autres plantes qui croissent spontanément dans les terres incultes et qui, mélangées avec le terreau résultant de la décomposition des feuilles et des mousses, constituent la couche végétale.

On se sert à cet effet du tranche-gazon et de l'écobue. Le tranche-gazon est une espèce de serpe coupant par sa partie convexe ; il sert à pratiquer dans le sol des entailles, qui permettent à l'ouvrier de détacher avec l'écobue, sorte de houe analogue à celle des vignerons, des bandes de gazon de faible largeur. En grande culture, le tranche-gazon est remplacé par un extirpateur spécial et l'écobue par une charrue.

Quand les mottes ainsi obtenues sont bien sèches, on en fait des tas, au centre desquels on place de petits fagots de broussailles. On ménage à ces fourneaux une ouverture qui permet l'accès de l'air nécessaire à la combustion.

Le feu mis au bois se communique rapidement au gazon et aux racines des plantes. On ferme alors l'ouverture. La combustion dure une quinzaine de jours. Elle est complète quand les fourneaux s'affaissent et laissent voir les cendres rougeâtres produites par la cuisson des matières argileuses. Dès que la masse est refroidie, on la répand bien uniformément sur toute la surface du champ, puis on l'incorpore au sol par un labour superficiel.

L'écobuage a pour effet d'amender le sol par les cendres résultant de la combustion des végétaux ; de transformer l'argile en un sable friable, riche en silicates alcalins, dont la présence enlève au sol de sa compacité et de son imperméabilité; enfin, de détruire une quantité d'insectes et de graines nuisibles. Il convient surtout aux terres argileuses riches en humus. Il est à peu près impossible de mettre en culture les anciennes tourbières et les terrains de marais desséchés sans y avoir recours. Ce serait une faute de l'appliquer aux terres légères.

L'écobuage ne doit pas être pratiqué souvent sur une même terre : car il épuise trop rapidement la matière organique, dont une partie des produits fertilisants se perd en fumée. Pour que cette opération ait tout son effet utile, il convient de la faire suivre d'une fumure abondante.

L'écobuage est favorable aux graminées, aux légumineuses, aux pommes de terre, aux crucifères, aux arbres forestiers. Il doit être effectué peu de temps avant les semailles, pour que les sels utiles que contiennent les cendres qu'il laisse ne soient pas entraînés par les pluies avant d'avoir pu servir à la nutrition des plantes cultivées.

## § 54. — Épierrement

L'épierrement consiste dans l'enlèvement des pierres qui couvrent un terrain et qui lui sont nuisibles parce qu'elles sont ou trop nombreuses ou trop volumineuses et qu'elles gênent le fonctionnement des outils et des instruments aratoires, ou la végétation des plantes qu'on y cultive.

Les grosses pierres rendent difficiles non seulement les labours et les hersages, mais elles ne permettent pas l'enfouissement régulier des fumiers, des engrais pulvérulents et des semences. Aussi importe-t-il d'enlever toutes celles que la charrue ramène à la surface du sol. Toutefois, il est utile de ne procéder à l'épierrement qu'avec une certaine circonspection. Cette opération, qui peut être excellente dans une prairie, serait désastreuse dans un vignoble : les cailloux réfléchissant la chaleur solaire beaucoup mieux que les matières pulvérulentes, il s'en suit que la maturation du raisin est plus hâtive et plus complète dans les sols qui en possèdent que dans ceux qui en sont dépourvus.

Dans les terres argileuses les cailloux ont l'avantage d'en diminuer la compacité et ils maintiennent l'humidité favorable aux plantes qu'on y cultive, dans les terrains sujets à se dessécher trop facilement.

Les épierrements sont exécutés pendant l'automne et l'hiver, alors que le sol présente une certaine résistance et, pour que ce travail soit économique, il doit être fait par des femmes, des enfants ou des vieillards.

Si un champ renferme çà et là de grosses pierres ou des roches granitiques, schisteuses ou calcaires, occupant à la fois et la couche arable et le sous-sol, on a intérêt à les extraire en les décrochant au moyen de la pioche et, si c'est nécessaire, en les divisant à l'aide de la poudre ou de la dynamite. Ces pierres ou roches offrent en effet, quand elles ne sont pas visibles, de sérieux inconvénients, car les instruments aratoires peuvent s'y heurter et s'y briser.

Lorsque les pierres sont très nombreuses sur une surface à épierrer, au lieu de les faire ramasser à la main, on les rassemble en tas à l'aide d'un râteau ordinaire à dents de fer, pour les enlever ensuite. Depuis quelques années, on commence à faire usage d'épierreuses mécaniques.

## ENGRAIS

On désigne sous le nom d'*engrais* toute matière ajoutée au sol dans le but de favoriser la végétation. L'engrais est, en somme, la matière utile à la plante, qui manque au sol, tandis que l'amendement est destiné seulement à modifier, dans un sens favorable à la végétation, l'état des substances que renferme la terre.

D'après ces définitions, on voit que la propriété que possède une matière d'être un engrais est essentiellement relative et qu'il est impossible d'affirmer, d'une façon absolue et générale, que telle matière est ou n'est pas un engrais.

Les engrais peuvent être divisés en engrais d'origine végétale, engrais d'origine animale, engrais mixtes formés par le mélange des matières végétales et des déjections des animaux, et enfin en engrais chimiques classés selon la nature de l'élément principal qu'ils apportent au sol : en engrais azotés, engrais phosphatés, engrais potassiques et engrais divers.

### § 55. — Engrais végétaux

**Engrais verts.** — On appelle *engrais verts*, les engrais constitués par les végétaux enfouis dans le sol en vue de le fertiliser. Ces végétaux peuvent être produits sur le sol auquel ils servent de fumure ou être apportés du dehors.

Comme engrais verts, on cultive surtout les plantes de la famille des légumineuses : trèfles, lupins, vesces, féveroles ; le seigle, le sarrasin, le colza, la moutarde blanche, sont aussi employés. Il faut choisir, pour ces cultures, des plantes à grand développement foliacé, et dont les racines, s'enfonçant profondément en terre, prennent au sous-sol ses matières fertilisantes. En les enfouissant à un moment donné, elles restituent au sol, plus qu'elles ne lui ont pris, car, en plus des substances qu'elles ont empruntées à la terre, elles l'enrichissent d'une quantité notable d'azote puisé dans l'atmosphère.

De cette pratique, qui n'est avantageuse que dans certains cas spéciaux, il convient de rapprocher celle des *cultures améliorantes*, ainsi dénommées parce que les racines qui restent dans le sol, après la récolte, servent à l'enrichir en augmentant la proportion d'azote qu'il renferme.

La *jachère*, ce procédé barbare qui tend à disparaître et qui consistait à laisser la terre se reposer un an sur trois, est une application du même principe : le sol, durant l'année de repos, absorbait directement certains éléments puisés dans l'air et profitait de l'apport des herbes sauvages poussées à la surface.

Les fumures vertes ne sont réellement économiques que dans des cas assez rares, lorsque par exemple le transport des fumiers est rendu difficile et coûteux par l'éloignement des terres à fumer ou l'escarpement de ces dernières. De plus, ces fumures ne s'obtiennent qu'au prix du sacrifice d'une récolte qui pourrait être presque toujours utilisée d'une façon plus avantageuse par la vente ou la consommation par le bétail.

L'enfouissement des engrais verts se fait à l'époque où la plante est en fleur; à ce moment elle a atteint son maximum de développement. On peut soit faucher les plantes, soit les coucher sur le sol par un roulage ; dans les deux cas on les enterre par un labour.

Les résidus végétaux, feuilles de betteraves, fanes de pommes de terre, etc., laissés sur le sol au moment de la récolte, constituent un excellent engrais vert. Quant aux fougères, genêts, feuilles d'arbres, roseaux, plantes marines, etc., leur emploi est à conseiller chaque fois que le transport n'en est pas trop coûteux.

**Matières végétales.** — La *tourbe*, formée par la décomposition des végétaux dans des conditions spéciales, a, comme engrais, une valeur qui se rapproche de celle des engrais verts. On a essayé de l'employer directement, mais on n'en a obtenu que des résultats médiocres ; le meilleur moyen d'utiliser la tourbe comme engrais est, après l'avoir desséchée et pulvérisée, de s'en servir comme litière pour l'absorption des urines et des purins ou de la mélanger à des matières calcaires pour en faire des composts.

On a obtenu de très bons résultats en mélangeant la tourbe avec le fumier, en stratifiant alternativement des couches de fumier et de tourbe. Si l'on peut arroser convenablement le mélange avec le purin des étables, on obtient un engrais excellent.

Les vases des rivières, les produits provenant des curures d'étangs, de mares, du curage et du faucardement des cours d'eau, doivent être aussi considérés comme des engrais végétaux d'une certaine valeur.

**Résidus de fabrication.** — Les *tourteaux* sont les résidus solides des graines et des fruits oléagineux dont on a retiré l'huile par compression. Ils renferment de 2 à 7 0/0 d'azote, 0,6 à 3 0/0 d'acide phosphorique et sont employés sur une grande échelle comme engrais. Ils servent parfois aussi à la nourriture des animaux.

Les tourteaux sont, en général, désignés par le nom de la plante dont ils proviennent, et parmi nos graines indigènes fournissant de l'huile, par suite des tourteaux, il faut citer le lin, le colza, la navette, la cameline, l'œillette, le chènevis, la noix ; parmi les graines exotiques oléagineuses, l'arachide, le sésame, le coton, etc. Les marcs d'olives ont une valeur analogue à celle des tourteaux.

La composition des tourteaux varie donc selon leur nature et, pour la fertilisation du sol, on doit surtout rechercher, ceux qui, fortement pressurés, renferment peu d'huile. Il convient aussi de les examiner avec soin avant l'achat, car la falsification au moyen de terre ocreuse en est relativement facile.

Les tourteaux se présentent, à la sortie des huileries, sous la forme de galettes arrondies, carrées ou rectangulaires, et dont l'épaisseur varie de 2 à 4 centimètres. Il convient de les pulvériser au moyen d'un broyeur, si l'on veut les employer comme engrais. On les répand sur le sol à la volée, à raison de 1.000 à 2.000 kilogrammes à l'hectare, avant l'époque des semailles et on les enterre par un labour.

On peut employer avec avantage, les tourteaux comme engrais, dans toutes les cultures; ainsi, tandis que dans la région septentrionale, on les applique aux terres arables, dans la région méridionale, on les applique surtout aux vignes. Ces engrais se décomposent très vite, et ils exercent rapidement leur influence sur la végétation. On a cru constater cependant, dans quelques circonstances une action nuisible des tourteaux sur les semences; cet effet parait dû à ce que les tourteaux se couvrent facilement de moisissures, et que, si on les répand avec les semences, ils transmettent les moisissures à celles-ci. On doit donc répandre les tourteaux quelque temps avant les semailles, ou en couverture sur les plantes dont la végétation est déjà avancée.

Ces engrais conviennent surtout pour les terres siliceuses et calcaires; ils réussissent mal dans les terres argileuses et en général, dans celles où la nitrification s'opère lentement. On ne doit jamais oublier que les tourteaux ne sont pas des engrais complets.

Une bonne pratique consiste à faire dissoudre les tourteaux soit dans le purin, soit dans l'eau et à arroser le fumier avec cette dissolution, qu'on peut d'ailleurs employer à l'arrosage direct du sol.

On vend à Marseille, sous le nom de *tourteaux sulfurés*, des tourteaux de sésame, complètement dépourvus d'huile, mais contenant un peu de sulfure de carbone qui a la propriété d'écarter les insectes.

Beaucoup d'autres résidus végétaux, provenant de fabrications diverses, peuvent être utilisés de même façon : par exemple, les *marcs de raisin*, de *pommes*, de *pommes de terre*, qui restent après la préparation du vin, du cidre, de l'alcool commun, etc., même les *marcs de café*. Riches en potasse, on les emploie comme engrais, quand on ne les réserve pas pour la nourriture du bétail.

Parmi ces résidus divers, il convient de faire une place à part à ceux des *féculeries* et *sucreries*, aux *vinasses de betteraves*, aux *drèches de brasseries*, produits abondants, dont la projection dans les rivières tend à altérer gravement les eaux et qui peuvent être, par contre, très utilement employés comme engrais. Ceux qui sont à l'état liquide peuvent être employés en irrigations agricoles ; les drèches sont pourtant données quelquefois en nourriture aux animaux.

Dans la catégorie des engrais azotés figurent aussi le *marc de houblon*, la *tannée*, les *déchets de coton*, et en général tous les résidus que l'industrie obtient du traitement des végétaux. Toutes ces matières, à désagrégation assez lente, peuvent être incorporées aux fumiers, à la litière des animaux et se prêtent bien à la confection des composts.

**Plantes marines.** — L'Océan et la Méditerranée rejettent sur les plages des végétaux qui peuvent être employés pour la fertilisation des terres cultivées. Ces végétaux ne sont pas de même nature ni de même composition chimique ; tandis que les prairies sous-marines de l'Océan comprennent principalement des algues que l'on désigne, prises en masse, sous les noms de *fucus*, *varech*, *goëmon*, la Méditerranée se distingue par une production très abondante de zostéracées, plantes qui diffèrent complètement des algues marines.

Les algues de l'Océan constituent de très bons engrais par elles-mêmes ; on les mélange souvent au tas de fumier de ferme et on s'en sert même comme litière dans les étables.

Les plantes marines de la Méditerranée ne sont pas utilisées pour la fertilisation du sol, malgré que l'une de ces zostéracées, la *posidonie*, se développe avec une vigueur et une abondance prodigieuses. Cela tient à ce que ces plantes sont loin de posséder les propriétés fertilisantes des algues marines. Le meilleur emploi qu'on en puisse faire dans les exploitations voisines de la mer, c'est d'associer la posidonie aux déjections solides et liquides des animaux et de remplacer ainsi comme litière la paille dans les contrées qui n'en récoltent pas.

## § 56. — Engrais animaux

Les engrais d'origine animale peuvent être classés en plusieurs groupes suivant leur origine. Ils sont très nombreux et peuvent être divisés en trois catégories: *déjections d'animaux vivants*, utilisées directement ou après dessiccation; *débris d'origine animale*, et *résidus de fabrications industrielles*.

**Déjections humaines.** — L'emploi régulier des déjections humaines, toujours préconisé par les agronomes, ne s'est pas répandu comme on pouvait le souhaiter; il reste confiné dans les contrées où l'utilisation des matières fécales remonte à la plus haute antiquité, sans s'étendre à d'autres pays.

Pourtant les matières de vidanges sont des engrais très riches en azote et en acide phosphorique. Leur richesse est d'autant plus considérable que l'alimentation de l'homme qui les produit est meilleure et que la viande y entre pour une plus forte proportion. Il résulte de nombreuses recherches, faites par des chimistes, qu'un homme produit annuellement en moyenne :

| | Poids total. | Azote. | Acide phosphorique. | Potasse. |
|---|---|---|---|---|
| Déjections liquides... | 438kg,00 | 4kg,40 | 0kg,66 | 0kg,81 |
| — solides.... | 48 ,50 | 0 ,80 | 0 ,60 | 0 ,26 |
| Totaux... .... | 486kg,50 | 5kg,20 | 1kg,26 | 1kg,07 |

Ces quantités équivalent à environ 1.200 kilogrammes de fumier de ferme, et l'engrais produit par vingt personnes suffirait à fumer normalement un hectare. On estime à plus de 300 millions la valeur totale en argent des déjections humaines produites par la population de la France, dans un an. La masse de ces matières obtenue dans les campagnes est faible, relativement à celle qui s'accumule dans les villes, et dont ces dernières sont obligées de se débarrasser à tout prix. Lorsqu'elles les renvoient à la culture, l'apport ainsi fait à celle-ci compense en partie les pertes qui résultent pour elle de l'exportation des éléments fertilisants du sol, sous forme de matières alimentaires. La négligence avec laquelle trop souvent on recueille les vidanges est, pour notre territoire rural, une cause sérieuse d'appauvrissement. On ne saurait trop s'élever contre le système adopté par certaines cités, qui consiste à se débarrasser par n'importe quel moyen des excréments humains sans en faire bénéficier l'agriculture, ni en tirer profit elles-mêmes. C'est déjà trop des pertes résultant de la dissémination des matières fécales, des infiltrations des liquides à travers les parois des fosses mal conditionnées, enfin de la fermentation des urines, qui permet la volatilisation des gaz fertilisants, sans ajouter encore volontairement à ces pertes.

Si, dans les villes, les systèmes employés pour recueillir les déjections humaines sont aussi nombreux que variés, il n'en est pas de même dans les campagnes, où la plupart du temps les cabinets d'aisance sont établis directement au-dessus du tas de fumier. Cette pratique est peu recommandable parce que les déjections ne s'incorporent pas régulièrement à la masse. Il est préférable de les faire arriver dans la fosse à purin, où elles se délayent en perdant une grande partie de leur odeur repoussante. Dans le cas où l'on fait emploi des fosses fixes ou mobiles, il est bon, pour faciliter la manipulation des matières excrémentielles, d'y mélanger des substances absorbantes, telles que terre, paille, tourbe, etc. On peut aussi les désinfecter à l'aide du sulfate de fer, des sels de zinc, de l'acide phénique, du plâtre cuit, etc.

Employées directement, les matières de vidange ont sur la végétation une action très rapide. On les utilise de diverses façons. Dans le Nord, les agriculteurs transportent sur les champs, dans des tonneaux spéciaux ou dans de vieilles barriques, ces matières achetées à la ville et qu'ils ont fait fermenter quelque temps dans des citernes. L'épandage s'opère à l'aide d'écopes, ou à la lance d'arrosage, lorsque les matières sont étendues de 2 ou 3 fois leur volume d'eau. Il est préférable d'employer cet engrais à l'état frais, plutôt que de le faire fermenter.

En Flandre, on l'applique à toutes les cultures, à la dose de 300 à 400 hectolitres par hectare ; mais cette fumure, connue sous le nom d'*engrais flamand*, convient surtout aux cultures maraîchères et fourragères.

L'engrais flamand doit être répandu sur le sol avant les semis et les plantations. Administré pendant la végétation, il est moins assimilable et n'est pas aussi bienfaisant.

Mélangées à des matières absorbantes, les déjections humaines s'emploient de la même façon que les fumiers. Ces déjections ne sauraient être appliquées seules aux terres pendant de longues périodes. Elles apportent proportionnellement au sol plus d'azote que d'acide phosphorique et de potasse, et sans l'adjonction d'autres engrais capables de rétablir l'équilibre, l'épuisement de ces deux derniers éléments fertilisants serait rapide.

**Poudrette et eaux-vannes.** — Dans la plupart des cas, les déjections humaines subissent avant l'emploi une préparation destinée à en faciliter l'assimilation ou le transport en mettant en œuvre soit la fermentation naturelle, soit divers procédés industriels.

Ces derniers procédés permettent d'envoyer et d'utiliser, loin des villes où on les recueille, les matières fécales. On les transforme en *poudrette*, ou on en tire des sels ammoniacaux ; dans ce cas, on produit en même temps des tourteaux organiques. La fabrication de la poudrette est des plus simples : elle consiste à laisser les matières se dessécher par évaporation lente dans de grands bassins, ou *voiries:* dans la saison chaude on recoupe les parties arrivées à l'état pâteux et on les dépose en mottes sur des surfaces dites séchoirs, où elles achèvent de se dessécher ; on les réduit ensuite en poudre par broyage et on vend la poudre telle quelle, ou on la mélange avec d'autres matières.

Ce procédé, qui donne lieu à des émanations fort désagréables, et par lequel on perd la meilleure partie des substances utilisables, est remplacé dans le voisinage des grands centres par la fabrication du sulfate d'ammoniaque : les matières chauffées en vase clos par un courant de vapeur, le plus souvent en présence de la chaux, dégagent de l'ammoniaque qui est condensée dans des bacs de saturation doublés de plomb et remplis d'acide sulfurique ; il n'y a plus qu'à recueillir le sel dans les bacs et à l'égoutter.

Le résidu solide, mélange de chaux et de matières organiques, contient encore une certaine quantité de substances fertilisantes : en le passant au filtre-presse, on obtient l'engrais pauvre qui se vend après broyage sous le nom de *tourteaux organiques.*

Cette fabrication donne lieu à un dégagement de gaz infects qu'on s'efforce de brûler, et à l'écoulement d'eaux résiduaires fermentescibles, auxquelles on donne le nom d'*eaux-vannes.*

Les eaux-vannes n'ont pas précisément dans ce cas la même richesse que celles qui sortent directement des fosses. Ces dernières contiennent en dissolution la majeure partie des matières azotées et potassiques et constituent un engrais liquide d'une grande richesse.

La poudrette est riche en acide phosphorique. Elle en renferme en moyenne 4 0/0 avec 1,5 à 2 0/0 d'azote; toutefois sa composition est des plus variables. C'est un engrais à action rapide, mais qui s'épuise très vite ; il faut tous les ans répéter la fumure.

La poudrette s'emploie à la dose de 1.500 à 2.000 kilogrammes, soit 20 à 25 hectolitres, par hectare ; on la répand sur le sol, en poudre fine, au moment des labours.

**Parcage des moutons.** — Le séjour des moutons sur les terres labourées, où ils sont confinés au moyen de claies dans un espace étroit et où ils ne disposent que de 1 mètre carré à $1^{m},20$ par tête environ, est un mode de fumure, pratiqué de temps immémorial et considéré comme un des procédés les plus économiques pour utiliser les déjections liquides et solides de ces animaux. Il permet, en effet de réduire les dépenses de litière et il évite toute déperdition des déjections, en même temps qu'il en supprime les dépenses de transport.

Ces avantages montrent que le parcage est surtout utile pour les terres éloignées de la ferme ou dont l'accès est difficile.

On fait séjourner les troupeaux pendant un temps déterminé, ordinairement deux jours et deux nuits, mais en plusieurs séances ; on déplace, d'ailleurs, le parc de manière à répartir uniformément la fumure sur toute la superficie de la terre à fertiliser.

Le parcage commence au printemps pour se terminer à l'automne; il dure de cent cinquante à deux cents jours. On estime qu'un troupeau de 500 moutons peut fumer 1 hectare en dix jours, en cent cinquante jours il fumera donc 15 hectares, et en deux cents jours 20 hectares.

Au point de vue zootechnique, le parcage des moutons offre des inconvénients qui le font condamner par certains agronomes, quelle que soit sa valeur au point de vue agricole.

**Guano.** — On désigne sous ce nom un engrais extrêmement actif, qui provient de l'agglomération des déjections d'oiseaux de mer (guanaes) sur certaines côtes, notamment sur celles du Chili, du Pérou et de la Colombie. A ces déjections s'ajoutent des débris d'animaux : plumes, poils, os, chair d'oiseaux, de mammifères ou de poissons, qui enrichissent la masse.

Les gisements du Pérou, où on a estimé la quantité de guano existante à 378 millions de quintaux métriques, sont exploités depuis près d'un siècle, comme de véritables carrières; mais, depuis, ils se sont déjà considérablement épuisés. On distingue les guanos qui en sont extraits des guanos d'autres provenances à leur plus grande richesse en azote. Ils en renferment de 3 à 9 0/0, avec 12 à 25 0/0 d'acide phosphorique.

Quand les guanos ont été, pendant la traversée maritime, plus ou moins mouillés, ou quand, sur place, ils ont été lavés par les eaux pluviales, ils perdent une partie de leur teneur en azote, tandis que l'acide phosphorique se concentre. On les emploie alors surtout comme engrais phosphatés.

Le guano du Pérou est l'objet de nombreuses falsifications. Les acheteurs doivent exiger que les sacs dans lesquels il leur est livré portent des plombs à la marque des consignataires du guano péruvien, et avec la garantie de composition et d'authenticité. Le prix de ce guano a beaucoup diminué et varie de 18 à 26 francs suivant sa richesse en azote et en acide phosphorique.

Le guano n'est pas homogène; de là une certaine difficulté

dans les transactions basées sur la richesse de cet engrais en azote et en acide phosphorique. En le traitant par l'acide sulfurique, on le rend plus assimilable; mais ce *guano dissous*, qui présente l'avantage de transformer en phosphate soluble le phosphate de chaux insoluble du guano naturel, a l'inconvénient d'être plus coûteux.

On désigne sous le nom de *phospho-guano* un engrais obtenu par le mélange du guano avec des matières riches en principes phosphatés, des os par exemple.

On fait usage du guano soit au moment des semailles, soit au printemps, en couverture. Pour en faciliter l'épandage, on le mélange à des matières inertes : terre, plâtre, sel marin. Son emploi est avantageux chaque fois que l'on veut apporter au sol à la fois l'azote et l'acide phosphorique.

**Colombine, galline.** — Les excréments de pigeons ou *colombine*, ceux de poules appelés *galline*, *poulaitte*, *pouline*, ceux des canards ou d'oies, constituent, par leur accumulation dans les pigeonniers et les basses-cours, des sortes de guanos d'une composition analogue à celle du guano véritable, quoique un peu moins riches en azote. On les emploie comme engrais de la même façon que le guano.

**Débris d'origine animale.** — Quelles qu'en soient la nature et la provenance, les débris d'animaux morts, non utilisables pour d'autres usages, peuvent être employés comme engrais. D'une action généralement lente, ces derniers sont néanmoins riches en azote. On peut ranger dans cette catégorie le sang, la chair musculaire, les matières cornées, les poils, les plumes, les os, les débris de poissons, les débris d'insectes : sauterelles, criquets, hannetons, etc.

Le *sang* peut être employé comme engrais à l'état frais dans le voisinage des villes; il contient 80 0/0 d'eau et 2 à 3 0/0 d'azote. Mais, comme il se corrompt facilement, le plus souvent on le dessèche; il arrive à titrer alors 10 à 13 0/0 d'azote et se vend 20 à 22 francs les 100 kilogrammes, pour être employé à la dose de 750 à 800 kilogrammes par hectare.

Le *sang desséché* est obtenu par la coagulation, sous l'influence de la chaleur, de l'albumine du sang, que l'on fait passer à l'étuve, après l'avoir séché. Parfois, on le mélange au moment de la dessiccation avec de la terre riche en matières organiques, de manière à constituer une poudre fertilisante sans odeur.

Le sang desséché représente une matière fertilisante de premier ordre, et on ne peut assez recommander aux abattoirs, qui jusqu'à présent ont laissé perdre le sang, de l'utiliser à la fabrication d'un engrais précieux qui, étant traité par le sulfate de fer à chaud, a certainement perdu les germes infectieux qu'il renferme lorsqu'il provient d'animaux charbonneux. L'abattoir de La Villette, à Paris, fournit par an de 8 à 10 millions de kilogrammes de sang, contenant au moins 250.000 kilogrammes d'azote.

La *chair musculaire*, provenant des animaux malades qu'on abat sans pouvoir les livrer à la boucherie, ainsi que les résidus des abattoirs et des chantiers d'équarrissage, séchés à l'étuve et réduits en poudre, donnent un produit contenant de 9 à 11 0/0 d'azote et de 1 à 10 0/0 d'acide phosphorique. Une préparation préalable est toujours nécessaire : tantôt on enveloppe la viande de chaux, tantôt on la traite par l'acide chlorhydrique ou l'acide sulfurique ; le second procédé donne des résultats plus rapides et laisse un mélange semi-liquide, auquel on enlève toute odeur par une addition de peroxyde de manganèse. On utilise de la sorte les résidus de la fabrication du Liebig qui sont vendus comme engrais sous le nom de *Fray-Bentos*. Dans une usine des environs de Paris, on obtient, par un traitement spécial des débris animaux et végétaux résistants, une matière à consistance de goudron qui est désignée sous le nom d'*azotine* et qu'on dessèche et pulvérise pour la mettre dans le commerce des engrais.

Les *râpures de corne*, les *poils*, les *plumes*, se désagrègent assez difficilement dans le sol. Pour en rendre les matières fertilisantes plus aisément assimilables, on les soumet à la torréfaction. Tous ces résidus peuvent être avantageusement incorporés au fumier ou aux composts.

Quant aux *os*, il est rare qu'on les emploie tels quels. Généralement l'industrie les débarrasse, pour la fabrication de la colle, de la gélatine dont ils sont revêtus. Privés de cette matière azotée, ils ne peuvent plus être considérés que comme engrais phosphatés.

On les emploie simplement concassés ou à l'état de *noir animal.* Sous cette dernière forme, à laquelle les os sont amenés par la calcination en vase clos, ils sont utilisés, dans les sucreries, pour la clarification des jus sucrés. Quand ils ne sont plus propres à cet usage, ils sont pulvérisés et livrés à l'agriculture. La composition et la valeur des noirs de sucrerie et de raffinerie se rapprochent beaucoup de celles des phosphates minéraux. Les cendres d'os fossiles, trouvées dans certaines cavernes, sont également utilisées comme engrais phosphaté.

Les *débris de poissons*, têtes de sardines, caqûres de harengs ou de maquereaux, et en général tous les résidus des pêcheries, torréfiés et broyés après traitement par l'eau bouillante, donnent une poudre contenant 7 à 11 0/0 d'azote, 2 à 25 0/0 d'acide phosphorique, et constituent un engrais, connu dans le commerce sous le nom de *guano de poisson*. La fabrication de cet engrais se fait en Suède et en Norwège. Elle est intéressante, car elle constitue en réalité une exploitation de la mer au profit des continents, si on songe surtout au développement qu'elle peut prendre, en raison de l'immense quantité de poissons non comestibles que renferme la mer.

Les *cadavres d'insectes :* sauterelles, criquets, hannetons, etc., recueillis en grandes quantités, peuvent constituer aussi d'excellents engrais.

**Résidus de fabrication.** — Les eaux de *dégraissage des laines* ou de *désuintage* peuvent être employées en irrigations, comme les vinasses.

Les *chiffons de laine* constituent un engrais assez riche en azote et sont utilisés dans diverses régions, particulièrement dans les pays vignobles. Afin d'en faciliter l'assimilation il est d'usage de les déchiqueter avec un hachoir avant de les déposer au pied des plantes. Souvent on les mélange avec de la chaux ou on les introduit dans des composts. La quantité de chiffons à employer pour une fumure varie avec leur qualité. On évalue de 1.500 à 3.000 kilogrammes la proportion de chiffons purs à répandre par hectare, suivant qu'on désire obtenir un effet plus ou moins rapide.

Le *marc de colle*, qui provient de la fabrication de la colle forte au moyen des os ou des rognures de peaux, est employé à la dose de 5 à 700 kilogrammes par hectare; sa teneur en azote est de 1,5 à 4,5 0/0.

Les *vieux cuirs* peuvent être rendus assimilables par le traitement à la vapeur surchauffée, suivi d'un broyage à la meule : la poudre obtenue de la sorte peut contenir jusqu'à 9 0/0 d'azote et s'emploie comme engrais, mélangée à du terreau ou à des produits provenant du curage des cours d'eau.

## § 57. — Engrais mixtes

Les engrais mixtes sont formés par l'association des matières animales et végétales.

Dans cette catégorie doivent être rangés les fumiers de ferme.

**Fumiers.** — *Nature, composition et poids.* — Le fumier est constitué par le mélange des déjections des animaux domestiques avec les matières, presque toujours végétales, qui forment leurs litières. C'est l'engrais le plus complet, car il renferme tous les éléments fertilisants : azote, acide phosphorique, potasse et chaux, le plus durable et le plus apte à améliorer les qualités physiques du sol. Il est aussi le plus répandu, car c'est l'engrais que le cultivateur produit le plus aisément dans sa ferme.

Le fumier restera toujours la base essentielle de la fertilisation du sol et, pour réussir en agriculture, il faut du fumier; il en faut beaucoup et de bonne qualité.

La composition chimique des fumiers est très variable et leur richesse dépend non seulement de la nature et de l'abondance des litières, de la nourriture donnée aux animaux, de l'âge et de l'état de santé de ces derniers, mais encore du mode de conservation du fumier.

L'animal, après avoir prélevé, sur les aliments qu'il reçoit, ce qui est nécessaire à la formation de ses tissus, à la production de la viande, du lait, de la laine, rejette les matières surabondantes, qui constituent les excréments. Ceux-ci comprennent : 1° les déjections solides, ou *fèces*, qui sont un mélange de bile, de sécrétions intestinales, de matières végétales non digestibles, de substances nutritives échappées à la digestion et, enfin, d'eau ; 2° les déjections liquides, ou *urines*, résultant de la transformation, dans le corps de l'animal, des matières ingérées. Les proportions de chacune de ces parties varient suivant que l'alimentation de l'animal est plus ou moins aqueuse.

Il résulte d'un grand nombre d'analyses que les urines contiennent la plus grande partie de l'azote et la presque totalité de la potasse des déjections ; le reste de l'azote, l'acide phosphorique et la chaux se concentrent dans les déjections solides. L'agriculteur a donc grand intérêt à recueillir la totalité des urines et à les traiter de façon à ce qu'elles ne perdent pas les substances fertilisantes qui entrent dans leur composition, en proportion plus élevée que dans les déjections solides.

Wolff a trouvé, pour la composition du fumier frais de différents animaux, sur 100 parties :

| | Eau. | Azote. | Acide phosphorique. | Potasse. | Chaux. | Magnésie. |
|---|---|---|---|---|---|---|
| Fumier de cheval.. | 71,3 | 0,58 | 0,28 | 0,53 | 0,21 | 0,14 |
| — de bêtes à cornes.......... | 77,6 | 0,34 | 0,16 | 0,40 | 0,31 | 0,11 |
| Fumier de mouton. | 64,6 | 0,83 | 0,23 | 0,67 | 0,33 | 0,18 |
| — de porc... | 72,4 | 0,45 | 0,19 | 0,60 | 0,08 | 0,09 |

Ces analyses confirment les données de la pratique. Il est reconnu que c'est le fumier de mouton qui est le meilleur, le plus fertilisant, le plus chaud, comme on dit vulgairement. Celui de cheval est également très chaud et recherché pour les couches des jardiniers. Ces *fumiers chauds* sont secs, peu consistants, très perméables à l'air ; ils fermentent rapidement en tas et sont difficiles à conserver ; on doit les tasser fortement et les arroser abondamment. Ils se décomposent rapidement dans le sol et exercent une action presque immédiate sur la végétation et conviennent aux terres argileuses et fortes.

Les fumiers de bêtes à cornes et des porcs sont dits *fumiers froids*, parce qu'ils sont plus aqueux ; ils fermentent peu activement en tas, se décomposent lentement dans le sol et exercent, par suite, une action moins énergique, mais plus durable sur la végétation. On doit les réserver aux terres légères ou calcaires, où la combustion des matières organiques est rapide. Dans les terres sèches, ils entretiennent la fraîcheur.

Dans la ferme, où, presque toujours, il existe simultanément plusieurs espèces d'animaux, on mélange généralement tous les fumiers qu'ils produisent. On obtient ainsi un fumier *mixte*, où domine, selon les cas, l'un ou l'autre de ces fumiers. Toutefois celui des moutons passe souvent directement de la bergerie dans les champs.

Les fumiers mixtes contiennent en moyenne, par 100 kilogrammes : 4kg,70 d'azote, 3 kilogrammes d'acide phosphorique et 5kg,2 de potasse [1].

On ne saurait établir de comparaison entre un fumier frais et le même fumier fermenté. Pendant la fermentation il se produit des transformations dans la masse : des gaz se dégagent, des liquides s'écoulent, la proportion d'humidité change ; de sorte que la teneur en éléments fertilisants n'est plus du tout la même après quelques mois qu'au moment de la mise en tas.

D'après Wœlcker, voici quelles modifications peuvent s'effectuer en ce qui concerne l'azote et l'eau :

| | Eau 0/0 | Azote 0/0 |
|---|---|---|
| Fumier frais....................... ....... | 66,17 | 0,64 |
| Fumier en tas depuis 3 mois à l'air libre. | 69.83 | 0,74 |
| — — 6 — — | 65,93 | 0,89 |
| — — 9 — — | 75,49 | 0,66 |
| — — 12 — — | 74,29 | 0,65 |

Des variations de poids suivent ces variations de composition. Si l'on admet que le fumier de ferme frais pèse en

[1] Ces chiffres sont extraits de l'excellent traité des *Engrais*, de MM. Müntz et Girard.

moyenne 500 kilogrammes au mètre cube, on peut attribuer au même fumier convenablement fait et tassé un poids d'environ 800 kilogrammes.

Dans tous les cas, l'agriculteur, pour avoir une base précise d'évaluation, doit déterminer lui-même le poids de ses fumiers et, pour en connaître la teneur en éléments fertilisants, les soumettre à l'analyse chimique.

*Litières.* — Les litières servent à maintenir la propreté des animaux, à leur donner un coucher hygiénique et agréable et à absorber les déjections liquides et solides de ces animaux. Il importe de ne rien perdre de ces déjections; aussi le sol des étables doit-il d'abord être étanche et imperméable ; à ce sujet les bétons à la chaux hydraulique et les pavages en briques jointoyées avec du ciment remplissent parfaitement cette condition.

Les litières n'apportent au fumier qu'une part relativement faible de principes fertilisants, et il convient surtout de les examiner au point de vue de leurs propriétés physiques. Néanmoins, la richesse de la litière contribue à augmenter celle des fumiers, et il doit en être tenu compte dans l'appréciation des engrais. A ce point de vue, les litières les plus estimées sont celles qui sont les plus riches en azote, acide phosphorique, potasse et chaux.

Les litières molles et élastiques permettent aux animaux d'y reposer doucement ; si elles sont dures et ligneuses, elles constituent un mauvais couchage, pouvant exercer sur l'état de santé des animaux une influence défavorable. Les unes doivent à la nature des éléments qui les composent d'absorber facilement les liquides, les autres possèdent à un moindre degré cette importante propriété.

Les *pailles* des céréales constituent les litières dans la plupart des cas. Elles sont élastiques, et leur forme tubulaire leur permet de retenir une grande quantité de liquide. La paille de froment est la meilleure et s'écrase moins que les autres sous le poids des animaux.

Les pailles d'orge, d'avoine, de blé, de colza viennent ensuite. La paille de seigle, employée plus avantageusement à d'autres usages, est rarement utilisée comme litière. La quantité de litière de paille que l'on donne habituellement par jour et par tête de gros bétail varie entre 3 et 5 kilogrammes.

Les *balles* de froment et d'avoine, qui parfois servent à la nourriture du bétail, forment également d'excellentes litières. Elles sont plus riches en azote que les pailles.

Les *fanes* d'un grand nombre de plantes : fèves et féverolles, pois, haricots, vesces, sarrasin, pommes de terre, topinambours, sont inférieures à la paille, mais peuvent cependant être utilement employées comme litières. Écrasées sous le pied des animaux ou sous les roues des véhicules, elles forment un meilleur coucher et s'imprègnent mieux des urines.

Certaines plantes sauvages : fougères, bruyères, ajoncs, genêts, roseaux, joncs, etc., servent au même usage et peuvent être employées seules ou mélangées avec de la paille.

Les feuilles d'arbres ont une composition chimique analogue à celle des pailles ; elles sont, toutefois, plus riches en azote. Elles constituent de médiocres litières, car leur décomposition est très lente.

La tourbe, dont l'usage se répand chaque jour davantage, la tannée, écorce de chêne privée de son tannin, la sciure de bois, procurent aux animaux un excellent coucher, et ces matières retiennent bien les déjections liquides. Leur emploi est souvent plus économique que celui des pailles.

Quand toute autre litière fait défaut, quand les animaux vivent de paille ou qu'il y a profit à vendre cette dernière, il est avantageux de former des litières de terre rapportée, plutôt que de laisser les animaux reposer directement sur le sol de l'écurie. Ces litières conviennent surtout aux moutons.

Si toutes ces matières font défaut on met les animaux sur des planchers inclinés, munis de rigoles où se réunissent toutes les déjections, pour de là être conduites dans un réservoir étanche qui conserve l'engrais liquide, auquel on donne le nom de *lizier*, jusqu'au moment de son épandage sur les prairies ou sur les terres cultivées. C'est là le *système suisse*, et l'étable telle qu'on la trouve dans les montagnes.

Le goëmon et la posidonie, quoique pauvres en principes fertilisants, rendent des services comme litières sur certaines côtes de l'Océan et de la Méditerranée. Recueillies dans un état convenable de dessiccation, ces plantes marines absorbent bien les déjections animales.

Pour montrer l'influence des diverses litières sur la richesse du fumier, voici, d'après M. Boitel, leur composition centésimale :

| NATURE des litières | AZOTE | ACIDE phosphorique | POTASSE | CHAUX | EAU |
|---|---|---|---|---|---|
| | kil. | kil. | kil. | kil. | |
| Paille de blé | 0,48 | 0,23 | 0,40 | 0,26 | » |
| — de seigle | 0,40 | 0,25 | 0,80 | 0,36 | » |
| — d'orge | 0,48 | 0,19 | 0,93 | 0,33 | » |
| — d'avoine | 0,40 | 0,28 | 0,97 | 0,36 | » |
| Balles de froment | 0,72 | 0,40 | 0,84 | 0,19 | » |
| — d'avoine | 0,64 | 0,20 | 0,50 | 0,70 | » |
| Siliques de colza | 0,85 | 0,36 | 0,57 | 3,38 | » |
| Bruyère | 0,9 | 0,10 | 0,40 | » | 20 |
| Fougère | 2,4 | 0,45 | 2,42 | » | 16 |
| Genêt à balai | 2,5 | 0,23 | 0,80 | » | 16 |
| Varech | » | 0,37 | 1,71 | » | 18 |
| Roseaux | 1,1 | 0,12 | 0,43 | » | 18 |
| Jonc | » | 0,35 | 1,67 | » | 14 |
| Feuilles de hêtre | 0,8 | 0,24 | 0,30 | 2,58 | 15 |
| — de chêne | 0,8 | 0,34 | 0,25 | 2,02 | 15 |
| Aiguilles de pin sylvestre | 0,8 | 0,10 | 0,13 | 0,46 | 13,5 |
| Tourbe | 1 à 2 | traces | » | » | » |
| Sciure de sapin | » | 0,30 | 0,74 | 1,08 | 15 |
| Mousse des forêts | 1,0 | 0,16 | 0,34 | 0,29 | 15 |

D'une façon générale, on peut admettre comme principe, que, plus les litières sont abondantes, que ce soit de la paille, de la lande terreuse ou de l'eau, mieux on prévient les déperditions des substances utiles des fumiers.

*Préparation et conservation du fumier.* — Le fumier passe des étables dans la cour de la ferme où on le réunit sur un emplacement spécial, ou bien quelquefois il est porté directement de l'étable aux champs. Ce dernier procédé s'applique surtout au fumier des moutons et des bêtes à cornes.

La méthode la plus générale consiste à enlever tous les jours le fumier produit par les chevaux et de le remplacer par de la litière fraîche. Pour les bêtes à cornes, on peut ne répéter cette opération que deux fois par semaine. Dans les bergeries, on a trop souvent la mauvaise habitude de laisser s'accumuler le fumier sous les bêtes ovines pendant plusieurs mois. Mais ce procédé, malgré l'économie de litière qui en résulte, doit être condamné, car il a pour inconvénient de laisser perdre dans l'atmosphère l'ammoniaque des urines, principe essentiellement fertilisant; il est, de plus, nuisible à l'hygiène des animaux.

On ne doit, dans aucun cas, laisser le fumier étendu sur une grande surface; il convient, pour éviter des dégagements gazeux trop abondants, de le mettre en tas aussi rapidement que possible. D'autre part, au point de vue des soins de propreté et de l'hygiène des animaux, il est nécessaire de renouveler souvent les litières.

Les fumiers, réunis dans la cour de la ferme, sont exposés à diverses déperditions qu'il importe de prévenir par des soins intelligents.

Il importe que le fumier en tas ne reçoive que l'eau de pluie qui tombe directement sur lui ; on doit en écarter celle des toits et des autres parties de la cour. Le purin doit être recueilli avec soin ; il sert à l'arrosage des tas, et l'excédent peut être utilisé pour l'arrosage des gazons, des composts ou des terres nues.

Le fumier étendu en couche mince, sur toute la surface d'une cour mal nivelée, perd beaucoup par le lavage des eaux pluviales; il fermente d'une manière irrégulière dans les endroits où il est noyé et dans les places où il est trop desséché. La bonne fermentation ne se produit que sur le fumier humide; elle est nulle sur celui qui nage dans l'eau, et se fait mal sur celui qui manque d'humidité. Dans ce cas, le fumier prend le blanc, signe certain de son altération et de ses déperditions gazeuses.

Pour faire du bon fumier, il faut donc le réunir en tas, le tasser fortement, et l'arroser de temps en temps, afin d'entretenir la fermentation reconnue nécessaire pour lui donner toutes les qualités fertilisantes. Il faut surveiller ce tas et l'entourer, comme on vient de le voir, de soins intelligents, afin de prévenir les déperditions liquides ou gazeuses où se trouvent les principes les plus actifs du fumier. Il faut recueillir dans un réservoir spécial, nommé *fosse à purin*, le jus qui s'écoule du tas de fumier.

Toutes les dispositions de la mise en tas des fumiers se réduisent à deux méthodes principales : la *plate-forme* et la *fosse à fumier*.

La *plate-forme* s'établit aussi proche que possible des étables et sur un endroit à l'abri des eaux des toits. Elle se compose d'une surface plane ou légèrement en pente, rendue étanche par un pavage, un bétonnage, ou par des argiles qu'on recouvre d'une forte épaisseur de macadam en vue du passage des voitures. Autour de cette plate-forme circulent des rigoles munies de pentes dans la direction de la fosse à purin, sorte de citerne maçonnée où viennent s'accumuler les liquides que l'on remonte à l'aide d'une pompe pour l'arrosage du tas.

Il est bon d'avoir au moins deux plates-formes, ce qui permet d'en avoir une constamment terminée et bonne à porter aux champs, et une autre en préparation destinée à recevoir les fumiers de chaque jour. A cet effet, on dispose les tas sur deux aires en maçonnerie à pentes contraires, entre lesquelles se trouve la fosse à purin, munie d'une pompe qui relève les liquides et les répartit alternativement sur les deux tas. On monte le tas par couches successives, en ayant soin que les parois soient régulières et verticales.

Le fumier est bien tassé et arrosé au moins une fois par semaine. On termine le tas à une hauteur qui varie entre 2 et 3 mètres ; puis, on le recouvre de 15 à 20 centimètres de matières terreuses, destinées à absorber les gaz qui se dégagent de la masse.

Les *fosses à fumier* sont des cavités creusées dans le sol et présentant des dispositions variables. Tantôt elles ont des parois verticales limitées à la partie inférieure par un plan incliné ; tantôt c'est une sorte de chemin creux dans lequel on peut pénétrer avec une voiture pour y charger ou décharger les fumiers.

Mais, quelles que soient les dispositions adoptées, il faut rendre les parois imperméables et résistantes et ménager à la partie inférieure de la fosse un conduit qui fasse écouler le purin dans la citerne. Une digue en terre, souvent remplacée par de petits murs, doit entourer l'excavation sur une partie de son pourtour, pour empêcher l'arrivée des eaux extérieures.

Dans la fosse, le tassement régulier, qui est une condition de bonne fabrication du fumier, est plus facile que dans la plate-forme. A cet effet, il suffit de faire séjourner de temps en temps sur les fosses, des bêtes à cornes, ou un troupeau de moutons. Par ce tassement, l'accès de l'air dans la masse étant moindre, on évite le développement des moisissures.

Certains agriculteurs poussent plus loin le perfectionnement de la fosse à fumier; ils l'abritent sous une toiture en chaume ou de tous autres matériaux, comme on le pratique pour un simple hangar. Dès lors, la fosse à fumier devient une véritable étable ouverte à tous les vents.

La fosse à fumier, couverte ou non couverte, conserve mieux le fumier, mais il est incontestable qu'elle est moins économique que la plate-forme. Comme pour cette dernière, on peut diviser la fosse à fumier en plusieurs compartiments, au besoin en établir deux à côté l'une de l'autre, pour qu'il y ait toujours un tas en construction quand l'autre est achevé.

La fosse à purin, parfaitement étanche, doit être bien couverte et présenter la plus faible surface d'évaporation possible. Il faut qu'elle soit suffisamment spacieuse, pour contenir, d'une part, les urines des animaux domestiques, de l'autre, la totalité des liquides qui s'écoulent des fumiers à la suite des pluies ou des arrosages.

Le lavage et l'arrosage au purin semblent suffisants pour préparer un bon fumier dans l'espace de six semaines ou deux mois.

Souvent on incorpore avec avantage au fumier, pour en accroître la masse, les résidus organiques provenant de la cuisine de la ferme, les feuilles mortes, les produits de curage des fossés, rivières, etc., et surtout les déjections humaines. Dans ce dernier cas, on établit les fosses d'aisance à proximité de la fumière.

*Rendement du bétail en fumier.* — La quantité de fumier produite par chaque espèce d'animaux varie suivant plusieurs circonstances. Elle dépend de la quantité de litière employée, du genre d'alimentation des animaux, de la nature des aliments, de la durée du séjour à l'étable.

La valeur fertilisante du fumier dépend principalement de la qualité des aliments. Les animaux les mieux nourris sont ceux qui font le meilleur fumier, de même que les vidanges des quartiers aristocratiques sont supérieures à celles des quartiers pauvres.

La production annuelle de fumier par chaque espèce d'animaux est, d'après M. Boitel, la suivante :

| | Poids. | Fumier produit. |
|---|---|---|
| Vache nourrie à l'étable...... | 400 kilg. | 11.000 kilg. |
| Bœuf à l'engrais............. | 500 — | 25.000 — |
| Bœuf de travail ............. | 600 — | 11.000 — |
| Cheval...................... | 600 — | 9.000 — |
| Bête ovine.................. | 40 — | 500 — |
| Bête porcine ............... | 100 — | 1.400 — |

Parmi les bêtes à cornes, les animaux à l'engrais donnent un fumier plus riche que celui des vaches laitières ou des élèves.

*Emploi du fumier.* — Le fumier peut être employé à l'état frais, c'est-à-dire tel qu'il sort des étables, ou après fermentation en tas. On a vivement discuté sur la question de savoir sous lequel de ces états, il était préférable d'incorporer le fumier dans le sol, mais il a été reconnu que c'est lorqu'il est suffisamment fermenté qu'il doit être répandu sur les champs.

Frais, c'est-à-dire long et pailleux, il s'incorpore difficilement au sol ; trop décomposé, court ou gras, il est d'un emploi facile, mais sa valeur fertilisante est moindre.

L'épandage des fumiers se fait généralement en automne alors que les hommes et les attelages sont disponibles pour ce travail. D'autre part, le fumier a, de cette façon, le temps de se décomposer dans le sol durant l'hiver et de passer à l'état de terreau, utilisé au printemps par les plantes.

Le fumier est incorporé au sol par un enfouissement ou employé en couverture. Ce dernier procédé, qui n'est guère appliquable qu'aux prairies, consiste à étendre le fumier sur les champs, tantôt après les semailles, tantôt sur les plantes en végétation et à ne l'enfouir qu'après la récolte. Cette méthode est défectueuse, car elle donne lieu à des pertes d'azote considérables.

Pour la même raison et aussi parce que la fumure est très inégale entre les places où reposent les tas et celles qui n'en portent pas, l'enfouissement immédiat du fumier est préférable à un séjour prolongé sur le sol. Néanmoins, quand, à l'époque de l'épandage, la terre est trop pénétrée d'humidité ou durcie par les gelées, il vaut mieux attendre qu'elle se trouve dans un état plus favorable au travail qu'elle doit subir. Dans ce cas, il convient de conserver le fumier en tas à la ferme, au lieu de le déposer d'avance sur la parcelle à fumer.

Les fumiers conduits aux champs sont déchargés en petits tas, ou *fumerons*, qui doivent être réguliers et régulièrement disposés. De la bonne répartition de ces fumerons dépend en partie l'uniformité de la fertilisation, étant donné, bien entendu, que l'engrais est homogène. On a reconnu dans la pratique qu'un espacement de 7 mètres en tous sens était très favorable au travail de l'épandage.

Cet épandage doit s'opérer avec la plus grande régularité; pour cela, il faut que le fumier soit divisé et émietté complètement; une répartition irrégulière entraîne forcément une récolte inégale, souvent sans valeur.

Le fumier répandu sur le sol doit y être immédiatement incorporé par un labour. Pour les fumiers pailleux, il est bon de procéder un peu différemment; on les place, lors du labour, dans le sillon que vient d'ouvrir la charrue; ils se trouvent recouverts ensuite par le second passage de celle-ci.

Au lieu de fumer en plein, comme on l'a supposé jusqu'ici, il arrive, pour les plantes cultivées en lignes espacées, et notamment quand on ne dispose que d'une petite quantité d'engrais, qu'on trouve avantageux de les placer sous les lignes. Dans ce but, on dispose le terrain en petits billons formés de deux raies adossées, et c'est dans l'intervalle des ados qu'on décharge les voitures. On refend ensuite les billons de façon que les ados occupent la place des dépressions et recouvrent le fumier qu'on y a répandu. On arrive par ce moyen à tirer d'une faible fumure des effets très marqués.

La profondeur à laquelle le fumier doit être enfoui dans le sol est loin d'être indifférente; elle est subordonnée à l'épaisseur de la terre arable, à sa nature minéralogique et au mode de végétation de la plante à laquelle l'engrais est destiné.

En général, on doit mettre le fumier là où se trouveront réunies les conditions qui lui permettent de subir les modifications nécessaires à l'utilisation de ses éléments par les récoltes. La présence de l'air, une légère humidité, sont indispensables; par suite, dans les sols légers et sous les climats chauds, le fumier doit être placé à une profondeur relativement importante; au contraire, dans les sols compacts et sous un climat froid, il ne doit être recouvert que par une très faible épaisseur de terre.

La dose et la fréquence des fumures varient suivant l'état physique des terrains, leur richesse et les récoltes qu'on leur demande. Dans les terres légères, calcaires ou siliceuses, où l'engrais est rapidement consommé, on doit procéder à des fumures répétées, à doses modérées. Au contraire, les fortes fumures conviennent aux terres argileuses.

Dans les cultures du Nord de la France, 60.000 kilogrammes de fumier à l'hectare, tous les trois ans, constituent une très forte fumure; 30.000, une fumure moyenne; 20.000, une faible fumure. Ces chiffres ne sont donnés que comme simple indication, et l'expérimentation directe peut seule, dans tous les cas, donner une solution sérieuse à la question de la dose et de la fréquence des fumures.

**Boues des villes ou gadoues**. — Le mélange des balayures des rues, des résidus des marchés, des ordures ménagères et, en général, les débris de toute sorte provenant des habitations, constitue ce qu'on appelle les *gadoues* ou *boues des villes*, et forme un excellent engrais, recherché par les cultivateurs voisins des villes.

Les gadoues renferment une grande quantité de matières organiques et sont d'autant plus riches que la proportion de ces substances est plus élevée. Avant de les utiliser, il faut qu'elles aient subi une fermentation qui entraîne la décomposition de ces substances organiques et qui se termine par la formation d'un terreau à peu près homogène. A cet effet, on en forme des tas assez considérables qu'on laisse exposés à l'air pendant environ trois mois, après en avoir retourné deux ou trois fois la masse.

Le terreau provenant de ces tas est noirâtre, spongieux. C'est un engrais chaud, qui active la végétation des plantes hâtives et qui sert à la confection des couches dont fait usage la culture maraîchère. Il pèse de 800 à 1.200 kilogrammes par mètre cube ; on l'emploie à la dose de 50 à 60 mètres cubes par hectare. La composition est très variable, à cause de la diversité des matières qui entrent dans sa formation.

D'après MM. Müntz et Girard, les gadoues vertes, c'est-à-dire fraîches, et les gadoues noires, c'est-à-dire celles qui ont fermenté en tas, renferment par 100 kilogrammes, en principes fertilisants :

| | Gadoue verte. | Gadoue noire. |
|---|---|---|
| Azote | 0kil,38 | 0kil,39 |
| Acide phosphorique | 0 41 | 0 45 |
| Potasse | 0 44 | 0 29 |
| Chaux | 2 57 | 2 92 |

Il résulte de ces études que, d'une manière générale, les gadoues vertes, aussi bien que les gadoues noires, sont à peu près équivalentes, sous le rapport de la richesse en éléments fertilisants, au fumier de ferme.

**Eaux d'égout.** — Les eaux d'égout des cités populeuses, d'une composition nécessairement très variable, peuvent être très utilement employées à la fertilisation des terres. Elles constituent de véritables engrais liquides dans lesquels certaines matières se trouvent en dissolution, et d'autres en suspension.

Au double point de vue de l'hygiène et de l'agriculture, il importe de détourner les égouts des rivières qu'ils infectent et d'utiliser les matières qu'ils charrient. A cet effet, il existe plusieurs procédés qui se rattachent tous à trois systèmes différents : 1° *épuration par les moyens mécaniques :* filtrage et décantation ; 2° *épuration par les procédés chimiques :* précipitation ; 3° *épuration par le sol :* utilisation agricole, irrigations.

On a constaté l'impuissance des deux premiers procédés et reconnu que le seul système qui satisfasse à la fois l'hygiène et l'agriculture était l'irrigation : les propriétés absorbantes du sol sont en effet telles, que l'épuration des eaux d'égout versées à la surface se produit pour ainsi dire instantanément et qu'il n'y a pas lieu de craindre le dégagement d'émanations putrides.

Les exemples de la presqu'île de Gennevilliers, près Paris, et l'étude des entreprises d'irrigation à l'eau d'égout permettent d'ailleurs de se rendre un compte exact des résultats obtenus et des règles à observer.

La composition des eaux d'égout varie évidemment d'un jour à l'autre et, pour avoir une approximation de leur teneur réelle, il faut avoir recours à un grand nombre d'analyses. D'après M. Berthault, voici, à titre d'indication, la moyenne de dix-huit années d'observations, sur les produits du collecteur de Clichy :

| | | | |
|---|---|---|---|
| Matières organiques.... | Azote............ | 0,041 | 0kg,815 |
| | Autres matières.. | 0,774 | |
| Acide phosphorique........................ | | 0,017 | 1,733 |
| Potasse.................................. | | 0,031 | |
| Chaux.................................... | | 0,351 | |
| Résidu insoluble dans les acides.......... | | 0,704 | |
| Produits divers.......................... | | 0,630 | |
| Total par mètre cube.................. | | | 2,548 |

**Composts et tombes.** — Il convient de rapprocher des engrais mixtes provenant des villes, ceux que l'on constitue artificiellement par les mélanges de débris organiques de toute sorte avec de la terre ou des matières minérales. On obtient ainsi les *composts* et les *tombes*.

Toutes les matières animales ou végétales, les liquides chargés de substances salines ou organiques, les balayures, les terres, les cendres, les charrées, les curures de rivières, d'étangs ou de fossés, les débris de démolitions entrent avantageusement dans la composition des composts.

La méthode générale pour faire des composts consiste à former, avec les substances qu'on y fait entrer, des tas dans lesquels elles constituent des couches superposées. Afin de rendre la décomposition plus active, on arrose les tas de temps en temps avec du purin, et on soumet la masse à des recoupages et à des pelletages, qui ont en même temps pour effet d'en mélanger toutes les parties. Quand on arrose, il est prudent de faire dans le tas des trous avec des pieux, pour que le liquide pénètre dans la masse. Lorsque la décomposition se produit, la hauteur du tas diminue progressivement.

Après avoir formé un tas de compost, on le recouvre d'une couche de terre pour le mettre à l'abri des intempéries. Il faut généralement laisser passer une année pour que la décomposition soit complète.

Pour hâter la décomposition des matières organiques et favoriser la nitrification, on introduit dans les composts de la chaux et, chaque fois que cela est possible, il est préférable de l'y introduire sous forme de chaux vive.

En Normandie, en Flandre et dans l'Anjou, les composts connus sous le nom de *tombes* sont préparés par des mélanges de terre, de fumier et de chaux, en proportions variables, suivant la nature des terres et celle des récoltes qu'on se propose d'obtenir.

Le terreau provenant des composts et des tombes constitue un bon engrais pour toutes les cultures. Mais c'est sur les prairies naturelles qu'il agit le plus efficacement. Il produit en même temps l'effet d'un engrais azoté et celui d'un amendement calcaire.

Au point de vue économique, l'établissement des composts n'est réellement avantageux que lorsque la main-d'œuvre et les charrois sont peu coûteux.

**Engrais liquides.** — Dans certaines exploitations on a pris des dispositions spéciales pour employer les engrais à l'état liquide en faisant intervenir l'eau comme véhicule. A cet effet, les étables, les écuries, les cours sont aménagées de façon à conduire toutes les eaux avec les déjections dans des fosses étanches, d'où on les dirige vers les champs en culture par des canalisations où elles s'écoulent par l'effet de la pente naturelle, où même on les refoule parfois à l'aide de pompes. Le liquide fertilisant est d'ailleurs réparti dans les champs eux-mêmes par des rigoles d'irrigation, ou encore quelquefois au moyen de bouches branchées sur les conduites en pression et auxquelles on peut adapter au besoin des tuyaux flexibles.

Cette pratique, peu répandue d'ailleurs, se justifie par la facilité que l'eau procure pour la répartition régulière et systématique des matières fertilisantes et par les avantages que l'eau présente elle-même pour la végétation. Elle est à recommander toutes les fois que les circonstances locales s'y prêtent.

Le purin, étendu de 4 à 6 fois son volume d'eau pour éviter que le carbonate d'ammoniaque qu'il renferme ne brûle les plantes, s'emploie en arrosages sur les prairies ou dans les champs, soit avant les semailles, soit sur les plantes en végétation. Son action est immédiate.

On choisit, pour répandre le purin, le moment où la terre est suffisamment sèche pour absorber immédiatement tout le liquide. On le transporte aux champs dans des barriques montées sur roues et on le répand au moyen d'écopes, ou bien on a recours à des tonneaux métalliques spéciaux, pareils à ceux adoptés pour l'arrosage des rues dans les grandes villes.

## § 58. — Engrais chimiques

Les engrais, improprement désignés sous le nom d'*engrais chimiques*, sont des composés *minéraux* extraits de gisements souterrains ou résultant d'une préparation industrielle.

On les divise en trois groupes, selon la nature de l'élément principal qu'ils apportent au sol : 1° engrais minéraux azotés ; 2° engrais minéraux phosphatés ; 3° engrais minéraux potassiques.

**Engrais minéraux azotés.** — L'ammoniaque employée comme engrais agit par l'azote qu'elle contient. C'est surtout à l'état de *sulfate d'ammoniaque* qu'elle est entrée dans la pratique agricole. Très actif à cause de sa grande solubilité, ce sel ne doit être employé que lorsqu'on veut obtenir une action prompte et vigoureuse, donner une sorte de coup de fouet à une végétation languissante. C'est le plus riche des engrais azotés. Il convient surtout aux céréales et non aux légumineuses. Employé en automne, il est disséminé dans la couche arable par les pluies hivernales. On s'en sert à l'état pulvérulent, mais le plus souvent en mélange avec d'autres engrais.

Le sulfate d'ammoniaque est produit par les usines à gaz, et il résulte du traitement par la chaux des eaux de lavage ; l'ammoniaque qui s'en dégage est fixée par l'acide sulfurique. On le tire également des eaux-vannes et des matières provenant de la vidange des fosses d'aisances, qui, chauffées par la vapeur en vase clos, avec ou sans addition de chaux, dégagent de l'ammoniaque qu'on condense dans des bacs contenant de l'acide sulfurique. On peut encore extraire le sulfate d'ammoniaque des eaux de condensation des fabriques de noir animal et utiliser de la sorte l'azote des os.

Le sulfate d'ammoniaque dose en moyenne 20 0/0 d'azote, et le prix des 100 kilogrammes se maintient aux environs de 30 francs.

Les nitrates alcalins constituent aussi un engrais précieux, dont l'action est également rapide et qui ne doit s'employer en conséquence qu'à dose réduite : 125 à 200 kilogrammes par hectare.

Le *nitrate de soude* résulte de la combinaison de l'acide azotique avec la soude et prend naissance par le phénomène de la nitrification. On le trouve en masses importantes au Chili, dans les nitrières d'Acatama où il est recouvert par le terrain diluvien; on rencontre aussi au Vénézuéla et à Ceylan des accumulations de nitre dans des cavernes où il s'est formé par la décomposition de matières animales, déjections d'oiseaux marins et de chauves-souris. Le nitrate de soude dose en moyenne 15 0/0 d'azote et vaut actuellement 23 francs les 100 kilogrammes.

On l'emploie au printemps, soit seul, soit en mélange avec le fumier, ou dissous dans le purin. En raison de son extrême solubilité, qui en facilite l'entraînement par les eaux pluviales, il convient de l'employer de préférence sur des plantes en végétation qui peuvent l'utiliser immédiatement. Dans les terres légères, si on le répandait trop longtemps à l'avance, on s'exposerait à des pertes considérables.

Le nitrate de soude convient aux plantes à racines pivotantes, à la betterave par exemple.

**Engrais minéraux phosphatés.** — L'utilité des phosphates comme engrais a été signalée à la fin du siècle dernier par Saussure ; elle est aujourd'hui reconnue dans tous les pays, et leur emploi est nécessaire dans bien des parties de la France.

On tire le plus souvent les phosphates des os qui contiennent 25 0/0 de leur poids d'acide phosphorique et 4 à 6 0/0 d'azote. On extrait d'abord des os des produits industriels, tels que le noir animal ou la gélatine, et on les broie ensuite très aisément au moyen de pilons à cames, de meules en pierre ou de cylindres en acier. La poudre, ainsi obtenue, s'emploie à raison de 5 à 20 hectolitres par hectare ; elle contient 60 à 70 0/0 de phosphate de chaux et revient à 11 fr. 50 les 100 kilogrammes.

Dans les fabriques de gélatine, on prépare du *phosphate précipité* par l'addition d'un lait de chaux dans les eaux acidulées au moyen de l'acide chlorhydrique et qui contiennent le phosphate de chaux en dissolution. C'est un produit blanc, très assimilable, renfermant 36 à 40 0/0 d'acide phosphorique.

On emploie aussi le *noir animal* ou *noir en grains* obtenu par calcination des os, ou plutôt les *noirs de sucrerie* ou de *raffinerie*, qui sont les résidus de la clarification des jus par le noir animal additionné de chaux et de sang. Le noir en grains est plus riche en phosphate, il en renferme 68 à 80 0/0, tandis que les noirs de sucrerie et de raffinerie n'en renferment que 54 à 60 0/0 avec un peu d'azote. Ces derniers valent de 20 à 30 francs les 100 kilogrammes, et on en répand 300 à 400 kilogrammes par hectare au moment des semis. Il faut ajouter que de nombreuses falsifications ont jeté quelque défaveur sur cet engrais.

Les *phosphates minéraux naturels*, qu'on trouve sous le nom d'*apatites* dans les terrains anciens, de *nodules* et de *coprolithes* dans les terrains houillers, liasiques, jurassiques et crétacés, de *phosphorites* dans les terrains tertiaires, exploités en France, dans les départements du Lot, Tarn-et-Garonne, Pas-de-Calais, Aveyron, Gard, Vaucluse, et qu'on a signalés en Algérie et en Tunisie, sont très recherchés aujourd'hui. Le plus souvent, ils sont à l'état d'accident et se présentent sous la forme de rognons ou lentilles qu'on lave pour les débarrasser de la terre qui les enveloppe et qu'on pulvérise ensuite. Ils contiennent le phosphate de chaux à l'état tribasique, dans des proportions d'ailleurs très variables, 16 à 25 0/0 ; souvent ils renferment, en outre, du carbonate de chaux, de l'oxyde de fer, de l'iode et du fluor. Avant de les employer on fait fréquemment des opérations de triage et de classement de manière à enrichir le produit; néanmoins les parties les plus fines sont celles qui se prêtent le mieux à l'assimilation par les plantes.

Pour rendre les phosphates naturels plus assimilables, on les transforme en *superphosphates*, en les traitant dans des bacs en plomb par l'acide sulfurique qui enlève deux équivalents de chaux, et laisse le phosphate à l'état monobasique ; les superphosphates sont devenus un produit accessoire des fabriques d'acide sulfurique. L'acide phosphorique qu'ils renferment étant plus rapidement assimilable que celui des phosphates naturels, on les a longtemps préférés à ces derniers. Mais, beaucoup plus coûteux, en raison des manipulations dont ils ont été l'objet, ils ont, en outre, l'inconvénient de rétrograder dans le sol, c'est-à-dire de se combiner avec les matières calcaires, avec le fer, avec l'alumine, pour reformer des composés insolubles. Il est donc souvent préférable d'appliquer à une culture 1.000 kilogrammes de phosphate naturel plutôt que de lui fournir 400 ou 500 kilogrammes de superphosphate. Pour un prix égal ou même inférieur, on apporte au sol deux ou trois fois plus d'acide phosphorique, que les plantes finissent toujours par s'assimiler avec le temps, malgré son insolubilité. Toutefois l'emploi des superphosphates est tout indiqué, lorsqu'il s'agit d'exercer une action immédiate sur des plantes en végétation. D'autre part, la transformation de certains phosphates naturels, ceux du Canada par exemple, en superphosphates est indispensable.

Les phosphates naturels valent 6 à 8 francs les 100 kilogrammes. Leur prix s'établit d'après la teneur en acide phosphorique et aux taux de 0 fr. 85 le kilogramme d'acide phosphorique soluble dans le citrate d'ammoniaque et 0 fr. 65 le kilogramme d'acide phosphorique soluble dans l'eau. On les emploie à la dose de 200 à 800 kilogrammes à l'hectare. Le superphosphate est répandu directement ; les phosphates dont l'action plus lente est activée par les acides organiques sont mélangés d'ordinaire avec le fumier.

Quant aux *scories de déphosphoration*, résultant de la transformation des fontes en fer ou en acier, elles renferment de 7 à 20 0/0 d'acide phosphorique et 40 0 0 environ de chaux. Il suffit de les broyer pour les rendre immédiatement utilisables. Elles constituent non seulement des engrais phosphatés de bonne qualité, mais encore d'excellents amendements calcaires. Depuis plusieurs années, le procédé métallurgique Thomas et Gilchrist est une nouvelle source d'engrais phosphaté : il fournit un laitier riche en acide phosphorique, connu dans le commerce des engrais sous le nom de *phosphate Thomas* métallurgique.

On ne doit pas oublier que l'influence de l'acide phosphorique dans la végétation est capitale. Il est indispensable au développement des céréales, à la formation de la graine, à la production de la betterave, des choux, des navets, etc. L'homme et les animaux puisent dans les végétaux le phosphate de chaux nécessaire à la formation de leur ossature. Or, la quantité de cet élément fertilisant qui existe dans nos sols est presque toujours insuffisante : de là, l'importance des engrais phosphatés, dont l'insolubilité dans l'eau permet d'ailleurs l'emploi à des doses élevées.

**Engrais minéraux potassiques.** — Parmi les engrais potassiques, le plus employé est le *chlorure de potassium*. C'est un sel blanc cristallisé, facilement soluble, qu'on obtient par le traitement des eaux-mères des marais salants, des cendres de varech, des salins de betteraves ou par celui des minerais de Stassfürt, près de Magdebourg (Allemagne). On le trouve aussi à l'état pur dans ces dernières mines.

L'action du chlorure de potassium a été parfaitement démontrée par l'expérience. Il subit dans le sol une modification dans laquelle le potassium se transforme en potasse. Dans le commerce, on trouve généralement cet engrais à 80 0/0 de pureté ; il correspond alors à une richesse de 50 0/0 de potasse et se vend 22 francs les 100 kilogrammes.

La *kaïnite*, ou *sel de Stassfürt*, est un sulfate double de potasse et de magnésie. Il est employé en agriculture à l'état brut et renferme de 23 à 24 0/0 de sulfate de potasse, soit de 12 à 13 0/0 de potasse.

Le *nitrate de potasse*, ou *salpêtre*, qui renferme 44 0/0 de potasse, en même temps que 13 0/0 d'azote, serait un engrais de premier ordre, puisqu'il apporte à la fois au sol ces deux éléments fertilisants; mais, étant d'un prix élevé, 46 francs les 100 kilogrammes, on lui préfère le nitrate de soude.

Le nitrate de potasse ne se trouve guère à l'état naturel ; il en vient cependant un peu des Indes. On fabrique le nitrate de potasse au moyen du nitrate de soude, par double décomposition. On produit aussi ce sel dans certaines régions, mais à l'état impur, par le moyen des *nitrières artificielles :* sous un hangar ouvert de toutes parts, on dispose un tas de matières organiques en fermentation et on l'arrose avec du purin ou des eaux-vannes; il ne tarde pas à se produire des efflorescences de salpêtre qu'on recueille en grattant la surface ; on recoupe périodiquement le tas pour renouveler les surfaces exposées à l'air, le même phénomène se produit et on recueille les nouvelles efflorescences.

Les *potasses brutes* provenant du traitement des salins de betterave, qui contiennent 10 à 30 0/0 de potasse, et les *sables feldspathiques*, qui en renferment sous forme de silicate 1 à 15 0/0, sont aussi employés comme engrais. Il en est de même des cendres de bois qui constituent un engrais potassique de composition très variable.

La potasse fait surtout défaut dans les terrains calcaires ; son apport, sous forme d'engrais, est moins nécessaire dans les terres argileuses.

**Engrais chimiques composés.** — Sous le nom d'*engrais composés*, les cultivateurs peuvent se procurer maintenant les mélanges les plus variés des engrais minéraux simples. Ces mélanges sont obtenus dans les petites fabriques par pelletages et tamisages, dans les grandes au moyen de puissantes machines qui opèrent le concassage, le blutage et le brassage des matières.

Ces engrais, qui renferment à l'état de concentration les éléments de fertilité, ouvrent à l'agriculture une voie nouvelle, car ils se prêtent aux lointains transports et fournissent le moyen d'obtenir, pour ainsi dire partout, les substances les plus variées répondant aux besoins de toutes les cultures.

Néanmoins, on ne saurait trop recommander à l'agriculteur de faire lui-même ses mélanges d'engrais chimiques, pour se mettre à l'abri des fraudes auxquelles se livre trop facilement le commerce. Pour cela, il faut que dans chaque cas, par une étude spéciale, il détermine d'après les besoins du sol et la richesse de chaque engrais en éléments fertilisants, la composition de son mélange en vue d'une récolte déterminée.

**Incorporation au sol des engrais chimiques.** — Il est nécessaire, pour que la répartition des engrais chimiques soit uniforme, que ces derniers soient très divisés. On opère alors la semaille de ces engrais pulvérulents soit à la main, soit à l'aide de semoirs spéciaux.

D'une manière générale, il convient de faire suivre l'emploi des engrais minéraux d'un hersage énergique. Quand on les emploie à doses élevées, on les incorpore au sol par des labours. Quant aux engrais employés au printemps, en couverture, il est bon de les répandre, le plus tôt possible, à la fin de février ou au commencement de mars, pour que les pluies abondantes qui suivent puissent les dissoudre et les disséminer dans la terre.

## § 59. — Nécessité des engrais complémentaires

Il résulte de ce qui précède que c'est dans le fumier de ferme qu'on trouve les principaux éléments de la fertilisation du sol. Seulement ces éléments sont insuffisants, en ce sens qu'ils ne rapportent pas dans le sol toutes les substances enlevées par les récoltes. Par suite des exportations de la ferme, il y a des déficits qui portent tantôt sur l'un ou l'autre des éléments fertilisants : azote, acide phosphorique, potasse ou chaux. Les terres reçoivent donc, chaque année, moins qu'elles ne donnent, malgré les restitutions naturelles par l'atmosphère et par les eaux. Sous peine de les voir à la longue devenir stériles, il faut avoir recours aux engrais dits *complémentaires*.

L'analyse du sol, des expériences directes sur les cultures à l'aide des engrais chimiques, éclairent facilement l'agriculteur sur la nature des engrais complémentaires à incorporer à ses terres. Ces derniers ont l'avantage de pouvoir apporter au sol l'élément qui lui manque, isolé d'autres éléments superflus, et en outre de fournir à la plante, également à l'exclusion des matières inutiles, la substance qui lui convient le mieux. C'est qu'en effet chaque végétal a des exigences particulières, en même temps qu'il possède une composition chimique spéciale : le phosphate de chaux est l'engrais de prédilection des crucifères ; les engrais azotés, sans influence sur les légumineuses, exercent sur le développement des céréales une action considérable. L'élément que la plante réclame avec le plus d'énergie, celui sans une dose suffisante duquel elle ne peut fournir que des récoltes médiocres ou nulles, malgré la présence des autres, est ce que l'on nomme sa *dominante*. L'azote est la dominante des graminées, la potasse celle des légumineuses.

Chaque culture, comme chaque sol, a donc des besoins distincts, et l'on ne saurait appliquer indifféremment à toutes et à tous le même engrais. Le problème à résoudre pour chaque culture consiste, en conséquence, à tenir compte de la composition chimique du sol, de celle du fumier et de celle des produits à récolter. On devra, en outre, faire attention au degré d'assimilabilité des substances fertilisantes, celles du sol et du fumier étant moins assimilables que celles des engrais chimiques solubles dans l'eau. Une grande réserve de substances fertilisantes, peu assimilables dans le sol, n'étant pas suffisante aux besoins des plantes, l'engrais supplémentaire devient indispensable.

Les engrais chimiques constituent à cet effet des adjuvants

précieux. Administrés seuls, sans fumier, et en terre pauvre, leur emploi donne rarement des produits en rapport avec la dépense de la fumure, et, à la seconde année, il ne reste plus rien des engrais chimiques. Leur solubilité les a fait disparaître du sol sans aucun espoir de retour.

Mais, associé au fumier dans une mesure convenable et judicieusement choisi quant à sa nature et à sa dose, l'engrais chimique peut accroître dans une proportion considérable le rendement de toutes les récoltes. On ne doit pas oublier toutefois que la bonne fertilité, celle qui est durable et fait corps avec le sol, est due au fumier de ferme; de là, la nécessité de produire le plus de fumier possible. C'est un capital de roulement qui vivifie et fait fructifier toutes les branches de la culture.

## § 60. — Valeur des engrais

La valeur agricole des engrais dépend de la proportion des éléments fertilisants qu'ils renferment à un état assimilable pour les plantes.

Cette valeur doit être appréciée d'après les résultats obtenus; elle peut différer beaucoup du prix auquel on vend les engrais, prix qui dépend à la fois des frais de production et de transport, d'une part, et de la concurrence commerciale, de l'autre.

Il en résulte que, lorsque l'agriculteur veut faire choix d'un engrais, il doit établir une comparaison dans laquelle il tiendra compte à la fois des besoins de la culture et des conditions auxquelles il pourra se procurer les diverses matières fertilisantes.

A cet effet, plusieurs auteurs préconisent de se livrer à des calculs théoriques dans lesquels on attribue aux éléments de fertilisation, tels que l'azote, la potasse, l'acide phosphorique, des valeurs conventionnelles, en comptant par exemple 1 fr. 50 par kilogramme d'azote, 0 fr. 40 par kilogramme de potasse, 0 fr. 50 par kilogramme d'acide phosphorique. On multiplie ces chiffres par la proportion de chacun des principes fertilisants que renferme l'engrais et, en faisant la somme des produits obtenus, on a la valeur commerciale de cet engrais.

Mais il ne faudrait pas exagérer l'importance des conclusions auxquelles on se trouve conduit de la sorte, car une foule de circonstances accessoires dont le calcul précédent ne tient pas compte, influent nécessairement sur la valeur réelle des engrais : tel élément, par exemple, ne donnera pas les mêmes résultats suivant la nature de la combinaison dans laquelle il entre, l'azote minéralisé est notamment plus assimilable que l'azote organique, le phosphate de chaux tribasique est moins assimilable que le phosphate monobasique, etc., ou bien les transports sont difficiles, les marchés déjà encombrés, la concurrence développée, et il peut fort bien arriver que tel engrais, qui théoriquement semble avoir une valeur considérable, se vende à bas prix ou même ne trouve pas preneur.

D'autre part, le prix de revient d'un même engrais varie avec les circonstances et les localités. Celui du fumier de ferme, par exemple, peut s'établir en faisant la différence entre les dépenses faites pour l'achat, l'entretien et la nourriture des bestiaux, d'une part, et les produits qu'on en a tirés, de l'autre ; tantôt on trouvera moyen de le vendre bien au-dessus de ce prix de revient, tantôt, au contraire, il sera invendable même au-dessous de ce prix. De même au voisinage des villes, le fumier de cheval, recherché par la culture maraîchère et pour l'entretien des jardins, se vendra à un prix plus élevé que dans les campagnes.

Dans tous les cas, c'est à l'agriculteur lui-même à savoir distinguer quels sont les engrais qui lui fournissent les principes fertilisants au meilleur compte.

L'estimation de la valeur commerciale des engrais étant basée sur la connaissance de leur composition chimique, l'agriculteur ne peut guère la déterminer lui-même. Il doit avoir recours, à cet effet, aux *stations agronomiques* ou aux *laboratoires d'analyse*, nombreux aujourd'hui en France. Il doit, en outre, dans les marchés relatifs aux engrais se mettre grandement en garde contre les fraudes qui sont pratiquées malheureusement dans ce genre de commerce sur une échelle considérable, au point que l'on a dû faire une loi pour les réprimer : c'est la loi du 4 février 1888 sur le commerce des engrais. Deux décrets, en date des 10 mai et 19 juin 1889, rendus en exécution de cette loi, ont édicté toute une série de mesures relatives aux analyses, aux prises d'échantillon, etc., qui ont pour but de réaliser et de garantir la sécurité des transactions.

En résumé, voici comment l'agriculteur devra procéder pour éviter d'être victime de la mauvaise foi des marchands d'engrais. Il exigera du vendeur la garantie, sur facture, d'une richesse déterminée de l'engrais en principes fertilisants. La loi précitée du 4 février 1888 oblige, d'ailleurs, les marchands d'engrais à énoncer, sur leurs factures, la proportion centésimale et la nature exacte de chacun des principes fertilisants que renferment les matières livrées, ainsi que l'origine de ces matières. Cette richesse devra être indiquée pour l'engrais à l'état normal, et non à l'état sec, qui n'est pas celui sous lequel on le vend. A l'arrivée de la marchandise et avant d'en prendre livraison, le cultivateur en prélèvera, en présence de deux témoins, un échantillon, qu'il enverra, sous plomb, au laboratoire d'essais. Si les résultats de l'analyse confirment la richesse garantie ou indiquent une richesse supérieure, le cultivateur devra accepter l'engrais ; dans le cas contraire, il pourra réclamer une diminution de prix ou refuser l'engrais.

En procédant ainsi, l'agriculteur s'épargnera bien des mécomptes, de même que pour les cas d'engrais composés, il devra toujours acheter ses matières par catégories séparées et opérer lui-même ses mélanges.

## § 61. — Desséchements, assainissements et irrigations

Aucune plante cultivée ne vient bien, si elle est placée sur un sol trop humide ou trop sec.

Une terre est réputée humide, quand elle contient plus de 50 0/0 de son poids d'eau ; elle est sèche, quand son eau tombe à moins de 6 0/0. La terre fraîche et bienfaisante pour les cultures, renferme 15 à 20 0/0 d'eau.

Les terres mouillées sont improductives et, pour les mettre en état d'être cultivées, il est nécessaire d'en opérer le *desséchement*, c'est-à-dire l'épuisement de l'eau superficielle, ce qui est généralement possible; mais le terrain ainsi *desséché* n'est pas forcément *assaini;* il peut encore renfermer intérieurement de l'eau stagnante. De là, la nécessité du *drainage*, dont le but est de débarrasser les terres humides *non noyées* de toute l'eau intérieure pouvant nuire à la végétation.

En abaissant le niveau des eaux stagnantes, le drainage les rend inoffensives pour les racines. Il facilite le passage à travers la couche arable des eaux de toute nature qui y apportent certains éléments de fertilisation. L'air y pénètre en même temps et renouvelle l'atmosphère du sol ; les transformations chimiques utiles à la végétation sont ainsi favorables. De plus, le drainage contribue à l'ameublissement des terres fortes, il élève la température du sol, en diminuant l'évaporation superficielle de l'eau, et, par suite, en atténuant le refroidissement que cette évaporation produit toujours. Il facilite en revanche l'entraînement des sels nutritifs solubles par les eaux qui traversent le sol.

D'autre part, les terres sèches sont aussi improductives et l'apport de l'eau dans un terrain favorise toujours la végétation. Cette eau, comme on l'a vu précédemment, qui contient déjà des substances nutritives en suspension et en dissolution, s'approprie encore les engrais qui se trouvent sur son passage et les met à la disposition des racines des végétaux ; elle est, d'ailleurs, absolument nécessaire aux parties herbacées qui en perdent constamment par transpiration. De là, l'utilité incontestable des *irrigations*.

Nous ne nous étendrons pas davantage sur ces questions qui font plus spécialement l'objet des volumes d'*Hydraulique agricole*.

## § 62. — Cartes agronomiques

Les cartes agronomiques, qui ont déjà rendu et sont appelées à rendre de grands services, ont pour objet principal de donner au cultivateur des indications utiles sur la nature et les qualités physiques et chimiques de ses terres, afin de lui permettre de savoir dans quel sens il convient de les amender, quels engrais leur sont nécessaires et en quelle quantité ils doivent être employés pour leur donner le meilleur rendement possible.

Pour qu'elles atteignent ce but, il faut :

1° Faire l'examen attentif du sol en un certain nombre de points, afin d'en bien déterminer les qualités et les défauts;

2° Pouvoir généraliser ces résultats, de manière à faire connaître, avec une approximation suffisante, les propriétés du sol dans toute l'étendue laissée entre les points d'essai.

On satisfait à la première de ces conditions par des expériences de culture combinées avec l'examen physique et chimique du sol et du sous-sol. Après s'être rendu compte si la culture peut être faite sans préparation préalable, telle que drainage, irrigation, dessalement, etc..., on établit à l'endroit choisi une série d'essais méthodiques : on cultive, sur de petites parcelles contiguës, du froment, du trèfle, des betteraves ou des pommes de terre, etc... Pour une même culture, les unes de ces parcelles ne reçoivent aucun engrais; d'autres reçoivent des engrais exclusivement azotés, exclusivement phosphatés ou exclusivement potassiques; d'autres, des engrais de deux sortes à la fois; d'autres, des engrais de trois sortes ou complets. On observe l'état de la végétation pendant ses différentes phases, et l'on tient compte de la valeur comparative de la récolte.

Cette méthode, appelée *analyse du sol par les plantes*, est excellente pour le cultivateur, car elle est de nature à apporter la conviction dans son esprit.

Une autre méthode, celle de l'*analyse chimique du sol*, consiste à soumettre la terre aux essais de laboratoire, de manière à y déterminer la proportion exacte des éléments utiles. Ensuite, il sera possible d'établir, par comparaison avec des terres analogues et de fertilité connue, les qualités réelles du sol et les engrais complémentaires qu'il convient d'y ajouter.

Le cultivateur, en général, ne peut tenter lui-même cette dernière opération, il doit la demander à un laboratoire de chimie. Comme il existe aujourd'hui, dans presque tous les départements, des stations agronomiques, c'est à elles que doit revenir cette tâche éminemment utile.

Inutile d'ajouter que cette analyse, comme la précédente, doit être interprétée par des hommes compétents, tels que les directeurs de stations agronomiques ou les professeurs départementaux d'agriculture.

On satisfait à la deuxième condition ci-dessus énoncée par la considération des couches géologiques.

Si les points d'essai n'étaient reliés entre eux que par des lignes cadastrales ou par tout autre lien conventionnel, aucune règle n'en limiterait le nombre, par conséquent celui des analyses, et, en outre, la généralisation serait impossible. On n'aurait aucun guide dans le choix des points d'essai. On serait exposé à prendre des échantillons de même qualité, à faire des analyses inutiles, ou au contraire à négliger les prises d'échantillons de composition très différente. Si exacte, si détaillée qu'elle soit, la carte ne serait qu'un dédale d'indications isolées, d'autant plus confuses qu'elles seraient plus nombreuses. On n'y trouverait que des renseignements locaux qu'il ne serait pas permis d'étendre aux régions voisines. Le travail manquerait de clef; cette clef, ce fil conducteur, c'est la géologie qui le donne.

En effet, la terre végétale, objectif du cultivateur, dépend en grande partie du sous-sol, domaine du géologue. La plupart du temps, elle est issue directement de ce sous-sol ameubli, décomposé par les influences atmosphériques et la culture. Elle varie avec lui. Elle en est le reflet ou, si l'on veut, c'est un voile transparent qui laisse voir les propriétés des couches sous-jacentes ou géologiques.

Cette relation ne souffre d'exceptions que pour les *terres de transport* ; mais ce sont les moins nombreuses, et l'on peut toujours les caractériser soit en remontant à leur origine, soit par le détail de la carte, soit au besoin par des analyses spéciales.

L'examen des couches géologiques permettra donc de choisir et de limiter les points d'essai, puisque la terre arable qui correspond à une même couche offre la même composition. Réciproquement, on pourra étendre les résultats des analyses aux terres qui appartiennent aux mêmes couches géologiques avec une approximation que la pratique a reconnue suffisante.

La liaison entre les terrains géologiques et les terrains agricoles est d'une évidence incontestable.

Plusieurs expériences ont été réalisées à ce sujet : une même contrée a été étudiée par deux observateurs différents et, sans aucune préoccupation d'entente, *a priori*, il en a été fait deux cartes, l'une portant uniquement des désignations géologiques, l'autre n'ayant reçu que les indications relatives aux qualités agricoles du sol végétal. En les comparant et, mieux encore, en les superposant, si elles sont à la même échelle on est frappé de la concordance complète entre les compartiments géologiques et les compartiments agronomiques.

La plupart des cartes françaises exécutées jusqu'à ce jour ont été faites en prenant la classification géologique comme base de la classification des terrains agricoles.

Cette doctrine, dont M. Risler, l'éminent Directeur de l'Institut national agronomique de France, est devenu le chef, est appelée, à l'Étranger, l'*École française*, par opposition aux méthodes pédagologiques allemandes et russes.

En Belgique et en Autriche, où le sol appartient à des formations géologiques très variées, cette doctrine de l'École française a prévalu pour l'exécution des cartes agricoles.

En France, l'État n'a pas organisé de service central pour l'exécution d'une carte agronomique d'ensemble ; mais un petit nombre de départements, quelques communes et quelques associations agricoles ont pris l'initiative de faire faire à leurs frais des cartes agronomiques partielles. Ils ne manqueront pas certainement d'avoir de nombreux imitateurs lorsque l'expérience aura montré la grande utilité pratique de semblables cartes, pour la confection desquelles l'État accorde des subventions et souscrit, en outre, à la publication.

Dans le but d'encourager l'exécution des cartes agronomiques locales, la Société nationale d'Agriculture de France[1],

[1] *Rapport sur les cartes agronomiques*, par M. Adolphe CARNOT — Imprimerie nationale, 1894.

a jugé utile, sinon de tracer un programme, du moins de donner les conseils et renseignements suivants au sujet :

1° *De l'échelle à choisir pour les cartes,* qui, d'une façon générale, doit être la plus grande possible : $\frac{1}{20.000^e}$ pour les cartes cantonales et $\frac{1}{10.000^e}$ pour les cartes communales. On a, par ce fait, un canevas plus clair dans lequel on peut faire entrer toutes les indications utiles sur les qualités du sol.

Dans tous les cas il est recommandé de prendre pour canevas une carte topographique, avec courbes de niveau pour représenter le relief du sol, ces cartes étant incomparablement préférables aux cartes avec hachures. Les courbes de niveau sont, en effet, extrêmement utiles, quand on veut donner des renseignements sur les nappes d'eau souterraines et, en particulier, sur les nappes libres ou phréatiques, qui se trouvent à peu de profondeur, et que l'on atteint par les puits ordinaires.

2° *De la classification à adopter pour le figuré des terrains sur les cartes topographiques.* — Comme on l'a vu par ce qui précède, il est utile de prendre, pour base commune, dans la confection des cartes agronomiques, la classification des terrains géologiques telle qu'elle a été établie par le service de la *Carte géologique détaillée de la France.*

Cette carte géologique détaillée de la France, qui comprend déjà la plus grande partie du territoire, se poursuit avec une très grande activité ; bientôt presque tous les départements pourront être pourvus de la représentation géologique de leurs terrains.

3° *Des indications à donner dans les légendes.* — Une notice annexée à la carte, ou mieux encore, s'il est possible, une légende placée sur les bords ou sur les portions inoccupées de la carte même, est indispensable pour compléter les données fournies par l'examen physique et par l'analyse chimique des échantillons de terre végétale.

Cette légende devra permettre de retrouver, au moyen de numéros de renvoi, les points où auront été prélevés les échantillons qui doivent représenter la composition moyenne du sol, où on aura noté l'épaisseur du sol arable et celle du sol vierge, où on aura enfin déterminé la nature lithologique du sous-sol. Elle contiendra, en outre, les données qu'il sera possible de recueillir sur l'existence et la profondeur des nappes d'eau souterraines.

On devra indiquer, partout où il se pourra, le niveau moyen et les oscillations de la nappe libre ou phréatique, données qui ont une importance considérable pour l'agriculture.

On signalera, au moyen de notations spéciales, la présence des substances utiles à l'agriculture reconnues au moyen de carrières, de tranchées, de puits ou de sondages, telles que marne, calcaire, dolomie, phosphate de chaux, gypse, glauconie, schistes, tourbe, etc. Les dépôts ferrugineux, l'alios, la glaise, seront également indiqués, comme pouvant avoir une influence sur les qualités du sol.

Enfin, il y aura lieu de donner un certain nombre de coupes géologiques, car ces coupes ont l'avantage de faire mieux comprendre la constitution du sol et du sous-sol, la superposition des couches, leur épaisseur et la position des nappes aquifères au voisinage de la surface.

4° *Du prélèvement des échantillons de terres et de leur analyse.* — Le Comité consultatif des stations agronomiques et des laboratoires agricoles du Ministère de l'Agriculture a, dans une brochure intitulée : *Méthodes d'analyse des terres*, brochure qui a été distribuée aux laboratoires et aux stations agronomiques, étendu d'une manière très heureuse l'utilité des cartes agronomiques en unifiant les méthodes d'analyse sur tout le territoire, de telle sorte que, désormais, les résultats fournis par tous les laboratoires agronomiques se prêteront à une interprétation commune.

De cette façon, les observations se multipliant aujourd'hui dans tout le pays, avec des bases de comparaison uniformes, elles ne tarderont pas à préciser mieux encore l'influence de la nature du sol et celle des engrais sur la qualité des récoltes, dans les différentes conditions climatologiques.

Dans cet important travail, on trouve tracée avec précision la marche à suivre : pour la prise des échantillons et leur préparation, pour l'analyse physique qui porte sur l'argile, le sable, le calcaire, etc., et pour l'analyse chimique qui porte sur l'azote, l'acide phosphorique, la potasse et la chaux.

5° *Du mode de représentation des résultats d'analyse.* — Les résultats fournis par l'examen physique et par l'analyse chimique du sol doivent être consignés sur une légende détaillée accompagnant la carte et placée sur la même feuille ou sur une feuille annexe.

Cette légende est la partie la plus essentielle de la carte agronomique. Bien des agronomes jugent même qu'elle est seule nécessaire et que la carte géologique à grande échelle, pourvue de numéros d'ordre correspondant à chacun des endroits où ont été pris les échantillons, fournit tous les renseignements utiles pour le cultivateur.

On a cependant essayé de traduire les résultats d'analyse sur la carte elle-même.

A ce sujet, on peut citer, à titre d'exemple, une des dernières cartes agronomiques parues, celle du canton de la Ferté-sous-Jouarre tracée, en s'appuyant sur les principes qui viennent d'être exposés, par M. Gatellier, le savant président de la Société d'agriculture de Meaux, aidé du chimiste M. Duclos.

Les cartes agronomiques des dix-neuf communes de ce canton qui ont été naturellement réunies pour former celle du canton tout entier, indiquent d'une manière très claire la composition des échantillons aux points mêmes où ils ont été prélevés. A cet effet, en chacun des points d'essai sont tracées deux séries de bâtonnets, chacune d'elles étant orientée suivant une direction propre. Les bâtonnets qui se rapportent à la composition physique sont parallèles au bord supérieur de la carte, ceux qui indiquent la composition chimique sont perpendiculaires aux premiers, et dans chaque série les bâtonnets sont d'une couleur différente suivant qu'ils désignent l'un ou l'autre élément ; enfin, leurs longueurs, rapportées à une échelle déterminée, sont proportionnelles à la richesse du sol en l'élément qu'ils représentent. Il a fallu adopter pour la chaux, dont la teneur varie de 0 à 20 0/0, une échelle spéciale, différente de celle qui a été adoptée pour l'azote, l'acide phosphorique et la potasse, dont la proportion dans les terres ne varie, en général, qu'entre 0 et 3 pour 1.000.

Ces cartes ont été établies au $\frac{1}{10.000^{e}}$, échelle du plan cadastral d'ensemble de chaque commune.

Voici maintenant quelques détails d'exécution.

Le canton de la Ferté-sous-Jouarre s'étend sur 10.000 hectares environ. A cheval sur la vallée de la Marne, il est traversé par huit couches géologiques du terrain tertiaire. La carte géologique détaillée en avait été dressée au préalable par M. Gatellier, et c'est à la suite d'un accord entre lui, le maire et les principaux cultivateurs de chaque commune que furent déterminés sur le plan cadastral les points d'essai, de manière que chaque couche géologique fût représentée d'une façon suffisante. Chacun de ces points d'essai reçut, d'ailleurs, un numéro sur le plan cadastral, dont un calque fut remis au chimiste chargé des analyses, et des instructions écrites furent données aux cultivateurs pour le prélèvement des échantillons, de manière que chacun de ces échantillons représentât bien la composition du sol entre 0 et $0^{m},25$ de profondeur. L'ensemble de ces cartes représente les résultats de 331 analyses du sol. L'original de chaque carte communale coûte, en moyenne, 350 francs; des reproductions à prix réduit sont mises à la portée des cultivateurs et sont affichées dans les mairies et les écoles communales.

L'examen de la carte d'ensemble du canton de la Ferté montre immédiatement la concordance frappante qui existe entre les couches géologiques et la nature du sol. Ce sont les mêmes éléments de fertilité qui prédominent ou qui font défaut dans les mêmes couches géologiques. Cette loi se vérifie en particulier pour la Brie, plateau étendu d'argile à meulière, souvent recouvert de limon quaternaire et, par-ci par-là, d'îlots de sables de Fontainebleau. Dans toute cette formation, la chaux et l'acide phosphorique manquent, aussi la marne et les phosphates produisent-ils des effets merveilleux.

La Société d'Agriculture de Meaux a poursuivi ses travaux dans le but de les étendre à l'arrondissement tout entier.

A la subvention accordée par le Ministère de l'Agriculture au tracé des cartes agronomiques de ce canton s'est ajoutée celle du département de Seine-et-Marne.

En résumé, on peut conclure de ce qui précède que la meilleure carte agronomique est une carte géologique détaillée, à grande échelle, avec l'indication de la composition du sol en un nombre convenable de points d'essai, répartis sur les diverses couches géologiques.

Ces considérations, restées longtemps ignorées et aujourd'hui encore souvent méconnues, doivent servir de base à la confection de toute carte de ce genre.

Ces cartes agronomiques bien faites, en révélant aux cultivateurs la composition de leurs terres et en leur permettant, par conséquent, de savoir ce qui leur manque en éléments fertilisants, et ce qu'il convient de leur donner pour en obtenir des rendements plus satisfaisants, leur rendront assurément des services beaucoup plus grands qu'ils ne peuvent le soupçonner.

Aussi il importe que de semblables cartes se multiplient, encouragées par l'État, les départements, les municipalités, par les associations et par tous ceux qui veulent aider au progrès de l'agriculture en France. Elles trouveront utilement leur place dans la mairie, dans l'école primaire et, mieux encore, dans la maison du paysan.

## CHAPITRE VI

# CULTURES DIVERSES

Les végétaux habituellement cultivés dans nos pays peuvent être divisés en cinq classes : les céréales, les plantes fourragères, les racines alimentaires, les légumineuses alimentaires et les plantes industrielles.

### § 63. — Céréales

On désigne sous le nom de *céréales* diverses plantes qui produisent des graines servant à la nourriture de l'homme et des animaux.

Les céréales les plus importantes sont : le blé ou froment, le seigle, l'orge, l'avoine, le maïs, le riz, le millet, quelques autres graminées et le sarrasin de la famille des polygonées.

En France, la culture des céréales occupe une superficie d'environ 15 millions d'hectares, dont 7 millions sont consacrés au blé, 3.700.000 à l'avoine, 1.700.000 au seigle et 1 million à l'orge.

**Blé ou froment.** — Parmi les céréales, le blé ou froment occupe le premier rang, au point qu'on a pu dire : « La quantité de froment est la mesure de la richesse d'un pays. » Il est aussi ancien que le monde et renferme un grand nombre de variétés parmi lesquelles on fait tout d'abord une division primordiale en distinguant les *blés durs*, à cassure vitreuse, cornée, et qui réussissent dans les pays chauds : Midi et Algérie, des *blés tendres*, à cassure blanche, féculente, plus répandus dans le Centre et le Nord de la France.

Les diverses espèces de blé au nombre de sept, auxquelles se rattachent toutes les variétés cultivées, sont les suivantes : *blé tendre* ou *froment commun*, *blé dur*, *blé Poulard*, *blé de Pologne*, *épeautre*, *amidonnier* et *engrain*.

Les variétés comprises dans chacune de ces espèces sont caractérisées par l'époque à laquelle il convient de les semer, par la présence ou l'absence de barbes, par la couleur de l'épi, celle du grain, etc.

Les blés blancs sont les plus recherchés, parce qu'on fabrique avec leur farine un pain très blanc. Les blés rouges ou dorés donnent une farine plus jaunâtre, mais qui a plus de corps. Les blés durs ou glacés conviennent principalement pour la fabrication des pâtes alimentaires ; leur farine donne un pain nutritif, mais un peu gris.

Une autre division des blés, qui porte moins sur des caractères de structure que sur des aptitudes spéciales à végéter plus ou moins rapidement, est celle qui les fait distinguer en *blés d'automne* ou *d'hiver* et en *blés de printemps*. On donne le premier nom aux variétés qui se sèment avant la mauvaise saison, et le second à celles qu'on ne met en terre qu'au retour des beaux jours. Il faut remarquer à ce sujet que ces désignations n'ont rien d'absolu, mais sont subordonnées au climat.

***Terrain. — Préparation du terrain. — Fumures.*** — Toutes les terres ne conviennent pas au blé. Il végète mal dans les terres très siliceuses et graveleuses, les terrains tourbeux et acides, les sols gneissiques et les terres crayeuses. Les sols sur lesquels il prospère sont les terrains d'alluvion, les sols argilo-calcaires, calcaires-argileux, silico-argileux, silico-calcaires et argileux, c'est-à-dire les terrains qui ont un certain degré de consistance, sans être d'une très grande plasticité.

Mais il ne suffit pas que le sol soit un peu compact, il importe aussi que la couche arable ait une certaine profondeur et qu'elle soit, pendant l'automne et l'hiver, exempte d'un excès d'humidité. Le blé redoute deux choses à l'extrême : une humidité surabondante depuis le mois de novembre jusqu'au mois de mars, et une grande sécheresse pendant les mois d'avril, mai et juin. C'est pour ces motifs qu'on a toujours regardé, dans le nord de l'Europe, les terres perméables comme plus favorables à son existence que les terrains qui ont peu d'épaisseur et qui reposent sur un sous-sol imperméable, et que, dans les contrées méridionales, on évite autant que possible de cultiver cette plante sur des terres que la chaleur solaire dessèche aisément pendant le printemps.

Le sol, par les éléments qui le constituent, a une grande influence sur la productivité de cette céréale et la qualité des grains qu'elle donne. Les terres argilo-siliceuses ou argileuses peuvent, si elles sont fertiles et bien cultivées, faire naître de très belles récoltes ; mais les grains qu'on y obtient n'ont jamais cette qualité, cette blancheur, des blés qu'on récolte sur des terres saines et riches en humus et en calcaire. Ce fait est bien connu des agriculteurs qui cultivent à la fois des terrains très argileux et des terrains calcaires ; sur les premiers, ils récoltent des *gros blés*, des blés riches en gluten et qui sont un peu gris ou glacés ; sur les seconds, ils obtiennent des *blés fins*, des blés tendres à cassure amylacée. Aussi est-ce pour accroître la production et obtenir des grains de qualité meilleure, qu'on marne ou chaule les terrains qui renferment très peu de calcaire ou qui n'en contiennent pas, ou qu'on leur applique des engrais phosphatés.

En général, les *terres douces*, saines et fertiles et situées sous un climat tempéré, mais plutôt brumeux que sec, sont celles qui produisent les blés blancs et tendres les plus appréciés.

Dans la rotation des cultures, il est bon de faire succéder le blé aux plantes sarclées et aux fourrages verts. Ces récoltes laissent une terre nette de mauvaises herbes et bien engraissée par les fortes fumures qu'on leur applique, c'est-à-dire parfaitement préparée à la culture des céréales. Il peut suivre également une jachère fumée. En aucun cas, il ne doit succéder à un autre blé.

On ameublit le sol et on le débarrasse de toute végétation adventice par un ou plusieurs labours suivis de hersages. On ne peut préciser le nombre des labours que l'on doit donner à un champ qu'on veut ensemencer en blé d'automne ou en blé de printemps ; ces façons varient suivant la dernière culture, c'est-à-dire la plante qui précède le blé. Les labours ne dépassent pas, en moyenne, $0^{m},22$ de profondeur. Le dernier doit être donné au sol quinze jours ou trois semaines avant les semailles. Dans les terres légères, un roulage est toujours utile, il comprime le sol et tasse les bandes de terre les unes contre les autres.

Les terres légères sont toujours meubles ou divisées au moment des semailles d'automne. Il n'en est pas de même des terres de consistance moyenne et surtout des terres argileuses. Le plus généralement, quand elles ont été bien préparées, on observe à leur surface des mottes nombreuses, mais d'un petit volume. Ces mottes ne nuisent nullement à la marche des herses ou des semoirs et ne doivent pas préoccuper le cultivateur, l'expérience ayant démontré que le blé vient mieux sur les *terres motteuses* que sur les terres très divisées par les labours et les hersages. Les mottes qu'on observe après les semailles d'automne sur les terres un peu plastiques, ont l'avantage d'empêcher les pluies de battre ou de plomber la surface du sol; de plus, en se délitant après les gelées, elles réchaussent les pieds dont le collet est seul enterré et contribuent un peu à leur tallage.

Les terres que doivent occuper les blés de printemps ne sont jamais trop divisées.

En ce qui concerne les fumures, il est rare que l'on applique directement le fumier de ferme à la sole de blé ; c'est la culture précédente qui le reçoit. On a remarqué, en effet, que le fumier pousse au développement de la végétation herbacée, au détriment de la production du grain, et que, d'autre part, il ne permet pas aux tiges d'acquérir la rigidité nécessaire pour résister à la *verse*. Cependant, aujourd'hui l'on fume parfois directement le blé à petite dose, en ajoutant des phosphates au fumier. Par contre, il est toujours conseillé, dans le but de compléter la fumure, d'employer des engrais chimiques avant les semailles. C'est l'acide phosphorique qui le plus souvent fait défaut : ce sont donc les phosphates qui exercent généralement l'action la plus favorable. On les répand à l'automne, en même temps que les engrais potassiques et le sulfate d'ammoniaque, si l'on a reconnu l'utilité de ces derniers.

Au printemps, si la végétation du blé est chétive, languissante, on doit avoir recours, pour la stimuler et lui donner en quelque sorte un coup de fouet, aux engrais azotés à action rapide : nitrate de soude, sels ammoniacaux, etc., que l'on sème en couverture.

*Semailles.* — Les grains de blé récoltés à parfaite maturité et conservés en lieu sec sont ceux que l'on doit employer de préférence comme semences. A part la variété, il est indispensable de ne confier à la terre que des grains propres, de belle qualité et de la dernière récolte.

Les semences, après avoir été préparées à l'aide du crible ou d'un cylindre trieur, afin qu'elles aient toutes le même volume, sont sulfatées pour détruire les germes de carie qui peuvent adhérer aux grains. Le *sulfatage* ou *vitriolage* consiste à plonger le blé dans une solution à 1/2 0/0 de sulfate de cuivre ou vitriol bleu dans l'eau. On le laisse ensuite égoutter, puis on le saupoudre de chaux éteinte. Pour éviter un commencement de germination en tas, cette opération doit être faite la veille du jour où l'on doit semer. L'absorption de liquide fait augmenter de 20 à 25 0/0 le volume du grain ; il faut donc tenir compte de cette augmentation dans la quantité de blé à semer à l'hectare.

Les blés d'automne doivent être semés de préférence à la fin de septembre ou dans le courant d'octobre. Les semis tardifs réussissent mal, la plante ne pouvant acquérir avant l'hiver une vigueur suffisante. Quant aux blés de printemps, on les sème en février ou mars, rarement en avril ; ils ne parviendraient pas à complète maturité, dans la plupart des régions de la France, s'ils étaient confiés au sol à une époque plus avancée. D'une façon générale, il ne faut jamais craindre de semer trop tôt. D'ailleurs, les semailles trop hâtives sont ordinairement impossibles, soit parce que la récolte précédente occupe encore le sol, soit parce que la sécheresse ou les gelées empêchent les labours.

Les semailles de blé se pratiquent de diverses manières suivant les contrées. Tantôt on les exécute sous raies, tantôt on répand les semences à la volée et on les enterre avec la herse ou le scarificateur; tantôt elles sont semées en lignes à l'aide d'un semoir mécanique. Dans tous les cas, le blé ne doit pas être semé à une profondeur dépassant 5 à 6 centimètres dans les terres fortes, et 10 à 12 dans les terres légères.

La quantité de semence à répandre par hectare varie suivant les espèces et les variétés cultivées, la nature et la fertilité des terrains qu'on leur destine. Dans les semailles à la volée, on répand ordinairement de 200 à 230 litres de grains chaulés ou sulfatés, selon leur grosseur et la facilité avec laquelle se fait le tallage de la variété cultivée. Les semailles en lignes exigent moins de semences. Avec un bon semoir, on ensemence convenablement un hectare avec 150 litres de semences. Avec des grains bien épurés, on est arrivé à ne répandre que 100 litres et au dessous sur la même superficie.

Quoi qu'il en soit, dans les semailles à la volée comme dans les semailles en lignes, les semis faits tardivement en automne ou de très bonne heure au printemps exigent toujours plus de semences que les semis exécutés de bonne heure en automne ou tardivement au printemps. En outre, on a toujours reconnu que les semailles faites soit en octobre, soit en mars dans les terres sèches et peu fertiles, imposaient l'obligation de répandre plus de semences que si aux mêmes époques on ensemençait des terrains frais et fertiles.

En général, les blés de mars, qui tallent moins que les blés d'automne et dont les tiges sont moins élevées, doivent être semés dans une proportion un peu plus forte que ces derniers.

Les semis trop clairs ont, comme les semis trop épais, de graves inconvénients; dans le premier cas, le blé se défend mal de l'envahissement du sol par les plantes indigènes qui lui sont nuisibles; dans le second, les plantes ont peu de tendance à taller, leurs tiges restent veules et elles ont une grande disposition à verser lorsque les pluies les chargent d'une certaine quantité d'eau.

Les variétés de blés d'automne ne sont pas toujours cultivées isolément. Sur diverses exploitations, on sème deux ou trois variétés simultanément dans les mêmes champs. Les récoltes obtenues ainsi présentent souvent deux ou trois étages d'épis qui frappent toujours les regards des personnes qui ignorent les avantages présentés par ces mélanges. Mais, si ces dernières ne présentent pas cette uniformité qu'on aime à constater dans les cultures ordinaires, les divers étages d'épis fournissent souvent des récoltes plus abondantes que si chaque variété avait été cultivée séparément.

*Cultures d'entretien du blé.* — Pendant sa végétation, le blé réclame des soins qui ont une grande influence sur la réussite.

A la fin de l'hiver, plus ou moins tôt selon les régions, alors que la végétation est partie, on commence les cultures d'entretien dans le but d'ameublir et de nettoyer la couche arable.

Dans les terres argileuses et dans celles de consistance moyenne, on exécute un hersage et souvent aussi un roulage. Ces deux opérations doivent être faites par un beau temps et lorsque la terre est sèche superficiellement. Le hersage a pour but l'aération et l'ameublissement de la couche arable et la destruction des plantes indigènes qui commencent à s'emparer du sol. Avec le roulage il favorise le *tallage* du blé, c'est-à-dire grâce à l'accumulation de la sève au collet de la plante, l'émission d'un certain nombre de tiges secondaires.

Dans les terres légères, où les blés se déchaussent facilement, on évitera de herser; mais il faudra procéder de suite au roulage, qui tassera le sol autour des racines.

C'est généralement en avril que, dans les blés semés en lignes, on opère les binages, dans le but de détruire les plantes adventices et d'ameublir la couche superficielle du sol, à l'aide de houes à cheval. Sur des terres où la semaille a été faite à la volée, l'emploi des machines est impossible. Bien exécutés, c'est-à-dire opérés par un beau temps, les binages concourent très efficacement à la propreté des cultures et au tallage des plantes. Dans certains cas, on remplace ces opérations par des binages exécutés par des tâcherons,

C'est pendant les mois de mars et d'avril dans la région du Midi et en avril et mai dans la région septentrionale, qu'on procède au *sarclage* des blés. Cette opération doit toujours être faite avant l'épiaison.

L'*échardonnage*, opération qui consiste à enlever les chardons, très communs ordinairement dans les sols calcaires, a lieu beaucoup plus tôt ; en général, c'est en mars ou avril qu'on l'exécute.

Enfin, quelquefois dans le but de prévenir ou d'empêcher la rouille (maladie du blé) de prendre de l'extension, on exécute l'opération que l'on désigne sous le nom de *cordage*. Cette opération consiste à faire traîner, le matin, une longue corde par deux hommes, pendant les mois de mai et de juin dans les champs de blé, alors que la rosée est forte et abondante et que le soleil a beaucoup d'éclat. Par ce moyen, on fait tomber les gouttelettes de rosée, et on prévient la rouille sur les tiges et les feuilles.

*Plantes nuisibles*. — Les plantes qui nuisent au développement du blé varient suivant les climats et surtout selon les terrains. Celles que l'on rencontre le plus communément sont : les *chardons*, les *ivraies*, le *bleuet*, le *pavot coquelicot*, le *mélampyre des champs* ou *rougeole* ou *blé de vache*, la *nielle* ou *coquelourde des blés*, le *gratteron* et le *jerzeau* ou *resceau*.

C'est en mai ou juin que par des sarclages ou des binages on détruit à la main ces plantes nuisibles.

*Maladies et accidents*. — Pendant sa végétation le blé est sujet à diverses maladies ou altérations : la rouille, le piétin, la carie, le charbon et l'ergot.

La *rouille* est causée par le développement de champignons microscopiques qui forment sur les jeunes feuilles des céréales des taches jaunes ou brunes, auxquelles plus tard se substituent des pustules poudreuses, jaune d'or. Les espèces de blé qui résistent le mieux à cette maladie sont le blé Poulard, l'épeautre et le blé de Pologne.

Le *piétin*, ou *maladie du pied*, est le résultat de l'invasion des entre-nœuds les plus rapprochés du sol par un champignon parasite. Cette maladie, diminuant beaucoup la solidité de la tige à sa base, amène la verse des céréales et empêche même, sur des chaumes desséchés et morts, laf ructification de se produire.

La *carie* est due à l'invasion de l'ovaire du froment par un champignon parasite eutophyte. Ce cryptogame remplit la pellicule du grain de blé d'une masse de poussière noire à odeur fétide de marée.

Le *charbon des céréales* est également causé par le développement d'un champignon de la famille des ustilaginées. Son mode de développement est complètement analogue à celui de la carie. Comme cette dernière maladie, il transforme le grain en une poussière noirâtre, mais qui n'a pas de mauvaise odeur ; ces spores sont plus fines que celles de la carie.

*L'ergot* est beaucoup plus commun chez le seigle, mais le blé est aussi quelquefois atteint par cette maladie. Sur les épis atteints, le grain est remplacé par une masse d'un brun violacé, qui jouit de propriétés toxiques parfaitement reconnues.

Jusqu'à présent, on n'a trouvé aucun remède pratique destiné à combattre ces maladies. On ne peut que les prévenir en détruisant par le sulfatage les spores ou germes des cryptogames fixés aux semences en évitant d'introduire ces spores dans les cultures avec les fumiers ou de toute autre manière, et en donnant au blé les meilleurs soins de culture.

Les influences atmosphériques, de leur côté, exercent parfois sur les céréales une action nuisible, qui se traduit différemment selon les cas. Les pluies, lorsqu'elles sont persistantes à l'époque de la floraison, les brouillards intenses, font souvent avorter les fleurs des épillets supérieurs ou inférieurs; la *coulure* qui se produit alors peut avoir de graves conséquences, en diminuant la production du grain de $\frac{1}{30}$ à $\frac{1}{20}$. Pour parer à ce danger, l est avantageux de semer ensemble plusieurs variétés de blé dont l'époque de floraison est différente ; de cette façon, si l'une est atteinte par la coulure, les autres ont des chances d'y échapper; le rendement est alors plus régulier et plus certain.

Les grandes chaleurs ou les coups de soleil ont parfois de funestes conséquences. Ils arrêtent presque subitement la végétation des tiges ; alors celles-ci prennent promptement une teinte blanc jaunâtre, et les épis qui ont été ainsi desséchés ou atrophiés sont dits *échaudés*, les grains restent petits et légers et renferment ordinairement peu de farine.

Sous l'action de vents violents, surtout accompagnés de pluie, les céréales sont sujettes à la *verse*, c'est-à-dire à être couchées par terre. Les conséquences de la verse sont d'autant plus désastreuses que les tiges sont plus couchées sur le sol, et que l'époque où elle se produit est plus éloignée de la maturité. Les semis en lignes, clairs, l'emploi de variétés précoces, à paille courte, un bon équilibre entre les engrais azotés, phosphatés et potassiques fournis au sol, sont les moyens à employer pour combattre cet accident.

Enfin, la *grêle*, dans certaines années et dans diverses contrées, cause parfois de grands dommages. L'assurance contre ce fléau est le seul remède qui soit à la disposition du cultivateur. Lorsqu'un champ de blé a été grêlé à l'approche de sa maturité, alors qu'on constate que la récolte n'est pas entièrement perdue, il faut s'empresser de couper les parties endommagées et de les mettre en moyettes, pour que le grain puisse achever de mûrir.

En plus des maladies et accidents examinés ci-dessus, le blé a d'autres ennemis; comme insectes, il faut citer : la *nielle* ou *anguillule*, la *cécidomyie*, l'*aiguillonnier*, le *chlorops*, le *cèphe*, le *criquet* et la *sauterelle*, le *taupin*, le *ver blanc du hanneton*, etc. ; comme quadrupèdes nuisibles, en dehors des bâtiments : le *campagnol*, le *mulot* et le *rat des champs*.

*Récolte.* — La maturité des céréales se traduit extérieurement par le jaunissement des tiges. Le blé doit être *moissonné* quand les grains ont assez de consistance pour qu'on puisse les couper avec l'ongle ; alors la cassure de ces mêmes grains n'est plus laiteuse, mais bien amylacée. Les blés de printemps, ordinairement, ne sont moissonnés que dix à douze jours seulement après les blés d'automne.

Autrefois, on attendait, pour commencer la moisson, que tous les grains eussent acquis une grande dureté. Alors on était exposé à en perdre un certain nombre par l'égrenage par suite d'une maturité très complète. De nos jours, on moissonne prématurément toutes les céréales, parce que l'expérience a démontré que les froments récoltés avant leur complète maturité contiennent toujours plus d'amidon et de matières azotées que les blés récoltés, soit lorsqu'ils sont encore un peu laiteux, soit quand ils ont acquis leur dureté maximum. Le seul cas où il y ait lieu de ne moissonner que quand la maturité se trouve complète, c'est lorsqu'on veut obtenir du blé de semence.

Le blé fournit une récolte en grain qui varie, selon les cas, de 10 à 50 hectolitres à l'hectare. Chaque hectolitre pèse de 75 à 80 kilogrammes. Quant au rendement en paille, il est de deux à trois fois supérieur au rendement en grain.

**Seigle.** — Le seigle est, après le blé-froment, la céréale la plus importante pour la nourriture de l'homme en Europe. Cette céréale est douée d'une grande rusticité, elle peut croître dans une terre pauvre et même aride. Elle résiste mieux que les autres aux mauvaises herbes qu'elle domine ; elle mûrit de bonne heure, avant que le sol ne soit complètement desséché, aussi la cultive-t-on là où le froment, moins hâtif, ne pourrait pas mûrir.

Dans les sols qui lui conviennent le seigle ne le cède pas au blé pour le produit en grains, et il lui est supérieur en ce qui concerne la paille. A produit égal en volume de grain, il épuise sensiblement moins le sol. Son rendement est plus assuré que celui du blé, parce qu'il est moins sujet que ce dernier aux accidents et aux maladies, et supporte mieux la sécheresse.

Les variétés de seigle sont peu nombreuses ; elles peuvent toutes être ramenées à deux classes : les *seigles précoces* et les *seigles tardifs*. Le *seigle commun d'hiver* est le type le plus cultivé.

Il convient de semer le seigle de bonne heure, de manière qu'il ait pu développer ses racines superficielles et ses talles avant le sommeil hivernal de la végétation. Les semailles tardives, quand elles réussissent, donnent plus de grain, mais les semailles hâtives procurent une récolte beaucoup plus assurée.

Pour choisir l'époque précise du semis dans chaque localité, il faut tenir grand compte des chances de gelées en mai, pendant la floraison. Dans les régions où les fleurs du seigle risquent beaucoup d'être détruites par les gelées tardives, il convient de répandre la semence plus tard, surtout dans les régions méridionales.

Quant à la proportion des semences et aux moyens employés pour semer le seigle, ils sont les mêmes que pour le blé. Il est toutefois important d'opérer le semis par un beau temps. « Sème ton seigle en terre poudreuse, » dit le proverbe.

Comme soins d'entretien : ils sont pour le seigle, comme, d'ailleurs, pour les céréales qui vont suivre, les mêmes que pour le blé.

Le rendement du seigle est très variable suivant la qualité des sols que l'on cultive. Dans les terres très riches, on peut obtenir jusqu'à 39 et 40 hectolitres ; en culture ordinaire, on obtient de 8 à 35 hectolitres de grain, pesant chacun de 70 à 75 kilogrammes et 2.000 à 5.000 kilogrammes de paille.

Le seigle est cultivé pour son grain, pour sa paille et comme fourrage vert hâtif.

La farine de seigle est moins blanche et moins nourrissante que celle du blé. Le pain qu'elle donne est sain et savoureux, très rafraîchissant. Avec la farine de seigle et le miel en proportions égales, on fabrique le pain d'épice.

Le seigle cuit à la vapeur ou trempé pendant vingt-quatre heures, ou bien concassé au moulin, ou mieux encore panifié, est avantageusement employé pour l'engraissement des bestiaux.

Quant à la paille de seigle, elle est la plus belle entre toutes les pailles. Aucune n'est plus résistante, plus solide, ni plus estimée. Elle sert pour la fabrication des liens destinés au liage des gerbes de céréales, à la fabrication des paillassons, au palissage des arbres fruitiers. On l'utilise pour l'empaillage des chaises, la confection des ruches d'abeilles, la couverture des meules, des chaumières et pour la fabrication des chapeaux de paille.

Comme fourrage, la paille de seigle est plus dure et moins estimée que celle du blé. Elle convient moins bien aussi comme litière.

**Méteil.** — On désigne sous le nom de *méteil*, un mélange, en proportions variables, de seigle et de blé.

Le mélange de ces deux céréales doit toujours être exécuté avant le semis et être approprié aux conditions de milieu. Il faut dans tous les cas, pour que la maturité des deux céréales coïncide, donner la préférence aux variétés hâtives de blé qui mûrissent peu après le seigle.

Ce mélange une fois établi est soumis aux préparations d'usage. On sème dans les mois de septembre ou d'octobre suivant les climats. Les soins d'entretien et la récolte n'offrent rien de particulier.

Dans les terres sèches et pauvres, la récolte du méteil est toujours supérieure à celle que l'on obtiendrait de l'une ou de l'autre de ces céréales cultivée seule. Les rendements moyens par département oscillent entre 8 et 24 hectolitres à l'hectare.

Le méteil n'est l'objet que d'un commerce très peu étendu; il est surtout consommé par le personnel des fermes sous forme de pain.

**Orge.** — Les orges sont caractérisées spécialement par leur inflorescence qui, au lieu d'être, comme dans les froments et les seigles, un *épi composé*, est un *épi de cymes bipares*. Cet épi se compose d'un axe articulé présentant dans sa longueur des dents alternes, sur lesquelles se trouvent implantés trois épillets ne comptant chacun qu'une fleur fertile, avec le rudiment d'une deuxième fleur à un niveau supérieur.

Les variétés d'orge cultivées sont classées en deux groupes. Le premier comprend toutes les orges dans lesquelles les trois fleurs de chaque gradin sont fertiles, de telle sorte qu'à la maturité les grains forment six rangs longitudinaux autour de l'axe principal; de là, le nom *d'orge à six rangs* ou *orges hexastiques*.

Le deuxième groupe comprend les orges qui n'ont que deux rangs de grains; ce sont les *orges à deux rangs*, ou *orges distiques*.

Dans les orges à six rangs les principales variétés cultivées sont : 1° l'orge hexagonale; 2° l'orge trifurquée; 3° l'orge commune ou carrée. L'escourgeon d'hiver et l'escourgeon de mars sont deux sous-variétés de cette dernière espèce.

Dans les orges à deux rangs, il faut citer l'orge éventail et l'orge à deux rangs ou orge plate.

Les orges sont généralement *vêtues*, c'est-à-dire que le grain adhère à la balle ; il existe cependant quelques variétés d'orge nue, mais elles sont délicates et cultivées seulement dans les pays chauds.

Les orges viennent sur tous les terrains pourvu qu'ils soient sains. Les variétés d'hiver ne redoutent pas les terres légères, calcaires ou siliceuses ; les variétés de printemps réussissent surtout sur les formations profondes et substantielles.

On doit choisir pour semences des orges, les grains bien réguliers, renflés, à cassure farineuse, et rejeter ceux qui ont une coloration jaune ou qui offrent des points noirs à la surface, de même que ceux qui dégagent une légère odeur de moisi. C'est en septembre qu'on effectue les semis des variétés d'automne ; celui des variétés de printemps, de beaucoup le plus usité, se fait en avril et plus tôt si la chose est possible. On répand, à la volée, de 200 à 300 litres de grains à l'hectare, et de 130 à 160 litres avec le semoir mécanique.

L'orge doit être coupée dès qu'elle est mûre, les épis s'égrenant avec une grande facilité. On reconnaît que le moment de les couper est arrivé, au changement de couleur des tiges, au dessèchement des feuilles, au crochet de plus en plus accentué que forment les épis, enfin à la consistance des grains.

L'humidité produisant sur les orges coupées un effet désastreux, de là l'utilité de les rentrer immédiatement. Par suite des pluies ou des rosées, les grains, au lieu de rester blancs et luisants, deviennent ternes et prennent une coloration jaune plus ou moins accentuée. Ces caractères les déprécient beaucoup sur les marchés.

L'orge produit, par hectare, de 25 à 35 hectolitres de grain du poids de 60 à 70 kilogrammes.

Le grain des orges a servi longtemps à faire un pain peu estimé d'ailleurs, et dont l'usage disparaît peu à peu. Réduit en pouture, le grain est aussi utilisé pour l'engraissement des animaux domestiques et, dans les pays méridionaux, on le donne aux chevaux en guise d'avoine. Enfin, on le transforme par des opérations spéciales en *orge perlé* et *orge mondé*. Mais son usage le plus important est d'entrer dans la fabrication de la bière, et il revient ensuite à la ferme sous forme de déchets industriels : les touraillons et la drèche.

La paille d'orge, courte et cassante, est peu appréciée. A cause des barbes qui s'y trouvent mêlées, elle déplaît aux animaux.

**Avoine.** — L'avoine est une céréale précieuse pour l'agriculture, car elle vient dans tous les sols ; elle brave mieux la sécheresse que les autres et sait mieux tirer parti des ressources alimentaires que le sol peut renfermer. Elle prospère sur les défrichements récents ; elle résiste assez bien aux mauvaises herbes ; elle n'est pas aussi difficile que les autres sur la préparation du sol.

Les plus importantes des nombreuses variétés d'avoine cultivées comme plantes alimentaires appartiennent aux espèces suivantes : 1° avoine commune ; 2° avoine unilatérale ; 3° avoine courte ; 4° avoine nue.

L'avoine cultivée ou commune est la plus généralement répandue.

Suivant la couleur du grain, on divise les avoines en avoines blanches, grises, noires et rousses. Parmi les variétés les plus connues, on peut citer : l'avoine noire de Brie, l'avoine noire ou grise de Beauce, l'avoine Joanette, l'avoine rousse couronnée, l'avoine jaune de Flandre, l'avoine de Georgie, l'avoine hâtive de Sibérie, l'avoine de Pologne, l'avoine noire de Hongrie, l'avoine blanche de Hongrie, l'avoine pied de mouche, etc.

On doit apporter au choix des semences d'avoine le même soin qu'à celui des semences de blé.

L'avoine se sème quelquefois à l'automne, plus fréquemment au printemps, à raison de 250 à 300 litres à l'hectare à la volée, ou de 200 à 250 litres avec le semoir.

Cette céréale s'égrène facilement : il ne faut donc pas attendre la complète maturité pour la faucher. Il ne convient pas non plus, une fois qu'elle est coupée, de la laisser exposée à la pluie ou à l'humidité, sous peine de lui voir perdre beaucoup de sa qualité.

Les rendements obtenus varient, par hectare, de 15 à 50 hectolitres de grain pesant de 45 à 50 kilogrammes chacun et de 2.000 à 6.000 kilogrammes de paille. En avoine, le grand poids est signe de qualité.

L'avoine est employée pour la nourriture des chevaux et des autres animaux domestiques; elle est principalement estimée pour ses propriétés excitantes, stimulantes, susceptibles de permettre le développement de l'énergie dans l'animal, en même temps qu'elle fournit tous les principes d'une bonne alimentation.

Le gruau d'avoine sert à faire des potages que l'on donne aux convalescents. La farine est employée dans certains pays pour faire des bouillies nourrissantes. Mélangée avec la farine du blé et du seigle, on fait, dans quelques parties de la Bretagne, un pain savoureux.

La paille d'avoine est une des meilleures pour la nourriture du gros bétail et des bêtes ovines; on l'emploie aussi pour la confection des litières.

**Maïs.** — Le maïs est originaire d'Amérique. En France, on ne cultive qu'une seule espèce de maïs comme plante alimentaire, le maïs commun, dont les diverses variétés diffèrent suivant la taille, la précocité et surtout par la forme et la coloration des grains. Il y a en effet des maïs à grains blancs, jaunes, rouges, noirs et même bleuâtres. Les variétés à grains jaunes et celles à grains blancs sont les seules qui aient de l'importance.

Parmi ces variétés, on peut citer: le maïs quarantain, le maïs jaune hâtif d'Auxonne, le maïs jaune des Landes, le maïs gros jaune, le maïs blanc des Landes, King Philip blanc, le maïs sucré nain hâtif, le maïs rouge gros, etc.

La culture du maïs pour son grain n'est possible en France que dans deux zones, qui occupent, l'une la vallée du Rhône, l'autre la partie sud-ouest de notre territoire. Partout ailleurs, il ne vient pas à maturité et est cultivé alors comme plante fourragère.

Le maïs a cette supériorité sur les autres céréales, de ne pas craindre la verse. Il réussit bien dans tous les sol riches; cependant il préfère les terres de consistance moyenne. En ce qui concerne les engrais, il est aussi exigeant que le blé.

Il faut attendre, pour semer le maïs que les gelées blanches ne soient plus à craindre et que la température ait atteint au moins 12°, afin que la germination se fasse convenablement. Si l'on sème le maïs avant que ces conditions de température ne soient réalisées, il risque beaucoup de pourrir en terre. D'autre part, si l'on fait la semaille trop tardivement, la maturité devient difficile.

On doit apporter au choix de la semence un soin tout particulier, car, les semis étant faits très clairs, les manques se font d'autant plus sentir à la récolte. Les semis qui doivent en effet être adoptés, sont les semis en lignes distantes de 50 à 70 centimètres, suivant la variété cultivée, et l'on laisse un écartement sur la ligne, entre les plantes, de 35 à 50 centimètres. Ces intervalles permettent d'opérer le sarclage, opération nécessaire pour cette culture. On dirige de préférence les lignes du sud au nord, pour que les plantes reçoivent le soleil le plus longtemps possible.

La quantité de semence employée par hectare est peu élevée, puisque la plantation pour bien mûrir ses épis doit être claire : on ne dépasse pas de 60 à 70 litres par hectare.

Aussitôt que le maïs est levé et qu'il a atteint une hauteur de 10 à 15 centimètres, on pratique un *binage* qui consiste à supprimer tous les plants surabondants et à combler au besoin les manques en repiquant des plants pris dans les endroits où il y en a de surabondants.

Quand les plantes ont de 25 à 30 centimètres, on opère un deuxième binage et ensuite un *buttage*. Les fleurs mâles apparaissent quand le maïs a atteint de 1m,10 à 1m,50 de hauteur; les étamines s'épanchent alors au dehors en houppe soyeuse. Quand ces filaments deviennent rougeâtres et se flétrissent, c'est que la fécondation est achevée. On procède alors à l'*écimage*. Ce dernier consiste à enlever les fleurs mâles devenues inutiles et dont le développement priverait le reste du végétal d'une partie de sa sève. Ces fleurs constituent un bon aliment pour le bétail.

Dans certaines contrées, on soumet souvent les cultures de maïs à l'*irrigation*. On obtient ainsi des plantes plus grandes et plus vigoureuses, en même temps qu'on accroît la production du grain.

Quand les tiges deviennent jaunâtres, que les enveloppes des épis ont blanchi et que le grain a assez de consistance pour résister à la pression de l'ongle, le maïs est suffisamment mûr pour être récolté. On détache alors les épis de la tige, on les dépouille des enveloppes et on les fait sécher au soleil, ou sous des hangars spéciaux, parfois même dans des fours. Quand la dessiccation est achevée, on procède à l'égrenage, soit à la main, soit à la machine. En France la récolte s'opère du 15 septembre à la fin d'octobre.

Le rendement du maïs varie, dans nos pays, entre 25 et 45 hectolitres à l'hectare, suivant les variétés cultivées. Chaque hectolitre pèse de 75 à 80 kilogrammes. Le maïs quarantain, beaucoup plus hâtif que les autres variétés, ne rend que de 25 à 30 hectolitres.

Le maïs fournit une farine jaunâtre dont on fait des bouillies très nourrissantes. Mélangée avec la farine de froment, on en peut faire du pain. En dehors de ce rôle de plante alimentaire, le maïs est la base de deux industries puissantes : l'amidonnerie et la distillerie. L'amidon que l'on extrait de ses grains est très estimé. L'alcool de maïs est un des mieux cotés dans le commerce. Les résidus de ces industries, drèches et tourteaux, forment d'excellents aliments pour le bétail ; enfin, on extrait de ses germes une huile qui trouve des applications industrielles.

Quant aux *spathes* ou enveloppes de l'épi, elles sont utilisées spécialement pour la fabrication des paillasses. Elles constituent un couchage moelleux, élastique et très sain. Elles servent aussi de matière première à la fabrication d'un excellent papier, plus solide que le papier de chiffons.

Récoltés en vert, quand le grain est encore laiteux, c'est-à-dire en août et septembre, les maïs indigènes peuvent donner de 40.000 à 60.000 kilogrammes de fourrage à l'hectare. Ces énormes masses fourragères sont conservées en silos, pour être utilisées au fur et à mesure des besoins.

**Riz.** — Le riz est une céréale connue de la plus haute antiquité. Il est peu cultivé en France, aussi nous n'en parlerons que pour mémoire, et c'est sans succès qu'on en a expérimenté à diverses reprises la culture dans les départements de la Gironde, de l'Aude et du Gard ; il ne joue de rôle que dans la mise en culture de terrains salés, dans les Landes de Gascogne et en Camargue dans les Bouches-du-Rhône. La culture de cette céréale, dont les variétés sont nombreuses, nécessite une irrigation constante. En Europe, il occupe des superficies importantes en Espagne, dans le Portugal et en Italie, dans le Piémont.

Les riz les plus recherchés que l'on importe en France sont ceux de la Caroline, du Japon et des Indes Orientales.

**Millet ou mil.** — Il existe plusieurs espèces et un très grand nombre de variétés de millet. En France, le seul qui soit cultivé pour l'alimentation de l'homme est le *millet commun* dont la variété la plus répandue est le *millet blanc rond*; viennent ensuite le *millet noir* et le *millet rouge*.

Une deuxième espèce, le *millet d'Italie*, ne sert guère qu'à la nourriture des oiseaux. Cette espèce est plus tardive, mais plus productive que la précédente. Sa végétation est de cinq mois, tandis que pour la première elle n'est que de trois mois.

Ce n'est que dans les terres légères que les millets donnent de beaux produits ; dans les terres argileuses, ils poussent en tiges et en feuilles, mais les fruits sont toujours peu abondants. Dans les sables siliceux des landes, dans les arènes granitiques un peu profondes de l'Ouest, sur les formations silico-argileuses du bassin tertiaire du Midi de la France, ces plantes se montrent très productives. Peu de végétaux se montrent plus exigeants en ce qui concerne l'état d'ameublissement du terrain. Ce n'est que sur des terres absolument pulvérisées et bien nettoyées qu'on peut espérer un résultat avantageux.

Le millet se sème quand les gelées de printemps ne sont plus à craindre, c'est-à-dire en France vers la dernière semaine d'avril et au mois de mai, en lignes ou à la volée, à raison de 12 à 20 litres à l'hectare. Après la semaille, on enterre très légèrement le grain à la herse ; mais le point capital pour la bonne réussite du millet, c'est que la levée se fasse rapidement et uniformément.

En août ou septembre, on récolte les panicules à mesure qu'elles mûrissent, on les fait sécher, puis on les égrène à l'aide de fléaux légers ou de gaules flexibles, et on nettoie les grains au tarare. Le rendement du millet varie de 12 à 35 hectolitres par hectare, chaque hectolitre pesant de 64 à 70 kilogrammes. La proportion du grain à la paille est en général de 40 à 50 0/0.

Les millets, surtout ceux de la première espèce, sont employés à la nourriture de l'homme. Mondés, ils remplacent le riz et servent à faire des bouillies et des gâteaux. Réduits en farine, ils entrent dans la confection de pains et de pâtes spéciales. Ils constituent, surtout pour l'alimentation des oiseaux de basse-cour et d'agrément, un très bon aliment concentré.

**Sarrasin.** — Le sarrasin est la seule céréale européenne qui n'appartienne pas à la famille des graminées, c'est en effet une plante alimentaire de la famille des polygonacées.

On cultive trois espèces de sarrasin : 1° le *sarrasin commun* dont la variété ordinaire, à grain noir, anguleux, est peu à peu abandonnée pour la variété désignée sous le nom de *sarrasin gris ou argenté ;*

2° Le sarrasin de Tartarie ;

3° Le sarrasin émarginé.

En Fance, on cultive le sarrasin commun et le sarrasin de Tartarie, soit comme plante alimentaire, soit comme plante fourragère ; mais le sarrasin de Tartarie ne sert pas à l'alimentation humaine, son grain est réservé pour le bétail et les volailles.

Le sarrasin, ou *blé noir*, est une plante annuelle à végétation rapide. C'est une plante précieuse pour les contrées à sol pauvre, où elle réussit dans des conditions très difficiles pour la plupart des autres produits. C'est dans les sols schisteux ou granitiques que le sarrasin donne les meilleurs résultats. Il aime les sols légers et parfaitement meubles ; les marais desséchés et les terres récemment défrichées lui conviennent bien.

Un climat brumeux, humide, convient parfaitement à cette céréale ; le froid et la sécheresse lui sont également nuisibles. Elle occupe d'importantes surfaces en Bretagne, dans le Limousin, l'Auvergne et le Morvan.

On procède aux semailles lorsque les gelées ne sont plus à craindre. Le meilleur moment, pour nos pays, comprend la dernière semaine de mai et la première de juin; les semailles faites après le 15 juin sont souvent aléatoires. On sème de 60 à 80 litres à l'hectare.

Le sarrasin ne nécessite en général aucune culture d'entretien, si on lui réserve des terres propres. Il ne mûrit ses grains que d'une manière successive et il doit être coupé avant complète maturité, car il s'égrène avec une extrême facilité. La récolte se fait généralement au mois de septembre, avec précaution, soit à la faux nue, soit à la faucille. On fait, avec les plantes, des bottes, qu'on laisse exposées à l'air jusqu'à complète dessiccation. On le rentre alors et on le bat immédiatement au fléau, l'emploi des machines n'étant guère possible.

Les rendements du sarrasin sont très variables, de 20 à 35 hectolitres à l'hectare. Le poids du grain est de 60 à 70 kilogrammes par hectolitre et celui de la paille varie de 1.500 à 2.400 kilogrammes environ par hectare.

En culture dérobée, succédant immédiatement à une céréale précoce, le seigle par exemple, le sarrasin mûrit encore avant l'hiver; mais, dans ces conditions, il ne donne guère que de 12 à 15 hectolitres de grain par hectare et environ 1.000 kilogrammes de paille.

Le grain de sarrasin sert, dans de très grandes proportions, à l'alimentation humaine dans les contrées où on le cultive. Non moulu ou en farine, cru ou cuit, il sert aussi pour l'alimentation du bétail et des volailles. La paille sert de litière.

Enfin, le sarrasin, au moment de la plus grande floraison, constitue une plante fourragère d'été d'une précieuse ressource. Enfoui au début de la floraison, il convient aussi comme engrais vert, mais il est préférable de le faire consommer comme fourrage.

## § 64. — Plantes fourragères

### PRAIRIES NATURELLES

On désigne sous le nom de *prairies* des terres couvertes d'une herbe propre à la nourriture du bétail.

Les *prairies naturelles* sont celles qui, engazonnées naturellement ou par la main de l'homme, se trouvent composées de plantes fourragères d'espèces variées. Ces prairies sont dites *permanentes*, quand elles sont destinées à rester en herbe pendant un temps indéterminé, mais que l'on suppose devoir être très long, et *temporaires*, quand elles ne doivent exister que pendant un petit nombre d'années.

Les prairies naturelles sont divisées en prairies *fauchables*, dans lesquelles le produit est fauché et converti en foin, et en *herbages* ou *pâturages*, dont le fourrage est consommé sur place par le bétail. Dans beaucoup de cas, les prairies sont soumises à un régime mixte, qui consiste à faucher la première coupe, c'est-à-dire le premier fourrage obtenu dans l'année, et à faire pâturer la seconde.

Les climats doux et humides, les terres fraîches, soit parce que leur composition physique leur permet de retenir presque constamment une certaine quantité d'humidité, soit parce qu'elles reçoivent des eaux de source, de pluie ou d'infiltration de ruisseaux ou de rivières, sont les plus favorables à la croissance de l'herbe. Au contraire, sont défavorables à l'établissement des prairies les sols compacts où l'argile domine, très humides en hiver et très secs en été, et les sols sablonneux, où les sécheresses estivales se font vivement sentir. La condition indispensable de toute production fourragère satisfaisante est donc la présence dans le sol d'une suffisante quantité d'eau, à la condition toutefois que cette eau n'y séjourne pas.

Les prairies sont classées en *prairies hautes* et *prairies basses*, suivant qu'elles occupent les plateaux élevés, les sommets des collines et des montagnes, ou qu'elles sont situées dans le voisinage des cours d'eau. Dans ce dernier cas, d'une irrigation facile, elles produisent des fourrages abondants et de meilleure qualité.

Entre ces deux catégories se placent les prairies *moyennes*, qui occupent les parties supérieures des vallées. Elles présentent souvent les mêmes avantages que les prairies basses sans être soumises aux mêmes inconvénients : inondations par exemple.

Lorsqu'il s'agit d'établir une prairie, deux cas peuvent se présenter : ou le terrain qu'on lui réserve était précédemment en culture, ou il portait une mauvaise prairie, à laquelle on se propose d'en substituer une bonne. On ramène le second cas au premier, en intercalant entre les deux prairies une série de cultures arables, que l'on fait durer deux ou trois ans. Quand le terrain est envahi par des plantes adventices vivaces, on porte à quatre ou cinq ans, parfois davantage, la durée des cultures nettoyantes, et on y comprend une jachère.

Dans tous les cas, la prairie doit trouver un sol parfaitement ameubli par les façons culturales, suffisamment profond pour conserver longtemps sa fraîcheur, tout en restant sain et bien égoutté, enfin à surface assez régulière pour ne pas permettre aux eaux pluviales et d'irrigation de s'accumuler dans certaines dépressions et pour faciliter le travail du fauchage. Quant à l'enrichissement de la couche arable, on l'obtient par les fumures appliquées au sol pendant les cultures préparatoires. L'apport d'engrais phosphatés et potassiques avant l'ensemencement est toujours une excellente opération.

Le choix des espèces à semer est d'une importance capitale pour assurer la production d'un foin de bonne qualité. Bien que la flore des prairies soit généralement très variée, ce ne sont que les graines de plantes appartenant aux familles des *graminées* et des *légumineuses* qu'il y a lieu d'apporter au sol.

Les espèces les plus recommandées sont les suivantes :

*Graminées*. — Ray-grass anglais, ray-grass d'Italie, fétuque des prés, fétuque élevée, fétuque hétérophylle, fétuque ovine, paturin des prés, paturin commun, dactyle pelotonné, fléole des prés, vulpin des prés, cretelle, houque laineuse, avoine élevée ou fromental, avoine jaunâtre, agrostis traçante, agrostis vulgaire.

Les canches et les bromes, que l'on associe parfois aux plantes qui précèdent, sont, en raison de leur dureté, de mauvaises plantes fourragères. Quant à la flouve odorante, sa présence dans les foins leur donne un parfum spécial.

*Légumineuses.* — Trèfle des prés ou trèfle violet, trèfle blanc, trèfle hybride, minette ou lupuline, lotier corniculé, lotier velu, anthyllide vulnéraire ou trèfle jaune des sables, sainfoin.

Beaucoup d'autres plantes, appartenant aux familles les plus diverses, viennent, en outre, s'ajouter à celles que nous venons d'énumérer et augmenter la consommation du bétail. Il faut citer l'achillée millefeuille, la jacée, le plantain, la berce brancursine, la pimprenelle, le pissenlit, le salsifis des prés, la bourrache, la consoude, etc.

Mais, à côté de ces dernières qui n'ont qu'une valeur médiocre, viennent se placer certaines plantes nuisibles qui peuvent exercer sur le bétail une action toxique. Ce sont, parmi les plus redoutables, les prêles ou queues de cheval, les carex ou laîches, les joncs, le colchique d'automne, la ciguë, les renoncules, les chardons, les mousses, etc. Les prairies humides sont celles qui donnent le plus volontiers asile aux plantes, nuisibles, et le cultivateur doit s'attacher à faire disparaître ces dernières, par l'extirpation, l'assainissement du sol et les fumures propres à accroître la vigueur des bonnes espèces.

L'ensemencement des prairies ne doit jamais se faire avec des graines récoltées dans les greniers à foin. Ces semences contiennent toujours des graines de plantes de mauvaise qualité dont il est difficile de se débarrasser une fois qu'elles ont pris possession du sol. Il faut, en conséquence, se procurer les graines pures des espèces végétales dont on veut composer la prairie, on les mélange ensuite, en ayant la précaution de ne pas associer les graines ayant un certain volume avec celles de petites dimensions. On en fait deux parts : on sème d'abord les graines lourdes, et ensuite les légères ; on enterre le tout par un hersage léger et on termine l'opération par un roulage. Il est bon de ne pas placer les graines dans le sol à une profondeur de plus de 2 à 3 centimètres.

Les bons marchands grainiers livrent tous aujourd'hui des formules de mélanges appropriés aux différentes natures de terre. Le genre de spéculation auquel le produit de la prairie projetée donnera lieu : consommation sur l'exploitation ou vente au marché, terres soumises ou non à l'irrigation, etc., sont autant de considérations qui doivent guider l'agriculteur dans la composition des mélanges à employer. D'une façon générale, il faut choisir des espèces arrivant presque toutes en même temps à la floraison, et il n'y a pas intérêt à multiplier outre mesure le nombre des plantes qui doivent composer la prairie.

L'époque à laquelle on doit procéder au semis est variable, suivant les conditions climatologiques; il est difficile de formuler des règles à ce sujet, le mieux sera, surtout si l'on est à ses débuts, de suivre les habitudes du pays. Toutefois, on sème en général au printemps dans le Nord, et en automne dans le Midi. Dans le premier cas, on ne doit pas semer avant les premiers jours d'avril, et, dans le second, après la fin de septembre. La plupart du temps, on exécute le semis dans une céréale d'automne ou de printemps, semée très claire pour éviter d'étouffer la jeune prairie. Une avoine à faucher en vert convient parfaitement dans cette circonstance.

Qu'une prairie appartienne depuis un temps déterminé au groupe des prairies naturelles ou qu'elle soit de création récente, il est indispensable, si l'on veut en accroître ou en maintenir la production, de lui donner des soins d'entretien. Il faut, tout en apportant, par une irrigation bien conduite, l'eau nécessaire à la végétation, empêcher l'envahissement des eaux stagnantes; extirper les plantes nuisibles; fournir enfin aux plantes utiles les éléments susceptibles de favoriser leur croissance. A cet effet, l'apport d'engrais appropriés au sol et aux espèces de plantes permettra de faire atteindre aux récoltes des rendements maxima.

Quant aux animaux, ils ne doivent être introduits sur une prairie que la seconde année ; encore ne leur permettra-t-on jamais d'y pénétrer lorsque le terrain aura été détrempé par les pluies. Les moutons, dont la dent est particulièrement redoutable, ne devront être admis que sur les prairies ayant plusieurs années d'existence.

Pour faucher l'herbe des prairies, il faut choisir le moment où la majeure partie des plantes qui les composent sont en fleurs. C'est alors que ces plantes renferment la plus grande quantité de principes nutritifs, c'est-à-dire atteignent, comme fourrage, leur valeur maximum. Avant la floraison, elles sont aqueuses et produisent moins de foin ; après la floraison, elles durcissent trop. En France, suivant les régions, on fauche de la fin de mai à la fin de juillet.

**Pâturage.** — Au lieu de faucher les prairies, il est parfois plus avantageux de les faire pâturer. Dans ce cas, il est nécessaire de faire succéder les animaux sur la prairie dans un ordre déterminé, en commençant par les bêtes bovines, qui ont besoin d'une nourriture abondante, pour terminer par les moutons qui broutent l'herbe de plus près.

Le séjour permanent des animaux au pâturage fait retourner à celui-ci, par les déjections, une partie des éléments fertilisants qui lui ont été enlevés.

Le pâturage *au piquet*, qui consiste à ne laisser brouter l'animal que sur une surface circulaire, permet d'utiliser les herbages beaucoup mieux qu'avec le pâturage libre ; la perte de fourrage est moindre, car l'animal piétine peu et mange la presque totalité de l'herbe.

Les pâturages et les prairies fauchées prennent, après quelques années d'exploitation, un aspect différent. Tandis que les herbes de ces dernières s'éclaircissent et s'allongent, celles des pâturages tallent et restent courtes.

**Prairies temporaires.** — Les prairies temporaires peuvent jouer un rôle important dans les assolements. Bien soignées, elles produisent relativement à bon compte de bons et souvent abondants fourrages, tout en diminuant les surfaces de culture. Elles nettoient le sol et accumulent dans la couche arable une quantité notable de matières organiques azotées, dont les façons qui suivront leur défrichement permettront la nitrification, au grand profit des récoltes futures.

Ces prairies ne devant occuper le sol que pendant quatre

ou cinq ans, on peut appliquer à leur établissement tout ce qui vient d'être dit à propos des prairies permanentes ; mais, en raison de leur faible durée, il est indispensable d'en obtenir dès le début un produit rémunérateur. A cet effet, on y sème des espèces à croissance rapide et à grande production : ray-grass, fétuque des prés, fléole, dactyle, paturin des prés, trèfle, minette, etc., en ayant soin de choisir celles dont l'extirpation est facile, afin qu'on puisse s'en débarrasser aisément quand la prairie devra faire place à une autre culture.

Généralement, on se contente de faucher les prairies temporaires pendant les deux ou trois premières années ; on les fait pâturer ensuite et, quand le produit diminue, on les défriche.

Ce genre de prairies, qui rend de grands services, tend à se répandre et, grâce à elles, on arrive à transformer la culture de certaines régions.

## PRAIRIES ARTIFICIELLES

Les prairies artificielles sont celles où l'on cultive isolément certaines espèces fourragères : luzerne, trèfle, sainfoin, etc.

La plupart des espèces qui rentrent dans la composition de ces prairies sont bisannuelles ou vivaces ; quelques-unes sont annuelles. C'est la nature du sol et du climat, en même temps que les besoins de son exploitation, qui doivent guider l'agriculteur dans le choix de ces espèces.

La préparation du sol pour les prairies artificielles est sensiblement la même que pour les prairies naturelles ; mais la terre doit se trouver ameublie par les labours sur une plus grande profondeur, surtout lorsqu'il s'agit de prairies de longue durée.

Ces prairies produisent généralement un fourrage abondant, d'une grande valeur nutritive et trouvent, en outre, leur place dans divers systèmes d'assolement.

**Luzerne.** — La luzerne est une plante vivace, de la famille des légumineuses. Elle est pourvue d'une longue racine pivotante et forme une souche émettant des tiges nombreuses, dressées, rameuses, atteignant de 40 à 60 centimètres et portant des feuilles composées de trois folioles dentées au sommet. Ses fleurs violettes sont réunies en grappes.

La luzerne exige des terres profondes, bien ameublies, assez riches en calcaire, à sous-sol perméable, se laissant aisément pénétrer par les racines. Ce sont les sols d'alluvion sains qui lui conviennent le mieux ; les terres fortes, humides, lui sont, au contraire, défavorables.

La luzerne se sème vers le milieu de septembre dans le Midi, et au mois de mars dans le Centre et le Nord, à raison de 20 à 25 kilogrammes de semences à l'hectare. La graine de luzerne doit être peu recouverte, un léger hersage est souvent suffisant.

Les soins d'entretien à donner aux luzernières sont divers, suivant les situations. Dans les sols pierreux, l'épierrement s'impose ; on l'exécute généralement pendant l'hiver. Dans les terres compactes, le hersage, au printemps de la deuxième année, produit d'excellents effets, en ameublissant la couche supérieure du terrain, qu'il débarrasse des plantes nuisibles encore peu enracinées. Quand on conserve longtemps une luzerne, le hersage devient insuffisant au bout de peu d'années et on le remplace par un scarifiage énergique. Une luzernière peut durer de quatre à dix ans ; mais il est rarement avantageux de la laisser subsister plus de six ans.

Les irrigations d'été sont très favorables au développement de la luzerne. Le plâtre active beaucoup la pousse de cette légumineuse, aussi se livre-t-on régulièrement au plâtrage de cette plante lorsqu'elle est en végétation, à la dose de 2 à 3 hectolitres à l'hectare.

La luzerne se fauche quand elle est en pleine floraison. Le nombre de coupes obtenues varie selon les conditions de sol, d'entretien et surtout de climat. On en compte jusqu'à cinq dans certaines prairies irriguées du Midi de la France, alors que dans le Nord on ne dépasse pas trois coupes. Les rendements sont donc très variables et vont de 3.000 à 15.000 kilogrammes de foin sec à l'hectare.

Le foin de luzerne est très estimé et, au point de vue de la valeur nutritive, il occupe le premier rang parmi nos divers fourrages.

La graine de luzerne se récolte, suivant les régions, sur la seconde ou la troisième pousse de l'année.

Plusieurs végétaux parasites envahissent les luzernières. Les principaux sont : la *cuscute*, qu'il faut détruire à tout prix, l'*orobanche mineure*, le *rhizoctone*.

La cuscute, qui se reproduit à la fois par graines et par filaments, exerce des ravages considérables dans les cultures de trèfle et de luzerne. Aussi est-il très important de s'assurer que les semences de ces deux légumineuses n'en renferment aucune graine. Si, malgré cette précaution, le dangereux parasite faisait son apparition dans les cultures, on devrait faucher toute l'étendue qu'il occupe, brûler sur place les plantes attaquées et arroser copieusement le sol avec une solution de sulfate de fer à 5 ou 10 0/0.

Parmi les insectes, il faut citer : le cercope écumeux, parfois très abondant, mais peu redoutable ; l'eumolpe obscur, surtout commun dans le Midi où ses larves produisent de véritables désastres ; la cantharide marginée et le charançon piriforme ; enfin, les anguillules qui s'attaquent aux racines.

Le défrichement des luzernières ne présente rien de particulier ; il se fait à l'automne ou de très bonne heure au printemps, suivant la nature de la récolte qui doit occuper le sol. Un labour moyen est suffisant et assure la réussite des céréales semées dans ces conditions, pourvu qu'on fournisse à la terre les éléments phosphatés et potassiques que la luzerne a exportés et qui sont indispensables pour que la nouvelle plante utilise les réserves d'azote accumulées dans la couche arable.

Le fait le plus saillant de la culture des légumineuses est en effet l'enrichissement de la partie supérieure du terrain en matière azotée, et c'est ce fait qu'on exprime en appliquant le nom de *plantes améliorantes* aux diverses plantes qui servent à constituer les prairies artificielles.

Quel que soit le mécanisme de cet enrichissement, l'effet est bien connu et bien apprécié des cultivateurs qui obtiennent, toutes choses égales d'ailleurs, après une luzerne, une céréale plus belle que celle qu'ils auraient obtenue avant le prélèvement du fourrage. Mais, si l'on veut que les heureuses conséquences de cette succession de cultures se maintiennent, il faut réparer par des engrais approprié les pertes que le sol a subies, assurer par l'apport de matières organiques, de fumiers, la conservation de ses bonnes propriétés physiques, et ne faire revenir la prairie artificielle qu'après un intervalle assez long.

**Minette.** — La *minette*, ou *lupuline*, est une luzerne à fleurs jaunes. C'est une plante annuelle ou bisannuelle et spontanée dans nos pays où elle se multiplie très bien par ses semences. Les marnes argileuses sont les formations qui lui conviennent le mieux. La minette est, par excellence, la légumineuse des terres pauvres.

Dans le Nord et le Centre de la France, elle est toujours semée au printemps, généralement dans une céréale (avoine ou orge); dans le Midi, on sème en automne. Pour effectuer les semis, on emploie tantôt les gousses elles-mêmes, tantôt la graine. Le premier procédé est suivi par les cultivateurs qui produisent eux-mêmes leurs semences, il donne une réussite plus certaine et doit être conseillé. On a recours au second lorsqu'on achète la semence dans le commerce. On sème de 15 à 20 kilogrammes par hectare.

Comme rendement, on n'obtient qu'une coupe ou un pâturage de cette légumineuse, qui, verte, constitue un excellent aliment pour les animaux. La production s'élève, dans les bonnes terres, jusqu'à 12.000 kilogrammes de fourrage vert par hectare.

**Trèfle.** — Le *trèfle* est une plante herbacée vivace ou bisannuelle de la famille des légumineuses.

Il existe plusieurs espèces de trèfles bien distinctes.

1° Le *trèfle violet* ou *trèfle des prés*, regardé comme une de nos meilleures plantes fourragères.

Les terres qui lui sont le plus favorables sont les terres profondes, calcaires-argileuses, silico-calcaires ou argilo-siliceuses, c'est-à-dire les terres de consistance moyenne reposant sur un sous-sol perméable. Il redoute les sols humides, les terres acides et les terrains dans lesquels le calcaire et la silice sont en excès.

Semé au printemps, dans les mêmes conditions que la luzerne, à raison de 15 à 20 kilogrammes de graine par hectare, le trèfle violet donne un pâturage à l'automne, puis, l'année suivante, une première coupe en juin, une deuxième en août et un nouveau pâturage d'automne. Parfois, on enfouit en vert la dernière pousse. Le trèfle violet, dans les bonnes cultures, a une existence limitée, et c'est généralement lorsque sa troisième pousse est déjà apparente, qu'on le détruit pour le faire suivre d'un blé d'automne.

On récolte ordinairement par hectare, semé de trèfle violet, de 4 à 5.000 kilogrammes de foin sec, mais ce rendement peut atteindre 8 et 10.000 kilogrammes quand on lui associe le ray-grass anglais ou la fléole des prés. — 100 kilogrammes de trèfle vert donnent ordinairement 25 kilogrammes de foin.

La semence est récoltée sur la seconde pousse de cette légumineuse.

2° Le *trèfle hybride* tient le milieu entre le trèfle violet et le trèfle blanc. Ses fleurs, globuleuses, sont plus grosses que celles du trèfle blanc, et elles sont à la fois blanches et roses.

Cette espèce résiste mieux à l'humidité et à la sécheresse. Elle est moins productive, mais elle forme néanmoins de belles touffes.

3° Le *trèfle blanc*, à fleurs globuleuses, blanches et accidentellement rosées.

Cette espèce résiste bien aux fortes chaleurs et vient même sur les terrains secs et légers. On l'utilise dans la création des gazons, des pâturages et des prairies. Sa caractéristique consiste à bien couvrir le sol et à offrir une certaine résistance à la dent du bétail.

Sa graine très petite, jaune rougeâtre, est répandue, comme semence, à raison de 10 à 12 kilogrammes à l'hectare.

4° Le *trèfle élégant*, analogue au trèfle hybride et qui convient surtout dans les terres fortes, argilo-siliceuses.

5° Le *trèfle-fraise*, vivace, à tiges rampantes. Ses fleurs sont ovoïdes ou globuleuses, roses ou blanc rosé. Cette espèce est utilisée dans la création de prairies sur des terres sèches ou élevées.

6° Le *trèfle filiforme*, annuel, et que l'on rencontre dans les terrains granitiques et sablonneux. Ses tiges sont fines et peu élevées; ses fleurs sont d'abord jaunes et ensuite blanchâtres.

Il garnit bien la base des graminées dans les prairies sèches.

7° Le *trèfle incarnat* ou *farouche*, ou *trèfle du Rousillon*, qui est annuel; il diffère du trèfle violet par ses tiges et ses feuilles, qui sont velues, et par ses fleurs, d'un rouge brillant, très vif, qui sont disposées en épis oblongs.

Cette espèce végète mal sur les terres qui sont humides en automne et sur les terrains crayeux, sablonneux et tourbeux. Les sols qui lui conviennent le mieux sont ceux qui ont un peu de consistance. Dans les terrains fertiles, son rendement en fourrage vert est élevé et peut atteindre de 15 à 20.000 kilogrammes par hectare. On sème le trèfle incarnat de bonne heure, en août ou au plus tard au commencement de septembre, à raison de 18 à 20 kilogrammes de graine mondée, ou 50 kilogrammes de semences en gousses ou en bourre, par hectare ; on peut le récolter au printemps, quinze jours ou trois semaines avant le trèfle des prés. On distingue dans cette espèce les variétés hâtives qui fleurissent au commencement de mai, des variétés tardives dont les fleurs n'apparaissent qu'à la fin du même mois.

Quoique de qualité un peu inférieure à celui des autres trèfles, le fourrage de trèfle incarnat est cependant très estimé pour la nourriture du bétail. En raison de sa précocité, il rend cette culture précieuse et constitue également un excellent engrais vert.

**Sainfoin.** — Le *sainfoin*, ou *esparcette*, est une de nos meilleures plantes fourragères. Les sainfoins sont des plantes herbacées vivaces, à feuilles nombreuses divisées en longues folioles. On en connaît un grand nombre d'espèces, parmi lesquelles le sainfoin d'Espagne, cultivé comme plante fourragère et comme plante d'ornement.

Cette plante végète bien sur les terres calcaires sèches et

les sols siliceux, là où le trèfle et la luzerne viennent mal; mais il redoute les terres humides, argileuses ou marneuses.

Dans le Nord on sème le sainfoin au printemps dans une céréale, et dans le Midi en automne sur un sol nu, à la dose de 4 hectolitres, ou environ 120 kilogrammes de semences par hectare. On fauche le sainfoin lorsque la floraison est complète et on obtient un rendement qui varie de 4 à 7.000 kilogrammes de foin sec par hectare. Le regain constitue un excellent pâturage pour les bêtes bovines. Sous le rapport de la qualité, le foin de sainfoin peut rivaliser avec celui du trèfle. Pour récolter la graine, on doit attendre que la plupart des gousses aient pris la teinte brun clair, qui est le signe de la maturité; le rendement en graines peut atteindre 30 hectolitres par hectare.

Le sainfoin *chaud*, ou à *deux coupes*, est une variété améliorée, par la culture en terre riche, du sainfoin ordinaire. Cette variété diffère de celui-ci par sa grande vigueur, et son nom lui vient de ce qu'elle donne ordinairement deux bonnes coupes ; c'est donc une variété à choisir de préférence.

Le sainfoin d'*Espagne*, appelé *sulla* en Italie, constitue une excellente nourriture, surtout pour les chevaux et les mulets. Comme plante d'ornement, elle peut entrer dans les corbeilles et les plates-bandes.

**Anthyllide vulnéraire.** — L'*anthyllide vulnéraire*, ou trèfle jaune des sables, est une plante fourragère très répandue en Allemagne et encore peu connue en France. Cette plante convient aux prés secs et calcaires, aux pâturages élevés, aux lieux arides. On la sème et on la récolte comme les autres légumineuses. Le rendement annuel est de 8 à 10.000 kilogrammes de fourrage vert, qui se réduisent à 2.000 ou 3.000 kilogrammes de foin sec, à l'hectare. Le fourrage obtenu est très nutritif; ses tiges, presque pleines, peuvent se conserver longtemps à l'état vert, même après la floraison. Il est mangé par les chevaux, mais il paraît surtout propre à la nourriture des vaches, dont il augmente la production laitière.

**Vesce.** — La *vesce* est un genre de plantes de la famille des légumineuses. Ce genre renferme un grand nombre de plantes herbacées, annuelles, bisannuelles ou vivaces, mais on cultive surtout la *vesce commune*, la *vesce blanche* et la *vesce velue*.

A raison de la faiblesse de ses tiges grimpantes qui ne peuvent se soutenir d'elles-mêmes, la vesce est toujours cultivée en mélange avec une céréale, généralement le seigle, l'avoine ou l'orge. On en distingue deux variétés: l'une d'hiver que l'on sème en septembre ; l'autre de printemps, dont le semis peut s'effectuer du mois de mars au mois de juin, suivant l'époque à laquelle on veut obtenir du fourrage ; cette dernière redoute la sécheresse. On répand de 150 à 200 kilogrammes de graines par hectare, et on peut récolter de 20.000 à 25.000 kilogrammes de fourrage vert, soit de 4 à 5.000 kilogrammes de foin. Le rendement moyen en graines est d'environ 15 à 20 hectolitres par hectare.

Les terres qui conviennent le mieux à la culture de la vesce sont celles qui sont consistantes et calcaires.

**Serradelle.** — La *serradelle*, ou *pied d'oiseau*, plante fourragère de la famille des légumineuses, est une plante annuelle à racine pivotante, à tige ramifiée portant des feuilles composées à folioles velues ; ses fleurs sont petites, de couleur rouge violacé.

Elle n'a été jusqu'ici que très peu cultivée en France ; néanmoins, c'est une plante précieuse pour les terrains légers, sablonneux, à sous-sol perméable ; les terres fortes et surtout humides, ainsi que les terrains calcaires, ne lui conviennent pas.

La serradelle se sème au printemps dans les contrées septentrionales et à l'automne dans les contrées méridionales, soit seule, soit dans une céréale, à raison de 40 à 50 kilogrammes de graines par hectare, suivant l'humidité du climat : plus il est sec, plus on doit semer dru. Sa croissance, lente au début, prend ensuite un essor rapide et la serradelle peut être fauchée deux ou trois mois après la levée. Le rendement peut varier de 2.500 à 4.000 kilogrammes de foin sec par hectare. Le fourrage obtenu est nutritif, tendre et savoureux.

**Spergule ou spargoute.** — La *spergule*, ou *spargoute*, est une plante herbacée annuelle, de la famille des caryophyllacées, que l'on cultive comme plante fourragère. Sa croissance est rapide, ses tiges fistuleuses couchées, ses feuilles étroites sont verticillées, ses fleurs petites et blanches.

La spergule est une plante propre aux sols frais, bien ameublis et aux climats humides. On la sème de mars à septembre, sur un sol nu bien nettoyé, à raison de 20 à 25 kilogrammes de graines à l'hectare. En deux mois, elle atteint son entier développement et doit alors être fauchée. Le rendement obtenu à l'hectare est de 10 à 15.000 kilogrammes de fourrage vert de bonne qualité. La spergule passe pour exercer une influence heureuse sur la qualité du beurre provenant du lait fourni par des vaches nourries avec cette plante.

En France, la spergule est considérée surtout comme une des plantes qui conviennent le mieux en culture dérobée pour être enfouie comme fumure verte, ou pour servir de nourriture d'arrière-saison en cas de pénurie de fourrages.

**Ray-grass.** — Les *ray-grass* sont des plantes vivaces, de la famille des graminées. On en cultive deux espèces : le *ray-grass ordinaire* et le *ray-grass d'Italie*.

Le ray-grass ordinaire, ou ivraie vivace, ou ray-grass anglais, est supérieur au ray-grass d'Italie, quoique ce dernier soit plus productif. Ce sont des plantes à végétation rapide, qui réussissent bien dans toutes les terres fraîches et sous les climats humides. On les sème généralement au printemps sur un sol nu, ou dans une céréale d'automne, à raison de 50 à 60 kilogrammes de graines par hectare. Le ray-grass ordinaire est souvent associé au trèfle blanc, au trèfle des prés, ou à la lupuline. Il entre presque toujours dans la composition des prairies naturelles.

Comme rendement on compte de 3 à 4.000 kilogrammes de foin sec par hectare ; mais, lorsque cette plante occupe des terrains où l'on peut opérer, pendant la belle saison, des arrosages avec des eaux limoneuses ou des eaux d'égout, le produit peut s'élever de 6 à 10.000 kilogrammes.

Les ray-grass doivent être fauchés souvent, car leurs tiges

durcissent. Récoltés avant leur complet développement, ils fournissent un foin plus vert, plus odorant et de meilleure qualité.

**Gesse.** — Le genre *gesse*, de la famille des légumineuses, renferme un grand nombre d'espèces, parmi lesquelles deux surtout présentent de l'intérêt au point de vue agricole, ce sont : la gesse chiche et la gesse cultivée.

La *gesse chiche*, ou *jarosse*, désignée aussi, suivant les localités, sous les noms de petite gesse, jarat, pois cornu, pois carré, est cultivée exclusivement comme plante fourragère.

Très rustique, elle réussit sous tous les climats, et les changements brusques de température n'en empêchent pas le développement. On la sème en septembre, à raison de 250 litres environ de semences par hectare et les rendements varient de 2 à 5.000 kilogrammes de foin sec.

La *gesse cultivée*, ou lentille d'Espagne, lentille suisse, pois breton, pois gras, pois de brebis, est à la fois une plante fourragère et une plante alimentaire pour l'homme.

Des essais de culture ont été faits sur la gesse hérissée, la gesse tubéreuse, la gesse des prés, la gesse sans feuilles, la gesse odorante. Nous n'en parlerons que pour mémoire.

**Mélilot.** — Le *mélilot*, de la famille des légumineuses, comprend diverses espèces cultivées comme plantes fourragères, plantes médicinales et plantes textiles.

Les espèces les plus intéressantes sont : le mélilot officinal, le mélilot blanc ou mélilot de Sibérie et le mélilot bleu ou mélilot odorant.

Cette plante communique, à l'état sec, aux plantes avec lesquelles elle est associée un arome agréable, mais elle est peu productive et ses tiges acquièrent par la dessiccation une dureté qui ne plaît pas au bétail. Elle est donc, comme fourrage, de médiocre valeur.

**Fenu-grec.** — Il en est de même du *fenu-grec* ou *trigonelle*, plante annuelle, de la famille des légumineuses, cultivée comme plante fourragère et pour sa graine très aromatique.

## AUTRES PLANTES FOURRAGÈRES DIVERSES

Comme plantes fourragères, toutes nos céréales peuvent être fauchées en vert pour la nourriture du bétail. C'est ainsi que les variétés d'hiver de *seigle*, d'*orge* et d'*avoine*, coupées au début de l'épiaison, c'est-à-dire au printemps, fournissent un fourrage de bonne qualité. En raison de sa précocité, le seigle est surtout précieux et donne par hectare, de 25 à 30.000 kilogrammes de fourrage vert.

Mais c'est principalement le *maïs* dans ses variétés très développées et tardives qui, parmi les céréales, joue le rôle fourrager le plus important. Semée à des époques successives, cette plante assure pendant tout l'été et jusqu'aux gelées la nourriture du bétail en fourrage vert. Elle peut, d'autre part, quand on applique à sa conservation la méthode aujourd'hui classique de l'*ensilage*, servir de base au régime des bêtes bovines pendant tout l'hiver.

Le maïs *dent de cheval*, ou *géant Caragua*, est celui auquel on doit donner la préférence, puisqu'il peut donner de 80 à 100.000 kilogrammes de fourrage vert à l'hectare. Mais, si la culture de ce dernier n'est pas possible, on peut recourir avantageusement aux maïs d'Auxonne ou des Landes qui peuvent donner de 40 à 60.000 kilogrammes de fourrage de meilleure qualité par hectare.

Le *sorgho*, le *moha de Hongrie*, le *moha vert de Californie*, le *millet d'Italie*, jouent aussi un rôle important comme graminées fourragères. On les cultive à peu près comme le maïs.

Le *sarrasin de Tartarie*, cultivé comme fourrage vert d'été est aussi très goûté des bêtes à cornes et des chevaux.

Dans certaines régions de l'Ouest et du Nord-Ouest les *choux-fourrage* jouent un rôle important dans l'alimentation des bêtes bovines. Ces choux, non pommés, fournissent cinq variétés bien distinctes :

1° Le chou branchu ou chou du Poitou, ou chou mille têtes ;

2° Le chou moellier ou chou à moelle ;

3° Le chou cavalier ou chou arbre, ou chou de Laponie ;

4° Le chou caulet ou chou de Flandre ;

5° Le chou frisé ou chou du Nord.

Pendant les deux années que la plante occupe le sol, un hectare de choux fourragers peut rapporter de 80 à 100.000 kilogrammes de fourrage vert de bonne qualité.

Le *colza*, la *navette*, la *moutarde blanche*, fauchées en vert au printemps ou à l'automne, quelques mois après les semailles, fournissent des fourrages appréciés.

Quant aux tiges et feuilles de divers végétaux, tels que la chicorée sauvage, la carotte, le panais, la betterave, de certains arbres ou arbustes, tels que la vigne, l'orme, le frêne, le charme, le tilleul, l'érable, le peuplier, etc., on peut avantageusement les utiliser aussi comme fourrages.

## § 65. — Racines alimentaires

**Betterave.** — La betterave est une plante bisannuelle, de la famille des chenopodées, à racine renflée et charnue, dont la tige ne se développe qu'à la deuxième année.

Les diverses variétés de betteraves peuvent être réparties en trois groupes : betteraves potagères, betteraves fourragères et betteraves à sucre [1].

Les *betteraves potagères* diffèrent tant par la couleur de leur chair que par leur forme. On en distingue deux catégories : les unes à chair rouge, les autres à chair jaune ; les premières sont de beaucoup les plus estimées. Les principales variétés sont :

1° La betterave crapaudine, à chair très rouge et très sucrée ;

2° La betterave rouge naine, à racine très régulière ;

3° La betterave piriforme de Strasbourg, à racine renflée, dont la chair est d'un rouge très foncé, peu productive ;

4° La betterave rouge grosse, très volumineuse, la plus généralement adoptée dans la culture maraîchère ;

[1] L'étude des betteraves sucrières est reportée au paragraphe des *Plantes industrielles diverses*.

5° La betterave de Gardanne, répandue dans le Midi de la France, se rapprochant de la variété précédente.

Les principales variétés de *betteraves fourragères* sont les suivantes :

1° La betterave disette, appelée aussi betterave champêtre, à racine volumineuse, à chair blanche ou veinée de rose. La betterave camuse, les variétés d'Allemagne, mammouth, corne de bœuf, dérivent de cette variété ;

2° La betterave globe jaune, à racine sphérique, peau de couleur jaune, à chair blanche et ferme ;

3° La betterave jaune grosse, à racine cylindrique, avec une chair jaune pâle ;

4° La betterave rouge ovoïde, à racine ovoïde assez effilée, chair blanche ;

5° La betterave rouge globe, à racine sphérique, remarquable par sa maturité hâtive.

La betterave exige des terres profondes, riches et fraîches. Les terres franches sont celles qui lui conviennent le mieux. Elle redoute les sols très argileux et très calcaires. Dans tous les cas, les betteraves doivent être semées dans des terres profondément labourées et soigneusement ameublies. De plus, comme cette plante vient généralement en tête d'assolement, il faut lui appliquer d'abondantes fumures, de 30 à 40.000 kilogrammes de fumier par hectare. Les semailles se font au printemps, à la main ou au semoir, mais toujours en lignes. Lorsque le plant est levé, on l'éclaircit, en ménageant entre les pieds qu'on laisse un espace plus ou moins grand suivant leur force. On procède à des binages dont le nombre varie suivant le développement des plantes parasites. L'effeuillage des betteraves, pratiqué par certains agriculteurs, doit être rejeté, cette opération produisant une notable diminution de la récolte, en nuisant au développement de la plante.

L'arrachage des betteraves s'exécute depuis le milieu de septembre jusqu'à la fin d'octobre. On le pratique à la bêche ou avec des instruments spéciaux. Après avoir arraché les racines, on coupe les collets et les feuilles : cette opération est appelée *décolletage* ou *étéage*. Les feuilles sont laissées sur le champ, ou bien on les enlève pour servir immédiatement à la nourriture du bétail; on peut les conserver pour l'ensilage; on peut aussi les faire manger sur place.

Les betteraves donnent un rendement de 30 à 60.000 kilogrammes de racines par hectare, en moyenne.

On consomme les racines de betteraves potagères après les avoir cuites, ou confites dans du vinaigre. Quant aux betteraves fourragères, elles servent surtout à l'alimentation des bêtes bovines, ovines et porcines. Elles constituent un bon aliment pour les vaches et les brebis laitières. Comme la betterave est très aqueuse, il est bon de l'associer au foin, au son ou aux balles de céréales.

**Pomme de terre.** — La pomme de terre est une plante annuelle de la famille des solanées. Ses tiges aériennes, herbacées, sont rameuses et velues; ses tiges souterraines se renflent sur une certaine partie de leur longueur par l'accumulation d'une forte proportion de fécule et produisent les tubercules qui constituent la partie utile et comestible de la plante.

Il existe un grand nombre de variétés de pommes de terre, qui diffèrent par la forme et la couleur des tubercules, par l'époque de leur maturité, par les usages auxquels ils conviennent et, enfin, par leur mode de culture. Voici la classification adoptée par M. H. Vilmorin : jaunes rondes, jaunes longues, rosées, rouges rondes, rouges longues, violettes rondes, violettes longues.

On distingue aussi les variétés hâtives des variétés tardives; les variétés industrielles, des variétés alimentaires ou fourragères; les variétés de grande culture, des variétés potagères.

Les pommes de terre réussissent presque dans tous les terrains où l'humidité n'est pas en excès; les bonnes terres franches, les terres d'alluvions et les argiles modérément tenaces leur conviennent particulièrement. Plus la terre est profondément travaillée et amendée, plus le produit est considérable et assuré. Comme toutes les plantes à végétation rapide et à gros rendement, la pomme de terre est très sensible à l'influence des engrais. Ceux qui lui conviennent le mieux sont les engrais phosphatés et potassiques. Les engrais azotés, fournis en excès, poussent au développement des tiges au détriment de la qualité des tubercules.

On multiplie les pommes de terre par semis et par plantation. Par semis, lorsqu'on veut obtenir des variétés nouvelles, et dans tous les autres cas, en plantant des tubercules entiers ou des fragments de ceux-ci. Les tubercules de poids moyen plantés entiers sont ceux qui donnent les meilleurs résultats. Si on se trouve dans l'obligation d'employer de gros tubercules, on doit les partager en deux ou trois fragments, en les coupant dans le sens de la longueur. De chaque œil, qui est en réalité un bourgeon, naît une nouvelle tige.

On plante les pommes de terre de mars en mai, en lignes distantes de 0m,50 à 0m,60, et on espace les tubercules de 0m,30 à 0m,40 dans les lignes.

On procède à l'arrachage des pommes de terre, dès que les fanes sont sèches, soit à bras, soit à l'aide de charrues spéciales. Les tubercules sont ensuite nettoyés et conservés dans des caves sèches ou dans des silos, à l'obscurité, pour les empêcher de verdir et de perdre ainsi beaucoup de leur valeur alimentaire.

Le rendement des pommes de terre est très variable : de 15 à 40.000 kilogrammes à l'hectare. Les variétés potagères sont moins productives que les grandes variétés fourragères ou industrielles, de même que les variétés précoces sont moins productives que les variétés tardives.

En outre du rôle considérable que joue la pomme de terre dans l'alimentation de l'homme et des animaux, elle fournit la matière première de l'industrie féculière et est utilisée pour la fabrication d'alcool de qualité inférieure, fabrication très développée en Allemagne.

**Topinambour.** — Le topinambour, originaire d'Amérique, est une plante de la famille des composées, à racines vivaces et à tiges annuelles. Ses tubercules, de forme irrégulière et de couleur rougeâtre, ont une chair blanc jaunâtre ; la fécule y est remplacée par une matière sucrée et aromatique, appelée *lévuline*.

Les terrains sablonneux sont ceux qui lui conviennent le

mieux et la potasse paraît être l'élément particulièrement nécessaire pour la culture du topinambour.

Les façons culturales sont les mêmes que pour la pomme de terre et le topinambour présente cet avantage qu'on peut en maintenir la culture sur le même sol pendant plusieurs années ; il suffit de laisser de place en place quelques tubercules pour que le sol se regarnisse parfaitement.

Le rendement des topinambours varie de 10 à 30.000 kilogrammes de tubercules par hectare. Un hectolitre de tubercules pèse de 78 à 80 kilogrammes. Lavés et divisés au coupe-racines, les topinambours sont donnés crus au bétail ; mais c'est surtout comme plante industrielle de distillerie que cette culture est appelée à prendre de l'extension.

**Carotte.** — La carotte est une plante bisannuelle de la famille des ombellifères. Il existe un grand nombre de variétés de carottes. Dans les potagers, on cultive surtout les variétés dont les racines sont colorées en rouge : carotte grelot, carotte demi-longue de Hollande, connue sous le nom de carotte de Crécy, etc.

Les variétés cultivées pour la production des racines fourragères sont plus volumineuses et généralement de couleur blanche : carotte blanche à collet vert, rouge longue sans cœur, rouge longue à collet vert, jaune longue, etc.

La carotte se plaît dans les terrains profonds, frais et légers, tels que les sols siliceux frais et silico-argileux. Les fumures, consistant en engrais décomposés, sont nécessaires à la bonne venue des racines. Dans tous les cas, le sol doit être profondément ameubli.

La carotte se sème à la main, ou au semoir, en lignes distantes d'environ 0$^{m}$,50, à la dose de 2 à 3 kilogrammes par hectare. Le rendement oscille le plus généralement entre 20 et 30.000 kilogrammes par hectare. Les carottes se conservent bien soit en caves, soit en silos ; elles servent à des usages culinaires nombreux et à l'alimentation des chevaux et des vaches laitières.

**Panais.** — Le panais est une plante bisannuelle de la famille des ombellifères. Cette plante n'a produit que peu de variétés : les deux principales sont le panais long de Guernesey, à gros rendement, et le panais rond, recherché dans la culture potagère.

Les panais sont des plantes peu exigeantes ; tous les terrains leur conviennent, à condition que le sol soit meuble et abondamment fumé. Ils sont cultivés de la même façon que la carotte ; mais, ne craignant pas la gelée, on peut se dispenser de les rentrer pour l'hiver et ne les arracher qu'au fur et à mesure des besoins.

La valeur nutritive des racines de panais est supérieure à celle de la carotte, et, comme cette dernière, elles servent à l'alimentation des chevaux et des vaches laitières.

**Navet ou rave.** — Le navet ou rave est une plante bisannuelle de la famille des crucifères. On donne plus spécialement la dénomination de *raves* aux variétés à racines aplaties et rondes, et celle de *navets* aux variétés à racines longues. Les principales variétés de raves sont : le turneps ou rabiaule, la rave d'Auvergne, la rave du Limousin, etc., et parmi les navets : le navet gros long d'Alsace ou navet de campagne, le navet rose du Palatinat, le navet globe, etc.

Les navets et les raves réussissent surtout dans les climats brumeux et sur les terres fraîches, légères et sablonneuses. Les sols silico-argileux, chaulés ou marnés, sont aussi bien appropriés à cette culture.

En France, on sème les navets en juillet, par un temps couvert. Les semis en lignes sont préférables aux semis à la volée. La quantité de graines répandues varie de 3 à 5 kilogrammes par hectare. Les soins d'entretien et les procédés de récolte sont les mêmes que pour la betterave. Quant au rendement, il varie de 20 à 40.000 kilogrammes de racines à l'hectare.

Les navets sont surtout utilisés en France comme culture dérobée, et ils servent à l'alimentation des bêtes ovines et bovines tant par leurs racines que par leurs feuilles, distribuées, à l'étable en guise de fourrage.

**Chou-rave.** — Les choux-raves se caractérisent par le renflement très volumineux que présente la tige au-dessus du niveau du sol; c'est cette protubérance qui sert à la consommation. On en cultive plusieurs variétés, dont les unes sont employées comme potagères; d'autres, au contraire, peuvent servir de fourrage. Dans le premier cas, on cultive surtout la variété de chou-rave blanc, plat, hâtif; dans la grande culture, on emploie les choux-raves violets et le gros rond.

**Chou-navet.** — Les choux-navets, connus également sous le nom de rutabagas, se distinguent des choux-raves en ce que la tige, au lieu de se renfler au-dessus du sol, s'hypertrophie au contraire dans sa partie souterraine.

En culture potagère, les variétés les plus employées sont le chou-navet blanc et le chou-navet blanc lisse à courtes feuilles. Dans la culture des champs, ce sont surtout les rutabagas à collet vert, à collet violet, etc.

Ce sont des plantes rustiques qui réussissent particulièrement bien dans les sols frais et sous les climats humides. On les sème en lignes, à raison de 2 à 3 kilogrammes de graines par hectare, lorsqu'on les sème en place, et de 7 à 10 kilogrammes semés en pépinière. Le rendement peut atteindre de 40 à 50.000 kilogrammes de racines par hectare.

Les rutabagas craignent peu la gelée et se conservent facilement en silos. On les utilise ainsi que les choux-raves pour l'alimentation surtout des ruminants.

## § 66. — Légumineuses alimentaires

Dans la famille des légumineuses-papilionacées, nous examinerons particulièrement les plantes alimentaires dont le fruit ou la graine servent à la consommation humaine et qui végètent dans nos pays. De cette catégorie font partie le haricot, le pois, la lentille, la fève et la féverole.

**Haricot.** — Le haricot est une plante annuelle, connue depuis les temps les plus reculés et qui occupe en France d'importantes surfaces.

Les sols dans lesquels il végète le mieux sont ceux qui sont de bonne qualité, mais plutôt légers que compacts et argileux. Le haricot demande un climat tempéré. Il végète mal et est peu productif sur les terrains ombragés, mal aérés et sur lesquels le soleil n'a pas une libre action. La poudrette, le sang desséché, les fumiers décomposés, les boues de ville à l'état de terreau, etc., sont d'excellents engrais pour cette plante.

Il en existe un très grand nombre de variétés qui diffèrent surtout par la hauteur de leurs tiges, la longueur de leurs gousses ou cosses et la coloration de leurs semences. Néanmoins toutes les variétés connues sont divisées en deux grandes classes : les *haricots nains* et les *haricots à rames*. Chaque classe comprend deux divisions : les haricots à écosser et les haricots sans parchemin ou haricots mange-tout.

Citons parmi les haricots à rames, dont les tiges élevées, volubiles, doivent être soutenues par des tuteurs légers : le haricot de Soissons, le haricot sabre, le haricot riz, le haricot princesse, le haricot d'Alger ou beurre, etc. ; parmi les haricots nains : le haricot flageolet, le haricot Suisse, le haricot de Soissons nain ou haricot gros pied, le haricot rouge d'Orléans, etc.

Le haricot se sème au printemps, en avril ou en mai, suivant les latitudes, lorsque la température atteint 10 à 12°. On le cultive soit en lignes, soit en *poquets* ou trous espacés de 0m,33 environ en tous sens les uns des autres et disposés en quinconces ou échiquiers. Les graines doivent être très légèrement recouvertes par quelques centimètres de terre. Pendant la végétation, il faut maintenir le sol propre et meuble.

La cueillette des haricots verts se fait à différentes reprises, suivant l'état des gousses. La récolte des haricots secs se fait quand ces dernières sont suffisamment mûres, en arrachant les pieds que l'on réunit en bottes et que l'on suspend à l'abri de l'humidité dans un endroit sec. On écosse ensuite les haricots à la main ou on les bat avec un fléau léger.

Le rendement des haricots nains est de 15 à 20 hectolitres de grain par hectare, chaque hectolitre pesant de 75 à 80 kilogrammes, et le rendement des haricots à rames peut atteindre de 30 à 40 hectolitres.

**Pois.** — Comme le haricot, le pois comprend des variétés à rames et des variétés naines, des variétés à écosser et des variétés mange-tout. Les plus importantes sont les suivantes :

Pois à écosser : pois Prince-Albert, pois Michaux, pois de Clamart, pois serpette, pois nain hâtif, pois nain de Hollande, etc... ;

Pois mange-tout : pois de quarante jours, pois corne-de-bélier, pois géant, pois sans parchemin hâtif, etc...

La culture du pois peut se faire en toute terre pourvu que celle-ci soit un peu humide et riche en engrais. On les sème en lignes ou en poquets, au printemps.

Dans la grande culture, on ne se sert pas de rames ; aussi, pour empêcher l'allongement indéfini des pousses, on les pince dès que les fleurs apparaissent, c'est-à-dire qu'on coupe les sommités des tiges. Cette opération favorise le développement des gousses.

Les pois sont récoltés principalement à l'état frais pour constituer les petits pois. La cueillette se fait dès que les grains sont à moitié formés. Pour récolter les pois en sec, on sème en avril et on arrache fin juillet. On obtient un rendement de 15 à 30 hectolitres de pois secs à l'hectare. Les fanes peuvent servir d'aliment au bétail.

Le pois gris, désigné aussi sous le nom de bisaille, est cultivé surtout pour l'alimentation du bétail. Associé au seigle, à l'escourgeon ou à l'avoine, on obtient un mélange qui porte le nom d'*hivernage*, comme le mélange de vesce et d'une céréale. Récolté quand les gousses commencent à mûrir et fané, le pois gris fournit un bon fourrage.

Le pois chiche appartient surtout à la culture méridionale. Les terres qui lui conviennent le mieux sont les terrains secs et graveleux, mais profonds. On le sème à la fin de l'hiver et on le récolte lorsque la plus grande partie des gousses sont sèches, vers le mois de juillet. Le rendement, dans les terres ordinaires, ne dépasse pas 10 à 15 hectolitres de grains par hectare. Le pois chiche d'Espagne est surtout estimé, et dans ce pays on cite des rendements qui atteignent 40 hectolitres.

**Lentille.** — Parmi les plantes cultivées sous le nom de lentilles, les plus connues sont : la lentille commune ou lentille grosse blonde ; le lentillon, petite lentille, ou lentille rouge ; la lentille du Puy, ou lentille verte.

Ces légumineuses ont une préférence marquée pour les sols légers, dans lesquels l'élément calcaire entre pour une proportion assez élevée. Sur les terres compactes, argileuses, le développement herbacé de ces plantes est considérable, mais le rendement en grain est toujours faible.

Certaines variétés se sèment en automne, d'autres au printemps, soit à la volée, soit en poquets. Les soins d'entretien et de récolte sont les mêmes que pour les pois. Quant au rendement en grains des lentilles, il varie de 12 à 15 hectolitres à l'hectare. Les fanes constituent un bon fourrage.

**Fève et féverole.** — La fève, désignée aussi sous le nom de gourgane, est cultivée surtout pour ses semences qu'on mange à l'état vert après qu'elles ont été écossées.

Les principales variétés alimentaires sont les suivantes : la fève de marais ou grosse fève, la fève de Windsor, la fève de Séville à longue cosse, la fève Julienne et la fève naine.

La féverole, nommée aussi fève à cheval, est une variété bien caractérisée de la fève ordinaire. Il en existe deux variétés bien distinctes : la féverole d'hiver et la féverole de printemps.

La farine de féverole est souvent ajoutée à la farine de froment dans la proportion de 5 à 10 0/0. Le pain fabriqué avec ce mélange est même excellent.

Associée à l'avoine ou à la vesce de printemps et récoltée en vert, la féverole constitue un bon fourrage ; cultivée seule ou associée au sarrasin, à la vesce, au lupin blanc, elle constitue aussi un excellent engrais vert.

La fève et la féverole demandent des terres un peu argileuses, fraîches et fertiles ou bien fumées. Leur culture se fait comme celle des légumineuses qui précèdent. Leur rendement varie de 20 à 35 hectolitres de grain à l'hectare.

## § 67. — Plantes industrielles

Les plantes qui, par l'une quelconque de leurs parties, servent de matière première à des industries diverses sont appelées *plantes industrielles.*

Suivant la nature de leurs produits, on les divise en *plantes textiles, plantes oléagineuses, plantes tinctoriales, plantes à parfums, plantes narcotiques* et *plantes industrielles diverses.*

**Plantes textiles.** — Les plantes textiles sont celles dont on retire des fibres propres à la filature et au tissage. Dans cette catégorie il faut ranger : le *lin*, le *chanvre*, le *cotonnier*, la *ramie*, le *jute*, le *phormium*, l'*alfa*, l'*agave*, le *yucca*, le *bananier*, le *dattier* et d'autres *palmiers.*

Ces derniers végétaux appartenant exclusivement à la culture des pays chauds, nous ne parlerons que du lin, du chanvre et de la ramie, seules plantes textiles de culture française.

*Lin.* — Le lin, de la famille des linées, est une plante herbacée, annuelle. Par ses graines, elle est plante oléagineuse; par ses fibres, plante textile.

Les variétés que l'on rencontre en France se divisent en lins de printemps et lins d'hiver.

Les *lins de printemps*, connus aussi sous le nom de *lins froids*, sont les plus cultivés ; ils comprennent plusieurs variétés, les unes à fleurs bleues, les autres à fleurs blanches ; *le lin de Riga*, provenant de semences issues de Russie, est très estimé.

Les *lins d'hiver* ou *lins chauds*, qui conviennent surtout dans les régions méridionales, sont plutôt recherchés pour la production des graines que pour celle de la filasse, relativement grossière et rude.

Les lins les plus recherchés sont ceux dont la tige est droite, sans ramification. Les sols profonds et frais, meubles, riches en humus et en calcaire sont ceux qui répondent le mieux aux exigences de cette plante. Comme engrais, ce sont les fumiers parfaitement décomposés et les substances azotées et phosphatées : guano, poudrette, noir animal, cendres, tourteaux de lin, d'œillette ou de chanvre, qui conviennent le mieux.

Les lins de printemps sont semés lorsque les gelées ne sont plus à craindre ; ceux d'hiver, d'une importance secondaire, sont enfouis en septembre ou octobre. On sème à la volée ou au semoir, par un temps calme, pour que les graines ne soient pas emportées par le vent, et l'on enterre la semence par un hersage. Lorsque c'est la production de la filasse que l'on poursuit, on sème le lin à raison de 150 à 300 kilogrammes de graines par hectare. Plus les plantes sont serrées, plus grande est la finesse de leurs fibres. Quand, au contraire, ce sont des graines que l'on veut obtenir, on réduit à 120 ou 130 kilogrammes la quantité de semences à répandre par hectare.

Le lin redoute beaucoup les mauvaises herbes, aussi doit-on recourir à des sarclages, dès que le terrain se salit. Généralement on récolte les lins en juin ou juillet, quand les feuilles commencent à jaunir. Une récolte prématurée donne de la filasse très fine, soyeuse, mais insuffisamment résistante ; une attente trop prolongée amène une production de meilleure graine, mais une diminution notable dans la qualité des fibres.

C'est par l'arrachage direct, à la main, que s'opère la récolte du lin. On laisse les tiges étendues sur le sol pendant un ou deux jours ; puis, on les réunit en petites bottes, que l'on rentre dès qu'elles sont sèches, ou dont on forme des moyettes, que l'on recouvre de paille : la graine achève ainsi de mûrir à l'abri de l'humidité.

L'égrenage des capsules s'opère soit au moyen d'égreneuses mécaniques, soit par le battage à la main sur des claies, soit en faisant passer le lin, poignée par poignée, entre les dents d'un peigne.

Les tiges sont ensuite soumises au *rouissage*, opération qui a pour but d'isoler les fibres textiles du tissu qui les environne.

Le rouissage peut se faire *sur terre* ou plutôt *sur pré*, à l'*eau dormante* ou à l'*eau courante*. Dans ces divers procédés, au bout d'un temps plus ou moins long, il se développe sous l'influence de l'humidité, une fermentation, qui transforme les matières gommeuses reliant entre elles les fibres textiles, les rend en partie solubles et détruit l'adhérence qui existait entre l'écorce et le reste de la tige.

Le lin roui est mis à sécher, et le plus souvent le séchage naturel à l'air est suffisant ; cependant quelquefois on a recours à un chauffage, ou *hâlage*, au-dessus de foyers dans lesquels on entretient un feu très régulier.

Ensuite commence le *teillage*, c'est-à-dire la séparation de la filasse d'avec la tige ou chènevotte. Ce travail nécessite généralement deux opérations distinctes : le *broyage*, appelé aussi *maillage* ou *macquage*, qui consiste à briser la paille et à détacher des fibres les plus gros fragments de tige, et le teillage proprement dit, *écouchage*, *écanguage*, *espadage*, qui désigne l'enlèvement complet des débris de chènevottes laissés par l'opération précédente.

Comme rendement le lin donne par hectare de 3 à 8.000 kilogrammes de tiges et de 3 à 15 hectolitres de graines. Ces graines renferment de 30 à 35 0/0 d'une huile siccative, employée pour la fabrication des couleurs.

Le rouissage faisant perdre de 20 à 25 0/0 de son poids à la paille, il reste, en lin roui, pour une récolte de 5.000 kilogrammes, 3.700 à 4.000 kilogrammes, pouvant donner, avec les nouvelles machines, 800 kilogrammes de peigné.

Le lin étant très épuisant, un intervalle de sept ans entre deux cultures de cette plante sur le même sol, semble nécessaire pour assurer la continuité régulière de l'assolement. D'ailleurs, cette interruption est souvent nécessaire pour faire disparaître certains de ses ennemis : les cuscutes, l'orobanche, la rouille ou brûlure, etc., toutes altérations qui font de la culture du lin une des plus aléatoires.

*Chanvre.* — Le chanvre est une plante textile, annuelle, *dioïque*, c'est-à-dire dont les fleurs mâles et les fleurs femelles se trouvent sur des pieds différents. On le cultive pour la filasse grossière, mais très résistante, que fournissent ses tiges et pour ses graines, appelées *chènevis*, utilisées pour la nourriture des volailles et des oiseaux et dont on extrait, en outre, une huile siccative employée en peinture, dans l'éclairage et la fabrication du savon.

Les variétés de chanvre cultivées sont les suivantes : le chanvre commun ou chanvre ordinaire, le chanvre de Piémont, ou chanvre de Bologne, ou grand chanvre, le chanvre de Chine et le chanvre des Arabes.

Le chanvre est une plante exigeante. On ne peut lui demander de bons produits que quand on le cultive sur des terres de consistance moyenne, profondes, fraîches et fertiles. Il végète mal sur les terres argileuses et sur les terrains qui se dessèchent pendant les fortes chaleurs. Le chanvre exige de très fortes fumures et comme il se développe avec une très grande rapidité, les engrais à action prompte sont ceux qu'il convient de lui fournir.

Les semailles s'effectuent en mars, avril ou mai, sur des terres bien ameublies, soit au semoir, soit à la volée, à la dose de 100 à 300 litres par hectare. Le chanvre, en raison de la promptitude avec laquelle il végète, exige peu de soins d'entretien.

La récolte ou, pour mieux dire, l'arrachage des tiges, se fait en deux fois. D'abord on extirpe les pieds mâles dès que leurs fleurs se flétrissent ; les pieds femelles ensuite, quand leurs tiges commencent à jaunir. Quant aux porte-graines, on les laisse en place jusqu'à complète maturité des semences. Les pieds, mis en bottes liées, sont dressés sur le sol ; quand ils sont secs, on les bat au fléau léger ou on sépare la graine par le *sérançage*, opération qui consiste à faire passer les tiges entre les dents d'un peigne appelé *séran*.

Le chanvre donne un rendement de 3.000 à 7.000 kilogrammes de tiges rouies sèches et de 300 à 500 kilogrammes de graines par hectare. L'hectolitre de semence pèse de 50 à 53 kilogrammes.

Le rouissage du chanvre s'opère de la même façon que celui du lin, et, comme ce dernier, le chanvre a à lutter contre deux parasites végétaux : la cuscute et l'orobanche, ennemis redoutables, que l'alternance des cultures est le seul moyen de détruire.

*Ramie.* — La ramie, dont on a tenté des essais de culture

en France pendant ces dernières années, est une plante ligneuse, vivace, de la famille des urticées, qui croît à l'état sauvage dans les pays tropicaux et qui fournit la matière connue en Europe sous le nom de *china-grass*.

Les variétés cultivées de cette plante sont rangées en deux catégories : la *ramie verte*, et la *ramie blanche*. Toutes deux exigent des climats chauds, des sols riches, meubles, perméables, frais sans être humides ; de là, la nécessité, pour les climats secs, d'avoir recours à l'irrigation.

Cette plante peut se reproduire par graines ou par éclats de pieds-mères. La plantation de ces derniers se fait en lignes sur un sol bien travaillé et fumé abondamment. La récolte des tiges a lieu lorsqu'elles ont atteint leur développement et sont mûres. Le nombre des coupes par an varie de deux, dans l'extrême Midi de la France, à six ou sept pour certaines parties des îles de la Sonde et de l'Indo-Chine.

Les tiges de ramie ne peuvent être soumises au rouissage comme cela a lieu pour le lin et le chanvre, mais pour en extraire les fibres textiles il faut avoir recours aux décortiquage et dégommage ; on obtient ainsi des fibres d'un blanc d'argent et d'aspect soyeux.

**Plantes oléagineuses.** — On donne le nom de plantes oléagineuses aux plantes cultivées pour l'huile qu'on extrait de leurs fruits ou de leurs graines.

*Colza.* — Le colza, de la famille des crucifères, vulgairement appelé aussi chou colza, a perdu de son importance par suite de l'emploi du pétrole et de l'importation croissante de graines exotiques de sésame, d'arachide et de ravison.

On connaît deux variétés principales de colza : le colza d'hiver, bisannuel, à racine pivotante et le colza de printemps, annuel. Le premier est le plus productif et le plus généralement cultivé.

Les climats humides sont ceux qui conviennent le mieux à cette plante qui aime les sols argilo-calcaires, perméables, et les terres riches en humus. Les engrais à lui fournir sont les mêmes que pour le chou.

Le colza se sème en place ou en pépinière, en juillet ou

août. Les semis en place se font en lignes ou à la volée ; les semis en pépinières, qui sont les plus usités, doivent être faits sur des terrains bien préparés et la transplantation des plants a lieu depuis septembre jusqu'à la mi-octobre : 1 hectare fournit généralement, à cet effet, les plants nécessaires pour garnir une étendue de 5 à 6 hectares.

Le colza doit être coupé dès que les tiges et les siliques sont jaunes. Très sujet à s'égrener quand il est arrivé à parfaite maturité, il doit être récolté un peu prématurément. La coupe se fait à la faucille ou à la serpe. Les tiges sont laissées en javelles pendant quelques jours, ou bien on en forme des moyettes qui restent sur le champ jusqu'à complète dessiccation ; on les bat ensuite soit au fléau sur des bâches, soit à l'aide de machines spéciales.

Le colza donne un rendement de 25 à 30 hectolitres de graines par hectare. L'hectolitre de graines de bonne qualité pèse de 68 à 70 kilogrammes, et fournit de 24 à 26 kilogrammes d'une huile qui peut servir à l'éclairage, à la fabrication du savon noir, à l'apprêt des cuirs, etc.

*Navette.* — La navette, de la même famille que le colza, est moins répandue que celui-ci, dont elle se distingue d'ailleurs par des feuilles radicales hérissées de poils rudes et par des siliques dressées contre les tiges.

Comme variétés, on distingue la navette d'hiver de celle d'été ou quarantaine. Cette plante redoute surtout l'humidité excessive pendant l'hiver ; on lui consacre les terres légères, à sous-sol perméable, les terres siliceuses ou calcaires, même quand les pierres sont abondantes.

On cultive et on récolte la navette de la même façon que le colza. Quant au rendement, il varie de 15 à 30 hectolitres de graines par hectare. Ces graines donnent de 30 à 35 0/0 d'huile et ont une valeur un peu inférieure à celle des graines de colza.

La navette, ainsi que le colza, peuvent être utilisés comme plantes fourragères.

*Œillette.* — Sous le nom d'œillette, on désigne les variétés du pavot somnifère cultivées pour leurs graines, comme plantes oléagineuses.

Les *pavots somnifères* sont des plantes annuelles, à tiges pouvant atteindre plus d'un mètre de hauteur et portant des capsules globuleuses régulières, plus ou moins volumineuses, connues sous le nom de *têtes de pavot.*

On cultive deux variétés d'œillette : le *pavot œillette ordinaire*, connu aussi sous la dénomination de pavot gris, pavot rouge, pavot à capsules ouvertes et l'*œillette aveugle* ou pavot à capsules fermées.

En France, les variétés à graines grises sont cultivées de préférence aux variétés à graines bleues.

L'œillette ne réussit que sur les terres substantielles, mais en même temps bien ameublies, douces et propres. C'est une plante exigeante au point de vue de la richesse du sol en éléments fertilisants.

On sème le pavot au printemps à la volée ou en lignes. La graine en étant très fine, son épandage présente certaines difficultés ; aussi la mélange-t-on à des matières inertes, telles que sable fin, cendres ou sciure. Les soins d'entretien sont nombreux et importants; il faut en effet procéder à plusieurs binages et souvent à l'éclaircissage et au buttage des plants.

L'œillette est bonne à récolter vers la fin d'août. On arrache ou on casse les pieds et on en forme de petites bottes que l'on dresse en faisceaux sur le champ. Quand les capsules sont sèches, on procède à la séparation des graines soit en secouant les plantes sur une toile, soit en les frappant avec une baguette légère. On obtient un rendement de 15 à 30 hectolitres de graines par hectare, le poids moyen de l'hectolitre étant de 60 kilogrammes. On retire, par 100 kilogrammes de graines d'œillette, 30 à 35 kilogrammes d'une huile comestible, connue sous le nom d'*huile blanche.* Quant aux pailles de pavot, elles peuvent être utilisées comme litières ; on les emploie aussi comme combustible, ainsi qu'à la fabrication de pâtes à papier.

*Cameline.* — La cameline, appelée aussi camomille, camomène ou cabai, est une plante annuelle de la famille des crucifères. C'est une plante rustique, peu exigeante et qui réussit très bien sur des terres de consistance moyenne, de bonne qualité. Elle a le mérite de végéter rapidement, d'accomplir toutes ses phases d'existence dans l'espace de quatre-vingt-dix à cent jours et de résister aux fortes chaleurs ou aux grandes sécheresses.

On la sème en avril ou mai, à la volée, à la dose moyenne de 6 à 8 litres par hectare. On enterre les graines à l'aide d'un hersage léger. Cette plante ne nécessite pas de culture d'entretien. C'est en août ou en septembre que les siliques sont mûres ; on coupe alors les plantes à la faucille ou on les arrache, puis on les réunit en bottes. Quand la dessiccation est complète, on bat doucement les siliques sur une bâche ou sur l'aire d'une grange en ayant soin de ne pas briser les tiges, qui, légères et rigides, servent à confectionner des balais.

La cameline produit par hectare de 10 à 20 hectolitres de graines, du poids de 68 à 70 kilogrammes et 2.500 à 3.000 balais pesant chacun 1 kilogramme. Les graines renferment de 25 à 30 0/0 d'une huile utilisée pour l'éclairage et dans la fabrication de diverses peintures.

*Moutarde.* — La moutarde est une plante annuelle de la famille des crucifères, cultivée comme fourrage, comme engrais vert et comme plante oléagineuse.

Au point de vue cultural on distingue deux espèces : la moutarde blanche et la moutarde noire.

La *moutarde blanche* se cultive comme la navette de printemps. Elle exige des terres légères, calcaires ou siliceuses et bien ameublies. Son rendement est, par hectare, de 12 à 25 hectolitres de graines, dont la teneur en huile varie de 30 à 33 0/0.

La *moutarde noire* est plus exigeante, comme sol et comme éléments fertilisants. Elle donne de 15 à 25 hectolitres de graines par hectare, mais ces dernières ne renferment que de 18 à 20 0/0 d'huile. Elles ont néanmoins plus de valeur pour la fabrication de la moutarde de table que les graines de moutarde blanche.

**Plantes tinctoriales.** — *Garance.* — La garance est une plante de la famille des rubiacées, cultivée à cause de la matière colorante qu'on retire de ses racines et qui est employée dans la teinture du rouge.

Les terres légères, argilo-calcaires, profondes et fraîches sont celles qui conviennent le mieux à la garance. On la sème au printemps, ou bien on la multiplie par fragments de racines et les tiges sont coupées en septembre ; on les bat pour en séparer la graine. Elles constituent un bon fourrage vert.

La garance occupe le sol pendant dix-huit mois ou deux ans et demi. A l'automne de chaque année, on butte les pieds pour permettre à de nouvelles racines de se former. L'arrachage des racines se fait à la pioche, à la bêche ou à la charrue, et on obtient de 3.000 à 5.000 kilogrammes de racines sèches par hectare.

Cette culture a presque totalement disparu de notre territoire.

*Safran*. — Le safran est une plante herbacée de la famille des iridées, cultivée pour les stigmates de ses fleurs dont on extrait une matière colorante jaune.

Les meilleures safranières sont situées sur des terres silico-calcaires, argilo-calcaires, c'est-à-dire de consistance moyenne, profondes, saines, fertiles et d'une remarquable propreté. C'est par la plantation des bulbes que l'on multiplie cette plante. Cette plantation s'effectue pendant les mois de juillet et d'août. La récolte des fleurs se fait en septembre ; on en sépare les stigmates à la main et leur dessiccation a une grande importance, car c'est de sa bonne exécution que dépend la qualité du safran.

Les safranières ne durent pas au-delà de trois ans. La première année, on obtient 10 kilogrammes environ de stigmates séchés par hectare ; la seconde année, 25 kilogrammes ; et la troisième de 15 à 20 kilogrammes. 1 kilogramme de safran sec provient de 100.000 fleurs.

Le commerce connaît trois sortes de safran : le safran du Gâtinais, le safran du Comtat et le safran d'Espagne.

Comme usages, le safran sert à colorer les pâtes alimentaires, les liqueurs, le beurre, les sucreries et les vernis.

*Gaude*. — La gaude, ou vaude, est une plante annuelle de la famille des résédacées, qui renferme dans toutes ses parties un principe colorant jaune appelé *lutéoline*, et qui fournit à l'industrie une couleur jaune très estimée pour son brillant et sa solidité.

La gaude est une plante rustique qui peut venir partout en France. Elle n'est pas exigeante sous le rapport de la richesse du sol. Les terres calcaires, légères, sont celles qu'on doit préférer.

Les semailles se font à deux époques différentes ; de là, deux variétés culturales : la gaude d'automne et la gaude de printemps. La première est la plus estimée.

Les tiges sont arrachées quand les graines de la base de l'inflorescence sont mûres, c'est-à-dire en juin ou juillet pour la gaude d'automne, et en août ou septembre pour celle de printemps. On les fait sécher, puis on les met en bottes qui se conservent, sans altération, pendant plusieurs années, pourvu qu'on les entasse en lieu sec. Les rendements en tiges sèches oscillent entre 1.000 et 3.000 kilogrammes par hectare.

*Pastel.* — Le pastel est une plante bisannuelle, de la famille des crucifères, qui fournit une matière tinctoriale bleue, laquelle jouissait d'une grande vogue avant l'introduction de l'indigo en Europe.

L'agriculture connaît deux sortes de pastel : le pastel cultivé, dont les feuilles lisses sont d'un beau vert glauque et les fruits d'un violet noir ; le pastel sauvage, qui a des feuilles velues et des fruits jaunâtres. Le premier est le seul estimé.

Le pastel se sème en lignes soit au printemps, soit à l'automne, sur des terres silico-argileuses, silico-calcaires, profondes, fertiles, propres et bien exposées au soleil.

La récolte des feuilles, dans lesquelles réside la matière colorante, doit être faite dès que les bords du limbe prennent une teinte violacée. Elle s'exécute à la main ou à la faucille et parfois en plusieurs reprises. On laisse ensuite sécher les feuilles, puis on les met en caisses, ou bien, en les triturant, on en fait une pâte dont on forme des pains.

Un hectare de pastel produit de 3.000 à 5.000 kilogrammes de feuilles sèches.

Le pastel est aussi cultivé comme plante fourragère.

*Tournesol.* — Le tournesol de la famille des euphorbiacées est une plante herbacée, annuelle, originaire du bassin de la

Méditerranée, cultivée comme plante tinctoriale pour la fabrication du tournesol en drapeaux.

On cultive la *maurelle*, ou tournesol, sur des terres calcaires sèches, et cette culture n'offre pas de difficultés spéciales. Les semailles se font en février, la récolte dans le courant d'août. Le rendement moyen est d'environ 5.000 kilogrammes de tiges fraîches par hectare. Avec 100 kilogrammes de plantes fraîches on peut obtenir 25 kilogrammes de drapeaux : lambeaux de toile, imbibés du suc provenant de la pression des plantes de tournesol soumises à diverses préparations.

Le tournesol est employé en chimie comme réactif : il sert à colorer les fromages de Hollande, les pâtes, les conserves et diverses liqueurs.

**Plantes à parfums.** — En premier lieu il faut citer le *rosier*, dont les variétés cultivées comme plante à parfums sont : le rosier cent feuilles, le rosier de Damas, le rosier muscat et le rosier de Provins, qui sont toutes des espèces buissonnantes.

Le rosier exige des terres fertiles. Il épuise beaucoup le sol, aussi demande-t-il de fortes fumures. Le rosier se multiplie par marcottes et par boutures. Un hectare de rosiers produit de 2.000 à 3.000 kilogrammes de pétales, desquelles on extrait l'essence de roses, l'eau de roses et des pommades.

La *menthe* est une plante vivace de la famille des labiées, dont il existe un grand nombre d'espèces, parmi lesquelles la menthe poivrée, cultivée en grand pour la production de l'essence employée en parfumerie, en confiserie et pour la fabrication de liqueurs. Il faut à la menthe un sol riche et frais. On la multiplie par éclats de pieds. Un hectare donne environ 1.000 kilogrammes de feuilles sèches.

La *violette* est une plante vivace et traçante, cultivée surtout en Provence pour ses fleurs. On multiplie la violette par éclats de pieds, que l'on met en terre à l'automne, en sol frais et ombragé. La cueillette des fleurs se fait à la main et le rendement moyen de plantations bien soignées est d'environ 1.500 kilogrammes de fleurs par hectare. La durée d'une plantation est de quatre ans.

La *lavande*, dont les ménagères utilisent les tiges sèches pour parfumer le linge, est cultivée comme la menthe. Elle exige des terres légères et perméables, une exposition chaude et un abri pendant l'hiver. On extrait de cette plante, par distillation, une essence odorante, désignée quelquefois sous le nom d'*huile d'aspic*.

La *tubéreuse*, plante bulbeuse, vivace, est cultivée dans le Var et les Alpes-Maritimes comme plante à parfum. Cette culture se pratique en plein champ sur des terres arrosables et occupe généralement le sol pendant trois ans. La récolte des fleurs, qui fournissent une essence recherchée, s'opère de juillet à septembre, à mesure que les fleurs s'ouvrent.

Outre les plantes citées ci-dessus, un grand nombre d'autres sont cultivées pour les essences odorantes qu'on tire de leurs fleurs ou de leurs feuilles. Ce sont : le *jasmin*, la *mélisse*, la *marjolaine*, le *thym*, le *romarin*, la *verveine*, le *basilic*, le *géranium*, le *réséda*, la *jonquille*, l'*iris*, etc.

**Plantes narcotiques.** — Dans cette catégorie il faut ranger le tabac et le pavot à opium.

Le *tabac* est une plante annuelle de la famille des solanées, cultivée pour ses feuilles qui, suivant leurs qualités particulières et la préparation qu'elles ont subie, se fument, se prisent ou se mâchent.

Au point de vue agricole, les tabacs peuvent être rangés en deux grandes classes : ceux à fleurs rouges ou rougeâtres et ceux à fleurs vert jaunâtre.

Le tabac réussit sous le climat de nos différentes régions, et en France on recherche surtout les terres très fertiles, franches, argilo-siliceuses ou argilo-calcaires pour l'y cultiver. Cette plante demande d'abondantes fumures et les engrais liquides sont surtout favorables à son développement.

Le tabac se sème, suivant qu'on opère dans un pays chaud ou dans un pays froid, en pleine terre ou sur couche, à l'air libre ou sous châssis. Le semis s'effectue de février à fin mars. La graine étant extrêmement fine, on la mélange à du sable fin ou à de la cendre. La transplantation s'effectue du 15 mai au 15 juin sur des lignes tracées au cordeau. On arrose la surface plantée pour favoriser la levée et on la sarcle fréquemment ensuite pour éviter l'envahissement des mauvaises herbes. Quand les pieds ont atteint une certaine hauteur, on pratique l'*épamprement*, qui consiste à supprimer les feuilles qui seraient impropres à la végétation, l'*écimage*, qui consiste à enlever le sommet de la tige, et l'*ébourgeonnement*, suppression des bourgeons latéraux.

La récolte se fait quelquefois au fur et à mesure de la maturation des feuilles, mais en général on se contente de couper le pied lorsque la maturité de toutes les feuilles est à peu près complète. Les plantes sont ensuite soumises à la dessiccation ; à cet effet on les suspend, sous des hangars très aérés, à des lattes assez éloignées les unes des autres pour que les pieds ne se touchent pas et que l'aération soit complète. La dessiccation terminée, on détache les feuilles, devenues complètement brunes, que l'on trie avec soin. On réunit les feuilles d'une même catégorie en paquets appelés *manoques*. Ces manoques comprennent un nombre fixé de feuilles. Elles sont ensuite réunies en tas fortement serrés dans une caisse ou tout autre récipient. Il se produit alors une fermentation qui, selon qu'elle est plus ou moins bien conduite, donne au tabac une qualité plus ou moins élevée, et permet de le classer dans l'une ou l'autre des catégories adoptées par la régie.

Comme rendement en feuilles sèches, le tabac donne par hectare de 1.000 à 2.000 kilogrammes.

La culture du tabac n'est pas libre en France ; elle est soumise au régime de la régie, en vertu de nombreuses lois, décrets et décisions ministérielles.

Le *pavot* à fleur blanche et le pavot à fleur pourpre, variétés du pavot somnifère, contiennent un suc laiteux qui renferme la substance connue sous le nom d'*opium*.

La culture du pavot à opium est facile et analogue à celle du pavot œillette. En France, les semis se font en février ou mars et la récolte en juillet ou août. Cette dernière comprend trois opérations bien distinctes : l'incision des capsules, la récolte du suc et sa dessiccation.

Comme rendement, un hectare de pavot produit de 12 à 16 kilogrammes d'opium vendu sous forme de pains et employé, à la préparation de médicaments, pour calmer les douleurs et disposer au sommeil, et enfin pour être fumé sous forme de pilules.

**Plantes industrielles diverses.** — Il existe bon nombre de plantes qui, ne rentrant pas particulièrement dans l'une des catégories précédentes, n'en jouent pas moins un rôle important au point de vue industriel ; telles sont : la betterave à sucre, le houblon, la chicorée à café, la cardère ou chardon à foulon, l'absinthe, l'anis, etc. Examinons les principales.

*Betterave à sucre.* — Si l'on considère que le tiers environ du sucre fabriqué dans le monde entier provient de la betterave, on jugera de l'importance de la culture de cette plante, dont le mode ne diffère de celui de la betterave fourragère que par quelques points : choix des variétés, fumure, espacement des lignes et des pieds, sélection des porte-graines.

Les principales variétés de betteraves sucrières cultivées aujourd'hui sont issues de la betterave blanche de Silésie, originaire d'Allemagne. Ces variétés sont les suivantes : la betterave de Magdebourg, la betterave de Knauer, la betterave améliorée de Vilmorin, la betterave française à collet vert et la betterave française à collet rose. Toutes ces betteraves sont à chair blanche.

La proportion de sucre que renferment ces diverses variétés varie généralement de 10 à 18 0/0, et le rendement de ces betteraves par hectare est de 30 à 40.000 kilogrammes.

*Houblon.* — Le houblon est une plante vivace dioïque, à tiges annuelles, grêles et grimpantes. On n'en cultive que les pieds femelles, dont les fleurs sont disposées en cônes formés d'écailles membraneuses imbriquées, à la base desquelles existe une matière jaune, résineuse, amère et odorante, appelée *lupuline.*

Les différentes variétés de houblon sont classées d'après

leur précocité. Cette plante se multiplie par la plantation des pousses annuelles, élevées en pépinières; elle exige des terres meubles et riches. La plantation des boutures a lieu en février ou mars, aussitôt que la température le permet, dans des trous ou fosses garnis de fumier et de terre. La première année, on échalasse les jeunes pieds. Au printemps suivant, ceux-ci sont déchaussés et on exécute la *taille*, ou *châtrage*, qui consiste à supprimer toutes les pousses qui ne sont pas utiles. On reforme ensuite les buttes autour des pieds en les couvrant d'engrais. Chaque année, on recommence les mêmes opérations, et dans les circonstances ordinaires on ne laisse sur chaque pied que deux ou trois pousses, les plus vigoureuses et les plus belles. C'est ordinairement au commencement de la troisième année qu'on remplace les échalas par des perches qui doivent soutenir les longues tiges du houblon.

C'est à l'automne de cette troisième année seulement que l'on obtient la première récolte. Dès que les feuilles jaunissent, et que les sépales des épis fructifères sécrètent un liquide visqueux et aromatique, on coupe les pieds, on enlève les perches auxquelles ils sont enroulés, et on procède à la cueillette des cônes, lesquels sont séchés dans des greniers ou dans des séchoirs spéciaux appelés *tourailles*, puis mis en balles, et vendus le plus tôt possible, car ils perdent rapidement leur parfum.

La lupuline, à laquelle le houblon doit ses principales propriétés, existe dans les cônes dans la proportion de 8 à 18 0 0. Quant à la production annuelle du houblon, elle est très variable; en France, la production moyenne varie de 1.000 à 2.000 kilogrammes de cônes par hectare, et, en général, on ne peut guère compter sur plus d'une bonne récolte, tous les deux ou trois ans.

Le houblon, comme plante médicinale, est tonique, diurétique, dépuratif et sédatif. Comme plante industrielle, il sert à aromatiser la bière et à en assurer la bonne conservation. Dans les bonnes bières il est employé à la dose de 1 kilogramme par hectolitre.

*Chicorée à café.* — Cette chicorée est une plante vivace de la famille des composées, cultivée dans le Nord de la France pour ses grosses racines, qu'on utilise depuis plus d'un siècle, après les avoir torréfiées et réduites en poudre, comme succédanées du café.

Cette plante exige des terres riches, profondes et perméables. On la sème au printemps pour récolter ses racines en octobre. Ces dernières sont nettoyées, divisées en cossettes et desséchées avant d'être livrées à l'industrie.

On obtient par hectare de 15 à 20.000 kilogrammes de racines fraîches, que la dessiccation ramène à 5.000 ou 6.000 kilogrammes.

*Cardère.* — La cardère, ou chardon à foulon, est une plante bisannuelle de la famille des dipsacées, peu cultivée aujourd'hui, dont les têtes, hérissées de pointes recourbées, servent au cardage des étoffes de laine.

La cardère demande des terres calcaires, légères ou de consistance moyenne, saines ou perméables et peu fumées. Elle se sème en pépinière ou en place, en automne ou au printemps et peut donner, par hectare, un rendement de 2 à 400.000 têtes, soit 8 à 10 par pied.

## § 68. — Assolements

La variété des cultures est grande, et cette multiplicité est précisément une preuve de la richesse du sol, en même temps qu'elle fournit les moyens d'en tirer avantageusement parti.

L'expérience a d'ailleurs démontré qu'en général une terre à laquelle on demande de porter plusieurs années de suite la même plante annuelle, fournit des rendements décroissants, et finit même par refuser toute récolte de cette plante. On a constaté que cette stérilité relative n'était pas empêchée par l'emploi d'abondants engrais, même d'engrais de composition variée ; mais qu'elle cesse, quand sur le même terrain on fait alterner des cultures de plantes différentes. Elle ne dépend donc pas exclusivement de l'épuisement du sol en principes fertilisants, puisque le remplacement de ces principes par des fumures convenables ne rend pas seul à la terre sa fécondité. Un alternat quelconque ne suffit pas non plus pour que l'on obtienne des résultats satisfaisants au point de vue des bénéfices à tirer d'une exploitation ; il faut que l'alternat soit pratiqué d'une certaine manière qui change avec les conditions de sol, de climat et d'autres circonstances accessoires.

D'autres raisons militent encore en faveur de l'alternance des cultures. Lorsqu'une même culture occupe le sol pendant un grand nombre d'années, les plantes adventices ou parasites et les animaux nuisibles, rencontrant constamment les mêmes conditions favorables à leur existence, se multiplient au point d'affaiblir considérablement les récoltes. On ne parvient à détruire économiquement les insectes et les plantes parasites qu'en cultivant pendant un temps suffisant des végétaux impropres à leur nourriture ; quant aux plantes salissantes, des soins de culture les font disparaître, ou bien elles périssent étouffées par une végétation qui ne s'accomplit plus aux mêmes époques.

De là l'usage général des *assolements*, qui consistent à partager l'étendue d'une exploitation ou d'un domaine en diverses divisions de cultures, appelées *soles*, destinées à porter simultanément des récoltes différentes qui se succéderont sur chacune d'elles dans un ordre déterminé.

Un assolement représente la division de la partie cultivée du domaine et l'ordre des cultures qui reviennent sur la même sole dans la série successive des années futures.

L'ordre de succession des récoltes constitue la *rotation des cultures*. La durée de la rotation ou l'intervalle qui s'écoule jusqu'au retour de la même culture dans une sole dépend non pas du nombre de cultures diverses auxquelles le cultivateur a recours, mais du temps pendant lequel les cultures occupent le terrain. L'assolement est *biennal* quand la rotation dure deux ans ; *triennal*, si elle dure trois ans ; *quadriennal*, quatre ans ; et ainsi de suite. A côté des terres assolées il y a, dans presque toutes les exploitations, une certaine étendue de terres en dehors de l'assolement ; ce sont celles qui portent des cultures occupant le sol pendant plusieurs années, comme les prairies permanentes, les forêts, les vergers, la vigne. Les prairies temporaires, de quelque durée, les luzernières, ne sont souvent pas comprises non plus dans la rotation. On dit que ces terres *appuient* l'assolement parce qu'elles fournissent des fourrages servant à nourrir du bétail pour augmenter la masse de fumier susceptible d'être consacrée aux terres labourées.

Le choix des plantes à introduire dans l'assolement d'un domaine est déterminé par les conditions de sol et de climat, par les débouchés offerts aux différents produits, par les besoins de la consommation et, enfin, par les nécessités culturales.

C'est le climat qui décide tout d'abord de la possibilité ou de l'impossibilité d'une culture en un lieu déterminé. Aussi doit-on écarter de l'assolement toute plante à laquelle les conditions climatériques du lieu sont défavorables.

Quant au sol, ses propriétés physiques, sa composition chimique, sa profondeur, le rendent plus ou moins apte à la production de telle ou telle récolte. L'agriculteur devra choisir les végétaux auxquels il convient de préférence et écarter ceux qui n'y trouveraient que des éléments défavorables. Néanmoins un assolement immuable ne saurait convenir à une même exploitation : les efforts devant tendre à l'amélioration du sol exploité, de façon à en retirer des récoltes plus rémunératrices, non seulement par l'élévation des rendements, mais encore par la production de végétaux d'une plus grande valeur commerciale. Les différents assolements devront donc, sur un même ensemble de parcelles en culture, être établis et se succéder de telle sorte que chacune de ces parcelles aille sans cesse en s'améliorant, tout en donnant chaque année le maximum de la récolte que le degré de fertilité auquel elle est déjà parvenue permet d'en attendre.

Tous les produits agricoles ne se vendant pas avec la même facilité, il importe d'obtenir des récoltes dont on peut se défaire avantageusement. Il faut donc, avant d'entreprendre une culture, s'assurer que les débouchés ne feront pas défaut et que les frais de transport des produits au lieu de vente ne grèveront pas les bénéfices dans une mesure trop considérable.

En ce qui concerne les besoins de la consommation, soit comme nourriture du personnel, fournie par les cultures mêmes, soit comme alimentation du bétail en fourrages et litières, l'étendue consacrée aux diverses cultures : céréales, prairies, racines fourragères, etc., devra être calculée en tenant compte de toutes les nécessités de l'exploitation et de façon à subvenir à tous les besoins.

Enfin, pour ce qui a trait aux nécessités culturales, le cultivateur doit combiner ses cultures de telle sorte que les travaux nécessaires à chacune d'elles puissent être effectués successivement avec ordre et toujours à l'époque la plus favorable.

Le type primitif de l'assolement en France est celui de trois ans avec *jachère*, c'est-à-dire avec une année de repos, le sol ne portant pendant cette année aucune récolte, mais néanmoins labouré et fumé. Il comportait le plus souvent la culture du blé et de l'avoine dans l'ordre suivant : jachère, froment, avoine.

Aujourd'hui, l'usage de la jachère, rendu parfaitement inutile par l'alternance de cultures fumées d'une façon rationnelle, a presque entièrement disparu, et l'on adopte habituellement des assolements plus compliqués, embrassant des périodes plus longues, pouvant aller jusqu'à dix, douze, quinze, vingt et vingt-cinq ans. Cette durée n'est nécessairement pas illimitée, car il faut que le cultivateur puisse raisonnablement espérer poursuivre lui-même jusqu'au bout l'assolement qu'il établit. Les longs assolements ne sauraient convenir aux fermiers dont les baux sont peu étendus.

Voici, à titre d'exemples, des types d'assolements :

Assolement de quatre ans : turneps, orge ou avoine, trèfle, froment ;
Assolement de cinq ans : jachère, froment, trèfle, froment, avoine de printemps ;
Assolement de sept ans : plante sarclée fumée, céréale, trèfle, froment, fourrage vert, colza fumé, froment ;
Assolement de huit ans : tabac, colza, froment, trèfle, froment, lin, froment, avoine.

On entend par *cultures dérobées*, ou *cultures intercalaires*, celles que l'on poursuit pendant le court laps de temps qui sépare deux récoltes principales. De là, la nécessité de choisir pour ces cultures des plantes à végétation rapide. Ce sont presque toujours des plantes fourragères qui en font l'objet :

maïs-fourrage, sarrasin, vesce, spergule, navet, etc. Les récoltes supplémentaires ainsi obtenues sont d'une précieuse ressource pour l'alimentation du bétail.

En résumé, les assolements à suivre variant avec les conditions culturales et économiques, on ne saurait recommander d'une façon générale telle combinaison plutôt qu'une autre; mais on doit repousser comme dangereuse la confiance dans des tableaux indiquant comme applicables à un lieu déterminé la composition moyenne des récoltes et la composition moyenne du fumer. Dans chaque cas particulier, c'est à l'agriculteur lui-même qu'il appartient de déterminer, en tenant compte des facilités actuelles des moyens de transport qui permettent de se procurer au dehors les engrais aussi multiples que variés, les fourrages ou résidus industriels nécessaires à l'alimentation du bétail, en un mot, en se basant sur les principes établis, de choisir l'assolement qui convient le mieux à l'exploitation de son domaine.

## VITICULTURE

### § 69. — La vigne

La *viticulture*, ou culture de la vigne, remonte à la plus haute antiquité et constitue une part considérable de l'agriculture.

La *vigne* est un arbuste sarmenteux, de la famille des ampélidées, que l'on cultive pour son fruit, le *raisin*, disposé en grappe sur une rafle ligneuse. La vigne peut vivre plusieurs siècles.

On la cultive en vue de la vente des fruits pour la consommation directe et pour en faire du vin. Dans le premier cas, l'aire de culture est beaucoup plus étendue que lorsqu'il s'agit de la production du vin. On peut choisir les expositions les plus favorables, et, quand celles-ci viennent à manquer, abriter la vigne et en obtenir des produits excellents; on peut aussi la soumettre au forçage et récolter ainsi des raisins mûrs en toute saison. Dans le second cas, quand la vigne est cultivée pour la production du vin, les conditions se modifient; les milieux dans lesquels la culture est possible deviennent moins étendus, mais ils ont néanmoins une grande surface.

La vigne, en effet, peut prospérer dans toutes les régions tempérées : en France, elle ne dépasse guère le 47° de latitude ; au-delà de 50°, le raisin mûrit mal, reste acide et impropre à la fabrication du vin. Les hautes altitudes sont rebelles à cette culture; c'est ainsi que le Plateau Central ne possède pas de vigne. Les grands crus de France sont à une altitude moyenne de 50 mètres; cependant il y a d'excellents vins produits à 150 mètres, et l'altitude du Médoc ne dépasse guère 20 à 25 mètres.

Malgré le phylloxera et les maladies variées qui sévissent sur notre vignoble, la France est restée supérieure à tous les pays du monde par l'importance et la qualité de sa production viticole. On évalue à plus d'un milliard la valeur de la production annuelle du vin dans notre patrie, alors que celle du globe terrestre serait d'environ 3 milliards et demi.

La vigne pousse dans les sols les plus divers, à la condition qu'ils soient perméables et sans excès d'humidité. Elle vient mal dans les argiles compactes, dans les terrains marécageux ou peu profonds. Les sols riches, ferrugineux, sont ceux qu'elle préfère. La présence de cailloux de faible volume lui est favorable. La vigne permet d'utiliser des terres sableuses où d'autres cultures ne réussiraient pas.

Les vignes qui donnent les meilleurs vins sont celles qui sont cultivées en coteaux. Quant à l'exposition qui leur convient le mieux, elle varie naturellement avec les climats; celles de l'est, du sud-est et du sud sont presque toujours les plus favorables. Les vins de plaine sont assez généralement plats. Les vallons étroits et les plateaux élevés sont peu propres à la culture de la vigne. Le voisinage des forêts ou des cours d'eau exerce également une influence sur la qualité des produits obtenus.

**Multiplication de la vigne.** — La vigne se multiplie par graines, par boutures ou par marcottes.

Les *semis* de vignes sont employés pour obtenir la création de variétés nouvelles ou la production de porte-greffes résistants. Les graines destinées aux semis doivent être de la récolte précédente et avoir été recueillies lorsque les raisins ont atteint toute leur maturité. L'expérience a démontré que celles qui ont fermenté avec le moût réussissent dans les mêmes proportions que celles qui ont été extraites directement du fruit. Ces graines, après avoir été stratifiées durant l'hiver dans du sable légèrement humide ou trempées dans de l'eau pure pendant trois ou quatre jours, sont semées au mois d'avril, pour que les jeunes plants n'aient rien à redouter des gelées, à 3 ou 4 millimètres de profondeur, sur une plate-bande convenablement fumée, et recouvertes de quelques centimètres de terreau et de sable, si le sol est un peu compact. On les dispose en lignes espacées de 30 à 40 centimètres. La plate-bande est arrosée tous les deux ou trois jours et soigneusement sarclée. Après la levée des jeunes plants, qui a lieu généralement au bout d'environ un mois, des arrosages fréquents sont encore nécessaires. Dans la plupart des cas, il est, en outre, nécessaire de repiquer à demeure, à la fin de l'hiver qui suit le semis, les plants obtenus, afin qu'ils ne souffrent pas trop de la transplantation.

Le *bouturage* est le mode de multiplication le plus généralement usité pour la vigne en France, et notamment dans le Midi. Il joint en effet à une grande simplicité d'exécution la propriété que possèdent tous les procédés par segmentation, d'assurer aussi bien que possible la perpétuation des caractères de l'individu dont la bouture a été détachée et ceux du rameau même qui la constitue.

Les rameaux destinés à servir de bouture doivent être choisis parmi ceux de l'année, alors qu'ils sont bien aoûtés, c'est-à-dire arrivés à un état de lignification complet, d'un développement moyen, pris sur des ceps vigoureux, produisant des fruits abondants. Quand cela est possible, il est préférable de ne tailler les boutures qu'au moment de leur emploi; mais, le plus souvent, on est obligé de les conserver pendant l'hiver dans du sable légèrement humide, pour ne les planter qu'au printemps.

Les types de boutures les plus usités pour la vigne sont la

bouture par crossette, la bouture simple ou par rameau ordinaire et la bouture avec empattement.

La *bouture par crossette* (*fig.* 78), formée de la partie inférieure d'un sarment muni d'un fragment de bois de deux ans, s'enracine bien, par suite de la présence de nombreux bourgeons au point d'attache des deux rameaux; mais elle a le défaut d'être difficile à planter et il n'est pas toujours facile

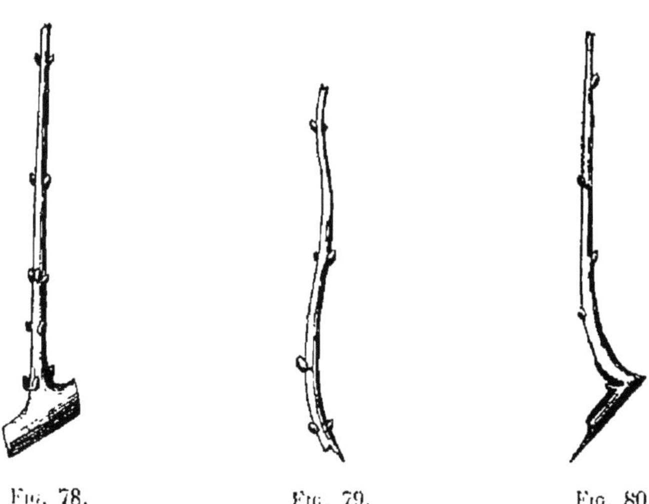

Fig. 78. Fig. 79. Fig. 80.

de se procurer un nombre suffisant de ces boutures; de plus, le bois de la crossette, trop âgé pour bien reprendre, s'altère souvent, ce qui est préjudiciable à la bonne santé de la vigne. On a recours alors à la *bouture simple* ou par *rameau ordinaire* (*fig.* 79), constituée par un simple fragment de sarment de longueur variable, ou à la *bouture avec empattement* (*fig.* 80), qui supprime le bois de deux ans, tout en conservant l'empattement de la base des sarments.

Fig. 81.

Fig. 82.

On a imaginé aussi de multiplier la vigne par la *bouture semée* (*fig.* 81), c'est-à-dire en enfouissant à une faible profondeur des fragments de sarments munis d'un seul œil, et on a cherché à augmenter les chances de reprise de ce genre de boutures en greffant sur le côté un petit morceau de racine (*fig.* 82).

Le bouturage par ces divers procédés s'effectue en place ou en pépinière. La plantation immédiate en place ne convient guère que dans des terres perméables, fraîches et fertiles. La culture en pépinière dure un ou deux ans et les plants enracinés sont mis en place à demeure au bout de ce temps.

La multiplication de la vigne par le *marcottage* est appelée *provignage*. Cette opération consiste à placer sous terre, sans la détacher du pied-mère, une portion d'un rameau, de manière à l'amener à émettre des racines; on peut le séparer ensuite et lui procurer une vie indépendante. Le provignage peut donc, comme le bouturage, se ranger parmi les procédés de multiplication par segmentation ; comme lui, il assure la conservation des caractères particuliers au pied-mère et même au sarment sur lequel il porte ; il offre seulement plus de chances de reprise, puisque le sarment n'est détaché du pied-mère que lorsqu'il peut se nourrir par ses propres racines.

Le provignage est destiné soit à remplacer une souche manquante, soit à fournir un plant enraciné qui pourra être transplanté.

Les *provins* se font tantôt avec des sarments de l'année même, encore herbacés, tantôt avec des sarments de l'année précédente, déjà aoûtés.

Quant aux principaux modes usités, ils sont les suivants: provignage par marcotte simple, par marcotte multiple ou chinois, par couchage du cep et par versadi.

Le provignage par *marcotte simple* (*fig.* 83) se fait en couchant dans une tranchée un sarment de longueur suffisante, que l'on relève à l'extrémité en l'attachant à un piquet. On coupe cette extrémité de façon à ce que la partie hors de terre ne porte que deux yeux, et l'on supprime les bourgeons qui se trouvent sur le sarment entre la souche et le point où il pénètre en terre. Les provins sont *sevrés*, c'est-à-dire séparés de la souche, au bout de deux ans.

Le provignage par *marcotte multiple* ou *chinois* permet de faire produire au même sarment plusieurs plants enracinés. Le sarment est couché dans le sol, comme dans la figure 83,

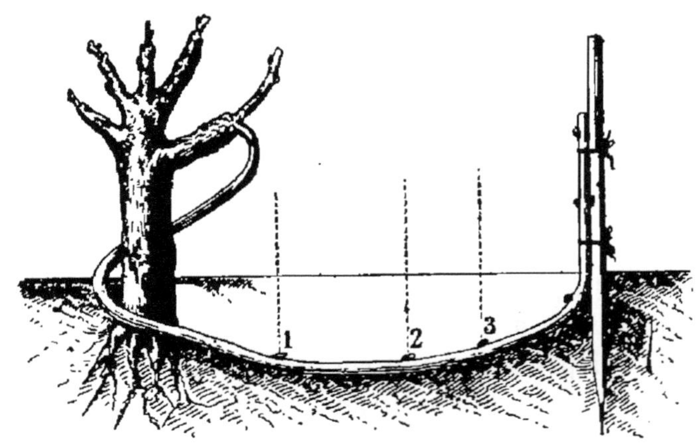


Fig. 83.

et pendant la belle saison une série de faisceaux de racines naissent près de chaque nœud, c'est-à-dire à la base même des rameaux, aux points 1, 2, 3.

Le provignage par *couchage du cep* consiste à coucher la souche mère, dont on dégarnit avec précaution les racines, dans une fosse préparée à cet effet ; on supprime alors tous les sarments, sauf ceux qui doivent servir à former de nouveaux ceps, et on les dirige à la place convenable où ils sont relevés et redressés verticalement contre des piquets auxquels on les lie.

Le provignage *par versadi* consiste à recourber un sarment convenablement choisi et à en planter l'extrémité libre dans une petite fosse creusée au point où doit avoir lieu le remplacement. Une fois le bout de sarment en terre, on enlève tous les bourgeons, sauf les deux situés immédiatement au-dessus du point de pénétration dans le sol ; on sèvre au bout d'un an ou deux.

L'époque la plus favorable au provignage des vignes est celle qui suit immédiatement la chute des feuilles; quant aux fosses ouvertes pour y placer les provins, elles doivent être remplies de terre fraîche, meuble et convenablement fumée.

**Choix des cépages. — Greffage.** — On donne le nom de *cépages* aux différentes variétés de la vigne ; la description de ces variétés constitue l'*ampélographie*.

Le *cépage* est le produit d'un semis multiplié par la segmentation, c'est-à-dire par le bouturage, le marcottage ou le greffage. Chaque cépage est donc, à proprement parler, un individu propre, caractérisé par la forme de ses feuilles, la forme et la couleur de sa grappe et de ses grains, l'époque à laquelle le raisin arrive à maturité.

Le choix des cépages n'est donc pas indifférent et il doit être déterminé en tenant compte du climat, de la nature du sol, du produit visé et enfin de la résistance aux diverses maladies de la vigne.

Ces considérations ont conduit chaque région à choisir des cépages spéciaux. C'est ainsi que dans le Languedoc on trouve : l'Aramon, la Carignane, les Terrets, le Grenache, l'Œillade, le Cinsaut, le Mourrastel, la Clairette, le Muscat blanc, le petit Bouschet ; en Champagne, en Bourgogne et dans le Beaujolais, les Pinots, les Gamays, le Teinturier, le Tressot ; en Savoie, la Mondeuse, le Persan ; dans le Centre, le Chenin ; dans la Drôme, la Roussanne, la Marsanne, la Syrah ; en Provence, le Brun Fourca, l'Ugni blanc ; dans la Charente, la Folle blanche, le Balzac, le Saint-Rabier ; dans la Gironde, les Cabernets, le Merlot, le Verdot, le Sémillon, le Sauvignon, etc...

A la suite des ravages causés par l'invasion du phylloxera, on a introduit en France un grand nombre de variétés de vignes américaines qui résistent mieux à cet insecte que nos vignes indigènes. Mais, le vin produit par les cépages américains étant de qualité très médiocre, on a greffé sur ceux-ci nos variétés françaises. Une nouvelle considération intervient donc dans le choix de ces cépages, suivant qu'il s'agira d'un porte-greffe, c'est-à-dire d'un sujet destiné à être greffé, ou d'un producteur direct destiné à fournir des produits propres à la fabrication du vin.

A ce sujet, les cépages américains les plus estimés sont,

comme porte-greffes : le Riparia, le Solonis, le Taylor, le Jacquez, le Vialla, le Rupestris, le Cordifolia; comme producteurs directs : le Jacquez, l'Othello, l'Herbemont, etc.

L'opération du *greffage* consiste à remplacer, en tant que producteur de raisin, un cépage dit *porte-greffe* par un autre jugé préférable.

Les vignes peuvent se greffer à tout âge, sur boutures, sur jeunes plants en pépinières ou sur plants enracinés en place. Dans ces deux derniers cas, la reprise est plus assurée, mais la greffe sur bouture fait souvent gagner un an sur la mise à fruit de la vigne.

On greffe en mars, avril ou mai, par un temps doux, mais sans pluie. Les sarments destinés à servir de *greffons* doivent avoir été récoltés avant la reprise de la végétation, conservés dans du sable jusqu'au moment de leur emploi.

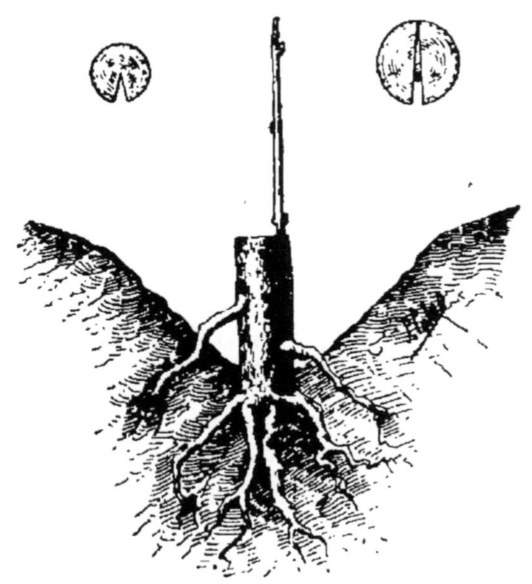

Fig. 84.

La vigne peut se greffer par tous les moyens usités pour les plantes arbustives; cependant les plus employés aujourd'hui sont les divers procédés en fente ou analogues.

La greffe en *fente ordinaire* (*fig.* 84) consiste à fendre le sujet suivant le diamètre de la souche et par un plan passant par l'axe, au moyen d'un ciseau approprié, ou avec une serpette si le pied n'est pas trop gros, et à introduire dans la fente un greffon taillé à son extrémité en forme de lame de couteau et de telle sorte que la moelle ne soit mise à nu que d'un côté. On enfonce le greffon dans la fente en le plaçant sur le côté de la souche, de manière que les couches génératrices de bois coïncident sur la plus grande surface possible. Le greffon est coupé d'une longueur telle qu'il lui reste trois bourgeons.

Le procédé de greffe en *fente anglaise* (*fig.* 85) diffère, de celui qui précède, en ce que le greffon est taillé de façon à présenter deux languettes, dont l'une se fixe dans une fente du sujet, et dont l'autre recouvre une languette de ce même

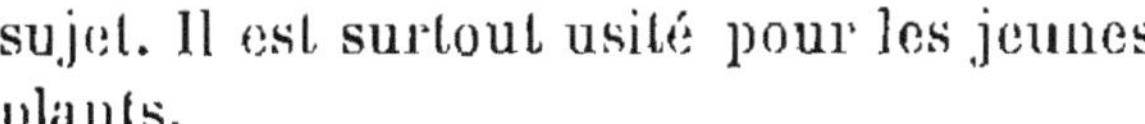

sujet. Il est surtout usité pour les jeunes plants.

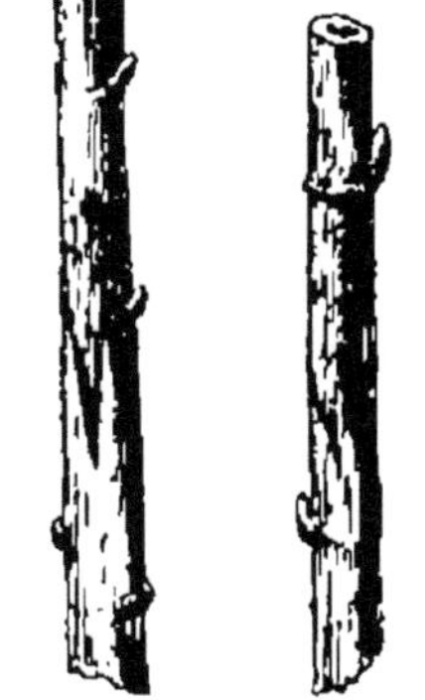

Fig. 85.

On emploie aussi les procédés de greffe en fente pleine, à la Pontoise, Champin, à cheval et Camusel, à talon, Fermaud, etc. Nous n'en parlerons que pour mémoire.

Les greffes devraient être faites avec assez de soin pour pouvoir à la rigueur, une fois ajustées, se maintenir en place et se souder sans qu'il soit nécessaire de les serrer. Malheureusement elles ne peuvent, le plus souvent, se passer d'une ligature, aussi doit-on les assujettir soit avec de la ficelle, du raphia, du caoutchouc, que l'on englue d'argile pétrie. On se sert parfois de garnitures en ruban d'acier flexible.

Dès que l'exécution de la greffe est achevée, on la recouvre de terre par un buttage énergique, de manière à ne laisser sortir qu'un seul bourgeon du greffon. Si des racines naissent sur le greffon ou des drageons sur le sujet, il faut avoir soin de les supprimer sous peine de voir la greffe succomber.

**Plantation et entretien de la vigne.** — Les vignobles sont plantés le plus souvent en plein, c'est-à-dire en consacrant uniquement à la vigne l'étendue de la parcelle qu'elle occupe, et plus rarement avec cultures intercalaires.

La *plantation en plein* est celle qui permet, tout à la fois, d'obtenir les meilleures qualités de vin et les rendements les plus élevés. Ce mode de groupement des vignes se prête à trois dispositions : 1° plantation *en lignes;* 2° plantation *en carré;* 3° plantation *en quinconce.*

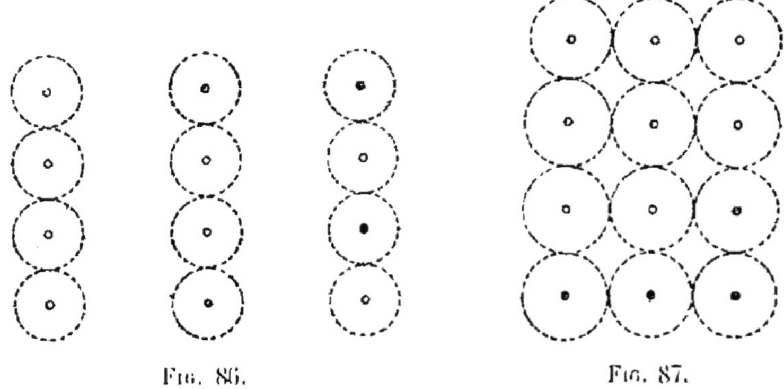

Fig. 86. Fig. 87.

La première (*fig.* 86) est celle dans laquelle les ceps sont disposés sur une même ligne et moins écartés entre eux que les lignes ne le sont elles-mêmes les unes des autres.

La plantation en carré (*fig.* 87) est celle où quatre souches voisines occupent chacune l'un des angles d'un carré.

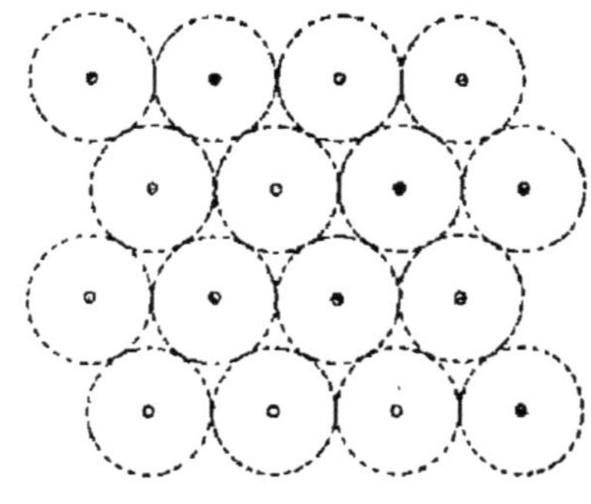

Fig. 88.

La disposition en quinconce (*fig.* 88) est celle où, si l'on considère trois ceps voisins, ils occupent les angles d'un triangle équilatéral et, si l'on en considère quatre, les angles d'un losange.

Ces deux dernières dispositions sont les plus favorables au développement des souches et à la bonne exécution des travaux de culture.

L'écartement entre les ceps de vignes varie beaucoup d'une contrée à une autre ; tandis qu'en Champagne on en compte de 50 à 60.000 à l'hectare, en Bourgogne de 40 à 50.000, leur nombre descend à 4.000 pour la même surface dans la région méditerranéenne, et en Algérie à 2.500. Cette variation semble suivre une loi déterminée : l'écartement va en croissant au fur et à mesure que l'on descend du Nord au Sud. En résumé, les espacements adoptés dans chaque région sont le résultat d'une longue expérience, et il n' ya généralement pas lieu de s'en écarter sensiblement.

Le tracé de la plantation se fait le plus souvent au cordeau; on détermine sur le terrain l'emplacement des souches, et on plante les vignobles soit avec des boutures, soit avec des plants enracinés.

La plantation des boutures se fait généralement avec un pal en fer. On dépose ces dernières dans les trous pratiqués avec cet instrument. Pour les plants enracinés, on creuse de petites fosses, on y dépose ces plants, on les recouvre avec la terre la plus meuble qu'on trouve à la surface, on tasse afin d'en assurer le contact et on achève de remplir les ouvertures avec les déblais sans les fouler.

La plantation des boutures doit être faite au mois de mars ou au commencement d'avril, suivant les régions; il ne faut pas qu'elles aient à attendre trop longuement le moment où elles pourront s'enraciner. Les plants enracinés, au contraire, doivent être plantés le plus tôt possible après la chute des feuilles, à moins que le sol qu'ils sont appelés à occuper ne soit trop humide, auquel cas on attend la fin de l'hiver.

De nombreux labours, à bras ou à la houe vigneronne, doivent être donnés à la jeune plantation pendant l'été qui suit son établissement. L'hiver suivant, on supprime les drageons qui ont pu se développer au pied des ceps et l'on remplace les pieds manquants à l'aide de plants enracinés. On procède ensuite à la taille.

*Taille.* — La *taille* de la vigne a pour objet d'en régulariser la production et d'augmenter le volume et la quantité des raisins. Les diverses pratiques qui la constituent reposent, d'après M. Foëx, directeur de l'École nationale d'agriculture de Montpellier, sur les bases suivantes résultant de l'observation :

« 1° L'activité de la végétation dans une plante ou dans un rameau est, toutes conditions égales d'ailleurs, d'autant plus grande qu'il porte un plus grand nombre de feuilles;

« 2° L'activité de la végétation est d'autant plus grande dans un rameau ou une portion de rameau qu'il se rapproche davantage de la verticale ;

« 3° Par contre, l'activité de la végétation est d'autant moindre chez un rameau, qu'il fait un angle plus grand avec la verticale ;

« 4° Les déformations de diverse nature, telles que celles qui résultent des plaies, des étranglements ou de la torsion, déterminent une diminution dans l'activité de la végétation des plantes ou de leurs parties qui les ont subies ;

« 5° La production des fleurs est, dans une large mesure, en raison inverse de l'activité de la végétation dans une plante ou dans ses rameaux considérés isolément ;

« 6° Les rameaux d'un même végétal ont un développement complémentaire, c'est-à-dire que moindre sera le nombre des bourgeons conservés sur une même plante, et plus le développement de chacun des rameaux auxquels ils donneront naissance sera considérable ;

« 7° Les choses se passent d'une manière analogue pour ce qui concerne les fruits : leur volume est d'autant plus considérable qu'ils sont moins nombreux sur la plante ou sur le rameau ;

« 8° Le développement des fruits est complémentaire de celui des rameaux portés sur la même branche ou le même végétal. »

Partant de ces principes, le but de la taille de la vigne est de limiter à un nombre convenable les rameaux destinés à donner du fruit, à assurer à la vigne une forme régulière qui permette à chaque cep de recevoir également de toutes parts l'air, la chaleur et la lumière, nécessaires au développement et à la maturité du raisin, en même temps qu'elle laisse le sol en état d'être soumis, à toute époque de l'année, aux diverses façons culturales.

La vigne porte ses fruits sur les rameaux de l'année, produits par l'évolution des yeux ou bourgeons qui se sont développés à l'aisselle des feuilles l'année précédente. Il est donc nécessaire de conserver sur chaque cep, au moment de la taille, un ou plusieurs sarments dont on supprime l'extrémité, de façon à leur laisser un certain nombre de bourgeons.

La taille est considérée comme *courte*, quand les sarments réservés, qui prennent alors le nom de *coursons*, n'ont que deux ou trois bourgeons. La taille est dite *longue*, quand ce nombre d'yeux est plus considérable, et on appelle *long bois* celui qui subsiste après cette opération. La taille du Dr Guyot est un système mixte. Dans tous les cas, le système de taille à adopter dépend à la fois du climat et de la variété de cépage auquel il s'applique.

La taille de la vigne se fait tous les ans, soit à l'automne, soit au printemps. Dans les localités à hivers doux, il convient de tailler de décembre à février ; dans les régions où les gelées tardives sont à redouter, en mars et commencement d'avril.

En ce qui concerne les formes que l'on peut donner à la vigne par la taille, on distingue les vignes sans formes régulières, telles que celles que l'on fait grimper sur des arbres morts ou vivants, des vignes à formes régulières. Les premières échappent à toute classification ; quant aux secondes, elles se rapportent aux trois types suivants : *gobelet*, *espalier* et *cordon.*

Suivant la hauteur qu'elles atteignent, les vignes sont classées en *vignes basses*, c'est-à-dire ne dépassant guère 0m,50 de hauteur ; en *vignes moyennes*, allant jusqu'à 1m,50 et 2 mètres ; et en *vignes hautes*, s'élevant parfois jusqu'à 3 mètres.

L'*épamprage*, appelé à tort le plus souvent *ébourgeonnage* ou *ébourgeonnement*, est une opération qui complète celle de la taille.

Il consiste dans la suppression des *pampres* ou rameaux de vignes inutiles pour la production du fruit ou pour le remplacement.

*Travaux d'entretien.* — Généralement on donne chaque année deux ou trois labours aux vignobles. Le premier est destiné à l'ameublissement du sol et porte le nom de *labour de déchaussement* ; on l'exécute à la fin de l'hiver soit à la pioche ou à la charrue vigneronne. Le second, dit *labour de rechaussement* est fait dans le but de niveler le sol en rechaussant les ceps et de détruire les mauvaises herbes ; on l'effectue à la fin du printemps, à l'aide de la charrue, du bisoc ou du scarificateur à vignes. Le troisième labour n'est, en réalité, qu'un binage superficiel, que l'on exécute à bras ou à l'aide de la houe vigneronne.

*Engrais.* — Les vignes sont soumises, comme tous les autres végétaux, aux lois de la restitution ; on doit rendre chaque année au sol ce que l'on en exporte sous forme de raisins et de sarments. L'azote et l'acide phosphorique donnent à la vigne une végétation puissante et vigoureuse ; la potasse et la chaux favorisent la fructification et influent sur la qualité des fruits.

Les matières les plus diverses sont employées à la fertilisation des vignes et, suivant le genre de production que l'on veut obtenir, on doit donner aux engrais une composition et une forme convenables. Lorsque l'on recherche avant tout des récoltes abondantes, on doit fournir au sol des matières susceptibles d'être promptement assimilées et en quantité plutôt supérieure aux besoins ; lorsque, au contraire, on veut obtenir des produits doués d'une certaine finesse qui ne peut se concilier d'ordinaire qu'avec des rendements peu élevés, il faut faire usage d'engrais à décomposition lente et à dose faible.

On applique les engrais aux vignes à la fin de l'hiver et d'autant plus tardivement qu'ils sont plus solubles. On répartit les matières fertilisantes, tantôt dans de petits godets coniques creusés au pied des ceps, tantôt dans des fossés ouverts au milieu des interlignes qui les séparent, tantôt sur la surface tout entière du champ. Ce dernier procédé, permettant une répartition plus uniforme, est le plus recommandable.

**Accidents, maladies et ennemis de la vigne.** — Il faut citer en premier lieu les *gelées*, dont l'action se traduit, suivant les cas, par la perte d'une partie de la souche, la destruction des jeunes rameaux ou l'arrêt de la végétation. On a recours, pour la réparation des ravages causés par les gelées à de nouveaux soins de culture, au greffage ou au recépage. Comme soins préventifs contre les gelées blanches, on emploie avec succès les nuages artificiels, produits par la combustion de matières fuligineuses.

La *coulure* est l'avortement des fleurs de la vigne, qui tombent sans *nouer* leur fruit. Ce phénomène peut résulter soit d'une conformation anormale de la fleur, soit de causes accidentelles diverses. Dans le premier cas, le remède consiste à choisir, pour la multiplication, des pieds de vigne fertiles et n'ayant jamais montré de fleurs anormales. Dans le second cas, le plus fréquent, la coulure résulte de circonstances atmosphériques défavorables à la fécondation. Ces circonstances sont : un abaissement sensible de la température, une humidité prolongée, des alternatives de rosée et d'insolation ardente, ou des vents desséchants au moment de la floraison. On emploie avec succès contre la coulure accidentelle, le *pincement*, c'est-à-dire la suppression des bourgeons situés au-dessus de la grappe la plus élevée ; l'*incision annulaire*, qui consiste à enlever un anneau d'écorce sur le jeune rameau qui porte la grappe au-dessous du point d'insertion de celle-ci. On a obtenu aussi de bons résultats, des *soufrages* donnés, l'un avant l'épanouissement des fleurs, l'autre une quinzaine de jours après.

L'*échaudage* est un accident qui se produit sur les raisins à l'époque des grandes chaleurs, aussi doit-on éviter de déplacer les rameaux étalés autour de la souche. Les soufrages opérés par un temps trop chaud favorisent parfois la production de ce phénomène.

La *pourriture*, au contraire, provient de l'excès d'humidité. Dans les terrains bas et humides, les raisins de certains cépages à grains aqueux et volumineux et à peau fine pourrissent, en effet, lorsqu'ils sont arrivés à maturité. Les meilleurs moyens de prévenir cet accident consistent à aérer et éclairer le mieux possible le raisin et à l'éloigner du sol, en établissant les ceps sur un pied élevé, ou en procédant à l'*effeuillage* quelques jours avant les vendanges ; on effectue ce dernier par un temps couvert et en supprimant, non pas les feuilles qui sont directement interposées entre le soleil et les grappes, mais plutôt celles du dessous. Il est enfin utile, dans les milieux où la pourriture est à craindre, de cultiver des cépages dont les raisins résistent à cette influence.

Les maladies de la vigne sont nombreuses, nous ne parlerons que des plus importantes.

L'*oïdium* provient du développement d'un champignon microscopique sur l'épiderme des rameaux, sur les feuilles et les jeunes grappes de raisin, qu'il couvre d'une poussière d'aspect grisâtre. Cette maladie se propage surtout, d'ailleurs comme la plupart des maladies cryptogamiques de la vigne, au commencement de l'été, par les temps chauds et humides; elle entraîne la chute des feuilles et le desséchement des raisins. Pour la combattre on a recours à l'opération du *soufrage*, qui consiste à projeter sur les vignes, au moyen de soufflets spéciaux, du soufre en poudre. C'est surtout par ses vapeurs que le soufre paraît agir sur l'oïdium. Une température chaude et sèche convient donc pour opérer le soufrage; les vents violents sont à redouter. Enfin, il importe que les organes de la vigne soient exempts d'humidité, pour que la poudre de soufre s'y répande bien; on doit donc soufrer après la disparition de la rosée. D'après M. H. Marès, on doit pratiquer le soufrage dès qu'apparaissent les premiers symptômes de l'oïdium, en l'étendant à toutes les parties du cep, feuilles, fruits et sarments, et le renouveler chaque fois que l'oïdium menace de reparaître. Le parasite se développant dans certaines années avec une intensité exceptionnelle, on est obligé de répéter le soufrage quatre ou cinq fois; en tout cas, il convient toujours d'en faire un au moment de la floraison, car celle-ci coïncide souvent avec l'époque où le parasite prend son plus grand développement.

Le *mildiou*, dû à un champignon de la famille des péronosporés, se manifeste sur les feuilles de la vigne par des taches blanches, de forme assez irrégulière, qui se montrent sur leur face inférieure et qui ressemblent à des efflorescences salines. A la face supérieure correspondent des taches d'abord jaunâtres qui prennent peu à peu la teinte de feuille morte. Les taches se développent assez vite quand les conditions climatériques sont favorables au parasite, et au bout d'un temps plus ou moins long les feuilles se dessèchent et tombent. Si le développement du parasite est enrayé, les premières taches seules se dessèchent, et finalement elles sont remplacées par des trous dans le tissu, entourés d'un auréole brune.

Les jeunes rameaux et les grappes sont même attaqués par le mildiou, aussi ses effets sur la vigne sont absolument désastreux, lorsque la maladie sévit avec quelque intensité : les feuilles se dessèchent et tombent avant la saison ordinaire, le raisin ne mûrit pas ou ne mûrit qu'irrégulièrement ; il ne donne qu'un vin acide, sans alcool, sans bouquet et sans couleur; les grappes pourrissent et ne donnent plus de produit. D'autre part, les sarments ne mûrissent qu'imparfaitement; le bois qui doit donner les récoltes ultérieures ne prend pas la vigueur qui lui est nécessaire; les ceps qui ont été attaqués plusieurs années de suite dépérissent et même peuvent succomber.

Les procédés préconisés pour les traitements contre le mildiou reposent presque tous sur l'emploi du sulfate de cuivre: solutions aqueuses de sulfate, bouillie bordelaise, eau céleste, ammoniure de cuivre, bouillie dauphinoise, bouillie bourguignonne.

La *bouillie bordelaise*, qui est le plus employé de ces remèdes, peut être préparée de la façon suivante : dans 10 litres d'eau chaude, on fait dissoudre de 2 à 3 kilogrammes de sulfate de cuivre; après refroidissement, on ajoute à cette solution la chaux obtenue par l'extinction de 2 kilogrammes de chaux vive, et, par l'addition d'eau, l'on porte à 100 litres le volume du liquide.

Les traitements contre le mildiou doivent être préventifs. Le premier traitement doit être opéré, dans la région méridionale de la France, vers le 15 mai, et dans les autres régions vers le 1er juin. Le traitement n'exerce aucune influence nuisible sur la floraison de la vigne. On en fait un deuxième, un mois et demi plus tard. Les troisième et quatrième sont plus ou moins nécessaires, suivant les conditions climatériques. En tout cas, il est opportun d'en faire un dernier, trois semaines environ avant les vendanges. Les solutions sont répandues en pluie très fine sur toutes les parties de la vigne, à l'aide d'appareils spéciaux appelés *pulvérisateurs*, portés à dos d'homme, de cheval, ou montés sur roues. Autant qu'on le peut, on doit procéder aux traitements par le beau temps.

L'*anthracnose*, attribuée à la propagation de champignons microscopiques parasites, détermine les altérations des tissus de la vigne qui se manifestent extérieurement par des taches noires sur toutes les parties vertes du cep, jeunes rameaux, nervures des feuilles, raisins verts. Cette maladie détermine le rabougrissement des sarments, le recoquevillement des feuilles, la cessation de la croissance du raisin; la récolte est quelquefois complètement perdue.

Les remèdes proposés contre l'anthracnose sont l'hydrate de chaux répandu à l'état pulvérulent sur les vignes durant l'été; le soufre en fleur ou en poudre fine qu'on doit appliquer dès la première apparition du champignon en renouvelant le traitement tous les huit à dix jours jusqu'à la cessation du mal; enfin, et c'est le procédé le plus recommandable, le badigeonnage des souches, à la fin de l'automne ou pendant l'hiver, avec une dissolution de sulfate de fer faite avec 2 kilogrammes de ce sel pour 4 litres d'eau, cette liqueur étant appliquée à l'aide d'éponges ou de chiffons sur les souches en ayant soin de ménager les bourgeons.

Le *black-rot* [1], provoqué par le développement d'un petit champignon, se manifeste sur les rameaux verts et sur les feuilles par de petites taches brunes, parsemées de pustules noires, qui ne présentent qu'une importance secondaire relativement à leur action propre sur ces organes, mais qui en ont une très grande par rapport à la propagation de la maladie sur les raisins. Ces derniers, sous l'influence de cette maladie, se dessèchent, noircissent et tombent.

Le *rot blanc* provient d'un champignon assez voisin de celui du black-rot. L'envahissement des grains de raisin se manifeste par des taches d'un roux sale, qui prennent bientôt une couleur fauve et livide; les grains se déforment et se rident, la peau se crevassant quelquefois et prenant un aspect chagriné; puis, ils se détachent ou ils sèchent sur la grappe.

[1] Le mot *rot*, en anglais, signifie pourriture.

Les traitements contre ces deux dernières maladies doivent être préventifs et sont les mêmes que pour le mildiou.

Le *pourridié* de la vigne est une maladie provoquée par un champignon parasite qui attaque les racines. Il se manifeste extérieurement par des caractères analogues à ceux des taches phylloxériques ; les sarments restent rabougris, les feuilles jaunissent avant la saison ; le mal, qui débute par souches isolées dans un vignoble, s'étend de proche en proche. Quand on arrache une souche malade, ce qui se fait sans grand effort lorsque la maladie est bien manifeste, on constate que les radicelles ont disparu, et que les grosses racines sont décomposées et devenues spongieuses, sans que le tronc soit altéré ; leur section est brune et elles sont saturées d'eau. L'humidité excessive du sol est la condition la plus favorable à son développement ; aussi le seul moyen d'en empêcher la propagation est-il le drainage du sol, l'arrachage des ceps atteints que l'on brûle sur place et l'interruption pendant quelques années de la culture de la vigne.

La vigne, en outre des accidents et maladies que nous venons d'énumérer, a encore un grand nombre d'ennemis : les insectes.

Parmi ces derniers, il faut citer dans les Coléoptères : le lèthre à grosse tête, l'altise, l'urbec appelé bèche, lisette, qui s'attaquent aux bourgeons, aux jeunes pousses et aux feuilles ; le grand rongeur qui creuse des galeries dans les ceps ; l'eumolpe ou écrivain qui ronge les feuilles et les racines. Dans les Lépidoptères : la pyrale, qui s'attaque aux feuilles et aux jeunes pousses ; la cochylis ou teigne de la vigne, qui s'attaque aux jeunes grappes. Dans les Hémiptères, les principaux sont : le calocoris, la cochenille et, enfin, le phylloxera.

Les méthodes préconisées, comme moyens de destruction des insectes nuisibles à la vigne, sont aussi nombreuses qu'inefficaces pour la plupart. Nous ne parlerons que des plus employées.

Outre la chasse que l'on doit toujours faire aux coléoptères nuisibles sous leurs diverses formes, en employant par exemple l'entonnoir à altises, on a recours à l'ébouillantage et au sulfurage pour les lépidoptères.

L'*ébouillantage* se pratique au moyen d'une chaudière spéciale, qui peut être facilement transportée d'un point à un autre dans le vignoble, et de sortes de cafetières qu'on vient remplir d'eau chaude au fur et à mesure qu'on les a vidées sur les ceps. Cette opération se fait de février en mars, par un temps calme et dans des conditions telles que l'eau se refroidisse le moins possible pendant le transport jusqu'aux ceps.

Le *clochage*, *sulfurage* ou *sulfurisation*, consiste à recouvrir chaque souche d'une cloche en bois ou en métal, à l'intérieur de laquelle on fait brûler du soufre pendant environ dix minutes.

Contre le phylloxera, on emploie des procédés préventifs, qui consistent à planter la vigne dans des terrains réfractaires à cet insecte, ou à détruire l'œuf d'hiver par le badigeonnage des ceps, et des procédés curatifs qui consistent à traiter la vigne par le sulfure de carbone, le sulfocarbonate de potassium, ou la submersion.

De même que l'observation a démontré que les plants américains, moins sensibles que nos plants indigènes aux attaques du phylloxera, pouvaient utilement servir à la reconstitution du vignoble français, on a reconnu que la vigne jouit d'une certaine immunité dans les terrains sablonneux; aussi les plantations de nombreux vignobles dans les dunes de la Méditerranée et de l'Océan Atlantique ont-elles pris une grande importance.

La destruction de l'œuf d'hiver du phylloxera consiste dans le *badigeonnage* des ceps pendant l'hiver à l'aide d'une substance insecticide dont la formule, due à M. Balbiani, est la suivante en poids :

| | | |
|---|---|---|
| Eau | 400 | parties |
| Chaux vive | 120 | — |
| Naphtaline brute | 60 | — |
| Huile lourde de houille | 20 | — |

Le badigeonnage est précédé d'une opération préliminaire indispensable pour les souches âgées, c'est le *décorticage*, qui permet d'atteindre les œufs qui peuvent être cachés dans les interstices des écorces. On pratique cette opération préliminaire, soit avec des raclettes, des râpes ou des gants à mailles d'acier.

Le traitement préventif se fait pendant l'hiver, après ou avant la taille. Il faut, en tout cas, que toutes les parties du cep qui seront conservées soient couvertes par le mélange. Le temps doit être sec sans qu'il gèle, et l'époque la plus favorable est en février ou mars.

Le *sulfure de carbone*, liquide à la température ordinaire, est très volatile et émet des vapeurs lourdes asphyxiantes pour le phylloxera. On le fait pénétrer dans le sol à des doses variables suivant les terrains et les circonstances, mais uniformes et régulièrement espacées pour un même endroit au moyen d'instruments à main appelés *pals injecteurs*, ou d'appareils à traction animale appelés *charrues sulfureuses*. Le traitement se fait généralement en octobre et novembre, ou en février, mars, avril ; mais il faut éviter de sulfurer quand le terrain est humide, le temps pluvieux, ou aux deux époques de l'année où la sève se met en mouvement. Les vignes traitées doivent, en outre, être cultivées avec soin et fumées convenablement.

Le *sulfocarbonate de potassium*, au contact de l'air et de l'eau, se transforme en sulfure de carbone et en carbonate de potasse. Le premier agit comme insecticide, et le second comme engrais. Pour que le sulfocarbonate produise son effet utile, il faut qu'il soit dilué dans une grande quantité d'eau; aussi le traitement des vignes phylloxérées par cet agent est-il coûteux. Quoiqu'il apporte de la potasse, l'emploi de cet insecticide, pour être réellement utile, doit être suivi de l'emploi d'engrais riches et rapidement assimilables, surtout lorsqu'il s'agit de régénérer des vignes affaiblies par les attaques du phylloxera.

La *submersion* consiste à mettre chaque année le vignoble sous l'eau pendant une durée moyenne de quarante-cinq à soixante jours, suivant la perméabilité du sol, à l'automne ou à l'hiver, c'est-à-dire pendant le repos de la végétation de la vigne, et à détruire ainsi les phylloxeras des racines et leurs œufs. Cette méthode exige donc deux conditions indispensables : terrain favorable tant par son relief que par sa nature, et abondance d'eau, puisqu'il faut en employer de 10.000 à 30.000 mètres cubes par hectare.

Les frais provoqués par la submersion sont relativement faibles quand l'eau arrive naturellement d'un canal; ils sont beaucoup plus élevés quand on est obligé d'élever l'eau au moyen de pompes et du matériel nécessaire. Les limites entre lesquelles varie le coût annuel brut de la submersion oscillent entre 80 et 250 francs par hectare, suivant les conditions dans lesquelles le vignoble se trouve placé et suivant son étendue.

Si tous les vignobles ont besoin d'engrais, ceux qui sont soumis à la submersion échappent encore moins que d'autres à cette loi. Le passage de l'eau tend à entraîner une partie des principes assimilables contenus dans le sol. On doit donc leur donner des engrais en quantité suffisante pour en maintenir la production.

La submersion est appliquée actuellement en France sur près de 30.000 hectares.

## § 70. — Vendange

La *vendange*, couronnement de l'œuvre du viticulteur, est l'opération qui consiste à cueillir et à rentrer les raisins lorsqu'ils ont atteint le degré de maturité convenable pour donner au vin les qualités qui doivent le caractériser.

La maturité du raisin se reconnaît aux caractères suivants : grains mous, translucides, sucrés, se détachant facilement de la rafle.

L'époque de la vendange, comme d'ailleurs les divers procédés qu'elle met en œuvre, varient d'une contrée à une autre, suivant les climats, les cépages et la nature du produit que l'on veut obtenir. Dans le Midi, pour assurer la conservation des vins ordinaires, il est bon de vendanger avant la maturité complète du raisin ; en Bourgogne et dans le Bordelais, il faut attendre la fin de la maturation. Pourtant on la laisse passer quelquefois pour l'obtention des vins de liqueur ; on vendange alors le raisin *passerillé*, c'est-à-dire un peu desséché, ou bien lorsqu'il a subi un certain *blettissement*. Les raisins destinés à la production des vins fins sont cueillis à mesure qu'ils mûrissent. En France, c'est, suivant les régions, dans le courant des mois de septembre et d'octobre que l'on procède à la vendange.

La cueillette du raisin s'opère tantôt en rompant tout simplement avec l'ongle le pédoncule de la grappe, tantôt en le tranchant au moyen de couteaux, de serpettes, de sécateurs ou de ciseaux. Les raisins coupés sont placés dans des récipients portatifs, que d'autres ouvriers vident au fur et à mesure dans des récipients plus grands, hottes ou cuves, à l'aide desquelles on transporte à la cuve de fermentation ou au pressoir le produit de la vendange.

## § 71. — Vinification

La vinification est la transformation en vin du jus du raisin. Dans cette opération, la plupart des substances composant le raisin jouent un rôle, et la nature chimique de ces substances, à peu près la même pour tous les cépages, ne diffère que dans leur proportion qui varie avec le cépage, la région, l'exposition, les procédés de culture, etc., conditions multiples et variées qui font la grande diversité des vins de la France.

La composition du grain de raisin est la suivante : le jus contient de 15 à 40 0/0 de sucre, 2 à 3 0/0 de matières gommeuses, de matières grasses, de matières azotées, d'acides tartrique et malique, etc. ; les pépins renferment du tanin, des matières amylacées et une huile grasse facilement altérable ; dans les pellicules on trouve du tanin, de la crème de tartre, une matière colorante. La rafle, partie ligneuse de la grappe, contient du tanin, différents acides et une matière mucilagineuse.

La préparation de la vendange consiste dans les opérations plus ou moins générales du triage, du foulage, de l'égrappage, de l'épépinage.

Le *triage* consiste à séparer les grains avariés et encore verts des grains sains et mûrs ; il ne se pratique guère que pour la confection des vins fins et soigneux. Cependant, il est toujours bon, quand la proportion des raisins mauvais est un peu forte, de les éliminer le plus possible par un triage grossier, d'enlever les feuilles et les corps étrangers.

Le *foulage* de la vendange a pour but d'écraser doucement les grains de raisin de façon à en extraire le jus, qui, au contact des pellicules et des rafles, se charge de la matière colorante en même temps que des ferments nécessaires à sa transformation en vin. Cette opération, toujours utile, est indispensable pour les raisins à peau dure et pour ceux qui sont insuffisamment mûrs. Le foulage doit être aussi complet que possible ; on doit éviter de laisser des grains entiers, mais on doit éviter aussi de déchirer les rafles et les pépins, qui renferment des huiles essentielles et des principes amers qu'il peut être dangereux de laisser pénétrer dans le moût.

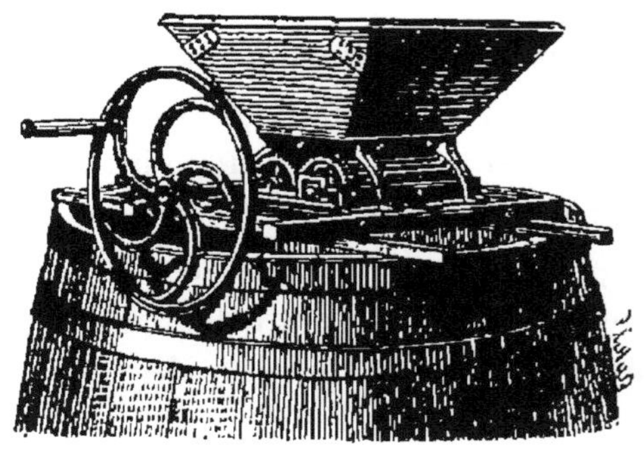

FIG. 89.

Le foulage à pieds d'hommes, soit directement dans les cuves de fermentation, soit sur le parquet de pressoirs disposés de façon à ce que le jus puisse s'écouler aisément par des rigoles, est très répandu. Cependant l'emploi de fouloirs mécaniques tend à se généraliser. Ces fouloirs (*fig.* 89) se composent, en principe, de deux cylindres, lisses ou cannelés, assez rapprochés, tournant parallèlement, surmontés d'une trémie, dans laquelle on jette la vendange; celle-ci passe entre les cylindres, les grains déchirés, et les rafles tombent ensuite dans la cuve ou dans le foudre, installés au-dessous de cet instrument.

La rafle apporte au vin du tanin ; elle en assure la conservation ; mais, d'autre part, elle lui communique un goût acide et surtout de l'âpreté. L'*égrappage* consiste à séparer les rafles des grains ou du jus. Il est à conseiller lorsqu'il s'agit de produire des vins fins, car il en augmente la couleur, la finesse et l'arome. Tout au contraire, pour conserver les vins ordinaires obtenus dans le Midi, il convient de ne pas égrapper ; cette opération est d'ailleurs peu nécessaire chaque fois que les grappes sont parvenues à complète maturité.

On a remarqué que la fermentation des vendanges égrappées était plus longue, et on a attribué cette lenteur à l'absence des parties ligneuses qui, dans le cas contraire, agissant mécaniquement, divisent la masse et en accélèrent la fermentation. Les vins égrappés se font plus vite, se dépouillent et acquièrent rapidement leur maturité ; la rafle les rend au contraire plus durs, leur donne de l'austérité ; les soutirages et surtout les collages corrigent ces défauts.

Quant à l'opération elle-même de l'égrappage, on l'effectue au moyen de claies sur lesquelles on promène les grappes ; les grains passent à travers les trous de la claie, les rafles restent à la surface. L'emploi des fouloirs-égrappoirs, à l'aide desquels on peut traiter de 30 à 40 hectolitres de raisins par heure, est beaucoup plus recommandable.

L'égrappage au trident sert à l'enlèvement des rafles dans le jus et s'exécute dans les récipients mêmes qui ont servi au transport de la vendange.

L'*épépinage* est l'enlèvement des pépins dans le but de diminuer l'excès d'astringence de certains vins. C'est une opération peu pratique et tout à fait exceptionnelle.

**Cuvage.** — Le *cuvage*, ou la *cuvaison*, est l'opération pendant laquelle le *moût*, ou jus sucré du raisin, en fermentation alcoolique tumultueuse, demeure au contact des pellicules, des rafles et des pépins.

La fermentation s'opère sous l'influence de végétaux microscopiques appelés *ferments*, ou *levures;* et de la conduite de cette opération dépend surtout la qualité du vin.

La pratique la plus ordinaire consiste à jeter la vendange rouge ou blanche, foulée, égrappée ou non, dans des vaisseaux à cuver : foudres, cuves ouvertes ou fermées. Après un temps plus ou moins long, suivant la température initiale du raisin et du milieu ambiant, la fermentation se déclare et devient tumultueuse. L'acide carbonique, résultant de la décomposition du sucre sous l'influence du ferment, en se dégageant de la masse avec pression, soulève les pellicules et les rafles et les maintient réunies à la partie supérieure sous forme de *chapeau*. Les cuves déborderaient à ce moment, si l'on n'avait eu soin de ne pas les remplir jusqu'au bord. La température de la cuve s'élève peu à peu, le moût se colore et sa saveur sucrée disparaît pour devenir alcoolique.

Au bout de quelques jours l'intensité du phénomène décroît, la fermentation perd son activité première, la température diminue, et le chapeau qui n'est plus soutenu par l'ascension violente de l'acide carbonique tend à tomber dans le liquide. Il reste à procéder au décuvage.

De ce qui précède, il résulte que le cuvage a non seulement pour but la fermentation de la vendange, mais surtout la macération plus ou moins prolongée des pellicules, rafles et pépins dans le moût ; c'est ce dernier phénomène qui le caractérise. Les vins rouges sont cuvés, tandis que les vins blancs ne le sont pas ; pour ces derniers, le moût, extrait par pression des raisins rouges ou blancs, fermente éloigné des parties solides de la vendange.

Une bonne fermentation doit être prompte et régulière, et les conditions nécessaires à cet effet dépendent de la forme des vases vinaires, de l'état de la vendange plus ou moins divisée par écrasement, de l'immersion ou foulage du chapeau dans la cuve, de l'action de l'air et de la composition du milieu qui de sucré devient alcoolique.

Les vaisseaux vinaires servant au cuvage des vins sont de deux sortes, les *cuves* et les *foudres*. Les cuves, d'usage plus ancien, ont la forme, soit d'un cylindre, soit d'un tronc de cône dressé sur sa plus grande base, soit d'un prisme à section carrée ou rectangulaire. Les foudres sont d'immenses tonneaux portés sur leurs flancs par quatre solides piliers en maçonnerie.

Pour la construction des cuves on emploie le ciment, la pierre recouverte de carreaux de faïence; mais, comme pour les foudres, c'est au bois que l'on donne généralement la préférence; ses propriétés chimiques et physiques conviennent mieux à la nature du vin et aux manipulations dont il est l'objet. Les bois les plus employés sont le chêne, le hêtre et le châtaignier. Le prix de revient moyen des divers récipients peut être évalué d'après la capacité et par hectolitre, ainsi qu'il suit : pour les cuves en ciment, de 2 à 3 francs; pour les cuves en bois, 4 francs; pour les foudres, 5 à 6 francs.

La capacité des cuves et des foudres varie, suivant les régions, de 30 à 700 hectolitres. L'avantage des petites contenances consiste dans la facilité de remplir promptement les récipients destinés au cuvage, avant que la fermentation se soit déclarée; il y a danger, en effet, à en interrompre le remplissage ou à le prolonger au-delà d'une certaine limite; il faut, autant que possible, surtout pour les vins fins, que le remplissage s'opère en un seul jour.

Le cuvage est d'autant plus rapide que le contact des divers éléments de la vendange est plus grand. Dans les cuves droites, le chapeau en flottant à la surface, imparfaitement baigné, rend la macération difficile; aussi est-on obligé de le plonger plusieurs fois dans le liquide. Cette pratique a des inconvénients, lorsqu'on se sert de cuves ouvertes; souvent au contact de l'air la partie supérieure du chapeau, desséchée par l'évaporation, s'aigrit, se pique, se putréfie même; le ferment acétique, à l'aide de l'oxygène de l'air qui lui arrive directement, transforme l'alcool en acide acétique ou vinaigre. En foulant dans le vin un chapeau acétifié, on peut le perdre en lui communiquant ce goût acide; il faut éviter de le faire, ou enlever au préalable la couche supérieure altérée. Le nombre de foulages est fixé par l'expérience pour chaque nature de vin : une fois, deux fois par jour, ou tous les deux jours. Pour cette opération, on se sert de fouloirs en bois, de râbles, de râteaux, ou bien des hommes nus descendent dans les cuves et enfoncent le chapeau en s'aidant des pieds et des mains. Mais cette dernière façon de procéder, en outre qu'elle est répugnante, fait courir, aux ouvriers chargés de ce travail, des dangers d'asphyxie.

Les cuves fermées garantissent le chapeau du contact de l'air et le conservent sain ; on le foule par une ouverture ménagée dans le couvercle.

En vue d'éviter la nécessité du foulage, on a adopté des cuves à étages ou cloisonnées qui rendent le cuvage plus facile et plus parfait. Ces cuves divisées en compartiments répartissent la masse des rafles, des pellicules et des pépins en plusieurs chapeaux situés à différents niveaux dans le liquide et maintenus en place par des claies. De cette façon on obtient un cuvage très rapide.

L'usage des foudres supprime toutes ces difficultés et permet un cuvage aussi rationnel. Si l'on envisage, en effet, la forme du foudre, le chapeau, dont la surface va en diminuant de bas en haut, se trouve baigné à une plus grande profondeur dans le vin. De plus, le vase étant complètement fermé et n'ayant de communication avec l'air que par une ouverture étroite et facile à boucher, le chapeau s'acétifie difficilement ; il peut être maintenu plus longtemps au contact du liquide sans être pour celui-ci une cause d'altération. Pour obtenir dans le foudre une macération encore plus complète, on refoule le chapeau, par la trappe du haut, à l'aide d'un râble, ou mieux à l'aide d'une claie mobile, formée de traverses brisées, que l'on établit dans le foudre.

L'égrappage rend la macération un peu plus longue. L'élimination des rafles diminue le volume du chapeau et par conséquent le contact des pellicules avec le liquide. D'autre part, la présence des rafles, par leur nature grossière, exige parfois un cuvage limité.

La chaleur tempérée accélère le cuvage en augmentant la solubilité du milieu. Les températures les plus favorables à la fermentation sont comprises entre 18 et 28°. Quand les vendanges sont froides, il est bon de chauffer une partie du jus avant la mise en cuve, ou d'apporter, sur les cuves, du jus en pleine fermentation, préparé dans un local chaud.

L'air est un puissant agent de la vinification ; il modifie le goût et la couleur des vins, il agit déjà dans ce sens sur la vendange. Il est nuisible, cependant, comme on l'a vu par ce qui précède, lorqu'il afflue librement dans les cuves ouvertes.

La composition du milieu influe aussi sur le résultat du cuvage et sa rapidité. Ainsi, par exemple, on obtient une fermentation plus ou moins complète, une dissolution de matière colorante plus ou moins belle, suivant la présence et la proportion du sucre, de l'alcool ou des acides.

La durée du cuvage est très variable et ne dépasse guère huit à dix jours. On reconnaît que la fermentation est terminée, lorsqu'il ne se produit plus de dégagement d'acide carbonique, que le chapeau s'affaisse, que la température du jus diminue et se rapproche de celle de l'extérieur, que sa densité se rapproche de l'unité. Ces caractères correspondent à la fin de la période de fermentation tumultueuse ; à celle-ci succède la fermentation lente, insensible qui achève de faire disparaître les traces de sucre. Si l'on veut obtenir des vins fins, délicats de goût, le cuvage doit être très court. S'il est utile de prolonger le cuvage après la phase tumultueuse, il faut éviter l'accès de l'air en bouchant les ouvertures des cuves ou des foudres, tout en laissant un passage au gaz acide carbonique. Un cuvage trop prolongé favorise la transformation de l'alcool en acide acétique, et le vin contracte un goût fâcheux.

**Décuvage.** — La fermentation et la macération terminées, on procède au décuvage, c'est-à-dire au transvasement du vin dans des tonneaux qui doivent être en bon état et d'une rigoureuse propreté.

On ne doit pas boucher complètement les tonneaux renfermant du vin nouveau, dans lequel une fermentation lente peut encore se manifester ; il est avantageux de faire usage dans ce cas d'une bonde hydraulique qui permet l'échappement de l'acide carbonique, tout en empêchant l'accès de l'air. Quand la fermentation est complètement terminée et qu'il n'y a plus de pression dans le tonneau, on ferme avec une bonde pleine.

Le dégagement d'acide carbonique a pour effet de laisser un vide dans le tonneau. Ce vide, qui provient aussi de l'imbibition du bois du tonneau et de l'évaporation par la surface de celui-ci, doit être rempli à mesure qu'il se produit, tous les jours au début, et ensuite à de plus longs intervalles. Cette opération, qui porte le nom d'*ouillage*, et qui a pour but d'éviter le contact prolongé de l'air avec le liquide, doit être pratiquée avec du vin semblable à celui contenu dans le tonneau, ou tout au moins d'aussi bonne qualité.

On a imaginé des appareils appelés *ouilleurs*, qui permettent de faire l'opération de l'ouillage automatiquement.

Le vin nouveau, pendant les six premiers mois, est tenu bonde dessus, puis on fait faire au tonneau une légère rotation, de manière à placer la bonde de côté, ce qui est une garantie contre l'acétification.

**Soutirage.** — D'une manière générale le *soutirage* est l'opération mécanique qui consiste à transvaser le vin d'un récipient dans un autre. Son principal but est de séparer les vins, devenus limpides, des lies sur lesquelles ils reposent et que le temps et le froid ont précipitées au fond des tonneaux ; ces vins sont ainsi soustraits aux germes de nombreuses maladies.

On procède, en général, au premier soutirage quelque temps après le décuvage et lorsque le vin est parfaitement clair : dans le Midi, fin novembre et décembre ; dans le Bordelais et la Bourgogne, en mars. Les vins nouveaux se bonifient par un soutirage à l'air, grâce à l'action bienfaisante de l'oxygène ; les vins vieux, ayant subi plusieurs de ces opérations, gagnent, au contraire, à ne pas être soutirés au contact de l'air.

Les autres soutirages s'effectuent généralement en mars, juin et septembre, c'est-à-dire au nombre de trois pour les vins rouges jeunes ; les vins vieux ne se soutirent qu'une ou deux fois l'an au plus suivant leur constitution. En ce qui concerne les vins blancs, l'expérience et l'observation ont montré que des soutirages fréquents contribuent à les mûrir.

Dans tous les cas, on peut soutirer toute l'année, mais on n'obtient des liquides parfaitement limpides qu'à la condition de soutirer par un temps sec et froid, quand souffle le vent du Nord et que la pression barométrique est élevée.

Quant aux procédés de soutirage, ils varient suivant le but que l'on poursuit et les usages vinicoles. Le moyen le plus simple consiste à adapter au tonneau, au-dessus de la couche inférieure de lie, une cannelle que l'on ouvre et qui déverse le vin dans des récipients d'où il est ensuite vidé dans les tonneaux à remplir. Dans les caves de plus grande importance, on substitue à ce procédé primitif, le soutirage au siphon ou le soutirage à la pompe. Ces derniers procédés présentent l'avantage d'être plus rapides et d'éviter, quand cela est nécessaire, la mise au contact de l'air du vin que l'on transvase.

**Collage. — Filtrage.** — La limpidité du vin est une garantie probable de sa conservation et contribue à sa beauté. Il est donc nécessaire d'éliminer complètement et avec soin les matières solides, d'origines diverses, en suspension dans le liquide, qui n'attendent qu'un moment favorable pour exercer leur action destructive sur le vin.

Différents moyens permettent d'obtenir ce résultat, ce sont : le soutirage, le collage, le filtrage.

La première opération décrite plus haut est souvent suffisante : on abandonne le vin à un repos plus ou moins long ; par leur propre densité, les dépôts flottants se réunissent au fond du tonneau, et le vin clair en est séparé par un soutirage. Ce procédé est recommandable pour les vins fins.

Mais, dans bien des cas, ce moyen est insuffisant ; on doit recourir au collage et plus rarement au filtrage.

La filtration à l'aide d'appareils perfectionnés est supérieure dans bien des cas au collage. C'est une opération purement mécanique qui, bien exécutée, ne peut en rien modifier la composition chimique du vin.

Le collage agit tout à la fois mécaniquement et chimiquement ; les substances collantes solubles dans l'eau deviennent insolubles dans le vin en se combinant à certains principes constitutifs de ce liquide, tels que le tanin, la matière colorante ; le vin est appauvri en couleur et en principes astringents si nécessaires à sa conservation.

Pour certains vins trop astringents, le collage peut être considéré comme un moyen de les améliorer ; de plus, il paraît leur enlever, en partie, les mauvais goûts contractés au cours de leur fabrication: goût de rafle, de fût, de moisi, d'évent, etc.

Les matières clarifiantes employées au collage et agissant mécaniquement sont: le sable, le kaolin, les poudres inertes, les papiers, la terre d'Espagne. Ces clarifiants qui, d'une manière générale, n'entrent point en combinaison avec les principes constitutifs du vin, sont mis en suspension, à l'état solide, dans le vin et entraînent, par leur chute, les matières légères flottantes.

Les clarifiants actifs avec le liquide, auxquels on donne le nom de *colle*, agissent mécaniquement et chimiquement; tels sont, comme substances albuminoïdes: l'albumine d'œuf, le sang, le lait, etc.; comme substances gélatineuses : la colle de poisson, la gélatine, la colle d'os, l'ostéocolle, etc. Pour en faire l'application et s'il s'agit de coller du vin en tonneau plein, on débonde et on enlève 8 à 10 litres de liquide; on verse la colle et on agite vigoureusement pour opérer un mélange homogène dans toute la masse; on remplit ensuite avec le vin prélevé au début, on bonde et on abandonne au repos dans un endroit frais à température constante.

En général, on procède au collage après le premier soutirage et peu de temps avant le second.

**Marcs. — Pressurage.** — Le vin obtenu à la suite du premier soutirage est le meilleur et prend le nom de *vin de goutte*. On admet que 100 kilogrammes de vendange donnent 70 litres de ce vin; d'ailleurs, à l'octroi des villes, l'impôt sur la vendange est perçu d'après un rendement en liquide de 70 0/0.

Le décuvage opéré, il reste donc au fond des cuves ou des foudres 10 0/0 de résidus appelés *marcs*, encore imprégnés de liquide et que l'on utilise de diverses façons.

Par le *pressurage*, on en obtient un *vin de presse*, qui est généralement mélangé au vin de goutte, dans la proportion du quart. Ce mélange se fait surtout pour les vins de conservation.

Les *vins de marcs* sont obtenus par le pressurage des marcs auxquels on a fait subir une deuxième fermentation, après addition d'eau sucrée. Ces vins ne doivent jamais être mélangés aux vins de goutte.

La *piquette* est préparée, en additionnant d'eau le marc abandonné à lui-même, après le pressurage. Il ne faut pas confondre la piquette avec le vin de marcs ou vin de seconde cuvée. Ce dernier en diffère essentiellement, parce qu'il est obtenu par la fermentation d'eau sucrée qu'on ajoute aux marcs, tandis que la piquette est préparée par l'addition d'eau pure au marc de raisin.

Le marc, soumis à la distillation, donne l'eau-de-vie de marc, et il peut être utilisé aussi comme nourriture pour le bétail ou comme engrais.

FIG. 90.

L'opération du pressurage s'exécute au moyen de *pressoirs* (*fig.* 90) de modèles très différents. Les uns, fixés à demeure, se composent d'une *maie*, bassin en pierre, en fonte ou en bois, qui reçoit le marc maintenu sur les bords par des claies verticales, et d'une vis sur laquelle descend, à l'aide d'un levier mû par des hommes ou des animaux, un plateau qui comprime la masse et en exprime tout le liquide ; celui-ci s'écoule dans des récipients disposés pour le recevoir. Aujourd'hui on substitue à ces pressoirs encombrants et incommodes, de petits pressoirs mobiles basés sur le même principe, c'est-à-dire dans lesquels la pression s'exerce au moyen d'un plateau descendant sur une vis. Pour éviter le travail discontinu et les manipulations toujours longues auxquelles donne lieu le pressurage d'une récolte abondante, on construit des fouloirs à cylindres tournant horizontalement en sens contraire l'un de l'autre ; les raisins ou le marc, versés continuellement dans une trémie qui surmonte l'appareil, sont entraînés dans des toiles sans fin et passent entre deux cylindres qu'un mécanisme permet de rapprocher suivant les besoins.

Dans la fabrication ordinaire du vin rouge, on ne pressure que les marcs pour en faire sortir le liquide qu'ils renferment; dans la fabrication des vins blancs, on pressure les raisins avant la fermentation du moût. Le pressurage des marcs non fermentés et gras est plus difficile que celui des marcs fermentés ; il faut exercer des pressions plus fortes et remanier le marc plusieurs fois sur la maie en le recoupant. La qualité des moûts provenant de ces différentes pressées va en diminuant.

**Sucrage.** — Le *sucrage*, ou addition de sucre à la vendange, a pour effet d'augmenter par fermentation la richesse alcoolique du vin et de lui donner par cela même plus de conservation, de valeur alimentaire et hygiénique.

On emploie dans ce but le sucre cristallisé, le sucre de canne, de betterave, le sucre en pain et, dans certains cas, le glucose, ou sucre de fécule, que l'on dissout préalablement dans du jus de raisin chaud s'il s'agit d'un vin de goutte, et dans de l'eau s'il est question d'un vin de marcs.

La quantité de sucre à employer pour 100 kilogrammes de vendange ou 1 hectolitre est donnée par la formule : $n \times 1,31$, dans laquelle $n$ représente le nombre de degrés alcooliques dont le vin futur doit être augmenté et 1,31 le poids de sucre correspondant à 1° d'alcool pour 100 kilogrammes de raisins.

**Vinage.** — Le *vinage* est l'addition directe au vin d'un certain volume d'alcool. On l'emploie dans les cas où des vins déjà faits sont menacés dans leur conservation. C'est un moyen souvent efficace pour empêcher l'évolution de certaines maladies des vins, quand elles sont prises au début.

Le vinage ne peut dépasser 2 à 3 0/0 d'alcool, sous peine de rompre l'équilibre du vin. On doit se servir d'alcool de vin ou d'alcool d'industrie parfaitement rectifié. En additionnant par petites fractions, il faudra agiter toute la masse de liquide pour bien mélanger l'alcool qui, plus léger, tendrait à rester à la surface.

**Plâtrage.** — Le mélange du *plâtre* au vin présente des effets améliorants indiscutables : acidification du vin, clarification plus rapide, couleur plus intense et plus brillante, conservation plus grande ; mais il a le grave inconvénient d'introduire dans le vin, par voie de double décomposition, du sulfate de potasse, dont les propriétés nocives sont encore discutées et qui lui donne une saveur amère et une certaine sécheresse, sensibles à la dégustation. La législation fixe à 2 grammes par litre la dose de sulfate de potasse tolérée.

**Composition et analyse des vins.** — L'examen d'un vin est toujours une opération délicate. On y parvient par la dégustation et l'analyse chimique. La dégustation apprécie dans le vin des propriétés, défauts ou qualités, que l'analyse chimique est impuissante à déceler le plus souvent ; elle le juge dans son ensemble, dans les effets qu'il produit sur le goût et l'odorat, toutes choses qui échappent à l'analyse chimique.

Les procédés de dégustation ne peuvent être indiqués d'une façon précise. On se sert de l'œil, du nez et du palais, et il faut posséder certaines qualités personnelles, jointes à une expérience professionnelle.

L'analyse chimique paraît plus exacte, mais ses renseignements sont encore incomplets, et souvent un vin naturel mauvais présentera la même composition qu'un bon. Cela tient à la nature si variée des matériaux qui constituent le vin et que l'on ne connaît pas complètement ou que l'on ne peut doser avec une grande précision.

On admet que 1 000 grammes de vin ordinaire renferment en moyenne 890 grammes d'eau et 80 grammes d'alcool de vin. Les 30 grammes restants représentent le poids de différentes substances: alcools et éthers divers, huiles essentielles, sucre de raisin, gomme et dextrine, matières colorantes, matières grasses, glycérine, matières azotées, sels végétaux et minéraux divers, acides carbonique, acétique, lactique, succinique, tartrique, etc.

Cette composition moyenne montre la difficulté que présente l'analyse du vin et les connaissances chimiques qu'elle exige de l'opérateur.

Dans la pratique courante, on se contente de connaître la proportion des éléments qui, dans les transactions commerciales, peuvent servir de contrôles ou de bases.

La densité des vins varie de 0,991 à 0,998; quant à la proportion d'alcool obtenue par fermentation, elle peut descendre à 5°, mais elle ne dépasse jamais 17°.

**Maladies des vins.** — Les altérations auxquelles les vins sont sujets, en dehors de celles commises par la fraude, sont considérées comme des maladies. C'est à Pasteur que revient l'honneur d'avoir étudié et fait connaître les premières notions exactes sur la cause de ces maladies, dont les plus caractéristiques sont les suivantes : 1° maladie de la fleur; 2° maladie de l'aigre, ascescence, vins piqués, acétifiés; 3° maladie des vins tournés; 4° maladie des vins poussés; 5° maladie des vins gras; 6° maladie des vins amers.

*Maladie de la fleur.* — Les vins atteints par la fleur, tout en restant parfaitement limpides, ont leur surface recouverte d'un voile d'aspect blanc velouté. Ce voile est composé des *fleurs de vin* produites par un champignon blanchâtre, qui vit à la surface du liquide et porte son activité chimique sur l'alcool du vin qu'il oxyde, d'autant plus rapidement que le vin est exposé à l'air et qu'il est pauvre en alcool. Cette maladie communique au vin un goût d'*évent*.

Le moyen d'empêcher la formation de fleurs à la surface du vin consiste à maintenir les tonneaux ou les foudres complètement pleins et bouchés, de manière à priver le champignon d'air ; dans les tonneaux en vidange qu'on ne peut remplir, absorber l'oxygène de l'atmosphère du récipient en le transformant en acide sulfureux par l'opération du *méchage*, qui consiste à faire brûler dans les tonneaux une mèche de soufre, ou en ayant recours à une bonde sulfureuse.

*Maladie de l'aigre.* — Cette maladie peut être confondue avec celle de la fleur, car ainsi que dans celle-ci le ferment est à la surface sous forme de voile ; mais on reconnaît immédiatement la différence au goût et à l'odeur d'acide acétique qui caractérise cette seconde maladie : l'*ascescence* est due en effet au développement du ferment acétique, connu sous le nom de *mère du vinaigre*, lorsqu'il a pris une certaine consistance, et qui transforme rapidement le vin en vinaigre, si on laisse exposés à l'air des vins faibles en alcool.

Les moyens employés pour préserver les vins de la maladie de l'aigre sont les mêmes que pour celle de la fleur. On ajoutera, de plus, la nécessité de placer les vins sujets à l'aigre dans des caves froides à 15° au plus, le ferment craignant les températures basses. On rend aussi les vins plus résistants, en les vinant par addition d'alcool.

On réussit difficilement à guérir les *vins piqués ;* le meilleur traitement qu'on puisse leur faire subir est de les chauffer à une température voisine de 50 à 60°, pour détruire les germes qui s'y trouvent, et de leur donner ensuite un méchage.

*Maladie de la tourne.* -- Cette maladie se manifeste souvent aussitôt après la vinification ; les vins faibles ou provenant de vendanges mal mûries, envahies par des moisissures, y sont très sensibles. Elle est due à un ferment *anaérobie*, c'est-à-dire vivant sans air. Le vin se trouble, sa couleur passe au brun ; il prend un goût fade, désagréable et devient imbuvable.

On se garantit difficilement de cette maladie ; les moyens employés pour combattre les précédentes ne peuvent s'appliquer ici. L'oxygène, au lieu d'être un auxiliaire pour le ferment, lui serait au contraire plutôt nuisible. Le mieux est, pour préserver les vins, d'en éloigner les ferments lorsqu'ils se trouvent inertes dans les lies, par des soutirages exécutés en temps opportun. Le vinage du vin ou le sucrage des vendanges donneront aussi aux vins la force de résister. Enfin, par le chauffage et l'addition d'acide tartrique, on arrive à tuer les germes infectieux de cette maladie, lorsqu'on n'a pu la prévenir.

*Maladie de la pousse.* — La pousse est, comme la maladie de la tourne, produite par un ferment anaérobie, qui se développe sous l'action des fortes chaleurs; elle se distingue de la tourne en ce qu'elle donne naissance à un dégagement d'acide carbonique. Le vin, reçu dans un verre, se couvre de petites bulles et pétille; on dit alors qu'il *pousse*. Au goût même on reconnaît très bien cette maladie par la saveur acidule du gaz carbonique qui masque la fadeur du liquide. A ces caractères viennent s'en ajouter d'autres : quand la maladie est avancée, le vin est trouble; au contact de l'air, ce trouble augmente, la couleur du liquide change, passe au brun, en même temps qu'il se fait un précipité de la matière colorante.

La pousse, comme la tourne, n'est point guérissable : on la combat ou l'on s'en préserve par les mêmes moyens que cette dernière.

*Maladie de la graisse.* — Cette maladie qui rend les vins gras ou filants est plus commune aux vins blancs qu'aux vins rouges; elle atteint surtout les vins jeunes, pauvres en alcool et légèrement sucrés, contenus en fûts ou en bouteilles. Le vin malade, décanté dans un verre, tombe lourdement en filet continu comme le ferait un liquide huileux; il a, en outre, un goût d'évent prononcé et renferme du gaz acide carbonique qui se dégage. La cause de cette altération est également un ferment, dont le développement est dû, d'après certains auteurs, au manque de tanin.

On fait disparaître l'apparence huileuse du liquide en l'agitant violemment, mais on n'arrête pas pour cela la marche de la maladie qui reprend ensuite son cours. L'addition du tanin, à la dose de $0^{gr},5$ au maximum par litre, dans les vins susceptibles de la graisse leur permet souvent de l'éviter. Cette pratique est courante pour les vins blancs qui doivent être champagnisés.

La *pasteurisation*, c'est-à-dire le chauffage du vin à 52°, assure ce dernier contre les attaques du ferment de la graisse, comme d'ailleurs de tous les autres ferments.

Quant aux vins atteints de cette maladie, on les traite en y ajoutant une certaine quantité de tanin dissous dans de l'alcool.

*Maladie de l'amertume.* — Deux causes différentes peuvent provoquer l'amertume. Celle qui se manifeste dans les vins vieux et fins, lorsqu'on les expose à l'influence de l'air, paraît être la conséquence d'une sorte d'oxydation de la matière colorante. Cette maladie peu grave est passagère, le goût amer disparaissant au bout d'un certain séjour du vin en vase clos.

Tout autre est l'amertume due à la présence de ferments reconnaissables au microscope, sous la forme de filaments assez longs, raides, coudés de manière à donner l'apparence de ramifications, et qui donnent au vin un goût fade, amer et une couleur jaune. Cette dernière maladie sévit de préférence sur les vins de qualité, les grands vins de la Bourgogne.

L'amertume ne peut se corriger, quelquefois elle disparaît d'elle-même. On peut la masquer en versant du vin dans une cuve en fermentation. On peut aussi arriver au même résultat en déterminant dans le vin amer une seconde fermentation par addition de sucre ou de moût. L'addition d'acide tartrique et de tanin, exécutée dès que l'on constate que le vin prend un goût fade, suffit souvent pour couper court à cette maladie. Dans tous les cas, la pasteurisation, en tuant les germes de cette dernière, permet de conserver, pour ainsi dire, le vin indéfiniment, sans altération.

L'étude qui précède des diverses maladies du vin montre que, dans la généralité des cas, il est impossible de rétablir celui-ci lorsqu'il est atteint par des ferments parasitaires. Il est donc plus facile et plus logique de recourir aux moyens préventifs pour préserver le vin de ces maladies. Ces moyens peuvent se résumer de la façon suivante : 1° élimination du foyer d'infection, des ferments : soutirage, collage, filtrage, nettoyage soigné des vases vinaires, etc.; 2° modifications chimiques dans la composition du vin, de manière à rendre celui-ci impropre à la vie des ferments de maladie : vinage, acidification, tanin, soufrage, etc.; 3° destruction, par la chaleur et dans le vin même, des germes dangereux : stérilisation du vin, pasteurisation.

## SYLVICULTURE

### § 72. — Définitions

La *sylviculture*, qui est de toutes les branches de l'agriculture celle qui est née la dernière, est la science de l'exploitation, de la régénération et de l'amélioration des forêts.

La *forêt* désigne tout terrain peuplé d'arbres dont la destination principale est de produire du bois. Dans le langage ordinaire, on désigne sous le nom de *bois* les massifs peu étendus; en langage forestier et administratif le terme de *forêt* est seul employé.

Les *essences forestières* sont toutes les espèces d'arbres qui peuplent les forêts. Ces essences se divisent en deux groupes très distincts : les *feuillus* et les *résineux*.

Les *feuillus*, qui entrent pour plus des 4/5 dans la composition de nos forêts, possèdent de véritables feuilles, à limbe plan bien développé. Ces feuilles sont caduques. La ramification de ces arbres est diffuse; ils donnent des rejets quand on les coupe par le pied.

Les principales essences feuillues sont, parmi les *bois durs :* le chêne, le hêtre, le charme, le châtaignier, le noyer, le frêne, l'orme, le platane, l'érable; parmi les *bois tendres :* le bouleau, le peuplier, l'aune, le tilleul, le saule.

Les *résineux* n'ont que des feuilles linéaires, raides : des *aiguilles*. Sauf de rares exceptions, ces dernières sont persistantes. La ramification de ces arbres est régulière ; leur tissu chargé de résine ; leur fruit a la forme d'un cône, d'où le nom de *conifères*. Les résineux n'émettent pas de rejets.

Les essences résineuses, moins nombreuses, comprennent : les pins, le sapin, l'épicéa, l'if, le mélèze.

Les arbrisseaux dont le produit est accessoire sont désignés sous le nom de *morts-bois*, tels sont : le coudrier, l'aubépine, le sureau, le buis, la bourdaine, etc.

Le *peuplement* d'une forêt est l'ensemble des végétaux forestiers qui en couvrent la surface. Un peuplement *en massif* est celui dans lequel les cimes des arbres se touchent normalement. Le massif peut être *serré*, *clair* ou *interrompu*.

La *clairière* est une portion de forêt à peu près dégarnie de bois.

Le *fourré* comprend des massifs formés de jeunes tiges garnies de branches dès la base. Par le développement, le fourré passe à l'état de *gaulis*, ensuite à celui de *perchis*, et enfin de *haute futaie* quand les arbres ont atteint un fort diamètre et une grande hauteur.

**Répartition des forêts et des essences forestières sur notre territoire.** — Les forêts occupent en France une superficie d'environ 9 millions et demi d'hectares, soit le sixième de la surface totale.

Le climat et la nature du sol sont les conditions déterminantes de l'aire d'habitation de chaque essence forestière.

Presque toutes les natures de sol conviennent aux forêts ; peu d'essences cependant se développent bien dans les terres argileuses compactes. L'épicéa, l'aune, le frêne, sont les espèces qui viennent le mieux dans ces dernières terres. Le charme réussit dans les terres argilo-siliceuses ; le châtaignier redoute les sols calcaires ; l'aune veut des sols humides ; le bouleau prospère dans les terrains les plus différents.

Considérée au point de vue du climat, la France, d'après M. Bouquet de la Grye, peut être divisée en trois régions : froide, tempérée et chaude.

Dans la région froide, qui comprend les montagnes où la neige se maintient longtemps, le pin cimbro et le mélèze sont les seuls arbres qui croissent aux grandes altitudes. Le sapin, l'épicéa et le laricio peuplent les sommets et les versants moins élevés. Le hêtre, le pin sylvestre, le frêne, le bouleau, le sorbier et quelques autres espèces secondaires se mêlent à ces essences principales et s'étendent jusque dans les plaines tempérées.

La région tempérée est la patrie des chênes, du charme, du châtaignier. Le hêtre, essence des montagnes, prospère néanmoins dans les plaines de l'Ile-de-France et dans les collines fraîches du Perche et de la Normandie. Le sapin pectiné est même assez répandu dans cette dernière province. Le pin sylvestre, la moins exigeante de toutes les essences résineuses, croît sur les montagnes granitiques du Plateau Central, dans les plaines crayeuses de la Champagne et dans les sables siliceux de la Sologne et de la Brenne. Le pin maritime végète jusqu'aux bords de la Loire. Les bois blancs, trembles, saules et peupliers, croissent en mélange avec le chêne et le charme dans les forêts humides du Nord et de l'Est. Le châtaignier, cultivé en grand dans le Limousin, les parties basses de l'Auvergne et des Cévennes, s'avance au Nord jusqu'à la Bretagne.

La végétation de la région chaude, qui comprend toute la partie de la France située entre l'Océan, les derniers contreforts du Plateau Central et des Alpes, et la Méditerranée, est caractérisée par le pin maritime qui couvre les sables siliceux des Landes et par le chêne-yeuse qui revêt les coteaux calcaires des bords de la Méditerranée. On trouve dans cette région le chêne-liège, le chêne-rouvre, le pin pinier, le pin d'Alep, le micocoulier et dans les parties les plus chaudes, l'olivier et le caroubier. Les cistes, le grenadier, l'arbousier, et un grand nombre d'autres arbustes, donnent à cette région un aspect tout autre que celui des contrées septentrionales.

Quoi qu'il en soit des conditions de sol et de climat, une forêt est presque toujours composée d'un certain nombre d'espèces ligneuses, qui y entrent dans une proportion déterminée par ces conditions mêmes. Les massifs forestiers formés d'une seule essence sont rares et toujours de faible étendue.

Les espèces ligneuses capables de vivre en massifs serrés sont les seules qui peuvent former des forêts. Parmi ces espèces, il en est qui supportent bien le *couvert*, c'est-à-dire l'ombrage fourni par les arbres de haute taille ; tels sont le hêtre, le charme, le sapin, l'épicéa ; d'autres, au contraire, le chêne, le frêne, le pin sylvestre, le bouleau, réclament de la lumière quand ils ont pris un certain développement.

**Création et régénération des forêts.** — Il y a toujours avantage pour l'agriculteur à convertir en bois les terres pauvres dont la culture est peu rémunératrice et partant la valeur vénale faible ; cette transformation est surtout profitable lorsqu'il s'agit de terrains en pente exposés aux érosions, de sols argileux compacts dont la culture est difficile, de terrains sablonneux ou de parcelles éloignées des habitations.

A cet effet, il convient d'étudier d'abord quelles sont les essences qui peuvent prospérer sous le climat et dans le sol où doit s'effectuer le boisement ; quand on est fixé sur ce point, il reste à choisir entre les deux procédés de multiplication des essences forestières les plus usités : le semis ou la plantation.

Le *semis* se fait soit en place, soit en pépinière, mais toujours sur un sol préalablement ameubli. Il donne naissance à des *brins*. Les plants obtenus par le semis en pépinière sont mis en place à un âge qui varie avec les essences.

Les *plantations* se font avec des plants de haute tige ou des plants de basse tige ; ces dernières sont plus généralement usitées dans la pratique forestière.

On donne le nom de *repeuplement* à un ensemble de brins de semis et aussi aux modes de régénération des forêts. Le repeuplement *naturel* s'opère par les graines tombées des arbres sur le sol des forêts ; le repeuplement par voie de semis ou de plantations, dû à la main de l'homme, est qualifié d'*artificiel*.

L'art forestier a pour principal objet de favoriser la régénération naturelle des massifs boisés; aussi est-ce aux principes de l'aménagement et de l'exploitation qu'il faut recourir pour apprendre comment on parvient, par un traitement rationnel, à assurer cette régénération.

Mais, quels que soient les modes de traitement et les soins avec lesquels ils sont appliqués, il arrive le plus souvent que la régénération naturelle est insuffisante. La main de l'homme doit intervenir pour compléter l'œuvre de la nature, au moyen de travaux qui diffèrent suivant l'état et le mode de traitement des forêts dans lesquelles ils doivent être exécutés.

Ces travaux peuvent avoir pour objet soit de regarnir les vides d'une certaine étendue, soit de compléter des peuplements trop clairs, soit d'introduire dans des peuplements complets de nouvelles essences. A quel procédé: plantation ou semis, doit-on donner la préférence?

On doit préférer la plantation au semis lorsqu'il s'agit de reboiser des sols crayeux, calcaires ou granitiques que les gelées soulèvent, parce que les racines des jeunes plants sont bien moins exposées à être mises à nu par le dégel que les faibles radicelles des jeunes semis. Il vaut mieux planter que semer: dans les sols argileux et humides qui se couvrent d'herbes sous lesquelles les jeunes semis sont étouffés; dans les vallées et les bas-fonds exposés aux gelées printanières; dans les vides de peu d'étendue.

Les plantations plus coûteuses, en apparence, que les semis reviennent souvent moins cher, en raison des nombreuses chances d'insuccès des semis et des dépenses qu'entraînent les regarnissages réitérés.

Les plantations forestières se font en automne ou au printemps. Les essences feuillues peuvent être indifféremment plantées dans les deux saisons. Les résineux, dont le semis est le seul mode de multiplication, doivent être plantés en automne dans les pays de plaines et de coteaux et, de préférence, au printemps en montagne. Mais ces règles n'ont rien d'absolu; elles doivent se modifier suivant les aptitudes des essences, la nature du sol, son exposition et le climat local.

Le semis doit être préféré à la plantation quand on veut boiser de grandes surfaces avec les moindres frais, quand on veut propager des essences très pivotantes dont la plantation est coûteuse et la réussite aléatoire. Quant à l'époque à laquelle il convient de répandre les graines, elle varie suivant l'espèce de graines et aussi suivant le climat du lieu où elles doivent être semées. En général, il est préférable de semer au printemps les graines forestières qui peuvent être conservées en bon état, c'est-à-dire pleines, fraîches et sans moisissures.

Le repeuplement des futaies doit normalement se faire par les graines tombées des arbres, mais il est assez rare qu'il se produise régulièrement. Il faut compléter cet ensemencement naturel quand il est incomplet, y suppléer quand il fait défaut.

**Exploitation des forêts.** — L'exploitation des forêts a pour but d'en tirer toute la somme de produits qu'elles sont susceptibles de fournir. Elle doit être basée sur des principes parfaitement déterminés, en rapport avec la nature des essences et les conditions économiques dans lesquelles se trouve placé le cultivateur, surtout en ce qui concerne les débouchés ouverts à ses produits.

La portion de forêt sur laquelle on procède à une exploitation prend le nom de *coupe*. Ce mot s'emploie encore pour indiquer la manière d'abattre les bois : ainsi l'on dit que la coupe est faite *rez terre*, en *flûte*, par *extraction de souche*.

Au point de vue forestier, on distingue : les coupes de *nettoiement*, qui consistent à extraire les bois blancs, les morts-bois et les brins surabondants qui gênent la croissance des jeunes peuplements; les coupes d'*éclaircie*, qui ont pour but de faire disparaître les perches dominées, malvenantes ou en excès dans les grands taillis ou les jeunes futaies ; les coupes d'*ensemencement et préparatoires*, qui ont pour objet de desserrer les massifs de futaie, afin de favoriser la production des semis, tout en conservant aux jeunes plants l'abri qui leur est nécessaire ; la coupe *claire*, destinée à donner aux jeunes plants devenus plus forts la lumière dont ils ont besoin pour se développer ; la coupe *définitive*, qui fait disparaître tous les vieux arbres et laisse le nouveau peuplement croître en pleine lumière ; la coupe *jardinatoire* qui s'exécute en exploitant çà et là des arbres dépérissants ou mûrs ; la coupe à *tire et aire*, qui se fait de proche en proche sans rien laisser en arrière ; la coupe à *blanc étoc*, qui consiste à raser tout le peuplement, sans en rien laisser debout.

Au point de vue administratif, les coupes sont : *ordinaires*, quand elles s'effectuent dans l'ordre prescrit par l'aménagement ou l'usage ; *extraordinaires*, quand elles intervertissent l'ordre de l'aménagement, ou qu'elles portent sur la réserve ; *affouagères*, quand leurs produits sont délivrés en nature aux habitants de communes, propriétaires ou usagères.

*Asseoir une coupe*, c'est déterminer l'emplacement sur lequel elle doit s'effectuer. Dans cette opération il est très important pour l'arpenteur de ne pas oublier d'établir son plan d'exploitation, de manière à assurer aux produits de chaque coupe une sortie facile sur un chemin praticable. Organiser un bon réseau de voies de communication et de vidange est le moyen le plus sûr de donner de la valeur aux produits des forêts.

On entend par *révolution* le nombre d'années au bout desquelles la coupe revient sur une même surface. La durée de la révolution correspond à l'âge d'*exploitabilité* des bois qui varie non seulement suivant les espèces et les conditions dans lesquelles s'effectue leur accroissement, mais encore suivant la nature des produits qu'on veut en tirer. Cette durée doit être calculée de telle façon, et porter sur des étendues telles, que la surface soumise à la première coupe soit redevenue exploitable dès que la dernière est terminée.

C'est par l'*aménagement* qu'on règle l'ordre de succession des coupes, en même temps que la nature de l'exploitation et le mode de traitement des forêts.

On exploite les forêts en *futaie* ou en *taillis*.

En *futaie*, lorsqu'on a en vue la production d'arbres de grandes dimensions et dont le peuplement est formé de sujets venus de graine. Traitées en futaie, les forêts forment deux catégories distinctes, suivant qu'elles sont exploitées par la méthode du jardinage ou par celle du réensemencement naturel.

Le *jardinage*, ou *furetage*, consiste à enlever çà et là les arbres dépérissants, viciés ou secs, et d'autres en bon état de croissance, mais qui sont réclamés par le commerce ou la consommation locale. Ce mode irrégulier tend à disparaître; cependant, lorsqu'on ne peut sans inconvénient dégarnir des parties de massif, en montagne par exemple, le jardinage s'impose.

Le traitement en *futaie régulière* assure, au contraire, le réensemencement naturel et complet, et l'amélioration du peuplement jusqu'à son exploitation. Les chênes rouvre et pédonculé, le charme, le hêtre, l'orme et le frêne sont les essences les plus propres à la futaie. Ce régime est celui qui convient exclusivement aux résineux. Les forêts à l'état de nature sont des futaies naturelles.

On donne le nom de *taillis* aux forêts dont la reproduction est fondée sur la propriété que possèdent certains arbres de se reproduire par des rejets de souche ou des drageons.

Ce mode d'exploitation consiste à couper les arbres par le pied et à attendre que les rejets qui viennent sur la souche aient atteint les dimensions convenables pour les couper à leur tour. La durée de la révolution dans les forêts traitées en taillis est donc égale à l'âge des rejets au moment où ils doivent être abattus.

Le taillis est *simple*, quand on y fait la coupe à blanc étoc, ou quand on réserve sur chaque coupe des baliveaux qui seront abattus à la fin de la seconde révolution, c'est-à-dire lorsqu'ils auront un âge double de celui du taillis.

On donne le nom de taillis *composés* ou *sous-futaie* à ceux dans lesquels on réserve, lors des exploitations, des sujets qui doivent être maintenus sur pied pendant deux, trois, quatre révolutions et au delà.

Les brins de l'âge du taillis qu'on réserve lors de la coupe sont les *baliveaux de l'âge*, ou simplement *baliveaux*. A la fin de la seconde révolution, ces baliveaux deviennent *modernes;* ils passent à l'état de *cadets* à la fin de la troisième révolution, d'*anciens* à la fin de la quatrième, de *surancicns* et, enfin, de *vieilles écorces* aux révolutions suivantes.

L'exploitation des forêts en taillis est un mode de traitement tout artificiel et exige des soins spéciaux et continus.

La première chose à faire quand on veut régler les exploitations, c'est-à-dire aménager un taillis, c'est de fixer la durée de la révolution. Dans les sols profonds et fertiles on peut prolonger cette durée; on rapprochera, au contraire, les coupes dans les forêts où le sol est maigre et sans profondeur; dans les climats doux ou tempérés, la durée des révolutions peut être très réduite, les arbres repoussant de souche avec d'autant plus d'énergie que la température est plus chaude, l'atmosphère plus humide. Il faut renoncer à traiter en taillis les forêts des pays froids aussi bien que celles des hautes montagnes. Les essences qui doivent être préférées pour la composition des taillis sont: le chêne, le charme, l'orme, le frêne, l'érable, l'alisier. Il est inutile d'ajouter que ce régime ne saurait être appliqué aux essences résineuses de nos climats, puisqu'aucune d'elles ne repousse de souche.

La considération des débouchés est aussi un facteur important dans la détermination de la durée des révolutions.

L'abatage des taillis se fait ordinairement à l'arrière-saison et pendant l'hiver. Toutefois, si les taillis sont destinés à être écorcés, il est nécessaire d'attendre que la sève soit en mouvement.

**Produits forestiers.** — Les principaux produits forestiers sont les *bois d'œuvre*, servant aux usages industriels, et les *bois de chauffage*. On a évalué pour la France à 25 millions de mètres cubes la production annuelle en bois de toute espèce. Dans ce volume, les bois d'œuvre entrent pour 5 millions de mètres cubes, les bois de chauffage pour 20 millions. La production des bois d'œuvre est très inférieure à nos besoins, et, pour ne pas être tributaire de l'Étranger, d'où l'on importe une énorme quantité de bois bruts ou débités en sciages et merrains, la France devrait produire le double de ce qu'elle produit aujourd'hui, ce qui ne paraît pas impossible. Par un bon choix de réserves dans les bois en taillis et par une meilleure culture des futaies, M. Bouquet de la Grye estime qu'on pourrait obtenir ce résultat.

Les écorces des chênes, du pin d'Alep, de l'épicéa, du mélèze, des bouleaux, des aunes, moulues et hachées, fournissent le *tan* qui sert au tannage des cuirs. L'enveloppe tubéreuse du chêne-liège, qui peut atteindre jusqu'à $0^m,30$, fournit le *liège*, que l'on exploite surtout sur le littoral de la Méditerranée, en Corse et en Algérie.

Par le *gemmage* qui consiste à pratiquer des entailles dans l'écorce des conifères, lorsqu'ils ont atteint l'âge de vingt-cinq à trente ans, on obtient la *gemme* ou *résine*, de laquelle on tire la poix, la térébenthine, le goudron. Le pin maritime est l'arbre dont le gemmage a la plus grande importance en France. Des produits analogues sont retirés de l'épicéa, du sapin et du mélèze.

Le fruit du hêtre, la *faine*, fournit par la pression à froid une huile comestible et, par la pression à chaud, une bonne huile d'éclairage. Les *glands* des chênes servent à l'alimentation des animaux. La *merise*, la *corme*, la *myrtille*, servent à la fabrication d'une eau-de-vie estimée.

Les graines forestières sont d'une vente facile et rémunératrice. Enfin, les feuilles des arbres peuvent servir à l'état vert de fourrage, à l'état sec comme litières.

**Utilité des forêts.** — L'agriculture ne retire pas seulement des forêts les produits immédiats énumérés ci-dessus, et leur utilité n'est pas limitée à un rôle purement économique ; elle retire encore des massifs boisés des avantages indirects, non susceptibles d'être évalués en argent, mais qui n'en ont pas moins une grande valeur.

C'est ainsi que l'influence bienfaisante de la végétation ligneuse purifie l'air, comme elle régularise les climats ; les grands massifs forestiers activent la précipitation des pluies et des rosées, en même temps qu'ils assurent aux sources un débit constant ; l'état boisé s'oppose à l'érosion mécanique du sol, éteint les torrents en activité, atténue les dangers d'inondation et l'ensablement des vallées ; les hautes futaies brisent la violence des vents, déchargent les orages et empêchent la formation des avalanches. De plus, les arbres engraissent et fertilisent par leurs dépouilles les sols les plus ingrats, les plus arides.

Dans un autre d'ordres d'idées, bon nombre d'auteurs ont soutenu la thèse de l'influence morale qu'exercent les forêts sur le caractère et le génie des nations.

Les grands massifs forestiers agissent sur la composition de l'air, en absorbant l'acide carbonique et en exhalant l'oxygène, et sur la température, en abaissant quelque peu la moyenne annuelle ; mais, en même temps, ils régularisent le climat en diminuant l'intensité des froids et des chaleurs extrêmes.

D'après M. Boppe, il résulte, des expériences faites, que l'écart entre les températures sous bois et hors bois est de 0°,98 pour les minima et de 1°,89 pour les maxima, de sorte que les maxima et les minima, dont la demi-somme produit la température moyenne, sont, sous bois, plus rapprochés de 2°,87 que ne le sont ceux qui résultent des observations hors bois.

Puisque les forêts abaissent la température de l'air, elles facilitent la condensation des vapeurs ; car, si deux couches d'air saturées et à des températures différentes se rencontrent, il y a toujours condensation et production d'eau ; on sait, en effet, que la quantité maximum de vapeur que l'air peut contenir à une température déterminée, s'accroît dans une proportion plus grande que la température. La transpiration des feuilles augmente aussi la quantité de vapeur d'eau contenue dans l'atmosphère environnante ; par conséquent, l'état boisé d'une contrée active la chute des pluies et le dépôt des rosées.

En modifiant l'état hygrométrique d'un climat, la forêt le rend plus favorable à sa propre végétation : aussi est-il toujours avantageux de la cultiver en grande masse. Elle est non moins utile aux cultures agricoles dans les contrées chaudes et sèches, en ce sens qu'elle exerce dans l'intérieur des continents une influence analogue à celle de la mer sur les îles et les côtes.

Les grands arbres font obstacle aux vents dont ils brisent la violence. Leur influence protectrice est partout sensible, dans la plaine comme dans la montagne ; mais c'est surtout vers les limites supérieures de la végétation, que la forêt a besoin d'être défendue par la forêt. Partout, en pays de montagne, on constate que le déboisement des cimes les plus élevées fait descendre la végétation forestière de proche en proche. Les forêts restent régulièrement constituées tant que des abris les protègent ; mais, dès que ceux-ci viennent à disparaître, les peuplements vont sans cesse en se dégradant sous l'influence du vent dont ils sont seuls à supporter tous les efforts; de là résulte la nécessité de conserver avec soin des *zones d'abri* auxquelles on fait subir un traitement spécial entièrement subordonné au rôle que, par la force des choses, elles sont appelées à jouer. En plaine, ces zones sont également utiles ; elles prennent alors la forme de *rideaux forestiers* qui, s'étendant sur une largeur plus ou moins grande, suivant la violence des vents à craindre, protègent efficacement l'intérieur des massifs.

Dans les régions alpestres, les forêts font aussi obstacle à la formation des avalanches; elles s'opposent, par l'irrégularité de leur surface, aux premiers glissements de neige qui sont l'origine de ces désastreux accidents. Elles sont d'ailleurs impuissantes à arrêter l'avalanche dans sa chute; car une fois la masse en mouvement, elle brise tout sur son passage, et il n'y a pas de massifs forestiers assez denses pour lui résister.

Pour ce qui est de l'influence bienfaisante des forêts sur le sol, il s'accumule sur la terre minérale, par la chute des feuilles, des ramilles sèches, des fruits auxquels viennent s'ajouter les lichens, les mousses, les herbes sèches et autres débris végétaux ou animaux, une couche plus ou moins épaisse qui recouvre le sol, se décompose peu à peu et se transforme en cette masse meuble, noire ou brune, sentant la fermentation et qui n'est autre que l'*humus* ou *terreau*.

Les forêts produisent donc le terreau qui s'accumule en couches d'autant plus épaisses que le couvert est plus complet et plus prolongé. C'est ainsi que, sous les vieux massifs convenablement traités, on rencontre fréquemment une épaisseur de 8 à 10 centimètres de terreau, non compris celle de la couverture en voie de décomposition. D'autre part, l'acide carbonique et les racines, en pénétrant dans les couches profondes du sol, le désagrègent. Ces influences, en même temps mécaniques et chimiques, transforment lentement, il est vrai, mais d'une manière incessante les roches les plus dures, les argiles les plus compactes en terre végétale. Cette double action augmente sensiblement l'épaisseur de la couche activée par ses deux surfaces : l'une extérieure et l'autre intérieure. C'est donc la végétation forestière qui entretient et améliore sa propre végétation.

Les forêts, par leurs racines, maintiennent les couches profondes de la terre dans un état continuel d'ameublissement, aussi bien que par leur couvert elles s'opposent au tassement superficiel; elles facilitent ainsi l'infiltration des eaux jusque vers les zones imperméables et diminuent sensiblement les fractions qui s'écouleraient rapidement et sans profit à la surface. D'ailleurs, la couverture et le terreau retiennent une quantité notable d'humidité pour la restituer lentement à la végétation. Mais c'est surtout sur les eaux de neige que leur action est prépondérante ; par l'obstacle qu'elles opposent à l'accès des vents chauds, elles en ralentissent la fonte et facilitent la saturation complète du sol. Elles assurent, de la sorte, une abondante réserve à l'entrée de la saison chaude, au moment où, la végétation ayant le plus besoin d'eau, les vents et la chaleur en vaporisent autant qu'il en tombe.

En atténuant la masse et la vitesse de chute, les forêts protègent la surface contre tout danger d'érosion et diminuent d'autant le volume des matières solides ou liquides qui se précipitent des hautes montagnes pour inonder et dévaster les plaines.

En même temps qu'elles consolident les sols trop meubles et augmentent l'épaisseur de la couche végétale, les forêts régularisent le régime des eaux, non seulement parce qu'elles activent la chute des pluies en toute saison, mais surtout parce qu'elles donnent aux sources un débit plus constant. On remarque, en effet, que la plupart des rivières sortent des coteaux boisés et des montagnes couvertes de forêts ou de glaciers, et que, dans les régions déboisées, les cours d'eau affectent toujours plus ou moins les allures torrentielles.

**Fixation des torrents et boisement des montagnes.** — L'étude du problème, qui consiste à prévenir l'écoulement trop rapide de l'eau de pluie tombée et les ravages causés par les inondations qui en sont la conséquence, a conduit à la fixation des torrents, au reboisement des montagnes et au gazonnement des parties qui ne peuvent être replantées.

On arrive à ce résultat par un ensemble de travaux parmi lesquels les barrages tiennent le premier rang.

Ces barrages ont pour objet, non de retenir les eaux dans une série de bassins superposés, mais bien de fixer les matériaux qu'elles entraînent et de former ainsi en amont de chaque barrage un atterrissement qu'elles ne peuvent affouiller.

La distance qui sépare deux barrages doit être telle que l'atterrissement formé en amont du barrage inférieur atteigne le pied du barrage supérieur.

La pente de cet atterrissement varie suivant la dimension des matériaux entraînés; forte quand ils consistent en blocs et en pierres d'un gros volume, elle est d'autant plus faible que les matériaux sont plus petits.

Les barrages ont pour effet d'exhausser le lit du torrent, d'élargir sa section, de ralentir la vitesse du courant et de s'opposer à l'affouillement longitudinal et latéral. Leur hauteur ne doit pas dépasser 5 mètres ni être au-dessous de 1 mètre.

On les construit, suivant les cas, en maçonnerie ou en pierres sèches. On donne aux murs de chute une forme convexe vers l'amont, afin d'accroître leur résistance. Le couronnement est concave pour que le courant s'établisse au milieu de l'atterrissement. On réserve à la partie inférieure un aqueduc destiné à laisser écouler l'eau, ces ouvrages étant destinés à arrêter les pierres et non le liquide. Si les barrages étaient fermés, ils seraient exposés à être renversés par la pression de l'eau, tandis qu'ils sont inattaquables quand ils sont protégés en amont par un atterrissement qui en affleure le couronnement.

Les ailes du barrage sont fortement encastrées dans les berges et relevées, afin que le courant passe sur le milieu du couronnement.

Le radier formé de gros blocs solidement encastrés et maintenus soit par des pièces de bois, soit par des seuils en maçonnerie, doit être construit avec le plus grand soin, car c'est par là que les barrages sont le plus vulnérables. Tout affouillement du radier est suivi de la chute du barrage dont il forme le pied. Les atterrissements qui se forment au-dessous de chaque barrage prennent naturellement une forme bombée. Si on laissait subsister ce bombement le courant se rejetterait sur les berges et les affouillerait. Il se produirait ensuite un nivellement qui laisserait à découvert le pied du barrage supérieur. Il faut maintenir invariable la pente du profil en long, et combattre la forme bombée de l'atterrissement en établissant entre les barrages des clayonnages flexibles. Les berges sont aussi garanties contre les érosions par des clayonnages longitudinaux.

Quand on est parvenu à consolider ainsi les berges et à prévenir les glissements qui sont la conséquence de leur affouillement, on entreprend les travaux de reboisement; mais il arrive souvent que la surface des versants n'est pas assez consistante pour être immédiatement boisée. Les pluies qui entraînent ces terrains désagrégés pourraient mettre à nu les racines des jeunes plants qui n'ont pas, dans les premières années une assiette suffisante.

En pareil cas on cherche à donner au sol, au moyen de plantes herbacées (sainfoin, brome des prés, bauche, pimprenelle, fromental), à végétation vigoureuse, la consistance qui lui manque. Quand les pentes sont rapides, il est souvent nécessaire de soutenir les bandes de semis par de petits clayonnages. C'est seulement après ces travaux préparatoires qu'on procède à la plantation ou au semis des essences forestières qui doivent fixer définitivement le sol. Le choix de ces essences est indiqué par le climat local et la nature du terrain.

C'est par des travaux de cette nature que l'on a obtenu dans les Alpes, dans les Pyrénées et dans les Cévennes des résultats fort appréciables qui sont de puissants encouragements pour l'avenir.

Ces constructions de barrages, ces reboisements et gazonnements sont des opérations longues, coûteuses et difficiles, qui font le plus grand honneur à l'État d'abord, qui, préoccupé des dangers résultant de la disparition progressive des forêts, est intervenu par des lois, règlements et subventions pour y mettre obstacle; aux administrations départementales, communales et locales qui les poursuivent ; enfin, à tous ceux qui, pouvant concourir à l'exécution de ces travaux, empêchent la destruction d'une partie du territoire national, sauvegardent des intérêts multiples et contribuent à la richesse de la France.

FIN

# TABLE DES MATIÈRES

## CHAPITRE II

### Géologie agricole

## CHAPITRE III

### Physiologie végétale



## CHAPITRE IV

### Instruments et procédés d'agriculture

ENSEMENCEMENT DU SOL

INSTRUMENTS DESTINÉS A L'ENTRETIEN DU SOL ET DES CULTURES



INSTRUMENTS DESTINÉS A LA RÉCOLTE DES PLANTES



INSTRUMENTS DESTINÉS A LA PRÉPARATION DES RÉCOLTES



## CHAPITRE V

## Amendements et engrais



AMENDEMENTS

ENGRAIS

## CHAPITRE VI

### Cultures diverses

Pages.

## Viticulture

## Sylviculture

Tours. — Imprimerie Deslis Frères.

www.ingramcontent.com/pod-product-compliance
Ingram Content Group UK Ltd.
Pitfield, Milton Keynes, MK11 3LW, UK
UKHW020608230726
13926UKWH00005B/2266